机械设计与智造宝典丛书

UG NX 8.0 实例宝典（修订版）

北京兆迪科技有限公司　编著

机 械 工 业 出 版 社

本书是系统学习 UG NX 8.0 软件的实例参考书。本书以 UG NX 8.0 中文版为蓝本进行编写，内容包括二维草图设计实例、零件设计实例、曲面设计实例、装配设计实例、TOP_DOWN 设计实例、钣金设计实例、模型的外观设置与渲染实例、运动仿真及动画实例、管道与电缆设计实例、模具设计实例以及数控加工实例等。

本书是根据北京兆迪科技有限公司给国内外几十家不同行业的著名公司（含国外独资和合资公司）的培训教案整理而成的，具有很强的实用性和广泛的适用性。本书附带 1 张多媒体 DVD 学习光盘，制作了教学视频并进行了详细的语音讲解；另外，光盘还包含本书所有的素材文件和已完成的范例文件。

书中实例的安排次序采用由浅入深、循序渐进的原则。在内容上，针对每一个实例先进行概述，说明该实例的特点、操作技巧及重点掌握内容和要用到的操作命令，使读者对它有一个整体概念，学习也更有针对性。然后给出实例的详细操作步骤。在写作方式上，本书紧贴 UG NX 8.0 的实际操作界面，采用软件中真实的对话框、操控板、按钮等进行讲解，使初学者能够直观、准确地操作软件进行学习，提高学习效率。

本书可作为机械工程设计人员的 UG NX 8.0 自学教材或参考书，也可供大专院校机械专业师生选作教学参考书。

图书在版编目（CIP）数据

UG NX 8.0 实例宝典/北京兆迪科技有限公司编著. —北京：
—3 版（修订本）机械工业出版社，2017.1
（机械设计与智造宝典丛书）
ISBN 978-7-111-55251-2

Ⅰ.①U…　Ⅱ.①北…　Ⅲ.①计算机辅助设计—应用软件
Ⅳ.①TP391.72

中国版本图书馆 CIP 数据核字（2016）第 257548 号

机械工业出版社（北京市百万庄大街 22 号　邮政编码：100037）
策划编辑：丁　锋　　责任编辑：丁　锋
责任校对：刘志文　　封面设计：张　静
责任印制：李　飞
北京铭成印刷有限公司印刷
2017 年 1 月第 3 版第 1 次印刷
184mm×260 mm · 35.75 印张 · 878 千字
0001—3000 册
标准书号：ISBN 978-7-111-55251-2
　　　　　ISBN 978-7-89386-090-4（光盘）
定价：99.80 元（含 1DVD）

凡购本书，如有缺页、倒页、脱页，由本社发行部调换
电话服务　　　　　　　　　　网络服务
服务咨询热线：010-88361066　　机工官网：www.cmpbook.com
读者购书热线：010-68326294　　机工官博：weibo.com/cmp1952
　　　　　　　010-88379203　　金书网：www.golden-book.com
封面无防伪标均为盗版　　　教育服务网：www.cmpedu.com

前　言

UG 是由美国 UGS 公司推出的功能强大的三维 CAD/CAM/CAE 软件系统，其内容涵盖了产品从概念设计、工业造型设计、三维模型设计、分析计算、动态模拟与仿真、工程图输出，到生产加工成产品的全过程，应用范围涉及航空航天、汽车、机械、造船、通用机械、数控（NC）加工、医疗器械和电子等诸多领域。UG NX 8.0 在数字化模拟、知识捕捉、可用性和系统工程等方面进行了创新；对以前版本进行了数百项以客户为中心的改进。

本书此次修订针对读者的反馈，删除了部分工程实践中应用较少的命令，增加了大量实际产品的案例。此外，本书随书光盘中增加了大量产品设计案例的讲解，使本书的性价比大大提高。

本书是系统、全面学习 UG NX 8.0 软件的实例宝典类书籍，其特色如下：

- 内容丰富，本书的实例涵盖 UG NX 8.0 几乎所有模块。
- 讲解详细，条理清晰，图文并茂，保证自学的读者能够独立学习书中的内容。
- 写法独特，采用 UG NX 8.0 软件中真实的对话框、按钮和图标等进行讲解，使初学者能够直观、准确地操作软件，从而大大提高学习效率。
- 附加值高，本书附带 1 张多媒体 DVD 学习光盘，制作了教学视频并进行了详细的语音讲解；另外，光盘还包含本书所有的素材文件和已完成的范例文件，可以帮助读者轻松、高效地学习。

本书由北京兆迪科技有限公司编著，参加编写的人员有王焕田、刘静、雷保珍、刘海起、魏俊岭、任慧华、詹路、冯元超、刘江波、周涛、段进敏、赵枫、邵为龙、侯俊飞、龙宇、施志杰、詹棋、高政、孙润、李倩倩、黄红霞、尹泉、李行、詹超、尹佩文、赵磊、王晓萍、陈淑童、周攀、吴伟、王海波、高策、冯华超、周思思、黄光辉、党辉、冯峰、詹聪、平迪、管璇、王平、李友荣。本书已经过多次审核，但仍难免有疏漏之处，恳请广大读者予以指正。

电子邮箱：zhanygjames@163.com

编　者

读者购书回馈活动：

活动一：本书"随书光盘"中含有该"读者意见反馈卡"的电子文档，请认真填写本反馈卡，并 E-mail 给我们。E-mail: 兆迪科技 zhanygjames@163.com，丁锋 fengfener@qq.com。

活动二：扫一扫右侧二维码，关注兆迪科技官方公众微信（或搜索公众号 zhaodikeji），参与互动，也可进行答疑。

凡参加以上活动者，即可获得兆迪科技免费奉送的价值 48 元的在线课程一门，同时有机会获得价值 780 元的精品在线课程。在线课程网址见本书"随书光盘"中的"读者意见反馈卡"的电子文档。

本 书 导 读

为了能更好地学习本书的知识，请您仔细阅读下面的内容：

写作环境

本书使用的操作系统为 Windows XP，对于 Windows 2000/ServerWindows7、Windows8、Windows10 等操作系统，本书的内容和范例也同样适用。本书采用的写作蓝本是 UG NX 8.0 中文版。

光盘使用

为方便读者练习，特将本书所用到的范例、配置文件和视频文件等按章节顺序放入随书附赠的光盘中，读者在学习过程中可以打开这些范例文件进行操作和练习。

本书附多媒体 DVD 光盘 1 张，建议读者在学习本书前，先将 DVD 光盘中的所有文件复制到计算机硬盘的 D 盘中。在 D 盘上 ugins8 目录下共有两个子目录。

（2）work 子目录：包含本书的全部素材文件和已完成的范例、实例文件。

（3）video 子目录：包含本书讲解中的视频录像文件（含语音讲解）。读者学习时，可在该子目录中按顺序查找所需的视频文件。

光盘中带有"ok"扩展名的文件或文件夹表示已完成的范例。

本书约定

● 本书中有关鼠标操作的简略表述说明如下。

 ☑ 单击：将鼠标指针移至某位置处，然后按一下鼠标的左键。

 ☑ 双击：将鼠标指针移至某位置处，然后连续快速地按两次鼠标的左键。

 ☑ 右击：将鼠标指针移至某位置处，然后按一下鼠标的右键。

 ☑ 单击中键：将鼠标指针移至某位置处，然后按一下鼠标的中键。

 ☑ 滚动中键：只是滚动鼠标的中键，而不能按中键。

 ☑ 选择（选取）某对象：将鼠标指针移至某对象上，单击以选取该对象。

 ☑ 拖移某对象：将鼠标指针移至某对象上，然后按下鼠标的左键不放，同时移动鼠标，将该对象移动到指定的位置后再松开鼠标的左键。

● 本书中的操作步骤分为 Task、Stage 和 Step 三个级别，说明如下。

 ☑ 对于一般的软件操作，每个操作步骤以 Step 字符开始，例如，下面是草绘环境中绘制矩形操作步骤的表述。

 Step1. 单击 按钮。

 Step2. 在绘图区某位置单击，放置矩形的第一个角点，此时矩形呈"橡皮筋"

样变化。

Step3. 单击 **XY** 按钮，再次在绘图区某位置单击，放置矩形的另一个角点。此时，系统即在两个角点间绘制一个矩形，如图 x.x.x 所示。

☑ 每个 Step 操作视其复杂程度，其下面可含有多级子操作，例如 Step1 下可能包含（1）、（2）、（3）等子操作，（1）子操作下可能包含①、②、③等子操作，①子操作下可能包含 a）、b）、c）等子操作。

☑ 如果操作较复杂，需要几个大的操作步骤才能完成，则每个大的操作冠以 Stage1、Stage2、Stage3 等，Stage 级别的操作下再分 Step1、Step2、Step3 等操作。

☑ 对于多个任务的操作，每个任务冠以 Task1、Task2、Task3 等，每个 Task 操作下则可包含 Stage 和 Step 级别的操作。

● 因为已建议读者将随书光盘中的所有文件复制到计算机硬盘的 D 盘中，所以书中在要求设置工作目录或打开光盘文件时，所述的路径均以"D："开始。

技术支持

本书是根据北京兆迪科技有限公司给国内外一些著名公司（含国外独资和合资公司）的培训教案整理而成的，具有很强的实用性。该公司专门从事 CAD/CAM/CAE 技术的研究、开发、咨询及产品设计与制造服务，并提供 UG、Ansys、Adams 等软件的专业培训及技术咨询。读者在学习本书的过程中如果遇到问题，可通过访问该公司的网站 http://www.zalldy.com 来获得技术支持。咨询电话：010-82176248，010-82176249。

目　　录

第 1 章

二维草图实例

本章主要包含如下内容:

实例 1 二维草图设计 01

实例概述

本实例从新建一个草图开始，详细介绍了草图的绘制、编辑和标注的过程，要重点掌握的是约束的自动捕捉以及尺寸的处理技巧，图形如图 1.1 所示，其绘制过程如下。

Step1. 选择下拉菜单 文件(F) ➡ 新建(N)... 命令。在"新建"对话框的 模板 列表框中，选择模板类型为 模型 ，在 名称 文本框中输入草图名称 sketch01，然后单击 确定 按钮。

Step2. 选择下拉菜单 插入(S) ➡ 任务环境中的草图(S)... 命令，选择 XY 平面为草图平面，单击 确定 按钮，系统进入草图环境。选择下拉菜单 插入(S) ➡ 曲线(C)▶ ➡ 轮廓(O)... 命令。绘制图 1.2 所示的草图。

图 1.1 实例 1

图 1.2 草图轮廓

Step3. 添加几何约束。

（1）添加约束 1。单击"约束"按钮 ；根据系统 选择要创建约束的曲线 的提示，选取图 1.3 所示的点 1，（直线的上端点）和 X 轴，系统弹出"约束"工具条，单击 按钮，添加"点在曲线上"约束。

（2）参照上述步骤约束图 1.4 所示的点 2 在 X 轴上。

图 1.3 选取约束对象 1   图 1.4 选取约束对象 2

（3）添加水平尺寸标注。

① 选择下拉菜单 插入(S) ➡ 尺寸(M) ▶ ➡ 自动判断(I)... 命令，选择图 1.5 所示的直线，系统自动生成尺寸，选择合适的放置位置单击，在系统弹出的动态输入框中输入数值

100，结果如图 1.5 所示。

② 参照上述步骤标注图 1.6 所示的其余的水平尺寸。

图 1.5 标注水平尺寸 1

图 1.6 标注水平尺寸 2

（4）添加圆弧尺寸标注。

① 选择下拉菜单 插入(S) ➡ 尺寸(M) ➡ 自动判断(I)... 命令。选择图 1.7 所示的圆弧，系统自动生成尺寸，选择合适的放置位置单击，在系统弹出的动态输入框中输入数值 47，结果如图 1.7 所示。

② 参照上述步骤标注图 1.8 所示的其余的圆弧尺寸。

图 1.7 标注圆弧尺寸 1

图 1.8 标注圆弧尺寸 2

（5）添加角度尺寸标注。选择图 1.9 所示的两条边，系统自动生成角度尺寸，选择合适的放置位置单击，在系统弹出的动态输入框中输入数值 140，结果如图 1.9 所示。

（6）添加竖直尺寸约束。标注直线到直线的距离，先选择图 1.10 所示的直线，系统生成竖直尺寸，选择合适的放置位置单击，在系统弹出的动态输入框中输入数值 70。结果如图 1.10 所示。

图 1.9 标注角度尺寸   图 1.10 标注竖直尺寸

Step4. 保存模型。单击 完成草图 按钮，退出草图环境。选择下拉菜单 文件(F) ➡ 保存(S) 命令，即可保存模型。

实例 2 二维草图设计 02

实例概述

本实例从新建一个草图开始，详细介绍了草图的绘制、编辑和标注的一般过程。通过本实例的学习，要重点掌握草图修剪、镜像命令的使用和技巧。本实例所绘制的图形如图 2.1 所示，其绘制过程如下。

Step1. 选择下拉菜单 文件(F) ➡️ 🗋 新建(N)... 命令。在"新建"对话框的 模板 列表框中，选择模板类型为 🔷 模型 ，在 名称 文本框中输入草图名称 sketch02，然后单击 确定 按钮。

Step2. 选择下拉菜单 插入(S) ➡️ 📱 任务环境中的草图(S)... 命令，选择 XY 平面为草图平面，单击 确定 按钮，系统进入草图环境。

Step3. 绘制草图。

（1）选择下拉菜单 插入(S) ➡️ 曲线(C)▶ ➡️ ⭕ 圆(C)... 命令。选中"圆心和直径定圆"按钮 ⊙，粗略地绘制图 2.2 所示的两个圆（注意圆 1 和圆 2 的圆心与原点重合）。

图 2.1 实例 2   图 2.2 绘制圆

（2）选择下拉菜单 插入(S) ➡️ 曲线(C)▶ ➡️ ▢ 矩形(R)... 命令。粗略地绘制图 2.3 所示的矩形。

（3）参照上述步骤绘制图 2.4 所示的其余矩形。

图 2.3 绘制矩形 1   图 2.4 绘制矩形 2

Step4. 添加几何约束。

（1）添加约束 1。单击"设为对称"按钮 🔲 ，系统弹出"设为对称"对话框，依次选取图 2.5 所示的两条直线，选取 Y 轴为对称中心线，则这两条直线关于 Y 轴对称。

（2）参照上述步骤约束图 2.6 所示的直线关于 Y 轴对称。

（3）参照上述步骤约束图 2.6 所示的直线关于 X 轴对称。

图 2.5　对称约束 1　　　　　　　　　　　图 2.6　对称约束 2

Step5. 以 X 轴为镜像中心，镜像绘制第三个矩形，如图 2.7 所示。

Step6. 以 Y 轴为镜像中心，镜像绘制第四个矩形，如图 2.8 所示。

图 2.7　镜像 1　　　　　　　　　　　　图 2.8　镜像 2

Step7. 快速修剪。单击"快速修剪"按钮 ，系统弹出"快速修剪"对话框，修剪多余的线条，结果如图 2.9 所示。

Step8. 参照上述步骤修剪其他多余的线条，结果如图 2.10 所示。

图 2.9　快速修剪 1　　　　　　　　　　图 2.10　快速修剪 2

Step9. 添加几何约束。

（1）添加约束 1。单击"约束"按钮 ，选取图 2.11 所示的两条直线，系统弹出"约束"工具条，单击 按钮，则两条直线上会添加"等长"约束。

（2）参照上述步骤为图 2.12 所示直线添加"等长"约束。

（3）参照 Step4 添加图 2.13 所示的两直线为"对称"约束。

图 2.11　等长约束 1　　　　　图 2.12　等长约束 2　　　　　图 2.13　对称约束 3

Step10. 添加尺寸约束。

（1）添加水平尺寸约束。

① 选择下拉菜单 插入(S) ➡ 尺寸(M) ▶ ➡ 自动判断(I)... 命令，选择图 2.13 所示的直线，系统自动生成尺寸，选择合适的放置位置单击，在系统弹出的动态输入框中输入数值 1.2，结果如图 2.14 所示。

② 参照上述步骤标注图 2.15 所示的其余的水平尺寸。

图 2.14　标注水平尺寸 1　　　　　　　　　图 2.15　标注水平尺寸 2

（2）添加竖直尺寸约束。标注直线的距离，先选择图 2.16 所示的直线，系统生成竖直尺寸，选择合适的放置位置单击，在系统弹出的动态输入框中输入数值 1.5。结果如图 2.16 所示。

（3）参照上述步骤标注图 2.17 所示的其余的竖直尺寸。

图 2.16　标注竖直尺寸 1　　　　　　　　　图 2.17　标注竖直尺寸 2

（4）　添加圆弧尺寸约束。选择下拉菜单 插入(S) ➡ 尺寸(M) ▶ ➡ 自动判断(I)... 命令。选择图 2.18 所示的圆弧，系统自动生成尺寸，选择合适的放置位置单击，在系统弹出的动态输入框中输入数值 1.5，结果如图 2.18 所示。

（5）　参照上述步骤标注图 2.19 所示的其余的圆弧尺寸。

图 2.18　标注圆弧尺寸 1

图 2.19　标注圆弧尺寸 2

Step11. 保存模型。单击 █ 完成草图 按钮，退出草图环境。选择下拉菜单 文件(F) ➡️
🔲 保存(S) 命令，即可保存模型。

实例3 二维草图设计 03

实例概述

本实例详细介绍了草图的绘制、编辑和标注的一般过程，通过本实例的学习，要重点掌握相切约束、相等约束和对称约束的使用方法及技巧。本实例的图形如图 3.1 所示，其绘制过程如下。

Step1. 选择下拉菜单 文件(F) ➡ 新建(N)... 命令。在"新建"对话框的 模板 列表框中，选择模板类型为 模型 ，在 名称 文本框中输入草图名称 sketch03，单击 确定 按钮。

Step2. 选择下拉菜单 插入(S) ➡ 任务环境中的草图(S)... 命令，选择 XY 平面为草图平面，单击 确定 按钮，系统进入草图环境。选择下拉菜单 插入(S) ➡ 曲线(C)▶ ➡ 轮廓(O)... 命令。绘制图 3.2 所示的草图。

图 3.1 实例 3

图 3.2 草图轮廓

Step3. 添加几何约束。

（1）添加约束 1。单击"约束"按钮 ；根据系统 选择要创建约束的曲线 的提示，选取图 3.3 所示的圆弧和直线，系统弹出"约束"工具条，单击 按钮，在圆弧和直线之间添加"相切"约束。

（2）参照上述步骤在其他圆弧和直线之间添加"相切"约束，结果如图 3.4 所示。

选取此圆弧

选取此直线

图 3.3 相切约束 1

图 3.4 相切约束 2

（3）添加约束 2。单击"约束"按钮 ，选取图 3.5 所示的两条直线，系统弹出"约束"工具条，单击 按钮，则两条直线上会添加"等长"约束。

（4）参照上述步骤在图 3.6 所示的直线添加"等长"约束，结果如图 3.6 所示。

图 3.5　等长约束 1　　　　　　　　　图 3.6　等长约束 2

（5）添加约束 3。单击"约束"按钮 ；根据系统 选择要创建约束的曲线 的提示，选取图 3.7 所示的圆弧，系统弹出"约束"工具条，单击 按钮，在两圆弧之间添加"等半径"约束。

（6）添加约束 4。选取图 3.8 所示的直线和 X 轴，系统弹出"约束"工具条，单击 按钮，则直线上会添加"共线"约束，约束直线在 XC 轴上。

图 3.7　等半径约束　　　　　　　　　图 3.8　共线约束

（7）添加约束 5。单击"设为对称"按钮 ，系统弹出"设为对称"对话框，依次选取图 3.9 所示的两条直线，选取 Y 轴为对称中心线，则这两条直线关于 Y 轴对称。

Step4. 添加尺寸约束。

（1）添加水平尺寸约束。

① 选择下拉菜单 插入(S) ➡ 尺寸(M) ➡ 自动判断(I)... 命令，选择图 3.10 所示的直线，系统自动生成尺寸，选择合适的放置位置单击，在系统弹出的动态输入框中输入数值 12，结果如图 3.10 所示。

② 参照上述步骤标注图 3.11 所示的其余的水平尺寸。

图 3.9　对称约束

图 3.10　标注水平尺寸 1

图 3.11　标注水平尺寸 2

（2）添加竖直尺寸约束。

① 标注直线到直线的距离，选择图 3.12 所示的直线，系统生成竖直尺寸，选择合适的放置位置单击，在系统弹出的动态输入框中输入数值 15，结果如图 3.12 所示。

② 参照上述步骤标注图 3.12 所示的其余的水平尺寸。

（3）添加圆弧尺寸约束。选择下拉菜单 插入(S) ➡ 尺寸(M) ▶ ➡ 自动判断(I)... 命令。选择图 3.13 所示的圆弧，系统自动生成尺寸，选择合适的放置位置单击，在系统弹出的动态输入框中输入数值 8，结果如图 3.13 所示。

图 3.12　标注竖直尺寸

图 3.13　标注圆弧尺寸

Step5. 保存模型。单击 完成草图 按钮，退出草图环境。选择下拉菜单 文件(F) ➡ 保存(S) 命令，即可保存模型。

实例 4　二维草图设计 04

实例概述

通过本实例的学习，要重点掌握相等约束的使用方法和技巧，另外要注意对于对称图形，要尽量使用草图镜像功能进行绘制。本实例的图形如图 4.1 所示，其绘制过程如下。

Step1. 选择下拉菜单 文件(F) ➡️ 新建(N)... 命令。在"新建"对话框的 模板 列表框中，选择模板类型为 模型，在 名称 文本框中输入草图名称 sketch04，单击 确定 按钮。

Step2. 选择下拉菜单 插入(S) ➡️ 任务环境中的草图(S)... 命令，选择 XY 平面为草图平面，单击 确定 按钮，系统进入草图环境。

Step3. 绘制草图。

（1）选择下拉菜单 插入(S) ➡️ 曲线(C)▶ ➡️ 圆(C)... 命令。选中"圆心和直径定圆"按钮 ⊙，粗略地绘制图 4.2 所示的圆（注意圆 1 的圆心与原点重合）。

图 4.1　实例 4　　　　　　　　　　　　　　　图 4.2　绘制圆 1

（2）选择下拉菜单 插入(S) ➡️ 曲线(C)▶ ➡️ 矩形(R)... 命令。粗略地绘制图 4.3 所示的矩形。

（3）选择下拉菜单 插入(S) ➡️ 曲线(C)▶ ➡️ 圆(C)... 命令。粗略地绘制图 4.4 所示的圆。

图 4.3　绘制矩形

图 4.4　绘制圆 2

（4）以 Y 轴为镜像中心，镜像绘制第二个圆，如图 4.5 所示。

（5）以 X 轴为镜像中心，镜像绘制第三、四个圆，如图 4.6 所示。

图 4.5 绘制圆 3

图 4.6 绘制圆 4

Step4. 选择下拉菜单 插入(S) ➡ 曲线(C)▶ ➡ 圆角(F)... 命令，绘制图 4.7 所示的四条圆弧。

Step5. 添加几何约束。

（1）添加约束 1。单击"约束"按钮 ⊥；根据系统 选择要创建约束的曲线 的提示，选取图 4.8 所示的四条圆弧，系统弹出"约束"工具条，单击 按钮，在圆弧之间添加"等半径"约束。

图 4.7 绘制圆角

图 4.8 等半径约束

（2）添加约束 2。单击"约束"按钮 ⊥ ，选取图 4.9 所示的两条直线，系统弹出"约束"工具条，单击 按钮，则两条直线上会添加"等长"约束。

（3）添加约束 3。单击"设为对称"按钮 ，系统弹出"设为对称"对话框，依次选取图 4.10 所示的两条直线，选取 Y 轴为对称中心线，则这两条直线会关于 Y 轴对称。

（4）参照上述步骤使图 4.11 所示的两条直线关于 X 轴对称。

图 4.9 等长约束

图 4.10 对称约束 1

图 4.11 对称约束 2

Step6. 添加尺寸约束。

（1）添加水平尺寸约束。

① 选择下拉菜单 插入(S) ➡ 尺寸(M) ▶ ➡ 自动判断(I)... 命令，选择图 4.12 所示的

两条直线，系统自动生成尺寸，选择合适的放置位置单击，在系统弹出的动态输入框中输入数值 75，结果如图 4.12 所示。

② 参照上述步骤标注图 4.13 所示的其余的水平尺寸。

图 4.12　标注水平尺寸 1

图 4.13　标注水平尺寸 2

（2）添加竖直尺寸约束。标注圆心到 X 轴的距离，先选择图 4.14 所示的圆心和 X 轴，系统生成竖直尺寸，选择合适的放置位置单击，在系统弹出的动态输入框中输入数值 25。结果如图 4.14 所示。

（3）添加圆弧尺寸约束。选择下拉菜单 插入(S) ➡ 尺寸(M) ▶ ➡ 自动判断(I)... 命令。选择图 4.15 所示的圆弧，系统自动生成尺寸，选择合适的放置位置单击，在系统弹出的动态输入框中输入数值 20，结果如图 4.15 所示。

（4）参照上述步骤标注图 4.16 所示的其余的圆弧尺寸。

图 4.14　标注竖直尺寸　　　　图 4.15　标注圆弧尺寸 1　　　　图 4.16　标注圆弧尺寸 2

Step7. 保存模型。单击 完成草图 按钮，退出草图环境。选择下拉菜单 文件(F) ➡
 保存(S) 命令，即可保存模型。

实例 5 二维草图设计 05

实例概述

本实例是一个较难的草图范例，配合使用了圆弧、相切圆弧、绘制圆角，需注意绘制轮廓的顺序。本实例图形如图 5.1 所示，其创建过程如下。

Step1. 选择下拉菜单 文件(F) ➡ 新建(N)... 命令。在"新建"对话框的 模板 列表框中，选择模板类型为 模型，在 名称 文本框中输入草图名称 sketch05，然后单击 确定 按钮。

Step2. 选择下拉菜单 插入(S) ➡ 任务环境中的草图(S)... 命令，选择 XY 平面为草图平面，单击 确定 按钮，系统进入草图环境，绘制图 5.2 所示的粗略草图轮廓。

图 5.1 实例 5

图 5.2 草图轮廓

Step3. 添加几何约束。

（1）添加几何约束。单击"约束"按钮 ⊥；根据系统 选择要创建约束的曲线 的提示，选取图 5.3 所示的圆弧和直线，系统弹出"约束"工具条，单击 ○ 按钮，则在直线和圆弧之间添加"相切"约束。

图 5.3 选取约束对象 1

（2）添加约束 2。选取 Y 轴和图 5.4 所示的点（两圆弧的交点），系统弹出"约束"工具条，单击 ↑ 按钮，则圆弧上会添加"点在曲线上"约束，约束点在 Y 轴上。

说明：约束点在曲线上，先选择轴，然后再选择点。

（3）添加约束 3。参照上述步骤添加约束图 5.4 所示的圆弧 1 的圆心在 Y 轴上。

（4）添加其余约束。参照上述步骤添加相连圆弧间的相切约束。

Step4. 选择下拉菜单 插入(S) ➡ 曲线(C)▶ ➡ 圆角(F) 命令，绘制图 5.5 所示的三条圆弧。

图 5.4　选取约束对象 2

图 5.5　绘制圆角

Step5. 添加尺寸约束。

（1）添加圆弧尺寸约束。

① 选择下拉菜单 插入(S) ➡ 尺寸(M)▶ ➡ 自动判断(I) 命令（或单击"自动判断尺寸"按钮 ），选择图 5.6 所示的圆弧，系统自动生成尺寸，选择合适的放置位置单击，在系统弹出的动态输入框中输入数值 58，结果如图 5.6 所示。

图 5.6　标注圆弧尺寸 1

图 5.7　标注圆弧尺寸 2

② 参照上述步骤标注其余的圆弧尺寸，结果如图 5.7 所示。

（2）添加角度尺寸约束。

① 选择图 5.8 所示的两条边，系统自动生成角度，选择合适的放置位置单击，在系统弹出的动态输入框中输入数值 107。

② 参照步骤上述步骤标注其余的角度尺寸，结果如图 5.8 所示。

（3）添加水平及竖直尺寸约束。标注点到基准轴的距离，先选择基准轴，然后再选择点，系统生成竖直尺寸，选择合适的放置位置单击，在系统弹出的动态输入框中输入距离，结果如图 5.9 所示。

（4）添加水平尺寸约束。参照步骤（3）标注其余的水平尺寸，结果如图 5.9 所示。

Step6. 保存模型。单击 ![完成草图] 按钮，退出草图环境。选择下拉菜单 文件(F) ➡ ![保存(S)] 命令，即可保存模型。

图 5.8　标注角度尺寸　　　　　图 5.9　标注竖直尺寸

实例 6　二维草图设计 06

实例概述

通过本实例的学习，要重点掌握圆弧与圆弧连接的技巧，另外要注意在勾勒图形的大概形状时，要避免系统创建无用的几何约束。本实例的图形如图 6.1 所示，其绘制过程如下。

图 6.1　实例 6

Step1. 选择下拉菜单 文件(F) ➡ 新建(N)... 命令。在"新建"对话框的 模板 列表框中，选择模板类型为 模型 ，在 名称 文本框中输入草图名称 sketch06，然后单击 确定 按钮。

Step2. 选择下拉菜单 插入(S) ➡ 任务环境中的草图(S)... 命令，选择 XY 平面为草图平面，单击 确定 按钮，系统进入草图环境，绘制图 6.2 所示的粗略草图轮廓。

图 6.2　草图轮廓

Step3. 添加几何约束。

（1）添加相切约束 1。单击"约束"按钮 ，根据系统 选择要创建约束的曲线 的提示，选取图 6.3 所示的两个圆弧，系统弹出"约束"工具条，单击 按钮，则在两个圆弧之间添加"相切"约束。

图 6.3　相切约束 1

（2）添加约束 2。参照上述步骤添加相连圆弧间的相切约束，结果如图 6.4 所示。

图 6.4　相切约束 2

（3）添加约束 3。选取图 6.5 所示的圆心和 X 轴，系统弹出"约束"工具条，单击 按钮，则圆心上会添加"共线"约束，约束圆心在 XC 轴上。

（4）添加约束 4。参照上述步骤添加约束另外一个圆心在 XC 轴上，结果如图 6.6 所示。

图 6.5　共线约束 1　　　　　　　　　　图 6.6　共线约束 2

（5）添加约束 5。单击"约束"按钮 ；根据系统 选择要创建约束的曲线 的提示，选取图 6.7 所示的圆弧，系统弹出"约束"工具条，单击 按钮，在两圆弧之间添加"等半径"约束。

图 6.7　等半径约束

（6）添加约束 6。选取图 6.8 所示的圆心和 X 轴，系统弹出"约束"工具条，单击 按钮，则圆心上会添加"共线"约束，约束圆心在 XC 轴上。

图 6.8　共线约束 3

（7）添加约束 7。选取图 6.9 所示的圆弧的圆心和图 6.8 所示的圆心，系统弹出"约束"工具条，单击 按钮，则圆心上会添加"重合"约束，约束圆弧的圆心在图 6.8 所示的圆心上。

图 6.9　重合约束

Step4. 添加尺寸约束。

（1）添加水平尺寸约束。

① 选择下拉菜单 插入(S) ➡ 尺寸(M) ▶ ➡ 自动判断(I) 命令，选择图 6.10 所示的两圆心，系统自动生成尺寸，选择合适的放置位置单击，在系统弹出的动态输入框中输入值 140，结果如图 6.10 所示。

② 参照上述步骤标注图 6.11 所示的其余的水平尺寸。

（2）添加竖直尺寸约束。标注直线到 X 轴的距离，先选择图 6.12 所示的直线和 X 轴，系统生成竖直尺寸，选择合适的放置位置单击，在系统弹出的动态输入框中输入值 10，结果如图 6.12 所示。

（3）参照上述步骤标注图 6.13 所示的其余的竖直尺寸。

图 6.10　标注水平尺寸 1

图 6.11　标注水平尺寸 2

图 6.12　标志竖直尺寸 1

图 6.13　标志竖直尺寸 2

（4）添加圆弧尺寸约束。选择下拉菜单 插入(S) ➡ 尺寸(M) ▶ ➡ 自动判断(I)... 命令（或单击"自动判断尺寸"按钮 ），选择图 6.14 所示的圆弧，系统自动生成尺寸，选择合适的放置位置单击，在系统弹出的动态输入框中输入值 15，结果如图 6.14 所示。

（5）参照上述步骤标注图 6.15 所示的其余的圆弧尺寸。

图 6.14　标注圆弧尺寸 1

图 6.15　标注圆弧尺寸 2

Step5. 保存模型。单击 完成草图 按钮，退出草图环境。选择下拉菜单 文件(F) ➡ 保存(S) 命令，即可保存模型。

实例 7　二维草图设计 07

实例概述

　　本实例先绘制出图形的大概轮廓，然后对草图进行约束和标注，图形如图 7.1 所示，其绘制过程如下。

　　Step1. 选择下拉菜单 文件(F) ➡ 新建(N)... 命令。在"新建"对话框的 模板 列表框中，选择模板类型为 模型 ，在 名称 文本框中输入草图名称 sketch07，然后单击 确定 按钮。

　　Step2. 选择下拉菜单 插入(S) ➡ 任务环境中的草图(S)... 命令，选择 XY 平面为草图平面，单击 确定 按钮，系统进入草图环境。选择下拉菜单 插入(S) ➡ 曲线(C) ➡ 轮廓(O)... 命令。绘制图 7.2 所示的草图。

图 7.1　实例 7

图 7.2　草图轮廓

　　Step3. 添加几何约束。

　　（1）添加约束 1。单击"约束"按钮 ；根据系统 选择要创建约束的曲线 的提示，选取图 7.3 所示的直线和圆弧，系统弹出"约束"工具条，单击 按钮，则在直线和圆弧之间添加"相切"约束。

　　（2）添加约束 2。选取图 7.4 所示的圆弧的圆心和基准坐标系原点，系统弹出"约束"工具条，单击 按钮，则圆弧的圆心上会添加"重合"约束，约束圆弧的圆心在基准坐标系原点上。

图 7.3　相切约束

图 7.4　重合约束

（3）添加约束 3。选取图 7.5 所示的两直线，系统弹出"约束"工具条，单击按钮，则直线上会添加"共线"约束，约束两直线共线。

Step4. 添加尺寸约束。

（1）添加水平尺寸约束。

① 选择下拉菜单 插入(S) ➡ 尺寸(M) ▸ ➡ 自动判断(I)... 命令，选择图 7.6 所示的端点（直线的端点）和 Y 轴，系统自动生成尺寸，选择合适的放置位置单击，在系统弹出的动态输入框中输入值 5，结果如图 7.6 所示。

图 7.5　共线约束

图 7.6　标注水平尺寸 1

② 参照上述步骤标注图 7.7 所示的其余的水平尺寸。

（2）添加竖直尺寸约束。标注点到 X 轴的距离，先选择点，然后再选择 X 轴，系统生成竖直尺寸，选择合适的放置位置单击，在系统弹出的动态输入框中输入距离值 5，结果如图 7.8 所示。

图 7.7　标注水平尺寸 2

图 7.8　标注竖直尺寸

（3）添加圆弧尺寸约束。选择下拉菜单 插入(S) ➡ 尺寸(M) ▸ ➡ 自动判断(I)... 命令（或单击"自动判断尺寸"按钮），选择图 7.9 所示的圆弧，系统自动生成尺寸，选择合适的放置位置单击，在系统弹出的动态输入框中输入距离值 1，结果如图 7.9 所示。

（4）添加角度尺寸约束。选择图 7.10 所示的边和 X 轴，系统自动生成角度，选择合适的放置位置单击，在系统弹出的动态输入框中输入距离值 75°，结果如图 7.10 所示。

图 7.9 标注圆弧尺寸　　　　　　　图 7.10 标注角度尺寸

Step5. 保存模型。单击 [完成草图] 按钮，退出草图环境。选择下拉菜单 [文件(F)] ➡

[□ 保存(S)] 命令，即可保存模型。

实例 8　二维草图设计 08

范例概述

　　通过本实例的学习，要重点掌握镜像操作的方法及技巧，另外要注意在绘制左右或上下相同的草图时，可以先绘制整个草图的一半，再用镜像命令完成另一半。本实例的图形如图 8.1 所示，其绘制过程如下。

　　Step1. 选择下拉菜单 文件(F) ➡ 📄 新建(N)... 命令。在"新建"对话框的 模板 列表框中，选择模板类型为 🖥️模型 ，在 名称 文本框中输入草图名称 sketch08，单击 确定 按钮。

　　Step2. 选择下拉菜单 插入(S) ➡ 🔲 任务环境中的草图(S)... 命令，选择 XY 平面为草图平面，单击 确定 按钮，系统进入草图环境。

　　Step3. 选择下拉菜单 插入(S) ➡ 曲线(C)▶ ➡ ⌐ 轮廓(O)... 命令。绘制图 8.2 所示的草图轮廓。

图 8.1　实例 8

图 8.2　草图轮廓

　　Step4. 添加几何约束。

　　（1）添加约束 1。选取图 8.3 所示的圆弧的圆心，系统弹出"约束"工具条，单击 ╱ 按钮，则圆弧的圆心上会添加"重合"约束，约束两圆弧的圆心重合。

　　（2）添加约束 2。选取图 8.4 所示的圆心和 X 轴，系统弹出"约束"工具条，单击 ↑ 按钮，则直线上会添加"点在曲线上"约束，约束圆心在 X 轴上。

图 8.3　重合约束　　　　　　　　　　　　　图 8.4　点在曲线上约束

　　（3）添加约束 3。选取 Y 轴和图 8.5 所示的点（直线的端点），系统弹出"约束"工具条，单击 ![上] 按钮，则圆弧上会添加"点在曲线上"约束，约束点在 Y 轴上。

（4）添加其余约束。参照上述步骤添加其余的直线的端点约束点在 Y 轴上，结果如图 8.6 所示。

Step5. 以 Y 轴为镜像中心，镜像上述绘制的直线和圆，如图 8.7 所示。

图 8.5 约束 1   图 8.6 约束 2   图 8.7 镜像操作

Step6. 添加尺寸约束。

（1）添加水平尺寸约束。选择下拉菜单 插入(S) ➡ 尺寸(M) ▶ ➡ 自动判断(I)...命令，选择图 8.8 所示的两点，系统自动生成尺寸，选择合适的放置位置单击，在系统弹出的动态输入框中输入值 10，结果如图 8.8 所示。

（2）添加圆弧尺寸约束。选择下拉菜单 插入(S) ➡ 尺寸(M) ▶ ➡ 自动判断(I)...命令，选择图 8.9 所示的圆弧，系统自动生成尺寸，选择合适的放置位置单击，在系统弹出的动态输入框中输入需要的距离，结果如图 8.9 所示。

图 8.8 标注水平尺寸   图 8.9 标注圆弧尺寸

Step7. 保存模型。单击 ![完成草图] 按钮，退出草图环境。选择下拉菜单 文件(F) ➡ 保存(S) 命令，即可保存模型。

实例9 二维草图设计 09

实例概述

通过本实例的学习，要重点掌握参考线的操作方法及技巧，在绘制一些较复杂的草图时，可多绘制一条或多条参考线，以便更好、更快调整草图。本实例的图形如图 9.1 所示，其绘制过程如下。

Step1. 选择下拉菜单 文件(F) ➡ 新建(N)...命令。在"新建"对话框的 模板 列表框中，选择模板类型为 模型，在 名称 文本框中输入草图名称 sketch09，单击 确定 按钮。

Step2. 选择下拉菜单 插入(S) ➡ 任务环境中的草图(S)...命令，选择 XY 平面为草图平面，单击 确定 按钮，系统进入草图环境。选择下拉菜单 插入(S) ➡ 曲线(C)▶ ➡ 轮廓(O)...命令。绘制图 9.2 所示的草图轮廓。

图 9.1　实例 9

图 9.2　草图轮廓

Step3. 添加几何约束。

（1）添加约束 1。选取参考线和图 9.3 所示的点（直线的端点），系统弹出"约束"工具条，单击 ⊥ 按钮，则直线的端点上会添加"点在曲线上"约束，约束点在参考线上。

（2）添加约束 2。参照上述步骤添加点在曲线上的约束，结果如图 9.4 所示。

选取该端点

图 9.3　约束 1

图 9.4　约束 2

Step4. 添加尺寸约束。

（1）添加水平尺寸约束。

① 选择下拉菜单 插入(S) ➡ 尺寸(M) ▸ ➡ 自动判断(I)... 命令（或单击"自动判断尺寸"按钮 ），选择图 9.5 所示的两端点，系统自动生成尺寸，选择合适的放置位置单击，在系统弹出的动态输入框中输入值 108，结果如图 9.5 所示。

② 参照上述步骤标注其余的水平尺寸，结果如图 9.6 所示。

图 9.5　标注水平尺寸 1

图 9.6　标注水平尺寸 2

（2）添加竖直尺寸约束。

① 选择下拉菜单 插入(S) ➡ 尺寸(M) ▸ ➡ 自动判断(I)... 命令（或单击"自动判断尺寸"按钮 ），选择图 9.7 所示的直线，系统自动生成尺寸，选择合适的放置位置单击，在系统弹出的动态输入框中输入值 28，结果如图 9.7 所示。

图 9.7　标注竖直尺寸 1

② 参照上述步骤标注其余的竖直尺寸，结果如图 9.8 所示。

图 9.8　标注竖直尺寸 2

（3）添加角度尺寸约束。

① 选择图 9.9 所示的两条边，系统自动生成角度，选择合适的放置位置单击，在系统弹出的动态输入框中输入值 135。

② 参照上述步骤标注其余的角度尺寸，结果如图 9.10 所示。

图 9.9 标注角度尺寸 1

图 9.10 标注角度尺寸 2

Step5. 保存模型。单击 完成草图 按钮，退出草图环境。选择下拉菜单 文件(F) ➡ 保存(S) 命令，即可保存模型。

实例 10　二维草图设计 10

实例概述

本实例主要介绍图 10.1 所示的截面草图绘制过程,该截面中主要是由圆弧与直线构成的,在绘制过程中要特别注意圆弧之间端点的连接以及约束技巧。

图 10.1　实例 10

Step1. 打开 UG NX 8.0 后,选择下拉菜单 文件(F) ➡ 新建(N)... 命令,系统弹出"新建"对话框,在 模板 选项卡中选取模板类型为 模型,在 名称 文本框中输入文件名 yingyong01,在 文件夹 文本框中输入模型的保存目录,然后单击 确定 按钮,进入 UG NX 8.0 建模环境。

Step2. 选择下拉菜单 插入(S) ➡ 任务环境中的草图(S)... 命令(或单击"草图"按钮),系统弹出"创建草图"对话框,采用默认的草图平面,单击该对话框中的 确定 按钮,系统进入草图环境。

Step3. 绘制轮廓。粗略地绘制草图的大概轮廓,绘制的结果如图 10.2 所示。

Step4. 在草图环境的工具条中,单击"显示所有约束"按钮 和"约束"按钮 。

Step5. 添加约束。添加"相切""重合""竖直"等约束,结果如图 10.3 所示。

图 10.2　绘制草图轮廓　　　　　　图 10.3　添加约束

Step6. 标注尺寸。选择下拉菜单 插入(S) ➡ 尺寸(M) ➡ 自动判断(I)... 命令,标注如图 10.4 所示的尺寸。

Step7. 修改尺寸。将标注后的尺寸修改至如图 10.1 中所示的尺寸。

图 10.4　标注尺寸

实例 11　二维草图设计 11

实例概述

　　本实例主要讲解了一个比较复杂草图的创建过程，在创建草图时，首先需要注意绘制草图大概轮廓时的顺序，其次要尽量避免系统自动捕捉到不必要的约束。如果初次绘制的轮廓与目标草图轮廓相差很多，则要拖动最初轮廓到与目标轮廓较接近的形状。图形如图 10.1 所示，其绘制过程如下。

　　Step1. 选择下拉菜单 文件(F) ➡ 新建(N)... 命令。在"新建"对话框的 模板 列表框中，选择模板类型为 模型 ，在 名称 文本框中输入草图名称 sketch10，然后单击 确定 按钮。

　　Step2. 选择下拉菜单 插入(S) ➡ 任务环境中的草图(S)... 命令，选择 XY 平面为草图平面，单击 确定 按钮，系统进入草图环境。

　　Step3. 绘制图 11.2 所示的两个圆，并约束其圆心在 Y 轴上。

图 11.1　实例 11

图 11.2　绘制圆

　　Step4. 绘制图 11.3 所示的两个圆弧，并约束其与外面的大圆相切。

　　Step5. 绘制图 11.4 所示的圆弧和直线，并约束其相互相切。

　　Step6. 添加修剪操作。修剪后的图形如图 11.5 所示。

　　Step7. 添加几何约束。

　　（1）添加约束 1。选取图 11.6 所示的圆弧的圆心和 Y 轴，系统弹出"约束"工具条，单击 ↑ 按钮，则圆弧的圆心上会添加"点在曲线上"约束，约束点在 Y 轴上。

图 11.3 绘制圆弧

图 11.4 绘制圆弧和直线

图 11.5 修剪

图 11.6 点在曲线上约束 1

（2）添加约束 2。选取图 11.7 所示的圆心和 X 轴，系统弹出"约束"工具条，单击 ↑ 按钮，则直线上会添加"点在曲线上"约束，约束圆心在 X 轴上。

（3）添加约束 3。选取图 11.8 所示的圆弧的圆心和 X 轴添加"点在曲线上"约束，操作同上。

（4）添加约束 4。选取图 11.8 所示的圆弧的圆心和坐标系原点，单击 ⁄ 按钮，则圆弧的圆心上会添加"重合"约束，约束圆弧的圆心在基准坐标系原点上。

（5）添加其他约束，操作参考 Step7。

图 11.7 点在曲线上约束 2

图 11.8 点在曲线上约束 3、4

Step8. 添加尺寸约束。

（1）添加水平尺寸约束，结果如图 11.9 所示。

（2）添加竖直尺寸约束，结果如图 11.10 所示。

（3）添加圆弧和角度尺寸约束，结果如图 11.11 所示。

图 11.9　标注水平尺寸　　　图 11.10　标注竖直尺寸　　　图 11.11　标注圆弧和角度尺寸

Step9. 保存模型。单击 完成草图 按钮，退出草图环境。选择下拉菜单 文件(F) ➡

保存(S) 命令，即可保存模型。

第2章

零件设计实例

本章主要包含如下内容:

实例 12　塑 料 旋 钮

实例概述

　　本实例主要讲解了一款简单的塑料旋钮的设计过程，在该零件的设计过程中运用了拉伸、旋转、阵列等命令，需要读者注意的是创建拉伸特征草绘时的方法和技巧。零件模型及模型树如图 12.1 所示。

图 12.1　零件模型及模型树

　　Step1. 新建文件。选择下拉菜单 文件(F) ➡️ 新建(N)... 命令，系统弹出"新建"对话框。在 模型 选项卡的 模板 区域中选取模板类型为 模型，在 名称 文本框中输入文件名称 LAMINA01，单击 确定 按钮，进入建模环境。

　　Step2. 创建图 12.2 所示的回转特征 1。选择 插入(S) ➡️ 设计特征(F) ➡️ 回转(R)... 命令（或单击 按钮），单击 截面 区域中的 按钮，在绘图区选取 XZ 基准平面为草图平面，选中 设置 区域的 ☑ 创建中间基准 CSYS 复选框，绘制图 12.3 所示的截面草图。在绘图区中选取图 12.3 所示的直线为旋转轴。在"回转"对话框的 极限 区域的 开始 下拉列表中选择 值 选项，并在 角度 文本框中输入值 0，在 结束 下拉列表中选择 值 选项，并在 角度 文本框中输入值 360；单击 < 确定 > 按钮，完成回转特征 1 的创建。

图 12.2　回转特征 1

图 12.3　截面草图

Step3. 创建图 12.4 所示的零件基础特征——拉伸 1。选择下拉菜单 插入(S) ➡️ 设计特征(E) ➡️ 📖 拉伸(E)... 命令，系统弹出"拉伸"对话框。选取图 12.5 所示的平面为草图平面，绘制图 12.6 所示的截面草图；在 ✅ 指定矢量 下拉列表中选择 ⬆️XC 选项，在 极限 区域的 开始 下拉列表中选择 🔷 值 选项，并在其下的 距离 文本框中输入值 0，在 极限 区域的 结束 下拉列表中选择 🔷 值 选项，并在其下的 距离 文本框中输入值 190，在 布尔 区域的下拉列表中选择 ◼️ 求差 选项，采用系统默认的求差对象。单击 〈 确定 〉 按钮，完成拉伸特征 1 的创建。

图 12.4　拉伸特征 1

图 12.5　定义草图平面

图 12.6　截面草图

Step4. 创建图 12.7 所示的回转特征 2。选择 插入(S) ➡️ 设计特征(E) ➡️ 🖉 回转(R)... 命令（或单击 🖉 按钮），单击 截面 区域中的 🗺️ 按钮，在绘图区选取 XY 基准平面为草图平面，绘制图 12.8 所示的截面草图。在绘图区中选取图 12.8 所示的直线为旋转轴。在"回转"对话框的 极限 区域的 开始 下拉列表中选择 🔷 值 选项，并在 角度 文本框中输入值 0，在 结束 下拉列表中选择 🔷 值 选项，并在 角度 文本框中输入值 360；在 布尔 区域中选择 ◼️ 求差 选项，采用系统默认的求差对象。单击 〈 确定 〉 按钮，完成回转特征 2 的创建。

图 12.7　回转特征 2

图 12.8　截面草图

Step5. 创建图 12.9 所示的零件基础特征——拉伸 2。选择下拉菜单 插入(S) ➡️ 设计特征(E) ➡️ 🔳 拉伸(E)... 命令，系统弹出"拉伸"对话框。选取 YZ 基准平面为草图平面，绘制图 12.10 所示的截面草图；在 ✔️ 指定矢量 下拉列表中选择 XC 选项；在 极限 区域的 开始 下拉列表中选择 🔟 值 选项，并在其下的 距离 文本框中输入值 0，在 极限 区域的 结束 下拉列表中选择 🔟 值 选项，并在其下的 距离 文本框中输入值 55，在 布尔 区域的下拉列表中选择 🔘 求和 选项，采用系统默认的求和对象。单击 ＜ 确定 ＞ 按钮，完成拉伸特征 2 的创建。

图 12.9　拉伸特征 2

图 12.10　截面草图

Step6. 创建图 12.11 所示的阵列特征。选择下拉菜单 插入(S) ➡️ 关联复制(A)▸ ➡️ ⚙️ 对特征形成图样(A)... 命令（或单击 ⚙️ 按钮），在绘图区选取图 12.9 所示的拉伸特征 2 为要形成图样的特征。在"对特征形成图样"对话框中 阵列定义 区域的 布局 下拉列表中选择 🔘 圆形 选项。在 旋转轴 区域选择 X 轴的正方向。在 角度方向 区域中的 间距 下拉列表中选择 数量和跨距 选项。在 数量 文本框中输入值 3，在 跨角 文本框中输入值 360，对话框中的其他设置保持系统默认；单击 ＜ 确定 ＞ 按钮，完成阵列特征的创建。

图 12.11　阵列特征

Step7. 创建图 12.12 所示的零件基础特征——拉伸 3。选择下拉菜单 插入(S) ➡️ 设计特征(E) ➡️ ⯅ 拉伸(E)... 命令，系统弹出"拉伸"对话框。选取 YZ 基准平面为草图平面，绘制图 12.13 所示的截面草图；在 ✔️ 指定矢量 下拉列表中选择 XC 选项；在 极限 区域的 开始 下拉列表中选择 ⯅ 值 选项，并在其下的 距离 文本框中输入值 0，在 极限 区域的 结束 下拉列表中选择 ⯅ 值 选项，并在其下的 距离 文本框中输入值 20，在 布尔 区域的下拉列表中选择 求差 选项，采用系统默认的求差对象。单击 < 确定 > 按钮，完成拉伸特征 3 的创建。

图 12.12　拉伸特征 3

图 12.13　截面草图

Step8. 创建边倒圆特征 1。选择下拉菜单 插入(S) ➡️ 细节特征(L) ▶ ➡️ ⯅ 边倒圆(E)... 命令（或单击 按钮），在 要倒圆的边 区域中单击 按钮，选择图 12.14 所示的边链为边倒圆参照，并在 半径 1 文本框中输入值 25。单击 < 确定 > 按钮，完成边倒圆特征 1 的创建。

a) 圆角前　　　　　　　　　　　　　　　　　b) 圆角后

图 12.14　边倒圆特征 1

Step9. 创建边倒圆特征 2。选择图 12.15 所示的边链为边倒圆参照，并在 半径 1 文本框中输入值 2。单击 < 确定 > 按钮，完成边倒圆特征 2 的创建。

图 12.15 边倒圆特征 2

Step10. 创建边倒圆特征 3。选择图 12.16 所示的边链为边倒圆参照，并在 半径 1 文本框中输入值 2。单击 < 确定 > 按钮，完成边倒圆特征 3 的创建。

图 12.16 边倒圆特征 3

Step11. 保存零件模型。选择下拉菜单 文件 (F) ➡ 保存 (S) 命令，即可保存零件模型。

实例 13　烟　灰　缸

实例概述

本实例介绍了一个烟灰缸的设计过程，该设计过程主要运用了实体建模的一些基础命令，包括实体拉伸、拔模、倒圆角、阵列、抽壳等，其中拉伸 1 特征中草图的绘制有一定的技巧，需要读者用心体会。模型及模型树如图 13.1 所示。

图 13.1　模型及模型树

Step1. 新建文件。选择下拉菜单 文件(F) ➡ 新建(N)...命令，系统弹出"新建"对话框。在 模型 选项卡的 模板 区域中选取模板类型为 模型 ，在 名称 文本框中输入文件名称 ASHTRAY，单击 确定 按钮，进入建模环境。

Step2. 创建图 13.2 所示的零件基础特征——拉伸 1。选择下拉菜单 插入(S) ➡ 设计特征(E) ➡ 拉伸(E)...命令，系统弹出"拉伸"对话框。选取 XY 基准平面为草图平面，选中 设置 区域的 ☑ 创建中间基准 CSYS 复选框，绘制图 13.3 所示的截面草图；在 ✔ 指定矢量 下拉列表中选择 ZC↑ 选项，在 极限 区域的 开始 下拉列表中选择 值 选项，并在其下的 距离 文本框中输入值 0，在 极限 区域的 结束 下拉列表中选择 值 选项，并在其下的 距离 文本框中输入值 30，单击 < 确定 > 按钮，完成拉伸特征 1 的创建。

图 13.2 拉伸特征 1

图 13.3 截面草图

Step3. 创建图 13.4 所示的拔模特征。选择下拉菜单 插入(S) ➡ 细节特征(L) ▶ ➡ 拔模(T) 命令，在 脱模方向 区域中指定 Z 轴正方向为矢量，在 固定面 选择图 13.5 所示的面为参照平面，在 要拔模的面 区域选择图 13.6 所示的面为参照平面，并在 角度 1 文本框中输入值 10。单击 〈 确定 〉 按钮，完成拔模特征的创建。

图 13.4 拔模特征

图 13.5 定义拔模固定面

图 13.6 定义拔模面

Step4. 创建边倒圆特征 1。选择下拉菜单 插入(S) ➡ 细节特征(L) ▶ ➡ 边倒圆(E). 命令（或单击 按钮），在 要倒圆的边 区域中单击 按钮，选择图 13.7 所示的边链为边倒圆参照，并在 半径 1 文本框中输入值 20。单击 〈 确定 〉 按钮，完成边倒圆特征 1 的创建。

图 13.7 边倒圆特征 1

Step5. 创建图 13.8 所示的回转特征。选择 插入(S) ➡ 设计特征(E) ➡ 回转(R)... 命令（或单击 按钮），单击 截面 区域中的 按钮，在绘图区选取 XZ 基准平面为草图平面，绘制图 13.9 所示的截面草图。选取 Z 轴为旋转轴。在"回转"对话框的 极限 区域的 开始 下拉列表中选择 值 选项，并在 角度 文本框中输入值 0，在 结束 下拉列表中选择 值 选项，并在 角度 文本框中输入值 360；在 布尔 区域中选择 求差 选项，采用系统默认的求差对象。单击 < 确定 > 按钮，完成回转特征的创建。

图 13.8　回转特征

图 13.9　截面草图

Step6. 创建图 13.10 所示的零件基础特征——拉伸 2。选择下拉菜单 插入(S) ➡ 设计特征(E) ➡ 拉伸(E)... 命令，系统弹出"拉伸"对话框。选取 XZ 基准平面为草图平面，取消选中 设置 区域的 □创建中间基准 CSYS 复选框，绘制图 13.11 所示的截面草图；在 指定矢量 下拉列表中选择 YC 选项；在 极限 区域的 开始 下拉列表中选择 值 选项，并在其下的 距离 文本框中输入值 0，在 极限 区域的 结束 下拉列表中选择 值 选项，并在其下的 距离 文本框中输入值 50，在 布尔 区域的下拉列表中选择 求差 选项，采用系统默认的求差对象。单击 < 确定 > 按钮，完成拉伸特征 2 的创建。

图 13.10　拉伸特征 2

图 13.11　截面草图

Step7. 创建图 13.12 所示的阵列特征。选择下拉菜单 插入(S) ➞ 关联复制(A)▶ ➞
 对特征形成图样(A)... 命令（或单击 按钮），在绘图区选取图 13.10 所示的拉伸特征 2 为要
形成图样的特征。在"对特征形成图样"对话框中 阵列定义 区域的 布局 下拉列表中选择 圆形
选项。在 旋转轴 区域选择 Z 轴的正方向，选取坐标原点为指定点，在 角度方向 区域中的 间距 下
拉列表中选择 数量和跨距 选项。在 数量 文本框中输入值 3，在 跨角 文本框中输入值 360，对
话框中的其他设置保持系统默认；单击 〈 确定 〉 按钮，完成阵列特征的创建。

图 13.12　阵列特征

Step8. 创建边倒圆特征 2。选择图 13.13 所示的边链为边倒圆参照，并在 半径 1 文本框中
输入值 3。单击 〈 确定 〉 按钮，完成边倒圆特征 2 的创建。

选取此六条边线
为圆角参照

a）圆角前　　　　　　　　　　　　　　　　　　　　　　b）圆角后

图 13.13　边倒圆特征 2

Step9. 创建边倒圆特征 3。选择图 13.14 所示的边链为边倒圆参照，并在 半径 1 文本框中
输入值 3。单击 〈 确定 〉 按钮，完成边倒圆特征 3 的创建。

选取此两条边链
为圆角参照

a）圆角前　　　　　　　　　　　　　　　　　　　　　　b）圆角后

图 13.14　边倒圆特征 3

Step10. 创建图 13.15 所示的抽壳特征。选择下拉菜单 插入(S) ➞ 偏置/缩放(O) ▶ ➞
 抽壳(H)... 命令，在 类型 区域的下拉列表中选择 移除面,然后抽壳 选项，在 面 区域中单击

按钮，选取图 13.16 所示的曲面为要移除的对象。在 厚度 文本框中输入值 2.5，其他采用系统默认设置，单击 < 确定 > 按钮，完成面抽壳特征的创建。

图 13.15　抽壳特征

此面是要去除的面

图 13.16　定义移除面

Step11. 保存零件模型。选择下拉菜单 文件(F) ➡ 🔲 保存(S) 命令，即可保存零件模型。

实例 14　托　　架

实例概述

本实例主要讲述托架的设计过程，运用了如下命令：拉伸、筋肋、孔。其中需要注意的是筋肋特征的创建过程及其技巧。零件模型及模型树如图 14.1 所示。

图 14.1　零件模型及模型树

Step1. 新建文件。选择下拉菜单 文件(F) ➡ 新建(N)...命令，系统弹出"新建"对话框。在 模型 选项卡的 模板 区域中选取模板类型为 模型 ，在 名称 文本框中输入文件名称 BRACKET，单击 确定 按钮，进入建模环境。

Step2. 创建图 14.2 所示的零件基础特征——拉伸 1。选择下拉菜单 插入(S) ➡ 设计特征(E) ➡ 拉伸(E)...命令，系统弹出"拉伸"对话框。选取 XZ 基准平面为草图平面，选中 设置 区域的 ☑创建中间基准 CSYS 复选框，绘制图 14.3 所示的截面草图；在 ✓指定矢量 下拉列表中选择 YC 选项，在 极限 区域的 开始 下拉列表中选择 值 选项，并在其下的 距离 文本框中输入值 0，在 极限 区域的 结束 下拉列表中选择 值 选项，并在其下的 距离 文本框中输入值 5.5，单击 < 确定 > 按钮，完成拉伸特征 1 的创建。

图 14.2　拉伸特征 1

图 14.3　截面草图

Step3. 创建图 14.4 所示的零件基础特征——拉伸 2。选择下拉菜单 插入(S) ➡ 设计特征(E) ➡ 拉伸(E)...命令，系统弹出"拉伸"对话框。选取 XZ 基准平面为草图平面，取消选中 设置 区域的 ☐创建中间基准 CSYS 复选框，绘制图 14.5 所示的截面草图；在 ✓指定矢量下拉列表中选择 YC 选项；在 极限 区域的 开始 下拉列表中选择 值 选项，并在其下的 距离 文本框中输入值 0，在 极限 区域的 结束 下拉列表中选择 值 选项，并在其下的 距离 文本框中输入值 4，在 布尔 区域的下拉列表中选择 求和 选项，采用系统默认的求和对象。单击 < 确定 > 按钮，完成拉伸特征 2 的创建。

图 14.4　拉伸特征 2

图 14.5　截面草图

Step4. 创建图 14.6 所示的零件基础特征——拉伸 3。选择下拉菜单 插入(S) ➡ 设计特征(E) ➡ 拉伸(E)... 命令，系统弹出"拉伸"对话框。选取图 14.7 所示的平面为草图平面，绘制图 14.8 所示的截面草图；在 指定矢量 下拉列表中选择 YC 选项；在 极限 区域的 开始 下拉列表中选择 值 选项，并在其下的 距离 文本框中输入值 0，在 极限 区域的 结束 下拉列表中选择 值 选项，并在其下的 距离 文本框中输入值 20，在 布尔 区域的下拉列表中选择 求和 选项，采用系统默认的求和对象。单击 < 确定 > 按钮，完成拉伸特征 3 的创建。

图 14.6　拉伸特征 3

选取该平面

图 14.7　定义草图平面

图 14.8　截面草图

Step5. 创建图 14.9 所示的零件基础特征——拉伸 4。选择下拉菜单 插入(S) ➡ 设计特征(E) ➡ 拉伸(E)... 命令，系统弹出"拉伸"对话框。选取 XY 基准平面为草图平面，绘制图 14.10 所示的截面草图；在 指定矢量 下拉列表中选择 ZC 选项；在 极限 区域的 开始 下拉列表

中选择 对称值 选项，并在其下的 距离 文本框中输入值 2.5，在 布尔 区域的下拉列表中选择
 求和 选项，采用系统默认的求和对象。单击 < 确定 > 按钮，完成拉伸特征 4 的创建。

图 14.9　拉伸特征 4　　　　　　　　　　图 14.10　截面草图

Step6. 创建图 14.11 所示的零件基础特征——拉伸 5。选择下拉菜单 插入(S) ➡
设计特征(E) ➡ 拉伸(E)... 命令，系统弹出"拉伸"对话框。选取 XZ 基准平面为草图平
面，绘制图 14.12 所示的截面草图；在 指定矢量 下拉列表中选择 YC 选项；在 极限 区域的 开始 下
拉列表中选择 值 选项，并在其下的 距离 文本框中输入值 0，在 极限 区域的 结束 下拉列表中
选择 值 选项，并在其下的 距离 文本框中输入值 2.5，在 布尔 区域的下拉列表中选择 求差 选
项，采用系统默认的求差对象。单击 < 确定 > 按钮，完成拉伸特征 5 的创建。

图 14.11　拉伸特征 5　　　　　　　　　图 14.12　截面草图

Step7. 创建图 14.13 所示的零件基础特征——拉伸 6。选择下拉菜单 插入(S) ➡
设计特征(E) ➡ 拉伸(E)... 命令，系统弹出"拉伸"对话框。选取 XZ 基准平面为草图平
面，绘制图 14.14 所示的截面草图；在 指定矢量 下拉列表中选择 YC 选项；在 极限 区域的 开始 下
拉列表中选择 值 选项，并在其下的 距离 文本框中输入值 0，在 极限 区域的 结束 下拉列表中
选择 贯通 选项，在 布尔 区域的下拉列表中选择 求差 选项，采用系统默认的求差对象。单
击 < 确定 > 按钮，完成拉伸特征 6 的创建。

图 14.13　拉伸特征 6　　　　　　　　　图 14.14　截面草图

Step8. 创建图 14.15 所示的零件基础特征——拉伸 7。选择下拉菜单 插入(S) ➡ 设计特征(E) ➡ 拉伸(E)...命令，系统弹出"拉伸"对话框。选取 XZ 基准平面为草图平面，绘制图 14.16 所示的截面草图；在 ✔ 指定矢量 下拉列表中选择 YC 选项；在 极限 区域的 开始 下拉列表中选择 值 选项，并在其下的 距离 文本框中输入值 0，在 极限 区域的 结束 下拉列表中选择 贯通 选项，在 布尔 区域的下拉列表中选择 求差 选项，采用系统默认的求差对象。单击 < 确定 > 按钮，完成拉伸特征 7 的创建。

图 14.15　拉伸特征 7

图 14.16　截面草图

Step9. 创建图 14.17 所示的零件基础特征——拉伸 8。选择下拉菜单 插入(S) ➡ 设计特征(E) ➡ 拉伸(E)...命令，系统弹出"拉伸"对话框。选取图 14.18 所示的平面为草图平面，绘制图 14.19 所示的截面草图；在 ✔ 指定矢量 下拉列表中选择 -XC 选项；在 极限 区域的 开始 下拉列表中选择 值 选项，并在其下的 距离 文本框中输入值 0，在 极限 区域的 结束 下拉列表中选择 值 选项，并在其下的 距离 文本框中输入值 2，在 布尔 区域的下拉列表中选择 求差 选项，采用系统默认的求差对象。单击 < 确定 > 按钮，完成拉伸特征 8 的创建。

图 14.17　拉伸特征 8

图 14.18　定义草图平面

图 14.19　截面草图

Step10. 创建图 14.20 所示的孔特征。选择下拉菜单 插入(S) ➡ 设计特征(E)▸ ➡ 孔(H)...命令。在 类型 下拉列表中选择 螺纹孔 选项，选取图 14.21 所示圆的中心点为定位点，在 形状和尺寸 区域中的 螺纹尺寸 中 大小 的下拉列表中选择 M6x1.0，在 尺寸 区域中的 深度 文本框输入值 12，在 起始倒斜角 区域取消选中 □启用 复选框。在 布尔 区域中选择 ┗ 求差 选项，采用系统默认的求差对象。对话框中的其他设置保持系统默认；单击 〈确定〉 按钮，完成孔特征的创建。

图 14.20　孔特征

图 14.21　定位点

Step11. 保存零件模型。选择下拉菜单 文件(F) ➡ □保存(S) 命令，即可保存零件模型。

实例 15　削 笔 刀 盒

实例概述

　　本实例是一个普通的削笔刀盒，主要运用了实体建模的一些常用命令，包括实体拉伸、拉伸切削、倒圆角、抽壳等，其中需要读者注意倒圆角的顺序及抽壳命令的创建过程。零件模型及模型树如图 15.1 所示。

图 15.1　零件模型及模型树

　　Step1. 新建文件。选择下拉菜单 文件(F) ➡ 新建(N)... 命令，系统弹出"新建"对话框。在 模型 选项卡的 模板 区域中选取模板类型为 模型，在 名称 文本框中输入文件名称 SHARPENER_BOX，单击 确定 按钮，进入建模环境。

　　Step2. 创建图 15.2 所示的零件基础特征——拉伸 1。选择下拉菜单 插入(S) ➡ 设计特征(E) ➡ 拉伸(E)... 命令，系统弹出"拉伸"对话框。选取 XZ 平面为草图平面，选中 设置 区域的 ☑ 创建中间基准 CSYS 复选框，绘制图 15.3 所示的截面草图；在 ✔ 指定矢量 下拉列表中选择 ꙮ 选项，在 极限 区域的 开始 下拉列表中选择 ꙮ 值 选项，并在其下的 距离 文本框中输入值 0，在 极限 区域的 结束 下拉列表中选择 ꙮ 值 选项，在 结束 文本框中输入值 40，单击 〈 确定 〉 按钮，完成拉伸特征 1 的创建。

图 15.2　拉伸特征 1

图 15.3　截面草图

Step3. 创建图 15.4 所示的零件基础特征——拉伸 2。选择下拉菜单 插入(S) ➡ 设计特征(E) ➡ 拉伸(E).. 命令，系统弹出"拉伸"对话框。选取图 15.5 所示的平面为草图平面，取消选中 设置 区域的 □ 创建中间基准 CSYS 复选框，绘制图 15.6 所示的截面草图；在 ✓ 指定矢量 下拉列表中选择 -XC 选项；在 极限 区域的 开始 下拉列表中选择 值 选项，并在其下的 距离 文本框中输入值 0，在 极限 区域的 结束 下拉列表中选择 值 选项，并在其下的 距离 文本框中输入值 52，在 布尔 区域的下拉列表中选择 求差 选项，采用系统默认的求差对象。单击 < 确定 > 按钮，完成拉伸特征 2 的创建。

Step4. 创建图 15.7 所示的零件基础特征——拉伸 3。选择下拉菜单 插入(S) ➡ 设计特征(E) ➡ 拉伸(E).. 命令，系统弹出"拉伸"对话框。选取图 15.8 所示的平面为草图平面，绘制图 15.9 所示的截面草图；在 ✓ 指定矢量 下拉列表中选择 XC 选项；在 极限 区域的 开始 下拉列表中选择 值 选项，并在其下的 距离 文本框中输入值 0，在 极限 区域的 结束 下拉列表中选择 值 选项，并在其下的 距离 文本框中输入值 55，在 布尔 区域的下拉列表中选择 求差 选项，采用系统默认的求差对象。单击 < 确定 > 按钮，完成拉伸特征 3 的创建。

图 15.4　拉伸特征 2

图 15.5　定义草图平面

图 15.6　截面草图

图 15.7　拉伸特征 3

图 15.8　定义草图平面

图 15.9　截面草图

Step5. 创建图 15.10 所示的拔模特征。选择下拉菜单 插入(S) ➡ 细节特征(L) ▶ ➡ 拔模(T) 命令，在 脱模方向 区域中选择 Y 轴的负方向，选择图 15.11 所示的面为固定平面，

在 要拔模的面 区域选择图 15.12 所示的面为拔模面，并在 角度 1 文本框中输入值 10。单击 ＜ 确定 ＞ 按钮，完成拔模特征的创建。

图 15.10　拔模特征　　　　　　　　　　　图 15.11　定义拔模固定面

图 15.12　定义拔模面

Step6. 创建边倒圆特征 1。选择下拉菜单 插入(S) ➡ 细节特征(L) ▸ ➡ 边倒圆(E) 命令（或单击 按钮），在 要倒圆的边 区域中单击 按钮，选择图 15.13 所示的边链为边倒圆参照，并在 半径 1 文本框中输入值 2。单击 ＜ 确定 ＞ 按钮，完成边倒圆特征 1 的创建。

图 15.13　定义参照边 1

Step7. 创建边倒圆特征 2。选择图 15.14 所示的边链为边倒圆参照，并在 半径 1 文本框中输入值 0.5。单击 ＜ 确定 ＞ 按钮，完成边倒圆特征 2 的创建。

Step8. 创建边倒圆特征 3。选择图 15.15 所示的边链为边倒圆参照，并在 半径 1 文本框中输入值 2。单击 ＜ 确定 ＞ 按钮，完成边倒圆特征 3 的创建。

图 15.14　定义参照边 2　　　　　　　　　图 15.15　定义参照边 3

Step9. 创建边倒圆特征 4。选择图 15.16 所示的边链为边倒圆参照，并在 半径 1 文本框中输入值 2.5。单击 <确定> 按钮，完成边倒圆特征 4 的创建。

　Step10. 创建边倒圆特征 5。选择图 15.17 所示的边链为边倒圆参照，并在 半径 1 文本框中输入值 2.5。单击 <确定> 按钮，完成边倒圆特征 5 的创建。

选取此两条边为圆角参照

选取此边为圆角参照

图 15.16　定义参照边 4　　　　图 15.17　定义参照边 5

　Step11. 创建边倒圆特征 6。选择图 15.18 所示的边链为边倒圆参照，并在 半径 1 文本框中输入值 3。单击 <确定> 按钮，完成边倒圆特征 6 的创建。

　Step12. 创建边倒圆特征 7。选择图 15.19 所示的边链为边倒圆参照，并在 半径 1 文本框中输入值 1。单击 <确定> 按钮，完成边倒圆特征 7 的创建。

要圆角边

选取此边为圆角参照

图 15.18　定义参照边 6　　　　图 15.19　定义参照边 7

　Step13. 创建边倒圆特征 8。选择图 15.20 所示的边链为边倒圆参照，并在 半径 1 文本框中输入值 5。单击 <确定> 按钮，完成边倒圆特征 8 的创建。

　Step14. 创建边倒圆特征 9。选择图 15.21 所示的边链为边倒圆参照，并在 半径 1 文本框中输入值 0.5。单击 <确定> 按钮，完成边倒圆特征 9 的创建。

选取此边为圆角参照

选取圆角边

图 15.20　定义参照边 8　　　　图 15.21　定义参照边 9

　Step15. 创建图 15.22 所示的抽壳特征。选择下拉菜单 插入(S) ➝ 偏置/缩放(O) ➝ 抽壳(H)... 命令，在 类型 区域的下拉列表中选择 移除面，然后抽壳 选项，在 面 区域中单击按钮，选取图 15.23 所示的平面为要移除的对象。在 厚度 文本框中输入值 1.0，其他采用系统默认设置，单击 〈 确定 〉 按钮，完成面抽壳特征的创建。

此平面为要去除的面

图 15.22 抽壳特征   图 15.23 定义移除面

Step16. 保存零件模型。选择下拉菜单 文件(F) ➡ 保存(S) 命令，即可保存零件模型。

实例 16 泵 盖

16.1 实 例 概 述

本实例介绍了泵盖的设计过程。通过学习本实例，会使读者对实体的拉伸、回转、镜像、边倒圆、倒斜角、孔等特征有更为深入的了解。其中孔特征是本例的一个亮点。需要注意孔特征的一些特点。零件模型及模型树如图 16.1.1 所示。

图 16.1.1　零件模型及模型树

16.2　详细设计过程

Step1. 新建文件。选择下拉菜单 文件(F) ➡ 新建(N)... 命令，系统弹出"新建"对话框。在 模型 选项卡的 模板 区域中选取模板类型为 模型，在 名称 文本框中输入文件名称 PUMP，单击 确定 按钮，进入建模环境。

Step2. 创建图 16.2.1 所示的零件基础特征——拉伸 1。选择下拉菜单 插入(S) ➡ 设计特征(E) ➡ 拉伸(E)... 命令，系统弹出"拉伸"对话框。选取 XZ 平面为草图平面，选中 设置 区域的 ☑ 创建中间基准 CSYS 复选框，绘制图 16.2.2 所示的截面草图；在 ✔ 指定矢量 下拉列表中选择 YC 选项；在 极限 区域的 开始 下拉列表中选择 值 选项，并在其下的 距离 文本框中输入值 0，在 极限 区域的 结束 下拉列表中选择 值 选项，并在其下的 距离 文本框中输入值 10。单击 < 确定 > 按钮，完成拉伸特征 1 的创建。

图 16.2.1　拉伸特征 1

图 16.2.2　截面草图

Step3. 创建图 16.2.3 所示的零件基础特征——拉伸 2。选择下拉菜单 插入(S) ➡
设计特征(E) ➡ 📖 拉伸(E)… 命令，系统弹出"拉伸"对话框。选取图 16.2.3 所示的平面为草图平面，取消选中 设置 区域的 □ 创建中间基准 CSYS 复选框，绘制图 16.2.4 所示的截面草图；在 ✔ 指定矢量 下拉列表中选择 YC 选项；在 极限 区域的 开始 下拉列表中选择 🔟 值 选项，并在其下的 距离 文本框中输入值 0，在 极限 区域的 结束 下拉列表中选择 🔟 值 选项，并在其下的 距离 文本框中输入值 8。在 布尔 区域的下拉列表中选择 ⚲ 求和 选项，采用系统默认的求和对象。单击 〈 确定 〉 按钮，完成拉伸特征 2 的创建。

图 16.2.3　拉伸特征 2

图 16.2.4　截面草图

Step4. 创建图 16.2.5 所示的零件基础特征——拉伸 3。选择下拉菜单 插入(S) ➡
设计特征(E) ➡ 📖 拉伸(E)… 命令，系统弹出"拉伸"对话框。选取图 16.2.5 所示的平面为草图平面，绘制图 16.2.6 所示的截面草图；在 ✔ 指定矢量 下拉列表中选择 YC 选项；在 极限 区域的 开始 下拉列表中选择 🔟 值 选项，并在其下的 距离 文本框中输入值 0，在 极限 区域的 结束 下拉列表中选择 ⚲ 贯通 选项，在 布尔 区域的下拉列表中选择 ⚲ 求差 选项，采用系统默认的求差对象。单击 〈 确定 〉 按钮，完成拉伸特征 3 的创建。

图 16.2.5　拉伸特征 3

图 16.2.6　截面草图

Step5. 创建图 16.2.7 所示的回转特征。选择 插入(S) ➡ 设计特征(E) ➡ 🍶 回转(R)… 命令（或单击 🍶 按钮），单击 截面 区域中的 🔀 按钮，在绘图区选取 XY 基准平面为草图平面，绘制图 16.2.8 所示的截面草图。在绘图区中选取图 16.2.8 所示的直线为旋转轴。在"回转"

对话框的 极限 区域的 开始 下拉列表中选择 值 选项，并在 角度 文本框中输入值 0，在 结束 下拉列表中选择 值 选项，并在 角度 文本框中输入值 360；在 布尔 区域中选择 求差 选项，采用系统默认的求差对象。单击 <确定> 按钮，完成回转特征的创建。

图 16.2.7　回转特征

图 16.2.8　截面草图

Step6. 创建图 16.2.9 所示的零件特征——镜像。选择下拉菜单 插入(S) ➡ 关联复制(A)▶ ➡ 镜像特征(M)... 命令，在绘图区中选取图 16.2.7 所示的回转特征为要镜像的特征。在 镜像平面 区域中单击 按钮，在绘图区中选取 YZ 基准平面作为镜像平面。单击 <确定> 按钮，完成镜像特征的创建。

图 16.2.9　镜像

Step7. 创建图 16.2.11 所示的草图。选择下拉菜单 插入(S) ➡ 任务环境中的草图(S)... 命令；选取图 16.2.10 所示的平面为草图平面；进入草图环境绘制。绘制完成后单击 完成草图 按钮，完成草图的绘制。

图 16.2.10　草图平面

图 16.2.11　草图

Step8. 创建图 16.2.12 所示的孔特征 1。选择下拉菜单 插入(S) ➡ 设计特征(E)▶ ➡ 孔(H)... 命令。在 类型 下拉列表中选择 常规孔 选项，选取图 16.2.13 所示的圆弧的端点为定位点，在 形状和尺寸 下拉列表中选择 沉头 选项，在 尺寸 区域中的 沉头直径 文本框中输入值 8，在 沉头深度 文本框中输入值 6，在 直径 文本框中输入值 4，在 深度限制 区域 深度 的文本框中输入值 15，在 布尔 区域中选择 求差 选项，采用系统默认的求差对象。对话框中的其他设置保持系统默认；单击 按钮，完成孔特征 1 的创建。

图 16.2.12　孔特征 1　　　　　图 16.2.13　定位点

Step9. 创建图 16.2.14 所示的零件基础特征——拉伸 4。选择下拉菜单 插入(S) ➡ 设计特征(E) ➡ 拉伸(E)... 命令，系统弹出"拉伸"对话框。选取 XZ 为草图平面，绘制图 16.2.15 所示的截面草图；在 指定矢量 下拉列表中选择 YC 选项；在 极限 区域的 开始 下拉列表中选择 值 选项，并在其下的 距离 文本框中输入值 0，在 极限 区域的 结束 下拉列表中选择 值 选项，并在其下的 距离 文本框中输入值 5，在 布尔 区域的下拉列表中选择 求差 选项，采用系统默认的求差对象。单击 按钮，完成拉伸特征 3 的创建。

图 16.2.14　拉伸特征 4　　　　　图 16.2.15　截面草图

Step10. 创建图 16.2.16 所示的孔特征 2。选择下拉菜单 插入(S) ➡ 设计特征(E) ➡ 孔(H)... 命令。在 类型 下拉列表中选择 常规孔 选项，选取图 16.2.17 所示圆的中心为定位点，在"孔"对话框 直径 文本框中输入值 6，在 深度限制 区域 深度 的文本框中输入值 9.7，在 布尔 区域的下拉列表中选择 求差 选项，采用系统默认的求差对象。对话框中的其他设置保持系统默认；单击 按钮，完成孔特征 2 的创建。

放大图

图 16.2.16　孔特征 2　　　　　图 16.2.17　定位点

Step11. 创建图 16.2.18 所示的倒斜角特征。选择下拉菜单 插入(S) ➡ 细节特征(L) ➡ 倒斜角(C)... 命令。在 边 区域中单击 按钮，选取图 16.2.19 所示的 2 条边线为倒斜角参照，在 偏置 区域的 横截面 文本框选择 对称 选项，在 距离 文本框输入值 0.5。单击 按钮，完成倒斜角特征的创建。

图 16.2.18　倒斜角特征

图 16.2.19　定义参照边

Step12. 创建图 16.2.20 所示的边倒圆特征。选择下拉菜单 插入(S) ━━▶ 细节特征(L) ▶
━━▶ 边倒圆(E) 命令（或单击 按钮），在 要倒圆的边 区域中单击 按钮，选择图 16.2.21
所示的两条边链为边倒圆参照，并在 半径 1 文本框中输入值 2。单击 〈 确定 〉 按钮，完成边
倒圆特征的创建。

选取这两条边链

图 16.2.20　边倒圆特征

图 16.2.21　定义参照边

Step13. 保存零件模型。选择下拉菜单 文件(F) ━━▶ 保存(S) 命令，即可保存零件模型。

实例 17 传 呼 机 套

实例概述

    本实例运用了巧妙的构思，通过简单的几个特征就创建出图 17.1 所示的较为复杂的模型，通过对本实例的学习，可以使读者进一步掌握拉伸、抽壳、扫掠和旋转等命令。零件模型及模型树如图 17.1 所示。

图 17.1　零件模型及模型树

    Step1. 新建文件。选择下拉菜单 文件(F) ➡ 新建(N)...命令，系统弹出"新建"对话框。在 模型 选项卡的 模板 区域中选取模板类型为 模型，在 名称 文本框中输入文件名称 PLASTIC_SHEATH，单击 确定 按钮，进入建模环境。

    Step2. 创建图 17.2 所示的零件基础特征——拉伸 1。选择下拉菜单 插入(S) ➡ 设计特征(E) ➡ 拉伸(E)...命令，系统弹出"拉伸"对话框。选取 YZ 平面为草图平面，选中 设置 区域的 ☑ 创建中间基准 CSYS 复选框，绘制图 17.3 所示的截面草图；在 指定矢量 下拉列表中选择 XC 选项；在 极限 区域的 开始 下拉列表中选择 对称值 选项，并在其下的 距离 文本框中输入值 22.5，单击 < 确定 > 按钮，完成拉伸特征 1 的创建。

图 17.2　拉伸特征 1

图 17.3　截面草图

Step3. 创建图 17.4 所示的边倒圆特征 1。选择下拉菜单 插入(S) ➔ 细节特征(L) ▶ ➔ 边倒圆(E) 命令（或单击 按钮），在 要倒圆的边 区域中单击 按钮，选择图 17.5 所示的边链为边倒圆参照，并在 半径 1 文本框中输入值 8。单击 确定 按钮，完成边倒圆特征 1 的创建。

图 17.4　边倒圆特征 1

图 17.5　定义参照边

Step4. 创建图 17.6 所示的边倒圆特征 2。选择图 17.7 所示的边链为边倒圆参照，并在 半径 1 文本框中输入值 6。单击 确定 按钮，完成边倒圆特征 2 的创建。

图 17.6　边倒圆特征 2

图 17.7　定义参照边

Step5. 创建图 17.8 所示的抽壳特征。选择下拉菜单 插入(S) ➔ 偏置/缩放(O) ▶ ➔ 抽壳(H)... 命令，在 类型 区域的下拉列表中选择 移除面,然后抽壳 选项，在 面 区域中单击 按钮，选取图 17.9 所示的曲面为要移除的对象。在 厚度 文本框中输入值 1，其他参数采用系统默认设置，单击 确定 按钮，完成面抽壳特征的创建。

图 17.8　抽壳特征

图 17.9　定义移除面

Step6. 创建图 17.10 所示的零件基础特征——拉伸 2。选择下拉菜单 插入(S) ➔ 设计特征(E) ➔ 拉伸(E)... 命令，系统弹出"拉伸"对话框。选取 XY 平面为草图平面，取消选中 设置 区域的 □ 创建中间基准 CSYS 复选框，绘制图 17.11 所示的截面草图；在 指定矢量 下拉列表中选择 ZC↑ 选项；在 极限 区域的 开始 下拉列表中选择 对称值 选项，并在其下的 距离 文本框中输入值 22.5，在 布尔 区域的下拉列表中选择 求差 选项，采用系统默认的求差对象。单

击 〈 确定 〉 按钮，完成拉伸 2 的创建。

图 17.10 拉伸特征 2

图 17.11 截面草图

Step7. 创建图 17.12 所示的零件基础特征——拉伸 3。选择下拉菜单 插入(S) ➡ 设计特征(E) ➡ ▥ 拉伸(E)...命令，系统弹出"拉伸"对话框。选取 YZ 平面为草图平面，绘制图 17.13 所示的截面草图；在 ✔ 指定矢量 下拉列表中选择 XC 选项；在 极限 区域的 开始 下拉列表中选择 对称值 选项，并在其下的 距离 文本框中输入值 29，在 布尔 区域的下拉列表中选择 求差 选项，采用系统默认的求差对象。单击 〈 确定 〉 按钮，完成拉伸 3 的创建。

图 17.12 拉伸特征 3

图 17.13 截面草图

Step8. 创建图 17.14 所示的零件基础特征——拉伸 4。选择下拉菜单 插入(S) ➡ 设计特征(E) ➡ ▥ 拉伸(E)...命令，系统弹出"拉伸"对话框。选取 XY 平面为草图平面，绘制图 17.15 所示的截面草图；在 ✔ 指定矢量 下拉列表中选择 ZC 选项；在 极限 区域的 开始 下拉列表中选择 对称值 选项，并在其下的 距离 文本框中输入值 29，在 布尔 区域的下拉列表中选择 求差 选项，采用系统默认的求差对象。单击 〈 确定 〉 按钮，完成拉伸 4 的创建。

图 17.14 拉伸特征 4

图 17.15 截面草图

Step9. 创建图 17.16 所示的边倒圆特征 3。选择图 17.17 所示的边链为边倒圆参照，并在 半径 1 文本框中输入值 2。单击 〈 确定 〉 按钮，完成边倒圆特征 3 的创建。

Step10. 创建图 17.18 所示的边倒圆特征 4。选择图 17.19 所示的边链为边倒圆参照，并在 半径 1 文本框中输入值 4。单击 〈 确定 〉 按钮，完成边倒圆特征 4 的创建。

图 17.16　边倒圆特征 3

图 17.17　定义参照边

图 17.18　边倒圆特征 4

图 17.19　定义参照边

Step11. 创建图 17.20 所示的边倒圆特征 5。选择图 17.21 所示的边链为边倒圆参照，并在 半径1 文本框中输入值 3。单击 〈 确定 〉 按钮，完成边倒圆特征 5 的创建。

图 17.20　边倒圆特征 5

图 17.21　定义参照边

Step12. 创建图 17.22 所示的边倒圆特征 6。选择图 17.23 所示的边链为边倒圆参照，并在 半径1 文本框中输入值 1。单击 〈 确定 〉 按钮，完成边倒圆特征 6 的创建。

图 17.22　边倒圆特征 6

图 17.23　定义参照边

Step13. 创建图 17.24 所示的零件基础特征——拉伸 5。选择下拉菜单 插入(S) ➡ 设计特征(E) ➡ 拉伸(E).. 命令，系统弹出 "拉伸" 对话框。选取 XZ 平面为草图平面，绘制图 17.25 所示的截面草图；在 指定矢量 下拉列表中选择 YC 选项；在 极限 区域的 开始 下拉列表中选择 值 选项，并在其下的 距离 文本框中输入值 0，在 极限 区域的 结束 下拉列表中选择 值 选项，并在其下的 距离 文本框中输入值 0.5。在 布尔 区域的下拉列表中选择 求差 选项，采用系统默认的求差对象。单击 <确定> 按钮，完成拉伸特征 5 的创建。

图 17.24　拉伸特征 5

图 17.25　截面草图

Step14. 创建图 17.26 所示的草图 1。选择下拉菜单 插入(S) ➡ 任务环境中的草图(S)... 命令；选取 XY 平面为草图平面；进入草图环境绘制草图。单击 <确定> 按钮，完成草图 1 的创建。

放大图

图 17.26　草图 1

Step15. 创建图 17.27 所示的草图 2。选择下拉菜单 插入(S) ➡ 任务环境中的草图(S)... 命令；选取 XZ 平面为草图平面；进入草图环境绘制草图。单击 <确定> 按钮，完成草图 2 的创建。

图 17.27　草图 2

Step16. 创建图 17.28 所示的扫掠特征。选择下拉菜单 插入(S) ➡ 扫掠(W) ➡ 沿引导线扫掠(G)... 命令，在绘图区选取草图 2 为扫掠的截面曲线串；单击鼠标中键，在绘图区选取图 17.26 所示的草图 1 为扫掠的引导线串。在 布尔 区域的下拉列表中选择 求和 选项；采用系统默认的扫掠偏置值，单击"沿引导线扫掠"对话框中的 <确定> 按钮。单击 <确定> 按钮，完成扫掠特征的创建。

Step17. 创建图 17.29 所示的零件基础特征——拉伸 6。选择下拉菜单 插入(S) ➡ 设计特征(E) ➡ 拉伸(E)... 命令，系统弹出"拉伸"对话框。选取 XZ 平面为草图平面，绘制图 17.30 所示的截面草图；在 指定矢量 下拉列表中选择 YC 选项；在 极限 区域的 开始 下拉列表中选择值选项，并在其下的 距离 文本框中输入值 0，在 极限 区域的 结束 下拉列表中选择 值 选项，并在其下的 距离 文本框中输入值 10，在 布尔 区域的下拉列表中选择 求差 选项，采用系统默认的求差对象。单击 ＜确定＞ 按钮，完成拉伸特征 6 的创建。

图 17.28　扫掠特征

图 17.29　拉伸特征 6

图 17.30　截面草图

Step18. 创建图 17.31 所示的回转特征。选择 插入(S) ➡ 设计特征(E) ➡ 回转(R)... 命令（或单击 按钮），单击 截面 区域中的 按钮，在绘图区选取 XY 基准平面为草图平面，绘制图 17.32 所示的截面草图。在绘图区中选取图 17.32 所示的直线为旋转轴。在 "回转" 对话框的 极限 区域的 开始 下拉列表中选择 值 选项，并在 角度 文本框中输入值 0，在 结束 下拉列表中选择 值 选项，并在 角度 文本框中输入值 360；在 布尔 区域中选择 求和 选项，采用系统默认的求差对象。单击 ＜确定＞ 按钮，完成回转特征的创建。

图 17.31　回转特征

图 17.32　截面草图

Step19. 创建图 17.33 所示的边倒圆特征 7。选择图 17.34 所示的边链为边倒圆参照，并在 半径 1 文本框中输入值 0.3。单击 < 确定 > 按钮，完成边倒圆特征 7 的创建。

Step20. 保存零件模型。选择下拉菜单 文件(F) ➡ 保存(S) 命令，即可保存零件模型。

        图 17.33   边倒圆特征 7   图 17.34   定义参照边

实例 18 盒　　　子

实例概述

　　本实例主要运用了拉伸、抽壳和孔等命令，在进行"孔"特征时读者要注意选择草图的绘制，此外在绘制拉伸截面草图的过程中要选取合适的草绘平面，以便简化草图的绘制。零件模型及模型树如图 18.1 所示。

图 18.1　零件模型及模型树

　　Step1. 新建文件。选择下拉菜单 文件(F) ➡ 新建(N)... 命令，系统弹出"新建"对话框。在 模型 选项卡的 模板 区域中选取模板类型为 模型，在 名称 文本框中输入文件名称 BOX，单击 确定 按钮，进入建模环境。

　　Step2. 创建图 18.2 所示的零件基础特征——拉伸 1。选择下拉菜单 插入(S) ➡ 设计特征(E) ➡ 拉伸(E)... 命令，系统弹出"拉伸"对话框。选取 XZ 平面为草图平面，选中 设置 区域的 ☑ 创建中间基准 CSYS 复选框，绘制图 18.3 所示的截面草图；在 ✔ 指定矢量 下拉列表中选择 YC 选项；在 极限 区域的 开始 下拉列表中选择 值 选项，并在其下的 距离 文本框中输入值 0，在 极限 区域的 结束 下拉列表中选择 值 选项，并在其下的 距离 文本框中输入值 30。单击 〈确定〉 按钮，完成拉伸特征 1 的创建。

图 18.2　拉伸特征 1

图 18.3　截面草图

Step3. 创建图 18.4 所示的面抽壳特征 1。选择下拉菜单 插入(S) ➡ 偏置/缩放(O) ➡ 抽壳(H)... 命令，在 类型 区域的下拉列表中选择 移除面，然后抽壳 选项，在 面 区域中单击 按钮，选取图 18.5 所示的曲面为要移除的对象。在 厚度 文本框中输入值 10，单击 〈确定〉 按钮，完成面抽壳特征 1 的创建。

图 18.4　抽壳特征 1

图 18.5　定义移除面

Step4. 创建图 18.6 所示的零件基础特征——拉伸 2。选择下拉菜单 插入(S) ➡ 设计特征(E) ➡ 拉伸(E)... 命令，系统弹出"拉伸"对话框。选取图 18.5 平面为草图平面，取消选中 设置 区域的 □ 创建中间基准 CSYS 复选框，绘制图 18.7 所示的截面草图；在 指定矢量 下拉列表中选择 YC 选项；在 极限 区域的 开始 下拉列表中选择 值 选项，并在其下的 距离 文本框中输入值 0，在 极限 区域的 结束 下拉列表中选择 值 选项，并在其下的 距离 文本框中输入值 27。在 布尔 区域的下拉列表中选择 求差 选项，采用系统默认的求差对象。单击 〈确定〉 按钮，完成拉伸特征 2 的创建。

图 18.6　拉伸特征 2

图 18.7　截面草图

Step5. 创建图 18.8 所示的面抽壳特征 2。选择下拉菜单 插入(S) ➡ 偏置/缩放(O) ➡ 抽壳(H)... 命令，在 类型 区域的下拉列表中选择 移除面，然后抽壳 选项，在 面 区域中单击 按钮，选取图 18.9 所示的曲面为要移除的对象。在 厚度 文本框中输入值 3，单击 〈确定〉 按钮，完成面抽壳特征 2 的创建。

图 18.8　抽壳特征 2

图 18.9　定义移除面

Step6. 创建图 18.10 所示的零件基础特征——拉伸 3。选择下拉菜单 插入(S) ➡️ 设计特征(E) ➡️ 拉伸(E)... 命令，系统弹出"拉伸"对话框。选取 XZ 平面为草图平面，绘制图 18.11 所示的截面草图；在 指定矢量 下拉列表中选择 YC 选项；在 极限 区域的 开始 下拉列表中选择 值 选项，并在其下的 距离 文本框中输入值 0，在 极限 区域的 结束 下拉列表中选择 贯通 选项。在 布尔 区域的下拉列表中选择 求差 选项，采用系统默认的求差对象。单击 < 确定 > 按钮，完成拉伸特征 3 的创建。

图 18.10　拉伸特征 3

图 18.11　截面草图

Step7. 创建图 18.12 所示的零件基础特征——拉伸 4。选择下拉菜单 插入(S) ➡️ 设计特征(E) ➡️ 拉伸(E)... 命令，系统弹出"拉伸"对话框。选取 XZ 平面为草图平面，绘制图 18.13 所示的截面草图；在 指定矢量 下拉列表中选择 YC 选项；在 极限 区域的 开始 下拉列表中选择 值 选项，并在其下的 距离 文本框中输入值 0，在 极限 区域的 结束 下拉列表中选择 值 选项，并在其下的 距离 文本框中输入值 29。在 布尔 区域的下拉列表中选择 求差 选项，采用系统默认的求差对象。单击 < 确定 > 按钮，完成拉伸特征 4 的创建。

图 18.12　拉伸特征 4

图 18.13　截面草图

Step8. 创建图 18.14 所示的零件基础特征——拉伸 5。选择下拉菜单 插入(S) ➡
设计特征(E) ➡ 拉伸(E)... 命令，系统弹出"拉伸"对话框。选取图 18.15 所示的平面为
草图平面，绘制图 18.16 所示的截面草图；在 ✔ 指定矢量 下拉列表中选择 YC 选项；在 极限 区域
的 开始 下拉列表中选择 值 选项，并在其下的 距离 文本框中输入值 0，在 极限 区域的 结束 下拉
列表中选择 值 选项，并在其下的 距离 文本框中输入值 3。在 布尔 区域的下拉列表中选择
求和 选项，采用系统默认的求和对象。单击 < 确定 > 按钮，完成拉伸特征 5 的创建。

图 18.14　拉伸特征 5　　　　　　　　　　　图 18.15　定义草图平面

图 18.16　截面草图

Step9. 后面的详细操作过程请参见随书光盘中 video\ch02\reference\文件下的语音视频
讲解文件 BOX-r02.exe。

实例 19 泵 箱

实例概述

该零件在进行设计的过程中充分利用了"孔""阵列""镜像"等命令，在进行截面草图绘制的过程中，要注意草绘平面选择。零件模型及模型树如图 19.1 所示。

图 19.1 零件模型及模型树

Step1. 新建文件。选择下拉菜单 文件(F) ➡ 新建(N)... 命令，系统弹出"新建"对话框。在 模型 选项卡的 模板 区域中选取模板类型为 模型，在 名称 文本框中输入文件名称 PUMP_BOX，单击 确定 按钮，进入建模环境。

Step2. 创建图 19.2 所示的零件基础特征——拉伸 1。选择下拉菜单 插入(S) ➡ 设计特征(E) ➡ 拉伸(E)... 命令，系统弹出"拉伸"对话框。选取 XY 平面为草图平面，绘制图 19.3 所示的截面草图；在 指定矢量 下拉列表中选择 ZC↑ 选项；在 极限 区域的 开始 下拉列表中选择 值 选项，并在其下的 距离 文本框中输入值 0，在 极限 区域的 结束 下拉列表中选择 值 选项，并在其下的 距离 文本框中输入值 105，单击 < 确定 > 按钮，完成拉伸特征 1 的创建。

图 19.2 拉伸特征 1

图 19.3 截面草图

Step3. 创建图 19.4 所示的零件基础特征——拉伸 2。选择下拉菜单 插入(S) ➡️ 设计特征(E) ➡️ 📖 拉伸(E)...命令，系统弹出"拉伸"对话框。选取图 19.4 所示的平面为草图平面，绘制图 19.5 所示的截面草图；在 ✔️ 指定矢量 下拉列表中选择 ZC 选项；在 极限 区域的 开始 下拉列表中选择 💼 值 选项，并在其下的 距离 文本框中输入值 0，在 极限 区域的 结束 下拉列表中选择 💼 值 选项，并在其下的 距离 文本框中输入值 90，在 布尔 区域的下拉列表中选择 求差 选项，采用系统默认的求差对象。单击 < 确定 > 按钮，完成拉伸特征 2 的创建。

选取该平面为草图平面

图 19.4   拉伸特征 2

图 19.5   截面草图

Step4. 创建图 19.6 所示的零件基础特征——拉伸 3。选择下拉菜单 插入(S) ➡️ 设计特征(E) ➡️ 📖 拉伸(E)...命令，系统弹出"拉伸"对话框。选取 XZ 平面为草图平面，绘制图 19.7 所示的截面草图；在 ✔️ 指定矢量 下拉列表中选择 YC 选项；在 极限 区域的 开始 下拉列表中选择 💼 贯通 选项，在 极限 区域的 结束 下拉列表中选择 💼 贯通 选项，在 布尔 区域的下拉列表中选择 求差 选项，采用系统默认的求差对象。单击 < 确定 > 按钮，完成拉伸特征 3 的创建。

图 19.6   拉伸特征 3

图 19.7   截面草图

Step5. 创建图 19.8 所示的零件基础特征——拉伸 4。选择下拉菜单 插入(S) ➡️ 设计特征(E) ➡️ 📖 拉伸(E)...命令，系统弹出"拉伸"对话框。选取图 19.9 所示的平面为草图平面，绘制图 19.10 所示的截面草图；在 ✔️ 指定矢量 下拉列表中选择 ZC 选项；在 极限 区域的 开始 下拉列表中选择 💼 值 选项，并在其下的 距离 文本框中输入值 0，在 极限 区域的 结束 下拉列表中选择 💼 值 选项，并在其下的 距离 文本框中输入值 30，在 布尔 区域的下拉列表中选择 求和 选项，采用系统默认的求和对象。单击 < 确定 > 按钮，完成拉伸特征 4 的创建。

Step6. 创建图 19.11 所示的孔特征。选择下拉菜单 插入(S) ➡️ 设计特征(E)▶ ➡️

 孔(H)... 命令。在 类型 下拉列表中选择 常规孔 选项，在 位置 区域单击 ⬚ 按钮，选取图 19.11 所示的平面为草绘平面，绘制图 19.12 所示的定位点，绘制完成后单击 完成草图 ；在 形状和尺寸 区域中 成形 的下拉列表中选择 沉头 选项，在 尺寸 区域中的 沉头直径 文本框中输入值 26，在 沉头深度 文本框中输入值 16，在 直径 文本框中输入值 16，在 深度 文本框中输入值 40，在 布尔 区域中选择 求差 选项，采用系统默认的求差对象。对话框中的其他设置保持系统默认；单击 < 确定 > 按钮，完成孔特征的创建。

图 19.8　拉伸特征 4　　　　　图 19.9　定义草图平面　　　　　图 19.10　截面草图

图 19.11　孔特征　　　　　　　　图 19.12　定义定位点

Step7. 创建图 19.13 所示的零件基础特征——拉伸 5。选择下拉菜单 插入(S) ➡ 设计特征(E) ➡ 拉伸(E)... 命令，系统弹出"拉伸"对话框。选取图 19.13 所示的平面为草图平面，绘制图 19.14 所示的截面草图；在 指定矢量 下拉列表中选择 -ZC 选项；在 极限 区域的 开始 下拉列表中选择 值 选项，并在其下的 距离 文本框中输入值 0，在 极限 区域的 结束 下拉列表中选择 贯通 选项，在 布尔 区域的下拉列表中选择 求差 选项，采用系统默认的求差对象。单击 < 确定 > 按钮，完成拉伸特征 5 的创建。

图 19.13　拉伸特征 5

图 19.14　截面草图

Step8. 创建图 19.15 所示的零件特征——镜像。选择下拉菜单 插入(S) ➡ 关联复制(A) ▸

➡ 🖼 镜像特征(M)... 命令，在绘图区中选取拉伸特征 4、孔特征 1 和拉伸特征 5 为要镜像的特征。在镜像平面区域中单击 🔲 按钮，在绘图区中选取 XZ 基准平面作为镜像平面。单击 确定 按钮，完成镜像特征的创建。

图 19.15　镜像特征

Step9. 创建图 19.16 所示的零件基础特征——拉伸 6。选择下拉菜单 插入(S) ➡ 设计特征(E) ➡ 🖿 拉伸(E)... 命令，系统弹出"拉伸"对话框。选取图 19.17 所示的平面为草图平面，绘制图 19.18 所示的截面草图；在 ✔ 指定矢量 下拉列表中选择 ZC↑ 选项；在极限区域的开始下拉列表中选择 🖿 值 选项，并在其下的距离文本框中输入值-55，在极限区域的结束 下拉列表中选择 🖿 值 选项，并在其下的距离文本框中输入值 18，在布尔区域的下拉列表中选择 🖿 求和 选项，采用系统默认的求和对象。单击 〈 确定 〉 按钮，完成拉伸特征 6 的创建。

图 19.16　拉伸特征 6

图 19.17　定义草图平面

图 19.18　截面草图

Step10. 创建图 19.19 所示的零件基础特征——拉伸 7。选择下拉菜单 插入(S) ➡ 设计特征(E) ➡ 🖿 拉伸(E)... 命令，系统弹出"拉伸"对话框。选取图 19.20 所示的平面为草图平面，绘制图 19.21 所示的截面草图；在 ✔ 指定矢量 下拉列表中选择 ZC↑ 选项；在极限区域的开始下拉列表中选择 🖿 值 选项，并在其下的距离文本框中输入值 0，在极限区域的结束 下拉列表中选择 🖿 贯通 选项，在布尔区域的下拉列表中选择 🖿 求差 选项，采用系统默认的求差对象。单击 〈 确定 〉 按钮，完成拉伸特征 7 的创建。

图 19.19　拉伸特征 7

图 19.20　定义草图平面

图 19.21　截面草图

Step11. 创建图 19.22 所示的回转特征。选择 插入(S) ➡ 设计特征(E) ➡ 回转(R)...
命令,单击截面区域中的 按钮,在绘图区选取图 19.23 所示的平面为草图平面,绘制图 19.24
所示的截面草图。在绘图区中选取图 19.24 所示的直线为旋转轴。在"回转"对话框的极限区
域的开始下拉列表中选择值值选项,并在角度文本框中输入值 0,在结束下拉列表中选择值值
选项,并在角度文本框中输入值 180;在布尔区域的下拉列表中选择无选项,单击确定
按钮,完成回转特征的创建。

图 19.22　回转特征　　　　　　图 19.23　定义草图平面

图 19.24　截面草图

Step12. 后面的详细操作过程请参见随书光盘中 video\ch02\reference\文件下的语音视频
讲解文件 PUMP_BOX-r02.exe。

实例 20 提   手

实例概述

本实例设计的零件具有对称性，因此在进行设计的过程中要充分利用"镜像"特征命令。下面介绍了该零件的设计过程，零件模型及模型树如图 20.1 所示。

图 20.1 零件模型及模型树

Step1. 新建文件。选择下拉菜单 文件(F) ➡ 新建(N)...命令，系统弹出"新建"对话框。在 模型 选项卡的 模板 区域中选取模板类型为 模型，在 名称 文本框中输入文件名称 HAND，单击 确定 按钮，进入建模环境。

Step2. 创建图 20.2 所示的零件基础特征——拉伸 1。选择下拉菜单 插入(S) ➡ 设计特征(E) ➡ 拉伸(E)...命令，系统弹出"拉伸"对话框。选取 XY 平面为草图平面，选中 设置 区域的 ☑ 创建中间基准 CSYS 复选框，绘制图 20.3 所示的截面草图；在 指定矢量 下拉列表中选择 ZC↑ 选项；在 极限 区域的 开始 下拉列表中选择 对称值 选项，并在其下的 距离 文本框中输入值 4，单击 < 确定 > 按钮，完成拉伸特征 1 的创建。

图 20.2 拉伸特征 1

图 20.3 截面草图

Step3. 创建图 20.4 所示的边倒圆特征 1。选择下拉菜单 插入(S) ➡ 细节特征(L) ▶ ➡ 边倒圆(E)...命令，在 要倒圆的边 区域中单击 按钮，选择图 20.5 所示的边链为边倒圆参照，

并在 半径 1 文本框中输入值 4。单击 〈 确定 〉 按钮，完成边倒圆特征 1 的创建。

这两条边链为圆角参照

图 20.4 边倒圆特征 1   图 20.5 定义参照边

Step4. 创建图 20.6 所示的基准平面 1。选择下拉菜单 插入(S) ➡ 基准/点(D) ➡ 基准平面(D)... 命令，系统弹出"基准平面"对话框。在 类型 区域的下拉列表中选择 按某一距离 选项，在绘图区选取 YZ 平面，输入偏移值 46。单击 〈 确定 〉 按钮，完成基准平面 1 的创建。

图 20.6 基准平面 1

Step5. 创建图 20.7 所示的草图 1。选择下拉菜单 插入(S) ➡ 任务环境中的草图(S)... 命令；选取基准平面 1 为草图平面；进入草图环境绘制。绘制完成后单击 完成草图 按钮，完成草图特征 1 的创建。

图 20.7 草图 1

Step6. 创建图 20.8 所示的基准平面 2。选择下拉菜单 插入(S) ➡ 基准/点(D) ➡ 基准平面(D)... 命令，系统弹出"基准平面"对话框。在 类型 区域的下拉列表中选择 点和方向 选项，在 通过点 区域选择图 20.8 所示的点，再单击 〈 确定 〉 按钮，完成基准平面 2 的创建。

曲线端点为参考点

图 20.8 基准平面 2

Step7. 创建图 20.9 所示的草图 2。选择下拉菜单 插入(S) ➡ 任务环境中的草图(S)... 命令；选取基准平面 2 为草图平面；进入草图环境绘制。绘制完成后单击 完成草图 按钮，完成草图特征 2 的创建。

图 20.9　草图 2

Step8. 创建图 20.10 所示的扫掠特征。选择下拉菜单 插入(S) ➡ 扫掠(W) ➡ 沿引导线扫掠(G)... 命令，在绘图区选取图 20.9 所示的草图 2 为扫掠的截面曲线串，选取图 20.7 所示的草图 1 曲线特征为扫掠的引导线串。采用系统默认的扫掠偏置值，在 布尔 区域的下拉列表中选择 求和 选项，采用系统默认的求和对象。单击"沿引导线扫掠"对话框中的 〈确定〉 按钮。完成扫掠特征的创建。

图 20.10　扫掠特征

Step9. 创建图 20.11 所示的零件特征——镜像 1。选择下拉菜单 插入(S) ➡ 关联复制(A) ▶ ➡ 镜像特征(M)... 命令，在绘图区中选取扫掠特征 1 为要镜像的特征。在 镜像平面 区域中单击 按钮，在绘图区中选取 YZ 基准平面作为镜像平面。单击 确定 按钮，完成镜像特征 1 的创建。

图 20.11　镜像特征 1

Step10. 创建图 20.12 所示的零件基础特征——拉伸 2。选择下拉菜单 插入(S) ➡ 设计特征(E) ➡ 拉伸(E)... 命令，系统弹出"拉伸"对话框。选取图 20.13 所示的平面为草图平面，取消选中 设置 区域的 □ 创建中间基准 CSYS 复选框，绘制图 20.14 所示的截面草图；在 ✔ 指定矢量 下拉列表中选择 zc 选项；在 极限 区域的 开始 下拉列表中选择 值 选项，并在其下

的 距离 文本框中输入值 0，在 极限 区域的 结束 下拉列表中选择 值 选项，并在其下的 距离 文本框中输入值 39，在 布尔 区域的下拉列表中选择 求差 选项，采用系统默认的求差对象。单击 〈确定〉 按钮，完成拉伸特征 2 的创建。

图 20.12　拉伸特征 2　　　图 20.13　定义草图平面　　　图 20.14　截面草图

Step11. 创建图 20.15 所示的面倒圆特征。选择下拉菜单 插入(S) ➡ 细节特征(L) ▸ ➡ 面圆角(F) 命令，在 类型 下拉列表中选择 三个定义面链 选项，在 面链 区域选择图 20.16 所示的面链 1，选择图 20.17 所示的面链 2，选择图 20.18 所示的中间面，在 横截面 的 截面方位 的下拉列表中选择 滚球 选项，单击 〈确定〉 按钮，完成面倒圆特征的创建。

图 20.15　面倒圆特征

图 20.16　定义参照面 1　　　图 20.17　定义参照面 2　　　图 20.18　定义参照面 3

Step12. 创建图 20.19 所示的零件基础特征——拉伸 3。选择下拉菜单 插入(S) ➡ 设计特征(E) ➡ 拉伸(E) 命令，系统弹出"拉伸"对话框。选取图 20.20 所示的平面为草图平面，绘制图 20.21 所示的截面草图；在 指定矢量 下拉列表中选择 ᶻᶜ↑ 选项；在 极限 区域的 开始 下拉列表中选择 值 选项，并在其下的 距离 文本框中输入值 0，在 极限 区域的 结束 下拉列表中选择 值 选项，并在其下的 距离 文本框中输入值 3，在 布尔 区域的下拉列表中选择 求差 选项，采用系统默认的求差对象。单击 〈确定〉 按钮，完成拉伸特征 3 的创建。

图 20.19　拉伸特征 3　　　图 20.20　定义草图平面　　　图 20.21　截面草图

Step13. 创建图 20.22 所示的基准平面 3。选择下拉菜单 插入(S) ➡️ 基准/点(D) ➡️ 🔲 基准平面(D)...命令，系统弹出"基准平面"对话框。在 类型 区域的下拉列表中选择 🔲 通过对象 选项，选取图 20.22 所示的轴线为参照。单击 < 确定 > 按钮，完成基准平面 3 的创建。

参照轴

图 20.22　基准平面 3

Step14. 创建图 20.23 所示的零件基础特征——拉伸 4。选择下拉菜单 插入(S) ➡️ 设计特征(E) ➡️ 🔳 拉伸(E)...命令，系统弹出"拉伸"对话框。选取基准平面 3 为草图平面，绘制图 20.24 所示的截面草图；在 ✓ 指定矢量 下拉列表中选择 XC 选项；在 极限 区域的 开始 下拉列表中选择 🔳 对称值 选项，并在其下的 距离 文本框中输入值 4，在 布尔 区域的下拉列表中选择 🔳 求和 选项，采用系统默认的求和对象。单击 < 确定 > 按钮，完成拉伸特征 4 的创建。

图 20.23　拉伸特征 4

图 20.24　截面草图

Step15. 创建图 20.25 所示的零件基础特征——拉伸 5。选择下拉菜单 插入(S) ➡️ 设计特征(E) ➡️ 🔳 拉伸(E)...命令，系统弹出"拉伸"对话框。选取基准平面 3 为草图平面，绘制图 20.26 所示的截面草图；在 ✓ 指定矢量 下拉列表中选择 XC 选项；在 极限 区域的 开始 下拉列表中选择 🔳 对称值 选项，并在其下的 距离 文本框中输入值 5，在 布尔 区域的下拉列表中选择 🔳 求和 选项，采用系统默认的求和对象。单击 < 确定 > 按钮，完成拉伸特征 5 的创建。

图 20.25　拉伸特征 5

图 20.26　截面草图

Step16. 创建图 20.27 所示的基准平面 4。选择下拉菜单 插入(S) ➡️ 基准/点(D) ➡️

□ 基准平面(D)... 命令，系统弹出"基准平面"对话框。在 类型 区域的下拉列表中选择 通过对象 选项，选取图 20.27 所示的轴线为参照。单击 < 确定 > 按钮，完成基准平面 4 的创建。

参照轴

图 20.27　基准平面 4

Step17. 创建图 20.28 所示的回转特征。选择 插入(S) ➡ 设计特征(E) ➡ 回转(R)... 命令，单击 截面 区域中的 按钮，在绘图区选取基准平面 4 为草图平面，绘制图 20.29 所示的截面草图。在绘图区中选取图 20.29 所示的轴为旋转轴。在"回转"对话框的 极限 区域的 开始 下拉列表中选择 值 选项，并在 角度 文本框中输入值 0，在 结束 下拉列表中选择 值 选项，并在 角度 文本框中输入值 360；在 布尔 区域的下拉列表中选择 求和 选项，采用系统默认的求和对象。单击 < 确定 > 按钮，完成回转特征的创建。

放大图

图 20.28　回转特征

放大图

3

0.8

1.8

2.6

回转轴

图 20.29　截面草图

Step18. 创建图 20.30 所示的边倒圆特征 2。选择图 20.31 所示的边链为边倒圆参照，并在 半径 1 文本框中输入值 0.5。单击 < 确定 > 按钮，完成边倒圆特征 2 的创建。

放大图

图 20.30　边倒圆特征 2

图 20.31　定义参照边

Step19. 创建边倒圆特征 3。选择图 20.32 所示的边链为边倒圆参照，并在 半径 1 文本框中输入值 0.5。单击 < 确定 > 按钮，完成边倒圆特征 3 的创建。

图 20.32　定义参照边

Step20. 创建边倒圆特征 4。选择图 20.33 所示的边链为边倒圆参照，并在 半径 1 文本框中输入值 1。单击 < 确定 > 按钮，完成边倒圆特征 4 的创建。

图 20.33　定义参照边

Step21. 创建图 20.34 所示的零件特征——镜像 2。选择下拉菜单 插入(S) ➡ 关联复制(A) ➡ 镜像特征(M)... 命令，在绘图区中选取拉伸特征 4、拉伸特征 5、回转特征 1、边倒圆特征 2、边倒圆特征 3、边倒圆特征 4 为要镜像的特征。在 镜像平面 区域中单击 按钮，在绘图区中选取 YZ 基准平面作为镜像平面。单击 确定 按钮，完成镜像特征 2 的创建。

图 20.34　镜像特征 2

Step22. 后面的详细操作过程请参见随书光盘中 video\ch02\reference\文件下的语音视频讲解文件 HAND-r02.exe。

实例21 圆柱齿轮

实例概述

本实例将创建一个由齿轮建模生成的圆柱齿轮模型，使用的是一种典型的系列化产品的设计方法，它使产品的更新换代更加快捷、方便。模型及模型树如图21.1所示。

图 21.1　零件模型及模型树

Step1. 新建文件。选择下拉菜单 文件(F) ➡ 新建(N)...命令，系统弹出"新建"对话框。在 模型 选项卡的 模板 区域中选取模板类型为 模型，在 名称 文本框中输入文件名称 GEAR，单击 确定 按钮，进入建模环境。

Step2. 创建图21.2所示的零件特征——特征分组。选择下拉菜单 GC 工具箱 ➡ 齿轮建模. ➡ 圆柱齿轮命令，系统弹出"渐开线圆柱此轮建模"对话框。选中 ⊙ 创建齿轮 单选项，单击 确定 按钮，选取默认的类型，单击 确定 按钮。在 标准齿轮 的 模数（毫米）的文本框输入值2.5，在 牙数 的文本框输入值125，在 齿宽（毫米）的文本框输入值80，在 压力角（度数）的文本框输入值20，单击 确定 按钮，在 要定义矢量的对象 区域选择 Z 轴的正方向，单击 确定 按钮，选择默认的原点坐标，单击 确定 按钮，完成特征分组的创建。

图 21.2　特征分组

Step3. 创建图 21.3 所示的零件基础特征——拉伸 1。选择下拉菜单 插入(S) ➡

设计特征(E) ➡ 拉伸(E)... 命令，系统弹出"拉伸"对话框。选取 XY 基准平面为草图平面，选中 设置 区域的 ☑ 创建中间基准 CSYS 复选框，绘制图 21.4 所示的截面草图；在 ✔ 指定矢量 下拉列表中选择 ZC↑ 选项，在 极限 区域的 开始 下拉列表中选择 值 选项，并在其下的 距离 文本框中输入值 0，在 极限 区域的 结束 下拉列表中选择 贯通 选项，在 布尔 区域的下拉列表中选择 求差 选项，采用系统默认的求差对象。单击 〈 确定 〉 按钮，完成拉伸特征 1 的创建。

图 21.3　拉伸特征 1

图 21.4　截面草图

Step4. 创建图 21.5 所示的零件基础特征——拉伸 2。选择下拉菜单 插入(S) ➡ 设计特征(E) ➡ 拉伸(E)... 命令，系统弹出"拉伸"对话框。选取 XY 基准平面为草图平面，取消选中 设置 区域的 ☐ 创建中间基准 CSYS 复选框，绘制图 21.6 所示的截面草图；在 ✔ 指定矢量 下拉列表中选择 ZC↑ 选项；在 极限 区域的 开始 下拉列表中选择 值 选项，并在其下的 距离 文本框中输入值 0，在 极限 区域的 结束 下拉列表中选择 值 选项，并在其下的 距离 文本框中输入值 30，在 布尔 区域的下拉列表中选择 求差 选项，采用系统默认的求差对象。单击 确定 按钮，完成拉伸特征 2 的创建。

图 21.5　拉伸特征 2

图 21.6　截面草图

Step5. 创建图 21.7 所示的基准平面。选择下拉菜单 插入(S) ➡ 基准/点(D) ➡ 基准平面(D)... 命令（或单击 按钮），系统弹出"基准平面"对话框。在 类型 区域的下拉列表中选择 二等分 选项，在绘图区选取图 21.8 所示的平面为第一平面，选取图 21.9 所示的平面为第二平面。单击 确定 按钮，完成基准平面的创建。

图 21.7　基准平面

图 21.8　定义参照平面

图 21.9　定义参照平面

Step6. 创建图 21.10 所示的零件特征—— 镜像 1。选择下拉菜单 插入(S) ➡ 关联复制(A)▶ ➡ 镜像特征(M)... 命令，在绘图区中选取图 21.5 所示的拉伸特征 2 为要镜像的特征。在 镜像平面 区域中单击 按钮，在绘图区中选取基准平面 1 作为镜像平面。单击 确定 按钮，完成镜像特征 1 的创建。

图 21.10　镜像特征 1

Step7. 创建图 21.11 所示的零件基础特征——拉伸 3。选择下拉菜单 插入(S) ➡ 设计特征(E) ➡ 拉伸(E)... 命令，系统弹出"拉伸"对话框。选取图 21.11 所示的基准平面为草图平面，绘制图 21.12 所示的截面草图；在 ✓ 指定矢量 下拉列表中选择 ᶻᶜ↑ 选项；在 极限 区域的 开始 下拉列表中选择 值 选项，并在其下的 距离 文本框中输入值 0，在 极限 区域的 结束 下拉列表中选择 贯通 选项，在 布尔 区域的下拉列表中选择 求差 选项，采用系统默认的求差对象。单击 确定 按钮，完成拉伸特征 3 的创建。

图 21.11　拉伸特征 3

放大图

图 21.12　截面草图

Step8. 创建图 21.13 所示的零件基础特征——拉伸 4。选择下拉菜单 插入(S) ➡ 设计特征(E) ➡ 拉伸(E)... 命令，系统弹出"拉伸"对话框。选取图 21.13 所示的基准平面为草图平面，绘制图 21.14 所示的截面草图；在 ✓ 指定矢量 下拉列表中选择 ᶻᶜ↑ 选项；在 极限 区域的 开始 下拉列表中选择 值 选项，并在其下的 距离 文本框中输入值 0，在 极限 区域的 结束 下拉列表中选择 贯通 选项，在 布尔 区域的下拉列表中选择 求差 选项，采用系统默认的求差对象。单击 确定 按钮，完成拉伸特征 4 的创建。

图 21.13　拉伸特征 4

图 21.14　截面草图

Step9. 创建图 21.15 所示的倒斜角特征。选择下拉菜单 插入(S) ➡ 细节特征(L) ▶
➡ 倒斜角(C) 命令。在 边 区域中单击 按钮，选取图 21.16 所示的边线为倒斜角参照，
在 偏置 区域的 横截面 文本框选择 对称 选项，在 距离 文本框输入值 2。单击 确定 按钮，完成
倒斜角特征的创建。

图 21.15 倒斜角特征   图 21.16 定义参照边

Step10. 创建图 21.17 所示的零件特征——镜像 2。选择下拉菜单 插入(S) ➡ 关联复制(A) ▶
➡ 镜像特征(M)... 命令，在绘图区中选取图 21.15 所示的倒斜角特征为要镜像的特征。
在 镜像平面 区域中单击 按钮，在绘图区中选取基准平面为镜像平面。单击 确定 按钮，完
成镜像特征 2 的创建。

图 21.17 镜像特征 2

Step11. 保存零件模型。选择下拉菜单 文件(F) ➡ 保存(S) 命令，即可保存零件模
型。

第 3 章

曲面设计实例

本章主要包含如下内容：

实例 22　肥　　皂

实例概述

　　本实例主要讲述了一款肥皂的创建过程，在整个设计过程中运用了曲面拉伸、旋转、缝合、扫掠、倒圆角等命令。在整本书中本范例首次运用曲面的创建方法，此处需要读者用心体会。零件模型及模型树如图 22.1 所示。

图 22.1　零件模型及模型树

　　Step1. 新建文件。选择下拉菜单 文件(F) ➡ 新建(N)… 命令，系统弹出"新建"对话框。在 模型 选项卡的 模板 区域中选取模板类型为 模型，在 名称 文本框中输入文件名称 SOAP，单击 确定 按钮，进入建模环境。

　　Step2. 创建图 22.2 所示的零件基础特征——拉伸 1。选择下拉菜单 插入(S) ➡ 设计特征(E) ➡ 拉伸(E)… 命令，系统弹出"拉伸"对话框。选取 XY 平面为草图平面，选中 设置 区域的 ☑ 创建中间基准 CSYS 复选框，绘制图 22.3 所示的截面草图；在 ✔ 指定矢量 下拉列表中选择 ZC↑ 选项；在 极限 区域的 开始 下拉列表中选择 值 选项，并在其下的 距离 文本框中输入值 0，在 极限 区域的 结束 下拉列表中选择 值 选项，并在其下的 距离 文本框中输入值 18，在 设置 区域选择 图纸页 选项，单击 < 确定 > 按钮，完成拉伸特征 1 的创建。

图 22.2　拉伸特征 1

图 22.3　截面草图

Step3. 创建图 22.4 所示的草图 1。选择下拉菜单 插入(S) ➡️ 任务环境中的草图(S)… 命令；选取 YZ 为草图平面；进入草图环境绘制。绘制完成后单击 完成草图 按钮，完成草图特征 1 的创建。

图 22.4 草图 1

Step4. 创建图 22.5 所示的草图 2。选择下拉菜单 插入(S) ➡️ 任务环境中的草图(S)… 命令；选取 XZ 为草图平面；进入草图环境绘制。绘制完成后单击 完成草图 按钮，完成草图特征 2 的创建。

图 22.5 草图 2

Step5. 创建图 22.6 所示的扫掠特征 1。选择下拉菜单 插入(S) ➡️ 扫掠(W) ➡️ 扫掠(S)… 命令，在绘图区选取草图 1 为扫掠的截面曲线串；选取图 22.6 所示的曲线特征为扫掠的引导线串。单击"沿引导线扫掠"对话框中的 < 确定 > 按钮，完成扫掠特征 1 的创建。

图 22.6 扫掠特征 1

Step6. 创建图 22.7 所示的修剪特征 1。选择下拉菜单 插入(S) ➡️ 修剪(T) ▶ ➡️ 修剪与延伸(N)… 命令，在 类型 下拉列表中选择 制作拐角 选项，选取图 22.8 所示的扫掠特征 1 为目标体，选取图 22.8 所示的拉伸特征 1 特征为工具体。调整方向作为保留的部分，单击 < 确定 > 按钮，完成修剪特征 1 的创建。

Step7. 创建图 22.9 所示的零件特征——有界平面。选择下拉菜单 插入(S) ➡️ 曲面(R) ➡️ 有界平面(B)… 命令；选取图 22.10 所示边线，单击 < 确定 > 按钮，完成有界平面的创建。

图 22.7　修剪特征 1　　　　　　　　　　　　　图 22.8　定义参照对象

图 22.9　有界平面　　　　　　　　　　　　　图 22.10　定义参照边

Step8. 创建图 22.11 所示的回转特征。选择 插入(S) ➡ 设计特征(E) ➡ 回转(R)... 命令，单击截面区域中的 按钮，在绘图区选取 XZ 基准平面为草图平面，绘制图 22.12 所示的截面草图。在绘图区中选取图 22.12 所示的线为旋转轴。在"回转"对话框的极限区域的开始下拉列表中选择值选项，并在角度文本框中输入值 0，在结束下拉列表中选择值选项，并在角度文本框中输入值 360；在布尔区域的下拉列表中选择无选项，在设置区域选择图纸页选项，单击 <确定> 按钮，完成回转特征的创建。

图 22.11　回转特征　　　　　　　　　　　　　图 22.12　截面草图

Step9. 创建图 22.13 所示的修剪特征 2。选择下拉菜单 插入(S) ➡ 修剪(T) ➡ 修剪与延伸(N)... 命令，在类型下拉列表中选择制作拐角选项，选取图 22.14 所示的特征为目标体，选取图 22.14 所示的特征为工具体。调整方向作为保留的部分，单击 <确定> 按钮，完成修剪特征 2 的创建。

图 22.13　修剪特征 2　　　　　　　　　　　　图 22.14　定义参照边

Step10. 创建图 22.15 所示的缝合特征。选择下拉菜单 插入(S) ➡ 组合(B) ▸ ➡ 📖 缝合(W)... 命令，选取图 22.15 所示的特征为目标体，选取图 22.15 所示的特征为刀具体。单击 确定 按钮，完成缝合特征的创建。

图 22.15　缝合特征

Step11. 创建图 22.16 所示的零件基础特征——拉伸 2。选择下拉菜单 插入(S) ➡ 设计特征(E) ➡ 📖 拉伸(E)... 命令，系统弹出"拉伸"对话框。选取 XY 平面为草图平面，取消选中 设置 区域的 □ 创建中间基准 CSYS 复选框，绘制图 22.17 所示的截面草图；在 ✔ 指定矢量 下拉列表中选择 zc↑ 选项；在 极限 区域的 开始 下拉列表中选择 ⤵ 值 选项，并在其下的 距离 文本框中输入值 0，在 极限 区域的 结束 下拉列表中选择 ⤵ 值 选项，并在其下的 距离 文本框中输入值 40，在 布尔 区域的下拉列表中选择 ◼ 求差 选项，采用系统默认的求差对象。单击 < 确定 > 按钮，完成拉伸特征 2 的创建。

图 22.16　拉伸特征 2

图 22.17　截面草图

Step12. 创建图 22.18 所示的边倒圆特征 1。选择下拉菜单 插入(S) ➡ 细节特征(L) ▸ ➡ 🔷 边倒圆(E)... 命令，在 要倒圆的边 区域中单击 🔷 按钮，选择图 22.19 所示的边链为边倒圆参照，并在 半径 1 文本框中输入值 10。单击 < 确定 > 按钮，完成边倒圆特征 1 的创建。

图 22.18　边倒圆特征 1

要圆角边链

图 22.19　定义参照边

Step13. 创建图 22.20 所示的边倒圆特征 2。选择图 22.21 所示的边链为边倒圆参照，并在 半径 1 文本框中输入值 5。单击 < 确定 > 按钮，完成边倒圆特征 2 的创建。

图 22.20　边倒圆特征 2

图 22.21　定义参照边

Step14. 创建图 22.22 所示的边倒圆特征 3。选择图 22.23 所示的边链为边倒圆参照，并在 半径 1 文本框中输入值 10。单击 〈 确定 〉 按钮，完成边倒圆特征 3 的创建。

图 22.22　边倒圆特征 3

图 22.23　定义参照边

Step15. 创建图 22.24 所示的基准平面 1。选择下拉菜单 插入(S) ➡ 基准/点(D) ➡ □ 基准平面(D)... 命令，系统弹出"基准平面"对话框。在 类型 区域的下拉列表中选择 ┗ 按某一距离 选项，在绘图区选取 XY 基准平面，输入偏移值 20。单击 〈 确定 〉 按钮，完成基准平面 1 的创建。

图 22.24　基准平面 1

Step16. 创建图 22.25 所示的草图 3。选择下拉菜单 插入(S) ➡ 🔐 任务环境中的草图(S)... 命令；选取基准平面 1 为草图平面；进入草图环境绘制。绘制完成后单击 ▓ 完成草图 按钮，完成草图特征 3 的创建。

图 22.25　草图 3

Step17. 创建图 22.26 所示的基准平面 2。选择下拉菜单 插入(S) ➡ 基准/点(D)

➡ 命令，系统弹出"基准平面"对话框。在 类型 区域的下拉列表中选择 ⬛ 点和方向 选项，选择图 22.26 所示的点，再单击 < 确定 > 按钮，完成基准平面 2 的创建。

曲线端点为参考点

图 22.26　基准平面 2

Step18. 创建图 22.27 所示的草图 4。选择下拉菜单 插入(S) ➡ 🔲 任务环境中的草图(S)... 命令；选取基准平面 2 为草图平面；进入草图环境绘制。绘制完成后单击 🏁 完成草图 按钮，完成草图特征 4 的创建。

图 22.27　草图 4

Step19. 创建图 22.28 所示的扫掠特征 2。选择下拉菜单 插入(S) ➡ 扫掠(W) ➡ 🔲 沿引导线扫掠(G)... 命令，在绘图区选取草图 4 为扫掠的截面曲线串；选取草图 3 所示的曲线特征为扫掠的引导线串。在 布尔 区域的下拉列表中选择 🔲 求差 选项；采用系统默认的扫掠偏置值，单击"沿引导线扫掠"对话框中的 < 确定 > 按钮。完成扫掠特征 2 的创建。

图 22.28　扫掠特征 2

Step20. 创建图 22.29 所示的边倒圆特征 4。选择图 22.30 所示的边链为边倒圆参照，并在 半径 1 文本框中输入值 3。单击 < 确定 > 按钮，完成边倒圆特征 4 的创建。

图 22.29　边倒圆特征 4

要圆角的边链

图 22.30　定义参照边

Step21. 创建图 22.31 所示的阵列特征。选择下拉菜单 插入(S) ➡ 关联复制(A)▶ ➡

生成实例几何特征(G)… 命令，在绘图区选取草图 3 和草图 4 为要形成几何体的特征。在"实例几何体"对话框中 类型 的下拉列表中选择 旋转 选项，在 *指定矢量 的下拉列表中选择 ZC 选项。在 角度、距离和副本数 区域中 角度 的文本框中输入值 180，在 副本数 的文本框中输入值 1，单击 < 确定 > 按钮，完成阵列特征的创建。

图 22.31   阵列特征

Step22 创建图 22.32 所示的扫掠特征 3。选择下拉菜单 插入(S) ➡ 扫掠(W) ➡ 沿引导线扫掠(G)… 命令，在绘图区选取图 22.33 所示的草图为扫掠的截面曲线串；选取图 22.34 所示的草图为扫掠的引导线串。在 布尔 区域的下拉列表中选择 求差 选项；采用系统默认的扫掠偏置值，单击 < 确定 > 按钮。完成扫掠特征 3 的创建。

图 22.32   扫掠特征 3

引导线   截面曲线

图 22.33   定义引导线

Step23. 创建图 22.34 所示的边倒圆特征 5。选择图 22.35 所示的边链为边倒圆参照，并在 半径 1 文本框中输入值 3。单击 < 确定 > 按钮，完成边倒圆特征 5 的创建。

图 22.34   边倒圆特征 5

要圆角的边链

图 22.35   定义参照边

Step24. 保存零件模型。选择下拉菜单 文件(F) ➡ 📄 保存(S) 命令，即可保存零件模型。

实例 23 插 头

实例概述

该零件结构较复杂，在设计的过程中巧妙运用了"网格曲面""阵列""拔模"等命令，此外还应注意基准面的创建以及拔模面的选择，下面介绍了零件的设计过程，零件模型及模型树如图 23.1 所示。

图 23.1 零件模型及模型树

Step1. 新建文件。选择下拉菜单 文件(F) ➡ 新建(N)... 命令，系统弹出"新建"对话框。在 模型 选项卡的 模板 区域中选取模板类型为 模型，在 名称 文本框中输入文件名称 BNCPIN_CONNECTOR_PUUGS，单击 确定 按钮，进入建模环境。

Step2. 创建图 23.2 所示的零件基础特征——拉伸 1。选择下拉菜单 插入(S) ➡ 设计特征(E) ➡ 拉伸(E)... 命令，系统弹出"拉伸"对话框。选取 YZ 平面为草图平面，选中 设置 区域的 ☑ 创建中间基准 CSYS 复选框，绘制图 23.3 所示的截面草图；在 指定矢量 下拉列表中选择 XC 选项；在 极限 区域的 开始 下拉列表中选择 值 选项，并在其下的 距离 文本框中输入值 0，在 极限 区域的 结束 下拉列表中选择 值 选项，并在其下的 距离 文本框中输入值 20，单击 < 确定 > 按钮，完成拉伸特征 1 的创建。

图 23.2 拉伸特征 1

图 23.3 截面草图

Step3. 创建图 23.4 所示的倒斜角特征。选择下拉菜单 `插入(S)` ➡ `细节特征(L)` ▶ ➡ `倒斜角(C).` 命令。在 `边` 区域中单击 `⬡` 按钮，选取图 23.5 所示的边线为倒斜角参照，在 `偏置` 区域的 `横截面` 文本框选择 `对称` 选项，在 `距离` 文本框输入值 5。单击 `< 确定 >` 按钮，完成倒斜角特征的创建。

图 23.4 倒斜角特征

图 23.5 定义参照边

Step4. 创建图 23.6 所示的基准平面 1。选择下拉菜单 `插入(S)` ➡ `基准/点(D)` ➡ `基准平面(D)...` 命令，系统弹出"基准平面"对话框。在 `类型` 区域的下拉列表中选择 `按某一距离` 选项，在绘图区选取图 23.6 所示的平面，输入偏移值 20。单击 `< 确定 >` 按钮，完成基准平面 1 的创建。

图 23.6 基准平面 1

Step5. 创建图 23.7 所示的零件基础特征——拉伸 2。选择下拉菜单 `插入(S)` ➡ `设计特征(E)` ➡ `拉伸(E)...` 命令，系统弹出"拉伸"对话框。选取图 23.8 所示的平面为草图平面，取消选中 `设置` 区域的 `□ 创建中间基准 CSYS` 复选框，绘制图 23.9 所示的截面草图；在 `✓ 指定矢量` 下拉列表中选择 `XC` 选项；在 `极限` 区域的 `开始` 下拉列表中选择 `值` 选项，并在其下的 `距离` 文本框中输入值 0，在 `极限` 区域的 `结束` 下拉列表中选择 `直至选定对象` 选项。选取图 23.8 所示的基准平面为参照，在 `布尔` 区域的下拉列表中选择 `求和` 选项，采用系统默认的求和对象。单击 `< 确定 >` 按钮，完成拉伸特征 2 的创建。

图 23.7 拉伸特征 2

图 23.8 定义草图平面

图 23.9 截面草图

Step6. 创建图 23.10 所示的拔模特征 1。选择下拉菜单 插入(S) ➡ 细节特征(L) ▶ ➡ 拔模(T) 命令，在 脱模方向 区域中指定矢量选择 X 轴的正方向，在 固定面 选择图 23.11 所示的 为参照，在 要拔模的面 区域选择图 23.12 所示的四个曲面为参照，并在 角度 1 文本框中输入值 8。 单击 < 确定 > 按钮，完成拔模特征 1 的创建。

拔模固定平面

要拔模的四个曲面

图 23.10 拔模特征 1   图 23.11 定义拔模固定面   图 23.12 定义拔模面

Step7. 创建图 23.13 所示的零件基础特征——拉伸 3。选择下拉菜单 插入(S) ➡ 设计特征(E) ➡ 拉伸(E)... 命令，系统弹出"拉伸"对话框。选取 XY 基准平面为草图平面，绘制图 23.14 所示的截面草图；在 ✓ 指定矢量 下拉列表中选择 -zc 选项；在 极限 区域的 开始 下拉列表中选择 对称值 选项，并在其下的 距离 文本框中输入值 20，在 布尔 区域的下拉列表中选择 求差 选项，采用系统默认的求差对象。单击 < 确定 > 按钮，完成拉伸特征 3 的创建。

图 23.13 拉伸特征 3   图 23.14 截面草图

Step8. 创建图 23.15 所示的零件特征——镜像。选择下拉菜单 插入(S) ➡ 关联复制(A) ▶ ➡ 镜像特征(M)... 命令，在绘图区中选取图 23.13 所示的拉伸特征 3 为要镜像的特征。在 镜像平面 区域中单击 按钮，在绘图区中选取 XZ 基准平面作为镜像平面。单击 < 确定 > 按钮，完成镜像特征的创建。

图 23.15 镜像特征

Step9. 创建图 23.16 所示的零件基础特征——拉伸 4。选择下拉菜单 插入(S) ➡

设计特征(E) ➡ Ⅲ 拉伸(E)...命令，系统弹出"拉伸"对话框。选取图 23.17 所示的平面为

草图平面，绘制图 23.18 所示的截面草图；在 ✔ 指定矢量 下拉列表中选择 ↘XC 选项；在 极限 区域

的 开始 下拉列表中选择 �📏 值 选项，并在其下的 距离 文本框中输入值 0，在 极限 区域的 结束 下

列表中选择 �📏 值 选项，并在其下的 距离 文本框中输入值 3，在 布尔 区域的下拉列表中选择

⬡ 求和 选项，采用系统默认的求和对象。单击 < 确定 > 按钮，完成拉伸特征 4 的创建。

图 23.16　拉伸特征 4

图 23.17　定义草图平面

图 23.18　截面草图

Step10. 创建边倒圆特征 1。选择下拉菜单 插入(S) ➡ 细节特征(L) ▶ ➡ 🗐 边倒圆(E)...

命令，在 要倒圆的边 区域中单击 ⬡ 按钮，选择图 23.19 所示的边链为边倒圆参照，并在 半径 1 文

本框中输入值 3。单击 < 确定 > 按钮，完成边倒圆特征 1 的创建。

a）圆角前　　　　　　　　　　　　　　　　b）圆角后

图 23.19　边倒圆特征 1

Step11. 创建边倒圆特征 2。选择图 23.20 所示的边链为边倒圆参照，并在 半径 1 文本框

中输入值 3。单击 < 确定 > 按钮，完成边倒圆特征 2 的创建。

图 23.20　定义参照边

Step12. 创建边倒圆特征 3。选择图 23.21 所示的边链为边倒圆参照，并在 半径 1 文本框

中输入值 2。单击 < 确定 > 按钮，完成边倒圆特征 3 的创建。

此四条边
为圆角参照

图 23.21　定义参照边

Step13. 创建边倒圆特征 4。选择图 23.22 所示的边链为边倒圆参照，并在 半径 1 文本框中输入值 2。单击 〈 确定 〉 按钮，完成边倒圆特征 4 的创建。

此边线四条边
为圆角参照

图 23.22　定义参照边

Step14. 创建边倒圆特征 5。选择图 23.23 所示的边链为边倒圆参照，并在 半径 1 文本框中输入值 0.5。单击 〈 确定 〉 按钮，完成边倒圆特征 5 的创建。

此边为圆角参照

图 23.23　定义参照边

Step15. 创建边倒圆特征 6。选择图 23.24 所示的边链为边倒圆参照，并在 半径 1 文本框中输入值 0.5。单击 〈 确定 〉 按钮，完成边倒圆特征 6 的创建。

此边为
圆角参照

图 23.24　定义参照边

Step16. 创建图 23.25 所示的基准平面 2。选择下拉菜单 插入(S) ➡ 基准/点(D) ➡ 基准平面(D)... 命令，系统弹出"基准平面"对话框。在 类型 区域的下拉列表中选择 按某一距离 选项，在绘图区选取图 23.25 所示的平面，输入偏移值 25。单击 〈 确定 〉 按钮，完成基准平面 2 的创建。

Step17. 创建图 23.26 所示的草图 1。选择下拉菜单 插入(S) ➡ 任务环境中的草图(S)... 命令；选取图 23.27 所示的平面为草图平面；进入草图环境绘制。单击 〈 确定 〉 按钮，完成草图特征 1 的创建。

图 23.25　基准平面 2

图 23.26　草图 1

选取该平面

图 23.27　定义草图平面

Step18. 创建图 23.28 所示的草图 2。选择下拉菜单 插入(S) ➡ 任务环境中的草图(S)... 命令；选取基准平面 2 为草图平面；进入草图环境绘制。绘制完成后单击 完成草图 按钮，完成草图特征 2 的创建。

图 23.28　草图 2

Step19. 创建图 23.29 所示的零件特征——网格曲面。选择下拉菜单 插入(S) ➡ ➡ 直纹(R) 命令；依次选取图 23.26 所示的曲线，单击中键确认；选取图 23.28 所示的曲线，单击 < 确定 > 按钮，完成网格曲面特征的创建。

图 23.29　网格曲面特征

Step20. 创建图 23.30 所示的求和特征。选择下拉菜单 插入(S) ➡ 组合(B) ▶ ➡ 求和(U)... 命令，选取图 23.30 所示的特征为目标体，选取图 23.30 所示的特征为刀具体。单击 < 确定 > 按钮，完成求和特征的创建。

图 23.30　求和特征

Step21. 创建图 23.31 所示的零件基础特征——拉伸 5。选择下拉菜单 插入(S) ➡
设计特征(E) ➡ ⬚ 拉伸(E)... 命令，系统弹出"拉伸"对话框。选取图 23.32 所示的平面为草图平面，绘制图 23.33 所示的截面草图；在 ✔ 指定矢量 下拉列表中选择 XC 选项；在 极限 区域的 开始 下拉列表中选择 ⬚ 值 选项，并在其下的 距离 文本框中输入值 0，在 极限 区域的 结束 下拉列表中选择 ⬚ 值 选项，并在其下的 距离 文本框中输入值 20，在 布尔 区域的下拉列表中选择 ⬚ 求和 选项，采用系统默认的求和对象。单击 < 确定 > 按钮，完成拉伸特征 5 的创建。

图 23.31　拉伸特征 5

图 23.32　定义草图平面

图 23.33　截面草图

Step22. 创建图 23.34 所示的拔模特征 2。选择下拉菜单 插入(S) ➡ 细节特征(L) ▶ ➡
⬚ 拔模(T) 命令，在 脱模方向 区域中指定矢量选择 X 轴的正方向，在 固定面 选择图 23.35 所示的平面为参照，在 要拔模的面 区域选择图 23.36 所示的四个面为参照，并在 角度 1 文本框中输入值 1。单击 < 确定 > 按钮，完成拔模特征 2 的创建。

图 23 .34　拔模特征 2

图 23.35　定义拔模固定面

图 23.36　定义拔模面

Step23. 创建边倒圆特征 7。选择图 23.37 所示的边链为边倒圆参照，并在 半径 1 文本框中输入值 3。单击 < 确定 > 按钮，完成边倒圆特征 7 的创建。

图 23.37　定义参照边

Step24. 创建边倒圆特征 8。选择图 23.38 所示的边链为边倒圆参照，并在 半径 1 文本框中输入值 0.5。单击 〈 确定 〉 按钮，完成边倒圆特征 8 的创建。

此两条边
为圆角参照

图 23.38 定义参照边

Step25. 创建图 23.39 所示的基准平面 3。选择下拉菜单 插入(S) ➡ 基准/点(D) ➡ 基准平面(D)... 命令，系统弹出"基准平面"对话框。在 类型 区域的下拉列表中选择 按某一距离 选项，在绘图区选取基准平面 2 为参照，输入偏移值 2。单击 〈 确定 〉 按钮，完成基准平面 3 的创建。

图 23.39 基准平面 3

Step26. 创建图 23.40 所示的零件基础特征——拉伸 6。选择下拉菜单 插入(S) ➡ 设计特征(E) ➡ 拉伸(E)... 命令，系统弹出"拉伸"对话框。选取基准平面 3 为草图平面，绘制图 23.41 所示的截面草图；在 ✔ 指定矢量 下拉列表中选择 XC 选项；在 极限 区域的 开始 下拉列表中选择 值 选项，并在其下的 距离 文本框中输入值 0，在 极限 区域的 结束 下拉列表中选择 值 选项，并在其下的 距离 文本框中输入值 3，在 布尔 区域的下拉列表中选择 求差 选项，采用系统默认的求差对象。单击 〈 确定 〉 按钮，完成拉伸特征 6 的创建。

图 23.40 拉伸特征 6

图 23.41 截面草图

Step27. 创建图 23.42 所示的阵列特征 1。选择下拉菜单 插入(S) ➡ 关联复制(A) ➡ 对特征形成图样(A)... 命令，在绘图区选取图 23.40 所示的拉伸特征 6 为要形成图样的特征。在"对特征形成图样"对话框中 阵列定义 区域的 布局 下拉列表中选择 线性 选项。在 方向 1 区域中，在 *指定矢量 的下拉列表中选择 XC 选项。在"对特征形成图样"对话框中 间距 区域的下拉列表中选择 数量和节距 选项，在 数量 的文本框中输入值 3，在 节距 的文本框中输入值 6。对话框中的其他参数设置保持系统默认；单击 ＜ 确定 ＞ 按钮，完成阵列特征 1 的创建。

图 23.42　阵列特征 1

Step28. 创建图 23.43 所示的草图 3。选择下拉菜单 插入(S) ➡ 任务环境中的草图(S)... 命令；选取基准平面 XZ 为草图平面；进入草图绘制环境。绘制完成后单击 完成草图 按钮，完成草图特征 3 的创建。

图 23.43　草图 3

Step29. 创建图 23.44 所示的草图 4。选择下拉菜单 插入(S) ➡ 任务环境中的草图(S)... 命令；选取图 23.45 所示的平面为草图平面；进入草图绘制环境。绘制完成后单击 完成草图 按钮，完成草图特征 4 的创建。

图 23.44　草图 4

此平面为草图平面

图 23.45　定义草图平面

Step30. 创建图 23.46 所示的扫掠特征。选择下拉菜单 插入(S) ➡ 扫掠(W) ➡ 沿引导线扫掠(G)... 命令，在绘图区选取图 23.44 所示的草图 4 为扫掠的截面曲线串，选取图 23.43 所示的草图 3 中的曲线特征为扫掠的引导线串。采用系统默认的扫掠偏置值，在 布尔 区域的下拉列表中选择 求和 选项，采用系统默认的求和对象。单击"沿引导线扫掠"对话框中的 ＜ 确定 ＞ 按钮。完成扫掠特征的创建。

Step31. 创建图 23.47 所示的零件基础特征——拉伸 7。选择下拉菜单 插入(S) ➡ 设计特征(E) ➡ 拉伸(E) 命令，系统弹出"拉伸"对话框。选取图 23.48 所示的平面为草图平面，绘制图 23.49 所示的截面草图；在 ✔ 指定矢量 下拉列表中选择 ^{XC}选项；在 极限 区域的 开始 下拉列表中选择 🔟 值 选项，并在其下的 距离 文本框中输入值 0，在 极限 区域的 结束 下拉列表中选择 🔟 值 选项，并在其下的 距离 文本框中输入值 8，在 布尔 区域的下拉列表中选择 求差 选项，采用系统默认的求差对象。单击 〈确定〉 按钮，完成拉伸特征 7 的创建。

图 23.46　扫掠特征

图 23.47　拉伸特征 7

此平面为草图平面

图 23.48　定义草图平面

图 23.49　截面草图

Step32. 创建图 23.50 所示的零件基础特征——拉伸 8。选择下拉菜单 插入(S) ➡ 设计特征(E) ➡ 📖 拉伸(E)... 命令，系统弹出"拉伸"对话框。选取图 23.51 所示的平面为草图平面，绘制图 23.52 所示的截面草图；在 ✔ 指定矢量 下拉列表中选择 ^{ZC}选项；在 极限 区域的 开始 下拉列表中选择 🔟 值 选项，并在其下的 距离 文本框中输入值 0，在 极限 区域的 结束 下拉列表中选择 🔟 值 选项，并在其下的 距离 文本框中输入值 0.1，在 布尔 区域的下拉列表中选择 求和 选项，采用系统默认的求和对象。单击 〈确定〉 按钮，完成拉伸特征 8 的创建。

图 23.50　拉伸特征 8

图 23.51　定义草图平面

图 23.52　截面草图

Step33. 创建图 23.53 所示的阵列特征 2。选择下拉菜单 插入(S) ➡ 关联复制(A)▶ ➡ 对特征形成图样(A)... 命令，在绘图区选取图 23.50 所示的拉伸特征 8 为要形成图样的特征。在"对特征形成图样"对话框中 阵列定义 区域的 布局 下拉列表中选择 线性 选项。在 方向 1 区域中 指定矢量 的下拉列表中选择 选项。选取图 23.54 所示的两点，在"对特征形成图样"对话框中 间距 区域下拉列表中选择 数量和节距 选项，在 数量 的文本框中输入值 10，在 节距 的文本框中输入值 1。对话框中的其他参数设置保持系统默认；单击 < 确定 > 按钮，完成阵列特征 2 的创建。

图 23.53　阵列特征 2

图 23.54　定义参照点

Step34. 创建图 23.55 所示的零件基础特征——拉伸 9。选择下拉菜单 插入(S) ➡ 设计特征(E) ➡ 拉伸(E)... 命令，系统弹出"拉伸"对话框。选取图 23.56 所示的平面为草图平面，绘制图 23.56 所示的截面草图；在 指定矢量 下拉列表中选择 zc 选项；在 极限 区域的 开始 下拉列表中选择 值 选项，并在其下的 距离 文本框中输入值 0，在 极限 区域的 结束 下拉列表中选择 值 选项，并在其下的 距离 文本框中输入值 0.1，在 布尔 区域的下拉列表中选择 求和 选项，采用系统默认的求和对象。单击 < 确定 > 按钮，完成拉伸特征 9 的创建。

图 23.55　拉伸特征 9　　　　　　　　图 23.56　定义草图平面

Step35. 创建图 23.57 所示的阵列特征 3。选择下拉菜单 插入(S) ➡ 关联复制(A)▶ ➡ 对特征形成图样(A)... 命令，在绘图区选取图 23.55 所示的拉伸特征 9 为要形成图样的特征。在"对特征形成图样"对话框中 阵列定义 区域的 布局 下拉列表中选择 线性 选项。在 方向 1 区域中 指定矢量 的下拉列表中选择 选项。选取图 23.58 所示的两点为参照，在"对特征形成图样"对话框中 间距 区域的下拉列表中选择 数量和节距 选项，在 数量 的文本框中输入值 10，在 节距 的文本框中输入值 1。对话框中的其他参数设置保持系统默认；单击 〈 确定 〉 按钮，完成阵列特征 3 的创建。

　　　　图 23.57　阵列特征 3　　　　　　　　　　图 23.58　定义参照点

Step36. 保存零件模型。选择下拉菜单 文件(F) ➡ 保存(S) 命令，即可保存零件模型。

实例 24　曲面上创建文字

实例概述

　　本实例介绍了在曲面上创建文字的一般方法，其操作过程是先在平面上创建草绘文字，然后采用拉伸命令和求和特征将文字变成实体。零件模型及模型树如图 24.1 所示。

图 24.1　零件模型及模型树

　　Step1. 新建文件。选择下拉菜单 文件(F) ➡️ 🗋 新建(N)... 命令，系统弹出"新建"对话框。在 模型 选项卡的 模板 区域中选取模板类型为 🔵 模型，在 名称 文本框中输入文件名称 TEXT，单击 确定 按钮，进入建模环境。

　　Step2. 创建图 24.2 所示的零件基础特征——拉伸 1。选择下拉菜单 插入(S) ➡️ 设计特征(E) ➡️ 🛄 拉伸(E)... 命令，系统弹出"拉伸"对话框。选取 XY 平面为草图平面，选中 设置 区域的 ☑ 创建中间基准 CSYS 复选框，绘制图 24.3 所示的截面草图；在 ✔ 指定矢量 下拉列表中选择 ᶻᶜ↑ 选项；在 极限 区域的 开始 下拉列表中选择 🏠 值 选项，并在其下的 距离 文本框中输入值 0，在 极限 区域的 结束 下拉列表中选择 🏠 值 选项，并在其下的 距离 文本框中输入值 11，单击 < 确定 > 按钮，完成拉伸特征 1 的创建。

图 24.2　拉伸特征 1

图 24.3　截面草图

Step3. 创建图 24.4 所示的偏置曲面。选择下拉菜单 插入(S) ➡ 偏置/缩放(O)▶ ➡ 偏置曲面(O)... 命令，系统弹出"偏置曲面"对话框。选择拉伸特征 1 为偏置曲面。在 偏置 1 的文本框中输入值 3；其他参数采用系统默认设置值。单击 < 确定 > 按钮，完成偏置曲面的创建。

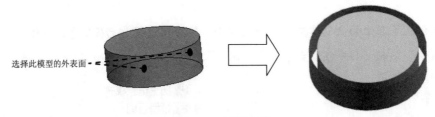

选择此模型的外表面

图 24.4　偏置曲面

Step4. 创建图 24.5 所示的文本特征。选择下拉菜单 插入(S) ➡ 曲线(C) ➡ A 文本(T)... 命令，系统弹出"文本"对话框。在 类型 下拉列表中选择 面上 选项，在 文本放置面 区域选择图 24.6 所示的面，在 面上的位置 区域中的 放置方法 选择 面上的曲线 选项，选择图 24.7 所示的边线为参照，在 文本属性 下面的文本框中输入"北京兆迪"，在 字体 的下拉列表中选择 幼圆 选项，在 尺寸 区域 偏置 的文本框输入值 2.3，在 长度 的文本框输入值 32，在 高度 的文本框输入值 7。单击 < 确定 > 按钮，完成文本特征的创建。

图 24.5　文本特征

图 24.6　定义参照面

图 24.7　定义参照边

Step5. 创建图 24.8 所示的零件基础特征——拉伸 2。选择下拉菜单 插入(S) ➡ 设计特征(E) ➡ 拉伸(E)... 命令，系统弹出"拉伸"对话框。选取图 24.5 所示的截面草图；在 ✔ 指定矢量 下拉列表中选择 -XC 选项；在 极限 区域的 开始 下拉列表中选择 值 选项，并在其下的 距离 文本框中输入值-2，在 极限 区域的 结束 下拉列表中选择 直至选定对象 选项。在 布尔 区域的下拉列表中选择 求和 选项，采用系统默认的求和对象。单击 < 确定 > 按钮，完成拉伸特征 2 的创建。

说明：前面所做的偏置曲面为直至选定的对象。

图 24.8　拉伸特征 2

Step6. 保存零件模型。选择下拉菜单 文件(F) ➡ 保存(S) 命令，即可保存零件模型。

实例 25　灯　　罩

实例概述

　　本实例主要介绍了利用艺术样条创建曲线的特征，通过对扫掠曲面进行加厚操作，就实现了零件的实体特征，读者在绘制过程中应注意艺术样条曲线的创建。零件模型及模型树如图 25.1 所示。

图 25.1　零件模型及模型树

　　Step1. 新建文件。选择下拉菜单 文件(F) ➡ 新建(N)... 命令，系统弹出"新建"对话框。在 模型 选项卡的 模板 区域中选取模板类型为 模型，在 名称 文本框中输入文件名称 INSTANCE_LAMP_SHADE，单击 确定 按钮，进入建模环境。

　　Step2. 创建图 25.2 所示的多边形 1。选择下拉菜单 插入(S) ➡ 曲线(C) ➡ 多边形(P) 命令；在多边形对话框中的 边数 文本框中输入值 10。单击 确定 按钮，选择 内切圆半径 按钮，在 内切圆半径 文本框中输入值 50，单击两次 确定 按钮，然后单击 取消 按钮，完成多边形 1 的创建。

图 25.2　多边形 1

　　Step3. 创建图 25.3 所示的多边形 2。选择下拉菜单 插入(S) ➡ 曲线(C) ➡ 多边形(P) 命令；在多边形对话框中的 边数 文本框中输入值 10。单击 确定 按钮，选择 内切圆半径 按钮，在 内切圆半径 文本框中输入值 50，在 方位角 文本框中输入值 15，单击 确定 按钮，系统弹出"点"对话框。在"点"对话框 输出坐标 区域 Z 的文本框输入值 20，单击 确定 按钮，然后单击 取消 按钮，完成多边形 2 的创建。

图 25.3 多边形 2

Step4. 创建图 25.4 所示的艺术样条。选择下拉菜单 插入(S) ➡ 曲线(C) ➡ 艺术样条(D) 命令；在 类型 区域的下拉列表中选择 根据极点 选项，在指定极点位置依次选取图 25.2 和图 25.4 所示的边线的端点为参考，在 参数化 区域 度 的文本框中输入值 2，其他参数都为默认设置，单击 确定 按钮，完成艺术样条的创建。

图 25.4 艺术样条

Step5. 创建图 25.5 所示的基准平面。选择下拉菜单 插入(S) ➡ 基准/点(D) ➡ 基准平面(D)... 命令，系统弹出"基准平面"对话框。在 类型 区域的下拉列表中选择 按某一距离 选项，在绘图区选取 XY 基准平面，输入偏移值 50。单击 确定 按钮，完成基准平面的创建。

Step6. 创建图 25.6 所示的草图 1。选择下拉菜单 插入(S) ➡ 任务环境中的草图(S)... 命令；选取基准平面为草图平面；进入草图环境绘制草图。绘制完成后单击 完成草图 按钮，完成草图 1 的创建。

图 25.5 基准平面

图 25.6 草图 1

Step7. 创建图 25.7 所示的草图 2。选择下拉菜单 插入(S) ➡ 任务环境中的草图(S)... 命令；选取 YZ 基准平面为草图平面；进入草图环境绘制草图。绘制完成后单击 完成草图 按钮，完成草图 2 的创建。

图 25.7　草图 2

Step8. 创建图 25.8 所示的扫掠特征。选择下拉菜单 插入(S) ➡ 扫掠(W) ➡ 扫掠(S)…
命令，在绘图区选取图 25.7 所示的草图 2 为扫掠的截面曲线串，选取图 25.4 所示的艺术样
条和图 25.6 所示的草图 1 为扫掠的引导线串，并分别单击中键确认。单击"扫掠"对话框
中的 〈 确定 〉 按钮。完成扫掠特征的创建。

Step9. 创建图 25.9 所示的面加厚特征。选择下拉菜单 插入(S) ➡ 偏置/缩放(O) ▶ ➡
加厚(T)… 命令，在 面 区域中单击 按钮，选取图 25.8 所示的曲面为加厚的对象。在 偏置 1 文
本框中输入值 3，在 偏置 2 文本框中输入值 0，单击 确定 按钮，完成面加厚特征的创建。

图 25.8　扫掠特征

图 25.9　面加厚特征

Step10. 保存零件模型。选择下拉菜单 文件(F) ➡ 保存(S) 命令，即可保存零件模
型。

实例 26　香　皂　盒

实例概述

本实例主要运用"拉伸""修剪体""相交曲线""扫掠""壳"等特征命令，在设计此零件的过程中应充分利用了"偏置曲面"命令，下面介绍该零件的设计过程，零件模型及模型树如图 26.1 所示。

图 26.1　零件模型及模型树

Step1. 新建文件。选择下拉菜单 文件(F) ➡ 新建(N)... 命令，系统弹出"新建"对话框。在 模型 选项卡的 模板 区域中选取模板类型为 模型 ，在 名称 文本框中输入文件名称 SOAP_BOX，单击 确定 按钮，进入建模环境。

Step2. 创建图 26.2 所示的零件基础特征——拉伸 1。选择下拉菜单 插入(S) ➡ 设计特征(E) ➡ 拉伸(E)... 命令，系统弹出"拉伸"对话框。选取 XY 平面为草图平面，绘制图 26.3 所示的截面草图；在 ✓ 指定矢量 下拉列表中选择 ZC↑ 选项；在 极限 区域的 开始 下拉列表中选择 值 选项，并在其下的 距离 文本框中输入值 0，在 极限 区域的 结束 下拉列表中选择 值 选项，并在其下的 距离 文本框中输入值 30，单击 < 确定 > 按钮，完成拉伸特征 1 的创建。

图 26.2　拉伸特征 1

图 26.3　截面草图

Step3. 创建图 26.4 所示的零件基础特征——拉伸 2。选择下拉菜单 插入(S) ➡ 设计特征(E) ➡ 拉伸(E)... 命令，系统弹出"拉伸"对话框。选取 YZ 基准平面为草图平面，绘制图 26.5 所示的截面草图；在 ✓ 指定矢量 下拉列表中选择 XC选项；在 极限区域的 开始下拉列表中选择 ⊙ 对称值选项，并在其下的 距离文本框中输入值 75，在 体类型区域的下拉列表中选择 图纸页选项，单击 确定 按钮，完成拉伸特征 2 的创建。

图 26.4 拉伸特征 2

图 26.5 截面草图

Step4. 创建图 26.6 所示的零件基础特征——拉伸 3。选择下拉菜单 插入(S) ➡ 设计特征(E) ➡ 📖 拉伸(E)... 命令，系统弹出"拉伸"对话框。选取 XY 基准平面为草图平面，绘制图 26.7 所示的截面草图；在 ✓ 指定矢量 下拉列表中选择 ZC,选项；在 极限区域的 开始下拉列表中选择 ◆ 直至延伸部分选项，在 极限区域的 结束 下拉列表中选择 ◆ 直至选定对象选项，在 布尔区域的下拉列表中选择 ⊙ 求和选项，采用系统默认的求和对象。单击 确定 按钮，完成拉伸特征 3 的创建。

图 26.6 拉伸特征 3

图 26.7 截面草图

Step5. 创建图 26.8 所示的偏置曲面。选择下拉菜单 插入(S) ➡ 偏置/缩放 (O)▶ ➡ 🔲 偏置曲面(O)... 命令，系统弹出"偏置曲面"对话框。选择图 26.4 所示的拉伸曲面为偏置曲面。在 偏置 1的文本框中输入值 3；单击 ⤬ 按钮调整偏置方向为 Z 基准轴正方向；其他参数采用系统默认设置。单击 确定 按钮，完成偏置曲面的创建。

图 26.8 偏置曲面

Step6. 创建图 26.9 所示的修剪特征 1。选择下拉菜单 插入(S) ➡ 修剪(T) ▶ ➡ 🔲 修剪体(T)... 命令，在绘图区选取图 26.10 所示的特征为目标体，单击中键；选取工具体，单击中键，通过调整方向确定要保留的部分，单击 确定 按钮，完成修剪特征 1 的创建。

图 26.9　修剪特征 1　　　　　　　　图 26.10　定义参照体

Step7. 创建边倒圆特征 1。选择下拉菜单 插入(S) ➡ 细节特征(L) ▶ ➡ 边倒圆(E). 命令，在 要倒圆的边 区域中单击 按钮，选择图 26.11 所示的边链为边倒圆参照，并在 半径 1 文本框中输入值 12。单击 〈 确定 〉 按钮，完成边倒圆特征 1 的创建。

a）圆角前　　　　　　　　　　　　　　b）圆角后

图 26.11　边倒圆特征 1

Step8. 创建边倒圆特征 2。选择图 26.12 所示的边链为边倒圆参照，并在 半径 1 文本框中输入值 4。单击 〈 确定 〉 按钮，完成边倒圆特征 2 的创建。

a）圆角前　　　　　　　　　　　　　　b）圆角后

图 26.12　边倒圆特征 2

Step9. 创建图 26.13 所示的面抽壳特征。选择下拉菜单 插入(S) ➡ 偏置/缩放(O) ▶ ➡ 抽壳(H)... 命令，在 类型 区域的下拉列表中选择 移除面，然后抽壳 选项，在 面 区域中单击 按钮，选取图 26.14 所示的曲面为要移除的对象。在 厚度 文本框中输入值 2，单击"反向"按钮 ，其他参数采用系统默认设置。单击 〈 确定 〉 按钮，完成面抽壳特征的创建。

图 26.13　面抽壳特征　　　　　　　图 26.14　定义移除面

Step10. 创建图 26.15 所示的修剪特征 2。选择下拉菜单 插入(S) ➡ 修剪(T) ▶ ➡ 修剪体(T)... 命令，在绘图区选取图 26.16 所示的实体特征为目标体，单击中键；选取图 26.16

所示的片体为工具体，单击中键，通过调整方向确定要保留的部分，单击 确定 按钮，完成修剪特征 2 的创建。

图 26.15　修剪特征 2

图 26.16　定义参照体

Step11. 创建图 26.17 所示的相交曲线。选择下拉菜单 插入(S) ➞ 来自体的曲线(U) ➞ 求交(I) ，在 第一组 选择图 26.18 所示的面为参照面，单击鼠标中键；在 第二组 选择拉伸特征 2 的片体为参照，单击鼠标中键，单击 "相交曲线" 的 确定 按钮，完成相交曲线的创建。

图 26.17　相交曲线　　　　　　　　　　　　图 26.18　定义参照面

Step12. 创建图 26.19 所示的草图。选择下拉菜单 插入(S) ➞ 任务环境中的草图(S)... 命令；在 类型 下拉列表中选取 基于路径 选项，在 轨迹 区域选取图 26.17 的相交曲线为参照，其他参数保持默认，单击 "创建草图" 的 < 确定 > 按钮进行草绘。

图 26.19　草图

Step13. 创建图 26.20 所示的扫掠特征。选择下拉菜单 插入(S) ➞ 扫掠(W) ➞ 扫掠(S)... 命令，在绘图区选取图 26.19 所示的草图为扫掠的截面曲线串，选取图 26.17 所示的相交曲线特征为扫掠的引导线串。采用系统默认的扫掠偏置值，采用系统默认的求和对象。单击 "沿引导线扫掠" 对话框中的 < 确定 > 按钮。完成扫掠特征的创建。

Step14. 创建求和特征。选择下拉菜单 插入(S) ➞ 组合(B) ▸ ➞ 求和(U)... 命令，选取图 26.21 所示的实体特征为目标体，选取图 26.21 所示的扫掠特征为刀具体。单击 确定 按钮，完成求和特征的创建。

图 26.20　扫掠特征

图 26.21　定义参照体

Step15. 创建图 26.22 所示的零件基础特征——拉伸 4。选择下拉菜单 插入(S) ➡️ 设计特征(E) ➡️ 拉伸(E)... 命令，系统弹出"拉伸"对话框。选取 XY 基准平面为草图平面，绘制图 26.23 所示的截面草图；在 ✔ 指定矢量 下拉列表中选择 ZC↑ 选项；在 极限 区域的 开始 下拉列表中选择 对称值 选项，并在其下的 距离 文本框中输入值 23，在 布尔 区域的下拉列表中选择 求差 选项，采用系统默认的求差对象。单击 确定 按钮，完成拉伸特征 4 的创建。

图 26.22　拉伸特征 4

图 26.23　截面草图

Step16. 创建图 26.24 所示的零件基础特征——拉伸 5。选择下拉菜单 插入(S) ➡️ 设计特征(E) ➡️ 拉伸(E)... 命令，系统弹出"拉伸"对话框。选取 XY 基准平面为草图平面，绘制图 26.25 所示的截面草图；在 ✔ 指定矢量 下拉列表中选择 ZC↑ 选项；在 极限 区域的 开始 下拉列表中选择 对称值 选项，并在其下的 距离 文本框中输入值 23，在 布尔 区域的下拉列表中选择 求差 选项，采用系统默认的求差对象。单击 确定 按钮，完成拉伸特征 5 的创建。

图 26.24　拉伸特征 5

图 26.25　截面草图

Step17. 创建图 26.26 所示的零件基础特征——拉伸 6。选择下拉菜单 插入(S) ➡ 设计特征(E) ➡ 拉伸(E)... 命令，系统弹出"拉伸"对话框。选取图 26.27 所示的平面为草图平面，绘制图 26.28 所示的截面草图；在 ✔ 指定矢量 下拉列表中选择 ᶻᶜ↓ 选项；在 极限 区域的 开始 下拉列表中选择 对称值 选项，并在其下的 距离 文本框中输入值 23，在 布尔 区域的下拉列表中选择 求差 选项，采用系统默认的求差对象。单击 确定 按钮，完成拉伸特征 6 的创建。

图 26.26　拉伸特征 6

草图平面

图 26.27　定义草图平面

图 26.28　截面草图

Step18. 保存零件模型。选择下拉菜单 文件(F) ➡ 保存(S) 命令，即可保存零件模型。

实例 27 牙 刷

实例概述

　　本实例讲解了一款牙刷塑料部分的设计过程，本实例的创建方法技巧性较强，其中组合曲线投影特征的创建过程是首次出现，而且填充阵列的操作性比较强，需要读者用心体会。零件模型及模型树如图 27.1 所示。

图 27.1　零件模型及模型树

　　Step1. 新建文件。选择下拉菜单 文件(F) ➡ 新建(N)... 命令，系统弹出"新建"对话框。在 模型 选项卡的 模板 区域中选取模板类型为 模型，在 名称 文本框中输入文件名称 TOOTHBRUSH，单击 确定 按钮，进入建模环境。

　　Step2. 创建图 27.2 所示的草图 1。选择下拉菜单 插入(S) ➡ 任务环境中的草图(S)... 命令；选取 YZ 基准平面为草图平面；进入草图环境绘制草图。绘制完成后单击 完成草图 按钮，完成草图 1 的创建。

图 27.2　草图 1

　　Step3. 创建图 27.3 所示的草图 2。选择下拉菜单 插入(S) ➡ 任务环境中的草图(S)... 命令；选取 XY 基准平面为草图平面；进入草图环境绘制草图。绘制完成后单击 完成草图 按钮，完成草图 2 的创建。

图 27.3　草图 2

Step4. 创建图 27.4 所示的零件特征——组合投影。选择下拉菜单 插入(S) ➡️ 来自曲线集的曲线(F)▶ ➡️ 组合投影(C) 命令；依次选取图 27.2 所示的草图 1 和图 27.3 所示的草图 2 为参照，并分别单击中键确认；完成组合投影的创建。

图 27.4　组合投影

Step5. 创建图 27.5 所示的零件基础特征——拉伸 1。选择下拉菜单 插入(S) ➡️ 设计特征(E) ➡️ 拉伸(E) 命令，系统弹出"拉伸"对话框。选取 YZ 平面为草图平面，选中 设置区域的 ☑创建中间基准 CSYS 复选框，绘制图 27.6 所示的截面草图；在 ✔指定矢量 下拉列表中选择 XC 选项在 极限 区域的 开始 下拉列表中选择 对称值 选项，并在其下的 距离 文本框中输入值 20，单击 ＜确定＞ 按钮，完成拉伸特征 1 的创建。

图 27.5　拉伸特征 1

图 27.6　截面草图

Step6. 创建图 27.7 所示的零件特征——镜像。选择下拉菜单 插入(S) ➡️ 来自曲线集的曲线(F) ➡️ 镜像(M)... 命令，在绘图区中选取图 27.4 所示的组合投影特征为要镜像的特征。

在 区域中单击 ⬜ 按钮,在绘图区中选取 YZ 基准平面作为镜像平面。单击 〈确定〉 按钮,完成镜像特征的创建。

图 27.7　镜像特征

Step7. 创建图 27.8 所示的草图 3。选择下拉菜单 插入(S) → 🔲 任务环境中的草图(S)... 命令;选取图 27.8 所示的平面为草图平面;进入草图环境,绘制草图。绘制完成后单击 完成草图 按钮,完成草图 3 的创建。

放大图　　　草图平面

图 27.8　草图 3

Step8. 创建图 27.9 所示的零件基础特征——拉伸 2。选择下拉菜单 插入(S) →
设计特征(E) → 🔲 拉伸(E) 命令,系统弹出"拉伸"对话框。选取图 27.10 所示的截面草图;在 🗸 指定矢量 下拉列表中选择 ↓ 选项,在 极限 区域的 开始 下拉列表中选择 对称值 选项,并在其下的 距离 文本框中输入值 20,单击 〈确定〉 按钮,完成拉伸特征 2 的创建。

图 27.9　拉伸特征 2

图 27.10　截面草图

Step9. 创建图 27.11 所示的修剪特征。选择下拉菜单 插入(S) → 修剪(T) ▶ →
🔲 修剪体(T)... 命令,在绘图区选取图 27.12 所示的特征为目标体,单击中键;选取工具体,单击中键,单击 确定 按钮,完成修剪特征的创建。

工具体

目标体

图 27.11　修剪特征

图 27.12　定义参照体

Step10. 创建边倒圆特征 1。选择下拉菜单 插入(S) → 细节特征(L) ▶ → 🔲 边倒圆(E)... 命令,在 要倒圆的边 区域中单击 🔲 按钮,选择图 27.13 所示的边链为边倒圆参照,并在 半径 1 文本框中输入值 10。单击 〈 确定 〉 按钮，完成边倒圆特征 1 的创建。

a）圆角前　　　　　　　　　　　　b）圆角后

图 27.13　边倒圆特征 1

Step11. 创建边倒圆特征 2。选择图 27.14 所示的边链为边倒圆参照，并在 半径 1 文本框中输入值 4。单击 〈 确定 〉 按钮，完成边倒圆特征 2 的创建。

a）圆角前　　　　　　　　　　　　b）圆角后

图 27.14　边倒圆特征 2

Step12. 创建边倒圆特征 3。选择图 27.15 所示的边链为边倒圆参照，并在 半径 1 文本框中输入值 1.5。单击 〈 确定 〉 按钮，完成边倒圆特征 3 的创建。

a）圆角前　　　　　　　　　　　　b）圆角后

图 27.15　边倒圆特征 3

Step13. 创建边倒圆特征 4。选择图 27.16 所示的边链为边倒圆参照，并在 半径 1 文本框中输入值 20。单击 〈 确定 〉 按钮，完成边倒圆特征 4 的创建。

a）圆角前　　　　　　　　　　　　b）圆角后

图 27.16　边倒圆特征 4

Step14. 创建边倒圆特征 5。选择图 27.17 所示的边链为边倒圆参照，并在 半径 1 文本框中输入值 1.5。单击 〈确定〉 按钮，完成边倒圆特征 5 的创建。

a）圆角前   此边链为圆角参照   b）圆角后

图 27.17   边倒圆特征 5

Step15. 创建图 27.18 所示的草图 4。选择下拉菜单 插入(S) ➡️ 任务环境中的草图(S)... 命令；选取图 27.19 所示的平面为草图平面；进入草图环境绘制草图。绘制完成后单击 完成草图 按钮，完成草图 4 的创建。

放大图

图 27.18   草图 4

选择此面为参照

图 27.19   定义草图平面

Step16. 创建图 27.20 所示的孔特征。选择下拉菜单 插入(S) ➡️ 设计特征(E)▶ ➡️ 孔(H)... 命令。在 类型 下拉列表中选择 常规孔 选项，选取图 27.21 所示的点为定位点，在"孔"对话框 形状和尺寸 中的 成形 下拉列表中选择 简单 选项，在 直径 文本框中输入值 2，在 深度 文本框中输入值 3，在 布尔 区域的下拉列表中选择 求差 选项，采用系统默认的求差对象。对话框中的其他参数设置保持系统默认；单击 〈确定〉 按钮，完成孔特征的创建。

放大图

图 27.20   孔特征

206

图 27.21   定位点

Step17. 创建图 27.22 所示的阵列特征。选择下拉菜单 插入(S) ➡️ 关联复制(A)▶ ➡️ 对特征形成图样(A)... 命令，在绘图区选取图 27.20 所示的孔特征为要形成图样的特征。在"对特征形成图样"对话框中 阵列定义 区域的 布局 下拉列表中选择 线性 选项。在 边界 下拉列表中选择 曲线 选项。选中简化边界填充（☑ 简化边界填充）复选框，在 留边距离 的文本框中输入值 1，在 简化布局 下拉列表中选择 菱形 选项在 节距 文本框中输入值 3。对话框中的其他参数设置保持系统默认；单击 〈 确定 〉 按钮，完成阵列特征的创建。

图 27.22　阵列特征

Step18. 保存零件模型。选择下拉菜单 文件(F) ➡ 保存(S) 命令，即可保存零件模型。

实例 28　把　　手

实例概述

　　该零件在进行设计的过程中要充分利用创建的曲面，该零件主要运用了"拉伸"、"镜像"、"偏置曲面"等特征命令。下面介绍了该零件的设计过程，零件模型及模型树如图 28.1 所示。

图 28.1　零件模型及模型树

　　Step1. 新建文件。选择下拉菜单 文件(F) ➡ 新建(N)...命令，系统弹出"新建"对话框。在 模型 选项卡的 模板 区域中选取模板类型为 模型，在 名称 文本框中输入文件名称 HANDLE，单击 确定 按钮，进入建模环境。

　　Step2. 创建图28.2所示的零件基础特征——拉伸1。选择下拉菜单 插入(S) ➡ 设计特征(E) ➡ 拉伸(E)...命令，系统弹出"拉伸"对话框。选取 XY 平面为草图平面，绘制图 28.3 所示的截面草图；在 指定矢量 下拉列表中选择 ZC 选项；在 极限 区域的 开始 下拉列表中选择 值 选项，并在其下的 距离 文本框中输入值 0，在 极限 区域的 结束 下拉列表中选择 值 选项，并在其下的 距离 文本框中输入值 30，单击 < 确定 > 按钮，完成拉伸特征 1 的创建。

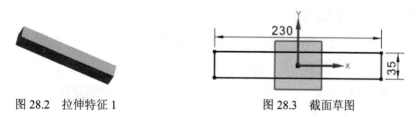

图 28.2　拉伸特征 1　　　　　　　　　　　图 28.3　截面草图

　　Step3. 创建图 28.4 所示的零件基础特征——拉伸 2。选择下拉菜单 插入(S) ➡ 设计特征(E) ➡ 拉伸(E)...命令，系统弹出"拉伸"对话框。选取图 28.5 所示的平面为草图平面，绘制图 28.6 所示的截面草图；在 ✔ 指定矢量 下拉列表中选择 YC 选项；在 极限 区域的 开始 下拉列表中选择 值 选项，并在其下的 距离 文本框中输入值 0，在 极限 区域的 结束 下拉列表中选择 贯通 选项，在 布尔 区域的下拉列表中选择 求差 选项，采用系统默认的求差对象。单击 确定 按钮，完成拉伸特征 2 的创建。

图 28.4　拉伸特征 2　　　　　　　　　　　图 28.5　定义草图平面

图 28.6　截面草图

Step4. 创建图 28.7 所示的零件基础特征——拉伸 3。选择下拉菜单 插入(S) ➡ 设计特征(E) ➡ 拉伸(E)... 命令，系统弹出"拉伸"对话框。选取 XZ 基准平面为草图平面，绘制图 28.8 所示的截面草图；在 ✔ 指定矢量 下拉列表中选择 YC 选项；在 极限 区域的 开始 下拉列表中选择 对称值 选项，并在其下的 距离 文本框中输入值 58.5，在 布尔 区域的下拉列表中选择 无 选项，在 体类型 区域的下拉列表中选择 图纸页 选项，单击 确定 按钮，完成拉伸特征 3 的创建。

图 28.7　拉伸特征 3　　　　　　　　　　　图 28.8　截面草图

Step5. 创建图 28.9 所示的零件基础特征——拉伸 4。选择下拉菜单 插入(S) ➡ 设计特征(E) ➡ 拉伸(E)... 命令，系统弹出"拉伸"对话框。选取图 28.10 所示的平面为草图平面，绘制图 28.11 所示的截面草图；在 ✔ 指定矢量 下拉列表中选择 ZC 选项；在 极限 区域的 开始 下拉列表中选择 值 选项，并在其下的 距离 文本框中输入值 0，在 极限 区域的 结束 下拉列表中选择 直至选定对象 选项，在 布尔 区域的下拉列表中选择 求差 选项，选取拉伸特征 1 为求差对象。单击 确定 按钮，完成拉伸特征 4 的创建。

图 28.9　拉伸特征 4　　　　　图 28.10　定义草图平面　　　　　图 28.11　截面草图

Step6. 创建图 28.12 所示的零件基础特征——拉伸 5。选择下拉菜单 插入(S) ➡️ 设计特征(E) ➡️ ⚪ 拉伸(E)... 命令，系统弹出"拉伸"对话框。选取图 28.10 所示的平面为草图平面，绘制图 28.13 所示的截面草图；在 ✔ 指定矢量 下拉列表中选择 ZC↑ 选项；在 极限 区域的 开始 下拉列表中选择 📦 值 选项，并在其下的 距离 文本框中输入值 0，在 极限 区域的 结束 下拉列表中选择 📦 值 选项，并在其下的 距离 文本框中输入值 59，在 布尔 区域的下拉列表中选择 ⚫ 求差 选项，采用系统默认的求差对象。单击 确定 按钮，完成拉伸特征 5 的创建。

图 28.12　拉伸特征 5　　　　　　　　图 28.13　截面草图

Step7. 创建图 28.14 所示的偏置曲面。选择下拉菜单 插入(S) ➡️ 偏置/缩放(O)▶ ➡️ 🔲 偏置曲面(O)... 命令，系统弹出"偏置曲面"对话框。选择图 28.15 所示的曲面为偏置曲面。在 偏置 1 的文本框中输入值 2；单击 ⤢ 按钮调整偏置方向为 Z 基准轴负向；其他参数采用系统默认设置。单击 确定 按钮，完成偏置曲面的创建。

图 28.14　偏置曲面

图 28.15　定义参照面

Step8. 创建图 28.16 所示的零件基础特征——拉伸 6。选择下拉菜单 [插入(S)] ➡️
[设计特征(E)] ➡️ [拉伸(E)...] 命令，系统弹出"拉伸"对话框。选取图 28.17 所示的平面为草图平面，绘制图 28.18 所示的截面草图；在 ✓ [指定矢量] 下拉列表中选择 [ZC↑] 选项；在 [极限] 区域的 [开始] 下拉列表中选择 [值] 选项，并在其下的 [距离] 文本框中输入值 0，在 [极限] 区域的 [结束] 下拉列表中选择 [直至选定对象] 选项，在 [布尔] 区域的下拉列表中选择 [求差] 选项，选取拉伸特征 1为求差对象。单击 [确定] 按钮，完成拉伸特征 6 的创建。

说明：偏置曲面 1 为拉伸直至选定的对象。

Step9. 创建图 28.19 所示的拔模特征。选择下拉菜单 [插入(S)] ➡️ [细节特征(L) ▸] ➡️
[拔模(T)] 命令，在 [脱模方向] 区域中指定矢量选择 Z 轴的负方向，在 [固定面] 选择图 28.20 所示的面为参照，在 [要拔模的面] 区域选择图 28.21 所示的面为参照，并在 [角度 1] 文本框中输入值 8。单击 [< 确定 >] 按钮，完成拔模特征的创建。

图 28.16　拉伸特征 6

图 28.17　定义草图平面
此平面为草图平面

图 28.18　截面草图

图 28.19　拔模特征

图 28.20　定义拔模固定面
选取该面为拔模固定面

图 28.21　定义拔模面
要拔模的曲面

Step10. 创建图 28.22 所示的零件基础特征——拉伸 7。选择下拉菜单 [插入(S)] ➡️
[设计特征(E)] ➡️ [拉伸(E)...] 命令，系统弹出"拉伸"对话框。选取图 28.23 所示的平面为草图平面，绘制图 28.24 所示的截面草图；在 ✓ [指定矢量] 下拉列表中选择 [ZC↑] 选项；在 [偏置] 区域的 [偏置] 下拉列表中选取 [两侧] 选项，在 [开始] 的文本框输入数值 0，在 [结束] 的文本框输入数值1；在 [极限] 区域的 [开始] 下拉列表中选择 [直至延伸部分] 选项，选取拉伸特征 3 创建的片体，在 [极限]

区域的 结束 下拉列表中选择 直至选定对象 选项，选取偏置曲面为选定对象，在 布尔 区域的下拉列表中选择 求和 选项，采用系统默认的求和对象。单击 确定 按钮，完成拉伸特征 7 的创建。

图 28.22　拉伸特征 7　　　　　　　　　图 28.23　草图平面

图 28.24　截面草图

Step11. 创建图 28.25 所示的零件基础特征——拉伸 8。选择下拉菜单 插入(S) ➡ 设计特征(E) ➡ 拉伸(E).. 命令，系统弹出"拉伸"对话框。选取图 28.26 所示的平面为草图平面，绘制图 28.27 所示的截面草图；在 指定矢量 下拉列表中选择 ZC↑ 选项；在 偏置 区域的 偏置 下拉列表中选取 两侧 选项，在 开始 的文本框输入值 0，在 结束 的文本框输入值 1；在 极限 区域的 开始 下拉列表中选择 直至延伸部分 选项，选取拉伸特征 3 创建的片体，在 极限 区域的 结束 下拉列表中选择 直至选定对象 选项，选取偏置曲面为选定对象，在 布尔 区域的下拉列表中选择 求和 选项，采用系统默认的求和对象。单击 确定 按钮，完成拉伸特征 8 的创建。

图 28.25　拉伸特征 8　　　　　　　　　图 28.26　草图平面

图 28.27　截面草图

Step12. 后面的详细操作过程请参见随书光盘中 video\ch03\reference\文件下的语音视频讲解文件 HANDLE-r02.exe。

第 4 章

装配设计实例

本章主要包含如下内容:

实例 29　锁 扣 组 件

29.1　实 例 概 述

本实例介绍了一个简单的扣件的设计过程，通过介绍图 29.1.1 所示扣件的设计，来学习和掌握产品装配的一般过程，熟悉装配的操作流程。本实例先通过设计每个零部件，然后再到装配，循序渐进，由浅入深。

图 29.1.1　扣件装配模型

29.2　扣 件 上 盖

零件模型及模型树如图 29.2.1 所示。

图 29.2.1　零件模型及模型树

Step1. 新建文件。选择下拉菜单 文件(F) ➡️ 🗋 新建(N)... 命令，系统弹出"新建"对话框。在 模型 选项卡的 模板 区域中选取模板类型为 🔩 模型，在 名称 文本框中输入文件名称 FASTENER_TOP，单击 确定 按钮，进入建模环境。

Step2. 创建图 29.2.2 所示的零件基础特征——拉伸 1。选择下拉菜单 插入(S) ➡️ 设计特征(E) ➡️ 🛢 拉伸(E)... 命令，系统弹出"拉伸"对话框。选取 YZ 平面为草图平面，选中 设置 区域的 ☑ 创建中间基准 CSYS 复选框，绘制图 29.2.3 所示的截面草图；在 ✓ 指定矢量 下拉列表中选择 🗴ᶜ 选项，在 极限 区域的 开始 下拉列表中选择 🔻 对称值 选项，并在其下的 距离 文本框中输入值 2.5，在 偏置 下拉列表中选择 两侧 选项，在 开始 文本框中输入值-1，在 结束 文本框中输入值 0，单击 < 确定 > 按钮，完成拉伸特征 1 的创建。

图 29.2.2 拉伸特征 1

图 29.2.3 截面草图

Step3. 创建边倒圆特征 1。选择下拉菜单 插入(S) ➡️ 细节特征(L) ▶ ➡️ 🗾 边倒圆(E)... 命令，在 要倒圆的边 区域中单击 ⬡ 按钮，选择图 29.2.4 所示的边链为边倒圆参照，并在 半径 1 文本框中输入值 1。单击 < 确定 > 按钮，完成边倒圆特征 1 的创建。

a）圆角前　　　　　　　　　　　　　　　　　b）圆角后

图 29.2.4 边倒圆特征 1

Step4. 创建边倒圆特征 2。选择图 29.2.5 所示的边链为边倒圆参照，并在 半径 1 文本框中输入值 0.5。单击 < 确定 > 按钮，完成边倒圆特征 2 的创建。

a）圆角前　　　　　　　　　　　　　　　　　b）圆角后

图 29.2.5 边倒圆特征 2

　　Step5. 创建图 29.2.6 所示的零件基础特征——拉伸 2。选择下拉菜单 插入(S) ➡ 设计特征(E) ➡ Ⅲ 拉伸(E)... 命令，系统弹出"拉伸"对话框。选取图 29.2.7 所示的平面为草图平面，取消选中 设置 区域的 □ 创建中间基准 CSYS 复选框，绘制图 29.2.8 所示的截面草图；在 ✔ 指定矢量 下拉列表中选择 ↓ZC 选项；在 极限 区域的 开始 下拉列表中选择 血 值 选项，并在其下的 距离 文本框中输入值 0，在 极限 区域的 结束 下拉列表中选择 ⊗ 贯通 选项，在 布尔 区域的下拉列表中选择 □ 求差 选项，采用系统默认的求差对象。单击 〈 确定 〉 按钮，完成拉伸特征 2 的创建。

　　　图 29.2.6　拉伸特征 2　　　　　图 29.2.7　定义草图平面　　　　　图 29.2.8　截面草图

　　Step6. 创建边倒圆特征 3。选择图 29.2.9 所示的边链为边倒圆参照，并在 半径 1 文本框中输入值 0.2。单击 〈 确定 〉 按钮，完成边倒圆特征 3 的创建。

a）圆角前　　　　　　　　　　　　　　　　　　　　b）圆角后

图 29.2.9　边倒圆特征 3

　　Step7. 创建图 29.2.10 所示的面倒圆特征。选择下拉菜单 插入(S) ➡ 细节特征(L) ▶ ➡ ◎ 面圆角(F) 命令，在 类型 下拉列表中选择 ◎ 两个定义面链 选项，在 面链 区域选择图 29.2.11 所示的面链 1，选择图 29.2.12 所示的面链 2，在 横截面 的 截面方位 的下拉列表中选择 ◎ 滚球 选项，在 半径 文本框中输入值 0.2，单击 〈 确定 〉 按钮，完成面倒圆特征的创建。

　图 29.2.10　面倒圆特征　　　　图 29.2.11　定义参照面　　　　图 29.2.12　定义参照面

Step8. 创建边倒圆特征 4。选择图 29.2.13 所示的边链为边倒圆参照，并在 半径 1 文本框中输入值 0.2。单击 〈 确定 〉 按钮，完成边倒圆特征 4 的创建。

a）圆角前   b）圆角后

图 29.2.13　边倒圆特征 4

Step9. 创建图 29.2.14 所示的零件基础特征——拉伸 3。选择下拉菜单 插入(S) ➡ 设计特征(E) ➡ 拉伸(E)... 命令，系统弹出"拉伸"对话框。选取 YZ 基准平面为草图平面，绘制图 29.2.15 所示的截面草图；在 指定矢量 下拉列表中选择 XC 选项；在 极限 区域的 开始 下拉列表中选择 对称值 选项，并在其下的 距离 文本框中输入值 1.5，在 布尔 区域的下拉列表中选择 求和 选项，采用系统默认的求和对象。单击 确定 按钮，完成拉伸特征 3 的创建。

图 29.2.14　拉伸特征 3

图 29.2.15　截面草图

Step10. 创建图 29.2.16 所示的零件基础特征——拉伸 4。选择下拉菜单 插入(S) ➡ 设计特征(E) ➡ 拉伸(E)... 命令，系统弹出"拉伸"对话框。选取 YZ 基准平面为草图平面，绘制图 29.2.17 所示的截面草图；在 指定矢量 下拉列表中选择 XC 选项；在 极限 区域的 开始 下拉列表中选择 对称值 选项，并在其下的 距离 文本框中输入值 3，在 布尔 区域的下拉列表中选择 求差 选项，采用系统默认的求差对象。单击 〈 确定 〉 按钮，完成拉伸特征 4 的创建。

图 29.2.16　拉伸特征 4

图 29.2.17　截面草图

Step11. 创建图 29.2.18 所示的零件特征——镜像 1。选择下拉菜单 插入(S) ➡ 关联复制(A) ▶

➡ 镜像特征(M)...命令，在绘图区中选取图 29.2.14 所示的拉伸特征 3 和图 29.2.16 所示的拉伸特征 4 为要镜像的特征。在 镜像平面 区域中单击 按钮，在绘图区中选取 XZ 基准平面作为镜像平面。单击 确定 按钮，完成镜像特征 1 的创建。

图 29.2.18 镜像特征 1

Step12. 创建图 29.2.19 所示的零件基础特征——拉伸 5。选择下拉菜单 插入(S) ➡ 设计特征(E) ➡ 拉伸(E)...命令，系统弹出"拉伸"对话框。选取图 29.2.20 所示的平面为草图平面，绘制图 29.2.21 所示的截面草图；在 指定矢量 下拉列表中选择 XC 选项；在 极限 区域的 开始 下拉列表中选择 值 选项，并在其下的 距离 文本框中输入值 0，在 极限 区域的 结束 下拉列表中选择 值 选项，并在其下的 距离 文本框中输入值 0.4，在 布尔 区域的下拉列表中选择 求差 选项，采用系统默认的求差对象。单击 确定 按钮，完成拉伸特征 5 的创建。

图 29.2.19 拉伸特征 5   图 29.2.20 定义草图平面   图 29.2.21 截面草图

Step13. 创建图 29.2.22 所示的零件特征——镜像 2。选择下拉菜单 插入(S) ➡ 关联复制(A) ➡ 镜像特征(M)...命令，在绘图区中选取图 29.2.19 所示的拉伸特征 5 为要镜像的特征。在 镜像平面 区域中单击 按钮，在绘图区中选取 YZ 基准平面作为镜像平面。单击 确定 按钮，完成镜像特征 2 的创建。

图 29.2.22 镜像特征 2

Step14. 创建图 29.2.23 边倒圆特征 5。选择图 29.2.24 所示的边链为边倒圆参照，并在 半径 1 文本框中输入值 0.1。单击 确定 按钮，完成边倒圆特征 5 的创建。

图 29.2.23　边倒圆特征 5

这四条边链为圆角参照

图 29.2.24　定义参照边

Step15. 创建图 29.2.25 所示的零件基础特征——拉伸 6。选择下拉菜单 插入⑤ ➡ 设计特征⑥ ➡ 拉伸⑥... 命令，系统弹出"拉伸"对话框。选取图 29.2.26 所示的平面为草图平面，绘制图 29.2.27 所示的截面草图；在 ✔指定矢量 下拉列表中选择 ZC↑ 选项；在 极限 区域的 开始 下拉列表中选择 值 选项，并在其下的 距离 文本框中输入值 0，在 极限 区域的 结束 下拉列表中选择 值 选项，并在其下的 距离 文本框中输入值 0.5，在 布尔 区域的下拉列表中选择 求和 选项，采用系统默认的求和对象。单击 〈确定〉 按钮，完成拉伸特征 6 的创建。

此面为草图平面

图 29.2.25　拉伸特征 6　　　　图 29.2.26　定义草图平面　　　　图 29.2.27　截面草图

Step16. 创建边倒圆特征 6。选择图 29.2.28 所示的边链为边倒圆参照，并在 半径 1 文本框中输入值 0.3。单击 〈确定〉 按钮，完成边倒圆特征 6 的创建。

这八条边为圆角参照

a）圆角前　　　　　　　　　　　　　　　b）圆角后

图 29.2.28　边倒圆特征 6

Step17. 创建边倒圆特征 7。选择图 29.2.29 所示的边链为边倒圆参照，并在 半径 1 文本框中输入值 0.5。单击 < 确定 > 按钮，完成边倒圆特征 7 的创建。

　　a）圆角前　　　　　　　　　　　　　　　　　　b）圆角后

图 29.2.29　边倒圆特征 7

　　Step18. 创建边倒圆特征 8。选择图 29.2.30 所示的边链为边倒圆参照，并在 半径 1 文本框中输入值 0.2。单击 < 确定 > 按钮，完成边倒圆特征 8 的创建。

　　a）圆角前　　　　　　　　　　　　　　　　　　b）圆角后

图 29.2.30　边倒圆特征 8

　　Step19. 创建边倒圆特征 9。选择图 29.2.31 所示的边链为边倒圆参照，并在 半径 1 文本框中输入值 0.1。单击 < 确定 > 按钮，完成边倒圆特征 9 的创建。

　　a）圆角前　　　　　　　　　　　　　　　　　　b）圆角后

图 29.2.31　边倒圆特征 9

　　Step20. 创建边倒圆特征 10。选择图 29.2.32 所示的边链为边倒圆参照，并在 半径 1 文本框中输入值 0.2。单击 < 确定 > 按钮，完成边倒圆特征 10 的创建。

　　Step21. 保存零件模型。选择下拉菜单 文件(F) ➡ 🖫 保存(S) 命令，即可保存零件模型。

此两条边链为圆角参照

放大图　　　　　　　　　　　　　　放大图

a）圆角前　　　　　　　　　　　　　　b）圆角后

图 29.2.32　边倒圆特征 10

29.3　扣　件　下　盖

零件模型及模型树如图 29.3.1 所示。

图 29.3.1　零件模型及模型树

Step1. 新建文件。选择下拉菜单 文件(F) ➡ 新建(N)... 命令，系统弹出"新建"对话框。在 模型 选项卡的 模板 区域中选取模板类型为 模型 ，在 名称 文本框中输入文件名称 FASTENER_DOWN，单击 确定 按钮，进入建模环境。

Step2. 创建图 29.3.2 所示的零件基础特征——拉伸 1。选择下拉菜单 插入(S) ➡ 设计特征(E) ➡ 拉伸(E)... 命令，系统弹出"拉伸"对话框。选取 YZ 平面为草图平面，选中 设置 区域的 ☑ 创建中间基准 CSYS 复选框，绘制图 29.3.3 所示的截面草图；在 ✔ 指定矢量 下拉列表中选择 XC 选项，在 极限 区域的 开始 下拉列表中选择 对称值 选项，并在其下的 距离 文本框中输入值 3，单击 < 确定 > 按钮，完成拉伸特征 1 的创建。

图 29.3.2　拉伸特征 1

图 29.3.3　截面草图

Step3. 创建图 29.3.4 所示的零件基础特征——拉伸 2。选择下拉菜单 插入(S) ➡

设计特征(E) ➡ 拉伸(E)... 命令，系统弹出"拉伸"对话框。选取 YZ 基准平面为草图平

面，取消选中 设置 区域的 □创建中间基准 CSYS 复选框，绘制图 29.3.5 所示的截面草图；在

√ 指定矢量 下拉列表中选择 XC 选项；在 极限 区域的 开始 下拉列表中选择 对称值 选项，并在其

下的 距离 文本框中输入值 4，在 布尔 区域的下拉列表中选择 求差 选项，采用系统默认的求差

对象。单击 〈确定〉 按钮，完成拉伸特征 2 的创建。

图 29.3.4　拉伸特征 2

图 29.3.5　截面草图

Step4. 创建图 29.3.6 所示的零件基础特征——拉伸 3。选择下拉菜单 插入(S) ➡

设计特征(E) ➡ 拉伸(E)... 命令，系统弹出"拉伸"对话框。选取图 29.3.7 所示的平面为

草图平面，绘制图 29.3.8 所示的截面草图；在 √ 指定矢量 下拉列表中选择 选项，然后选取

图 29.3.7 所示的平面；在 极限 区域的 开始 下拉列表中选择 值 选项，并在其下的 距离 文本框中

输入值 0，在 极限 区域的 结束 下拉列表中选择 值 选项，并在其下的 距离 文本框中输入值 1，

在 布尔 区域的下拉列表中选择 求和 选项，采用系统默认的求和对象。单击 〈确定〉 按钮，

完成拉伸特征 3 的创建。

图 29.3.6　拉伸特征 3

选取该平面

图 29.3.7　定义草图平面

图 29.3.8　截面草图

Step5. 创建图 29.3.9 所示的零件基础特征——拉伸 4。选择下拉菜单 插入(S) ➡

设计特征(E) ➡ 拉伸(E)... 命令，系统弹出"拉伸"对话框。选取图 29.3.10 所示的平面

为草图平面，绘制图 29.3.11 所示的截面草图；在 √ 指定矢量 下拉列表中选择 选项；在 极限

区域的 开始 下拉列表中选择 值 选项，并在其下的 距离 文本框中输入值 0，在 极限 区域的 结束

下拉列表中选择 贯通 选项，在 布尔 区域的下拉列表中选择 求差 选项，采用系统默认的求

差对象。单击 〈确定〉 按钮，完成拉伸特征 4 的创建。

Step6. 创建边倒圆特征 1。选择下拉菜单 插入(S) ➡ 细节特征(L) ▶ ➡ 边倒圆(E)...

命令，在 要倒圆的边 区域中单击 按钮，选择图 29.3.12 所示的边链为边倒圆参照，并在 半径 1

文本框中输入值 0.3。单击 < 确定 > 按钮，完成边倒圆特征 1 的创建。

图 29.3.9　拉伸特征 4　　　　图 29.3.10　定义草图平面　　　　图 29.3.11　截面草图

图 29.3.12　边倒圆特征 1

Step7. 创建边倒圆特征 2。选择图 29.3.13 所示的边链为边倒圆参照，并在 半径 1 文本框中输入值 5。单击 < 确定 > 按钮，完成边倒圆特征 2 的创建。

图 29.3.13　边倒圆特征 2

Step8. 创建图 29.3.14 所示的零件特征—— 镜像。选择下拉菜单 插入(S) ➡ 关联复制(A) ▶ ➡ 镜像特征(M)... 命令，在绘图区中选取前面创建的所有特征为要镜像的特征。在 镜像平面 区域中单击 按钮，在绘图区中选取 XY 基准平面作为镜像平面。单击 < 确定 > 按钮，完成镜像特征的创建。

图 29.3.14　镜像特征

Step9. 创建求和特征。选择下拉菜单 插入(S) ➡ 组合(B) ▶ ➡ 求和(U)... 命令，选取图 29.3.15 所示的实体特征为目标体，选取图 29.3.15 所示的镜像特征为刀具体。单

击 <mark>〈 确定 〉</mark> 按钮，完成求和特征的创建。

刀具体　　　　　　　目标体

图 29.3.15　求和特征

Step10. 创建图 29.3.16 所示的零件基础特征——拉伸 5。选择下拉菜单 <mark>插入(S)</mark> ➡️ <mark>设计特征(E)</mark> ➡️ <mark>⬚拉伸(E)</mark> 命令，系统弹出"拉伸"对话框。选取 YZ 基准平面为草图平面，绘制图 29.3.17 所示的截面草图；在 <mark>✔指定矢量</mark> 下拉列表中选择 <mark>XC</mark> 选项；在 <mark>极限</mark> 区域的 <mark>开始</mark> 下拉列表中选择 <mark>对称值</mark> 选项，并在其下的 <mark>距离</mark> 文本框中输入值 2，在 <mark>布尔</mark> 区域的下拉列表中选择 <mark>求差</mark> 选项，采用系统默认的求差对象。单击 <mark>〈 确定 〉</mark> 按钮，完成拉伸特征 5 的创建。

图 29.3.16　拉伸特征 5

图 29.3.17　截面草图

Step11. 创建图 29.3.18 所示的零件基础特征——拉伸 6。选择下拉菜单 <mark>插入(S)</mark> ➡️ <mark>设计特征(E)</mark> ➡️ <mark>⬚拉伸(E)</mark> 命令，系统弹出"拉伸"对话框。选取 XY 基准平面为草图平面，绘制图 29.3.19 所示的截面草图；在 <mark>✔指定矢量</mark> 下拉列表中选择 <mark>ZC</mark> 选项；在 <mark>极限</mark> 区域的 <mark>开始</mark> 下拉列表中选择 <mark>对称值</mark> 选项，并在其下的 <mark>距离</mark> 文本框中输入值 4，在 <mark>布尔</mark> 区域的下拉列表中选择 <mark>求差</mark> 选项，采用系统默认的求差对象。单击 <mark>〈 确定 〉</mark> 按钮，完成拉伸特征 6 的创建。

图 29.3.18　拉伸特征 6

图 29.3.19　截面草图

Step12. 创建图 29.3.20 所示的零件基础特征——拉伸 7。选择下拉菜单 <mark>插入(S)</mark> ➡️ <mark>设计特征(E)</mark> ➡️ <mark>⬚拉伸(E)</mark> 命令，系统弹出"拉伸"对话框。选取 XY 基准平面为草图平面，绘制图 29.3.21 所示的截面草图；在 <mark>✔指定矢量</mark> 下拉列表中选择 <mark>ZC</mark> 选项；在 <mark>极限</mark> 区域的 <mark>开始</mark>

下拉列表中选择 `对称值` 选项，并在其下的 `距离` 文本框中输入值 6，在 `布尔` 区域的下拉列表中选择 `求差` 选项，采用系统默认的求差对象。单击 `〈 确定 〉` 按钮，完成拉伸特征 7 的创建。

图 29.3.20　拉伸特征 7

图 29.3.21　截面草图

Step13. 创建边倒圆特征 3。选择图 29.3.22 所示的边链为边倒圆参照，并在 `半径 1` 文本框中输入值 1。单击 `〈 确定 〉` 按钮，完成边倒圆特征 3 的创建。

a）圆角前　　　　　　　　　　　b）圆角后

图 29.3.22　边倒圆特征 3

Step14. 创建边倒圆特征 4。选择图 29.3.23 所示的边链为边倒圆参照，并在 `半径 1` 文本框中输入值 0.5。单击 `〈 确定 〉` 按钮，完成边倒圆特征 4 的创建。

a）圆角前　　　　　　　　　　　b）圆角后

图 29.3.23　边倒圆特征 4

Step15. 创建边倒圆特征 5。选择图 29.3.24 所示的边链为边倒圆参照，并在 `半径 1` 文本框中输入值 0.2。单击 `〈 确定 〉` 按钮，完成边倒圆特征 5 的创建。

a）圆角前　　　　　　　　　　　b）圆角后

图 29.3.24　边倒圆特征 5

Step16. 创建边倒圆特征 6。选择图 29.3.25 所示的边链为边倒圆参照，并在 半径1 文本框中输入值 0.2。单击 < 确定 > 按钮，完成边倒圆特征 6 的创建。

此边为圆角参照

a）圆角前　　　　　　　　　　　　　　b）圆角后

图 29.3.25　边倒圆特征 6

Step17. 保存零件模型。选择下拉菜单 文件(F) ➡ 保存(S) 命令，即可保存零件模型。

29.4　装 配 设 计

Step1. 新建文件。选择下拉菜单 文件(F) ➡ 新建(N)... 命令，系统弹出"新建"对话框。在 模型 选项卡的 模板 区域中选取模板类型为 装配 ，在 名称 文本框中输入文件名称 FASTENER，单击 确定 按钮，进入装配环境。

Step2. 添加图 29.4.1 所示的第一个部件。在"添加组件"对话框中单击"打开"按钮，选择 D:\ugins8\work\ch04\ins29\FASTENER_TOP，然后单击 OK 按钮。在"添加组件"对话框中的 放置 区域的 定位 下拉列表中选取 绝对原点 选项，其他参数为默认设置值，单击 确定 按钮，此时扣件上盖已被添加到装配文件中。

图 29.4.1　装配零件 1

Step3. 添加图 29.4.2 所示的第二个部件。

（1）选择下拉菜单 装配(A) ➡ 组件(C) ➡ 添加组件(A)... 命令，系统弹出"添加组件"对话框，在"添加组件"对话框中单击"打开"按钮，选择 D:\ugins8\work\ch04\ins29\PASTENER-DOWN，然后单击 OK 按钮。系统返回到"添加组件"对话框。在"添加组件"对话框中的 放置 区域的 定位 下拉列表中选取 通过约束 选项，单击 应用 按钮，此时系统弹出"装配约束"对话框。

（2）在"装配约束"对话框 预览 区域中选中 ☑ 在主窗口中预览组件 复选框；在 类型 下拉列表

中选择 接触对齐 选项，在 要约束的几何体 区域的 方位 下拉列表中选择 接触 选项，在"组件
预览"对话框中选择图 29.4.3 所示的面 1，然后在图形区选择图 29.4.3 所示的面 2，单击
应用 按钮，完成平面的接触；在 类型 下拉列表中选择 中心 选项，在 要约束的几何体 区域
的 子类型 下拉列表中选择 2 对 2 选项，在"组件预览"对话框中选择图 29.4.4 所示的参照 1，
然后在图形区选择图 29.4.4 所示的参照 2，单击 应用 按钮，单击 取消 按钮，完成
中心对齐。

图 29.4.2　装配零件 2

图 29.4.3　定义装配约束 1

图 29.4.4　定义装配约束 2

Step4. 保存零件模型。选择下拉菜单 文件(F) ➡ 🔲 保存(S) 命令，即可保存零件模型。

实例 30　儿童喂药器

30.1　实例概述

本实例是儿童喂药器的设计，在创建零件时首先创建喂药器管、喂药器推杆和橡胶塞的零部件，然后再进行装配设计。相应的装配零件模型如图 30.1.1 所示。

图 30.1.1　装配零件模型

30.2　喂药器管

零件模型及模型树如图 30.2.1 所示。

图 30.2.1　零件模型及模型树

Step1. 新建文件。选择下拉菜单 文件(F) ➡ 新建(N)...命令，系统弹出"新建"对话框。在 模型 选项卡的 模板 区域中选取模板类型为 模型，在 名称 文本框中输入文件名称 BABY_MEDICINE_01，单击 确定 按钮，进入建模环境。

Step2. 创建图 30.2.2 所示的零件基础特征——拉伸 1。选择下拉菜单 插入(S) ➡️ 设计特征(E) ➡️ 拉伸(E)... 命令，系统弹出"拉伸"对话框。选取 YZ 平面为草图平面，选中 设置 区域的 ☑ 创建中间基准 CSYS 复选框，绘制图 30.2.3 所示的截面草图；在 指定矢量 下拉列表中选择 XC 选项，在 极限 区域的 开始 下拉列表中选择 对称值 选项，并在其下的 距离 文本框中输入值 15，在 偏置 下拉列表中选择 两侧 选项，在 开始 文本框中输入值 0，在 结束 文本框中输入值-2，单击 〈确定〉 按钮，完成拉伸特征 1 的创建。

图 30.2.2　拉伸特征 1　　　　　图 30.2.3　截面草图

Step3. 创建图 30.2.4 所示的零件基础特征——拉伸 2。选择下拉菜单 插入(S) ➡️ 设计特征(E) ➡️ 拉伸(E)... 命令，系统弹出"拉伸"对话框。选取 XY 基准平面为草图平面，取消选中 设置 区域的 ☐ 创建中间基准 CSYS 复选框，绘制图 30.2.5 所示的截面草图；在 指定矢量 下拉列表中选择 ZC 选项；在 极限 区域的 开始 下拉列表中选择 贯通 选项，在 极限 区域的 结束 下拉列表中选择 贯通 选项，在 布尔 区域的下拉列表中选择 求差 选项，采用系统默认的求差对象。单击 确定 按钮，完成拉伸特征 2 的创建。

图 30.2.4　拉伸特征 2　　　　　图 30.2.5　截面草图

Step4. 创建图 30.2.6 所示的零件特征——镜像 1。选择下拉菜单 插入(S) ➡️ 关联复制(A) ➡️ 镜像特征(M)... 命令，在绘图区中选取图 30.2.4 所示的拉伸特征 2 为要镜像的特征。在 镜像平面 区域中单击 按钮，在绘图区中选取 YZ 基准平面作为镜像平面。单击 确定 按钮，完成镜像特征 1 的创建。

图 30.2.6　镜像 1

Step5. 创建图 30.2.7 所示的零件基础特征——拉伸 3。选择下拉菜单 插入(S) ➡️ 设计特征(E) ➡️ 拉伸(E)... 命令，系统弹出"拉伸"对话框。选取图 30.2.7 所示的平面为草图平面，绘制图 30.2.8 所示的截面草图；在 ✔ 指定矢量 下拉列表中选择 ZC↑ 选项；在 极限 区域的 开始 下拉列表中选择 值 选项，并在其下的 距离 文本框中输入值 0，在 极限 区域的 结束 下拉列表中选择 值 选项，并在其下的 距离 文本框中输入值 45，在 布尔 区域的下拉列表中选择 求和 选项，采用系统默认的求和对象。单击 确定 按钮，完成拉伸特征 3 的创建。

此平面为草图平面

图 30.2.7　拉伸特征 3

Ø 26

图 30.2.8　截面草图

Step6. 创建图 30.2.9 所示的孔特征 1。选择下拉菜单 插入(S) ➡️ 设计特征(E)▶ ➡️ 孔(H)... 命令。在 类型 下拉列表中选择 常规孔 选项，选取图 30.2.10 所示的圆心为定位点，在"孔"对话框 形状和尺寸 中的 成形 下拉列表中选择 简单 选项，在 直径 文本框中输入值 22，在 深度限制 下拉列表中选择 贯通体 选项，在 布尔 区域的下拉列表中选择 求差 选项，采用系统默认的求差对象。对话框中的其他设置保持系统默认；单击 < 确定 > 按钮，完成孔特征 1 的创建。

图 30.2.9　孔特征 1

图 30.2.10　参考点

Step7. 创建图 30.2.11 所示的回转特征。选择 插入(S) ➡️ 设计特征(E) ➡️ 回转(R)... 命令（或单击 按钮），单击 截面 区域中的 按钮，在绘图区选取 YZ 基准平面为草图平面，绘制图 30.2.12 所示的截面草图。在绘图区中选取图 30.2.12 所示的直线为旋转轴。在"回转"对话框的 极限 区域的 开始 下拉列表中选择 值 选项，并在 角度 文本框中输入值 0，在 结束 下拉列表中选择 值 选项，并在 角度 文本框中输入值 360；在 布尔 区域的下拉列表中选择 求和 选项，采用系统默认的求和对象。单击 < 确定 > 按钮，完成回转特征的创建。

图 30.2.11　回转特征

图 30.2.12　截面草图

Step8. 创建图 30.2.13 所示的零件基础特征——拉伸 4。选择下拉菜单 插入(S) ➡ 设计特征(E) ➡ 拉伸(E) 命令，系统弹出"拉伸"对话框。选取图 30.2.13 所示的平面为草图平面，绘制图 30.2.14 所示的截面草图；在 ✔ 指定矢量 下拉列表中选择 -ZC 选项；在 极限 区域的 开始 下拉列表中选择 值 选项，并在其下的 距离 文本框中输入值 0，在 极限 区域的 结束 下拉列表中选择 值 选项，并在其下的 距离 文本框中输入值 35，在 布尔 区域的下拉列表中选择 求和 选项，采用系统默认的求和对象。单击 确定 按钮，完成拉伸特征 4 的创建。

图 30.2.13　拉伸特征 4

图 30.2.14　截面草图

Step9. 创建图 30.2.15 所示的拔模特征 1。选择下拉菜单 插入(S) ➡ 细节特征(L) ➡ 拔模(T) 命令，在 类型 区域下拉列表中选取 从平面 选项，在 脱模方向 区域中指定矢量选择 -ZC 选项，在 固定面 选择图 30.2.15 所示的平面参照，在 要拔模的面 区域选择图 30.2.16 所示的面为参照，并在 角度 1 文本框中输入值 1。单击 < 确定 > 按钮，完成拔模特征 1 的创建。

Step10. 创建边倒圆特征 1。选择下拉菜单 插入(S) ➡ 细节特征(L) ➡ 边倒圆(E) 命令（或单击 按钮），在 要倒圆的边 区域中单击 按钮，选择图 30.2.17 所示的边链为边倒圆参照，并在 半径 1 文本框中输入值 2。单击 < 确定 > 按钮，完成边倒圆特征 1 的创建。

图 30.2.15　拔模特征 1　　　　　　　　图 30.2.16　拔模面

图 30.2.17　边倒圆特征 1

Step11. 创建图 30.2.18 所示的零件基础特征——拉伸 5。选择下拉菜单 插入(S) ➡ 设计特征(E) ➡ 拉伸(E)... 命令，系统弹出"拉伸"对话框。选取图 30.2.18 所示的平面为草图平面，绘制图 30.2.19 所示的截面草图；在 指定矢量 下拉列表中选择 -ZC 选项；在 极限 区域的 开始 下拉列表中选择 值 选项，并在其下的 距离 文本框中输入值 0，在 极限 区域的 结束 下拉列表中选择 值 选项，并在其下的 距离 文本框中输入值 40，在 布尔 区域的下拉列表中选择 求和 选项，采用系统默认的求和对象。在 偏置 下拉列表中选择 两侧 选项，在 开始 文本框中输入值 0，在 结束 文本框中输入值 2.5，单击 确定 按钮，完成拉伸特征 5 的创建。

图 30.2.18　拉伸特征 5　　　　　　图 30.2.19　截面草图

Step12. 创建图 30.2.20 所示的拔模特征 2。选择下拉菜单 插入(S) ➡ 细节特征(L) ▶ ➡ 拔模(T) 命令，在 脱模方向 区域中指定矢量选择 -ZC 选项，在 固定面 选择图 30.2.20 所示的平面为参照平面，在 要拔模的面 区域选择图 30.2.21 所示的两个平面为参照拔模面，并在 角度 1 文本框中输入值 3。单击 〈 确定 〉 按钮，完成拔模特征 2 的创建。

图 30.2.20　拔模特征 2

图 30.2.21　拔模面

Step13. 创建边倒圆特征 2。选择下拉菜单 插入(S) ➡ 细节特征(L) ▶ ➡ 边倒圆(E) 命令（或单击 █ 按钮），在 要倒圆的边 区域中单击 █ 按钮，选择图 30.2.22 所示的边链为边倒圆参照，并在 半径 1 文本框中输入值 13。单击 ＜确定＞ 按钮，完成边倒圆特征 2 的创建。

图 30.2.22　边倒圆特征 2

Step14. 创建图 30.2.23 所示的孔特征 2。选择下拉菜单 插入(S) ➡ 设计特征(E) ▶ ➡ █ 孔(H) 命令。在 类型 下拉列表中选择 常规孔 选项，选取图 30.2.24 所示的圆心为定位点，在"孔"对话框 形状和尺寸 中的 成形 下拉列表中选择 简单 选项，在 直径 文本框中输入值 4，在 深度限制 下拉列表中选择 值 选项，在 深度 文本框中输入值 38，在 布尔 区域的下拉列表中选择 求差 选项，采用系统默认的求差对象。对话框中的其他设置保持系统默认；单击 ＜确定＞ 按钮，完成孔特征 2 的创建。

图 30.2.23　孔特征 2

图 30.2.24　参考点

Step15. 创建图 30.2.25 所示的拔模特征 3。选择下拉菜单 插入(S) ➡ 细节特征(L) ▶ ➡ 拔模(T) 命令，在 脱模方向 区域中指定矢量选择 Y 轴的正方向，在 固定面 选择图 30.2.25 所示的平面为参照，在 要拔模的面 区域选择图 30.2.26 所示的平面为参照，并在 角度 1 文本框中输入值-1。单击 ＜确定＞ 按钮，完成拔模特征 3 的创建。

图 30.2.25 拔模特征 3　　　　　　　图 30.2.26 拔模面

Step16. 创建图 30.2.27 所示的基准平面。选择下拉菜单 插入(S) ➡ 基准/点(D) ➡ 基准平面(D)... 命令（或单击 按钮），系统弹出"基准平面"对话框。在 类型 区域的下拉列表中选择 成一角度 选项，在 平面参考 区域选择 YZ 基准平面，在区域 通过轴 选择 Z 轴。在 角度 区域 角度 的文本框输入值 45，单击 < 确定 > 按钮，完成基准平面的创建。

图 30.2.27　基准平面

Step17. 创建图 30.2.28 所示的零件基础特征——拉伸 6。选择下拉菜单 插入(S) ➡ 设计特征(E) ➡ 拉伸(E)... 命令，系统弹出"拉伸"对话框。选取基准平面 1 为草图平面，绘制图 30.2.29 所示的截面草图；在 ✓ 指定矢量 下拉列表中选择 选项，选取基准平面 1，然后单击"反向"按钮 ；在 极限 区域的 开始 下拉列表中选择 值 选项，并在其下的 距离 文本框中输入值 0，在 极限 区域的 结束 下拉列表中选择 贯通 选项，在 布尔 区域的下拉列表中选择 求差 选项，采用系统默认的求差对象。单击 确定 按钮，完成拉伸特征 5 的创建。

图 30.2.28　拉伸特征 6　　　　　　　图 30.2.29　截面草图

Step18. 创建图 30.2.30 所示的零件特征——镜像 2。选择下拉菜单 插入(S) ➡ 关联复制(A)▶ ➡ 镜像特征(M)... 命令，在绘图区中选取图 30.2.28 所示的拉伸特征 6 为要镜像的特征。在 镜像平面 区域中单击 按钮，在绘图区中选取 XZ 基准平面作为镜像平面。单击 确定 按钮，完成镜像特征 2 的创建。

图 30.2.30　　镜像 2

Step19. 创建边倒圆特征 3。选择下拉菜单 插入(S) ➡ 细节特征(L) ▶ ➡ 边倒圆(E)... 命令（或单击 按钮），在 要倒圆的边 区域中单击 按钮，选择图 30.2.31 所示的边链为边倒圆参照，并在 半径 1 文本框中输入值 4。单击 〈 确定 〉 按钮，完成边倒圆特征 3 的创建。

图 30.2.31　　边倒圆特征 3

Step20. 创建边倒圆特征 4。选择下拉菜单 插入(S) ➡ 细节特征(L) ▶ ➡ 边倒圆(E)... 命令（或单击 按钮），在 要倒圆的边 区域中单击 按钮，选择图 30.2.32 所示的边链为边倒圆参照，并在 半径 1 文本框中输入值 0.5。单击 〈 确定 〉 按钮，完成边倒圆特征 4 的创建。

图 30.2.32　　边倒圆特征 4

Step21. 创建边倒圆特征 5。选择下拉菜单 插入(S) ➡ 细节特征(L) ▶ ➡ 边倒圆(E)... 命令（或单击 按钮），在 要倒圆的边 区域中单击 按钮，选择图 30.2.33 所示的边链为边倒圆参照，并在 半径 1 文本框中输入值 0.5。单击 〈 确定 〉 按钮，完成边倒圆特征 5 的创建。

图 30.2.33　　边倒圆特征 5

Step22. 创建倒斜角特征。选择下拉菜单 插入(S) ➡ 细节特征(L) ▶ ➡ 倒斜角(C) 命令。在 边 区域中单击 按钮，选取图 30.2.34 所示的边线为倒斜角参照，在 偏置 区域的 横截面 文本框选择 对称 选项，在 距离 文本框输入值 1。单击 〈 确定 〉 按钮，完成倒斜角特征的创建。

此边为
倒角参照

图 30.2.34 倒斜角特征

Step23. 创建边倒圆特征 6。选择下拉菜单 插入(S) ➡ 细节特征(L) ▶ ➡ 边倒圆(E) 命令（或单击 按钮），在 要倒圆的边 区域中单击 按钮，选择图 30.2.35 所示的内部边链为边倒圆参照，并在 半径 1 文本框中输入值 2。单击 〈 确定 〉 按钮，完成边倒圆特征 6 的创建。

此边为
圆角参照

图 30.2.35 边倒圆特征 6

Step24. 保存零件模型。选择下拉菜单 文件(F) ➡ 保存(S) 命令，即可保存零件模型。

30.3 喂药器推杆

零件模型及模型树如图 30.3.1 所示。

图 30.3.1 零件模型及模型树

Step1. 新建文件。选择下拉菜单 文件(F) ➡ 🗋 新建(N)... 命令，系统弹出"新建"对话框。在 模型 选项卡的 模板 区域中选取模板类型为 🗊 模型，在 名称 文本框中输入文件名称 BABY_MADICINE_02，单击 确定 按钮，进入建模环境。

Step2. 创建图 30.3.2 所示的回转特征。选择 插入(S) ➡ 设计特征(E) ➡ 🌻 回转(R)... 命令（或单击 🌻 按钮），单击 截面 区域中的 🔄 按钮，在绘图区选取 YZ 基准平面为草图平面，绘制图 30.3.3 所示的截面草图。在绘图区中选取 Y 轴为旋转轴。在"回转"对话框的 极限 区域的 开始 下拉列表中选择 🔳值 选项，并在 角度 文本框中输入值 0，在 结束 下拉列表中选择 🔳值 选项，并在 角度 文本框中输入值 360；单击 < 确定 > 按钮，完成回转特征的创建。

图 30.3.2　回转特征

图 30.3.3　截面草图

Step3. 创建图 30.3.4 所示的基准平面。选择下拉菜单 插入(S) ➡ 基准/点(D) ➡ 🗌 基准平面(D)... 命令（或单击 🗌 按钮），系统弹出"基准平面"对话框。在 类型 区域的下拉列表中选择 🔳按某一距离 选项，在绘图区选取 XY 基准平面，输入偏移值 15。单击 < 确定 > 按钮，完成基准平面的创建。

图 30.3.4　基准平面

Step4. 创建图 30.3.5 所示的零件基础特征——拉伸 1。选择下拉菜单 插入(S) ➡ 设计特征(E) ➡ 🔳 拉伸(E)... 命令，系统弹出"拉伸"对话框。选取基准平面为草图平面，选中 设置 区域的 ☑ 创建中间基准 CSYS 复选框，绘制图 30.3.6 所示的截面草图；在 ✔ 指定矢量 下拉列表中选择 ZC↑ 选项，在 极限 区域的 开始 下拉列表中选择 🔳值 选项，并在其下的 距离 文本框中输入值 0，在 极限 区域的 结束 下拉列表中选择 🔳值 选项，并在其下的 距离 文本框中输入值 2。在 布尔 区域的下拉列表中选择 ⚙求和 选项，采用系统默认的求和对象。单击 < 确定 > 按钮，完成拉伸特征 1 的创建。

图 30.3.5 拉伸特征 1

图 30.3.6 截面草图

Step5. 创建图 30.3.7 所示的零件基础特征——拉伸 2。选择下拉菜单 插入(S) ➡ 设计特征(E) ➡ 拉伸(E)... 命令，系统弹出"拉伸"对话框。选取图 30.3.7 所示的平面为草图平面，取消选中 设置 区域的 □创建中间基准 CSYS 复选框，绘制图 30.3.8 所示的截面草图；在 ✔指定矢量 下拉列表中选择 ZC↑ 选项，在 极限 区域的 开始 下拉列表中选择 值 选项，并在其下的 距离 文本框中输入值 0，在 极限 区域的 结束 下拉列表中选择 值 选项，并在其下的 距离 文本框中输入值 45。在 布尔 区域的下拉列表中选择 求和 选项，采用系统默认的求和对象。单击 < 确定 > 按钮，完成拉伸特征 2 的创建。

此平面为
草图平面

图 30.3.7 拉伸特征 2

图 30.3.8 截面草图

Step6. 创建图 30.3.9 所示的零件基础特征——拉伸 3。选择下拉菜单 插入(S) ➡ 设计特征(E) ➡ 拉伸(E)... 命令，系统弹出"拉伸"对话框。选取图 30.3.9 所示的平面为草图平面，绘制图 30.3.10 所示的截面草图；在 ✔指定矢量 下拉列表中选择 ZC↑ 选项，在 极限 区域的 开始 下拉列表中选择 值 选项，并在其下的 距离 文本框中输入值 0，在 极限 区域的 结束 下拉列表中选择 值 选项，并在其下的 距离 文本框中输入值 2。在 布尔 区域的下拉列表中选择 求和 选项，采用系统默认的求和对象。单击 < 确定 > 按钮，完成拉伸特征 3 的创建。

此平面为
草图平面

图 30.3.9 拉伸特征 3

图 30.3.10 截面草图

Step7. 创建图 30.3.11 所示的零件基础特征——拉伸 4。选择下拉菜单 插入(S) ➡️
设计特征(E) ➡️ Ⅲ 拉伸(E).. 命令，系统弹出"拉伸"对话框。选取图 30.3.11 所示的平面为草图平面，绘制图 30.3.12 所示的截面草图；在 ✔ 指定矢量 下拉列表中选择 ZC↑ 选项，在 极限 区域的 开始 下拉列表中选择 ⑪ 值 选项，并在其下的 距离 文本框中输入值 0，在 极限 区域的 结束 下拉列表中选择 ⑪ 值 选项，并在其下的 距离 文本框中输入值 5。在 布尔 区域的下拉列表中选择 ⑫ 求和 选项，采用系统默认的求和对象。单击 〈确定〉 按钮，完成拉伸特征 4 的创建。

图 30.3.11　拉伸特征 4

图 30.3.12　截面草图

Step8. 创建图 30.3.13 所示的零件基础特征——拉伸 5。选择下拉菜单 插入(S) ➡️
设计特征(E) ➡️ Ⅲ 拉伸(E).. 命令，系统弹出"拉伸"对话框。选取图 30.3.13 所示的平面为草图平面，绘制图 30.3.14 所示的截面草图；在 ✔ 指定矢量 下拉列表中选择 ZC↑ 选项，在 极限 区域的 开始 下拉列表中选择 ⑪ 值 选项，并在其下的 距离 文本框中输入值 0，在 极限 区域的 结束 下拉列表中选择 ⑪ 值 选项，并在其下的 距离 文本框中输入值 2，在 布尔 区域的下拉列表中选择 ⑫ 求和 选项，采用系统默认的求和对象。单击 〈确定〉 按钮，完成拉伸特征 5 的创建。

图 30.3.13　拉伸特征 5

图 30.3.14　截面草图

Step9. 创建边倒圆特征 1。选择下拉菜单 插入(S) ➡️ 细节特征(L) ▸ ➡️ ⬛ 边倒圆(E). 命令（或单击 ⬛ 按钮），在 要倒圆的边 区域中单击 ⬛ 按钮，选择图 30.3.15 所示的边链为边倒圆参照，并在 半径 1 文本框中输入值 1。单击 〈确定〉 按钮，完成边倒圆特征 1 的创建。

Step10. 创建边倒圆特征 2。选择下拉菜单 插入(S) ➡️ 细节特征(L) ▸ ➡️ ⬛ 边倒圆(E). 命令（或单击 ⬛ 按钮），在 要倒圆的边 区域中单击 ⬛ 按钮，选择图 30.3.16 所示的边链为边倒圆参照，并在 半径 1 文本框中输入值 0.5。单击 〈确定〉 按钮，完成边倒圆特征 2 的创建。

图 30.3.15　边倒圆特征 1

图 30.3.16　边倒圆特征 2

Step11. 保存零件模型。选择下拉菜单 文件(F) ➡️ 保存(S) 命令，即可保存零件模型。

30.4　橡　胶　塞

零件模型及模型树如图 30.4.1 所示。

图 30.4.1　零件模型及模型树

Step1. 新建文件。选择下拉菜单 文件(F) ➡️ 新建(N)... 命令，系统弹出"新建"对话框。在 模型 选项卡的 模板 区域中选取模板类型为 模型，在 名称 文本框中输入文件名称 BABY_MADICINE_03，单击 确定 按钮，进入建模环境。

Step2. 创建图 30.4.2 所示的回转特征 1。选择 插入(S) ➡️ 设计特征(E) ➡️ 回转(R)... 命令（或单击 按钮），单击 截面 区域中的 按钮，在绘图区选取 YZ 基准平面为草图平面，绘制图 30.4.3 所示的截面草图。在绘图区中选取图 30.4.3 所示的直线为旋转轴。在"回转"对话框的 极限 区域的 开始 下拉列表中选择 值 选项，并在 角度 文本框中输入值 0，在 结束 下拉

列表中选择 █值 选项，并在 角度 文本框中输入值 360；单击 < 确定 > 按钮，完成回转特征 1 的创建。

图 30.4.2　回转特征 1

图 30.4.3　截面草图

Step3. 创建图 30.4.4 所示的回转特征 2。选择 插入(S) ➡ 设计特征(E) ➡ █ 回转(R)... 命令（或单击 █ 按钮），单击 截面 区域中的 █ 按钮，在绘图区选取 YZ 基准平面为草图平面，绘制图 30.4.5 所示的截面草图。在绘图区中选取图 30.4.5 所示的直线为旋转轴。在"回转"对话框的 极限 区域的 开始 下拉列表中选择 █值 选项，并在 角度 文本框中输入值 0，在 结束 下拉列表中选择 █值 选项，并在 角度 文本框中输入值 360；在 布尔 区域中选择 █ 求差 选项，采用系统默认的求差对象。单击 < 确定 > 按钮，完成回转特征 2 的创建。

图 30.4.4　回转特征 2

图 30.4.5　截面草图

Step4. 创建图 30.4.6 所示的回转特征 3。选择 插入(S) ➡ 设计特征(E) ➡ █ 回转(R)... 命令（或单击 █ 按钮），单击 截面 区域中的 █ 按钮，在绘图区选取 YZ 基准平面为草图平面，绘制图 30.4.7 所示的截面草图。在绘图区中选取 Y 轴为旋转轴。在"回转"对话框的 极限 区域的 开始 下拉列表中选择 █值 选项，并在 角度 文本框中输入值 0，结束 下拉列表中选择 █值 选项，并在 角度 文本框中输入值 360；在 布尔 区域中选择 █ 求差 选项，采用系统默认的求差对象。单击 < 确定 > 按钮，完成回转特征 3 的创建。

图 30.4.6　回转特征 3

图 30.4.7　截面草图

Step5. 创建边倒圆特征 1。选择下拉菜单 插入(S) ➡ 细节特征(L) ▶ ➡ 边倒圆(E) 命令（或单击 按钮），在 要倒圆的边 区域中单击 按钮，选择图 30.4.8 所示的边链为边倒圆参照，并在 半径1 文本框中输入值 3。单击 确定 按钮，完成边倒圆特征 1 的创建。

此边链为圆角参照

图 30.4.8   边倒圆特征 1

Step6. 创建边倒圆特征 2。选择下拉菜单 插入(S) ➡ 细节特征(L) ▶ ➡ 边倒圆(E) 命令（或单击 按钮），在 要倒圆的边 区域中单击 按钮，选择图 30.4.9 所示的边链为边倒圆参照，并在 半径1 文本框中输入值 0.5。单击 确定 按钮，完成边倒圆特征 2 的创建。

此五条边链
为圆角参照

图 30.4.9   边倒圆特征 2

Step7. 创建倒斜角特征。选择下拉菜单 插入(S) ➡ 细节特征(L) ▶ ➡ 倒斜角(C) 命令。在 边 区域中单击 按钮，选取图 30.4.10 所示的边线为倒斜角参照，在 偏置 区域的 横截面 文本框选择 对称 选项，在 距离 文本框输入值 1。单击 确定 按钮，完成倒斜角特征的创建。

此边线为倒角参照

图 30.4.10   倒斜角特征

Step8. 保存零件模型。选择下拉菜单 文件(F) ➡ 保存(S) 命令，即可保存零件模型。

30.5 装 配 设 计

Step1. 新建文件。选择下拉菜单 文件(F) ➡️ 新建(N)... 命令，系统弹出"新建"对话框。在 模型 选项卡的 模板 区域中选取模板类型为 装配 ，在 名称 文本框中输入文件名称 BABY_MEDICINE，单击 确定 按钮，进入装配环境。

Step2. 添加图 30.5.1 所示的第一个部件。在"添加组件"对话框中单击"打开"按钮，选择 D:\ugins8\work\ch04\ins30\BABY_MEDICINE02，然后单击 OK 按钮。在"添加组件"对话框中的 放置 区域的 定位 下拉列表中选取 绝对原点 选项，其他为默认，单击 确定 按钮，此时喂药器推杆已被添加到装配文件中。

图 30.5.1 装配零件 1

Step3. 添加图 30.5.2 所示的第二个部件。选择下拉菜单 装配(A) ➡️ 组件(C) ➡️ 添加组件(A)... 命令，系统弹出"添加组件"对话框，在"添加组件"对话框中单击"打开"按钮，选 D:\ugins8\work\ch04\ins30\BABY_MEDICINE03，然后单击 OK 按钮。系统返回到"添加组件"对话框。在"添加组件"对话框中的 放置 区域的 定位 下拉列表中选取 通过约束 选项，单击 应用 按钮，此时系统弹出"装配约束"对话框。在"装配约束"对话框 预览 区域中选中 ☑在主窗口中预览组件 复选框；在 类型 下拉列表中选择 接触对齐 选项，在 要约束的几何体 区域的 方位 下拉列表中选择 接触 选项，在"组件预览"对话框中选择图 30.5.3 所示的面，然后在图形区选择图 30.5.3 所示的面，单击 应用 按钮，完成平面的接触；在 要约束的几何体 区域的 方位 下拉列表中选择 自动判断中心/轴 选项，在"组件预览"对话框中选择图 30.5.3 所示的面，然后在图形区选择图 30.5.3 所示的面，单击 应用 按钮，单击 取消 按钮，完成同轴的接触操作。

图 30.5.2 装配零件 2

选取此两面中心轴线对齐

选取此两平面接触

图 30.5.3 定义装配约束 1

Step4. 添加图 30.5.4 所示的第三个部件。在"添加组件"对话框中单击"打开"按钮 ，选择 D:\ugins8\work\ch04\ins30\BABY_MEDICINE01，然后单击 OK 按钮。系统返回到"添加组件"对话框。在"添加组件"对话框中的 放置 区域的 定位 下拉列表中选取 通过约束 选项，单击 应用 按钮，此时系统弹出"装配约束"对话框。在"装配约束"对话框 预览 区域中选中 ☑ 在主窗口中预览组件 复选框；在 类型 下拉列表中选择 接触对齐 选项，在 要约束的几何体 区域的 方位 下拉列表中选择 接触 选项，在"组件预览"对话框中选择图 30.5.5 所示的面，单击 应用 按钮，完成平面的接触；在 要约束的几何体 区域的 方位 下拉列表中选择 ⋯ 自动判断中心/轴 选项，单击 确定 按钮，完成同轴的接触操作。

图 30.5.4　装配零件 3

图 30.5.5　定义装配约束 2

Step5. 调整方向。右击装配导航器"约束"下面的 ☑ ⋈ 接触 (BABY_MADICINE_O2 选项，在弹出的快捷菜单中单击 ✕ 反向，完成方向的调整。

Step6. 保存零件模型。选择下拉菜单 文件(F) ➡ 保存(S) 命令，即可保存零件模型。

第 5 章

TOP_DOWN 设计实例

本章主要包含如下内容：

- 实例 31　无绳电话的自顶向下设计
- 实例 32　微波炉钣金外壳的自顶向下设计

实例31　无绳电话的自顶向下设计

31.1　实　例　概　述

本实例详细讲解了一款无绳电话的整个设计过程，该设计过程中采用了较为先进的设计方法——自顶向下（Top-Down Design）的设计方法。采用这种方法不仅可以获得较好的整体造型，并且能够大大缩短产品的上市时间。许多家用电器（如电脑机箱、吹风机、电脑鼠标）都可以采用这种方法进行设计。设计流程图如图 31.1.1 所示。

图 31.1.1　设计流程图

31.2　一　级　控　件

下面讲解一级控件（FIRST.PRT）的创建过程，一级控件在整个设计过程中起着十分重要的作用，在创建一级控件时要考虑到分割子零件的方法，为了保持关联，在一级控件中要创建一些草图为多个子零件共用。零件模型及模型树如图 31.2.1 所示。

图 31.2.1　零件模型及模型树

Step1. 新建文件。选择下拉菜单 文件(F) ➡ 新建(N)... 命令，系统弹出"新建"对话框。在 模型 选项卡的 模板 区域中选取模板类型为 装配 ，在 名称 文本框中输入文件名称 HANDSET，在 文件夹 文本框中输入文件路径 D:\ugins8\work\ch05\ins31，单击 确定 按钮，进入装配环境，关闭"添加组件"对话框。

Step2. 创建 FIRST 层。在"装配导航器"窗口中的空白处右击，在弹出的快捷菜单中选择 WAVE 模式 选项；然后在 HANDSET 选项上右击，系统弹出快捷菜单（一），在此快捷菜单中选择 WAVE ➡ 新建级别 命令，系统弹出"新建级别"对话框。在"新建级别"对话框中单击 指定部件名 按钮，系统弹出"选择部件名"对话框，在 文件名(N): 文本框中输入 FIRST；单击 OK 按钮，回到"新建级别"对话框，单击 确定 按钮，完成 FIRST 层的创建。在"装配导航器"窗口中的 FIRST 选项上右击，系统弹出快捷菜单（二），在此快捷菜单中选择 设为工作部件 命令，对模型进行编辑。

Step3. 创建基准坐标系。选择下拉菜单 插入(S) ➡ 基准/点(D) ▶ ➡ 基准 CSYS... 命令，系统弹出"基准 CSYS"对话框，单击 < 确定 > 按钮，完成基准坐标系的创建。

　　Step4. 创建图 31.2.2 所示的草图 1。选择下拉菜单 插入(S) ➡️ 任务环境中的草图(S)...
命令；选取基准平面 YZ 为草图平面；进入草图环境，绘制图 31.2.2 所示的草图 1。绘制完
成后，单击 完成草图 按钮，完成草图 1 的创建。

图 31.2.2　草图 1

　　Step5. 创建图 31.2.3 所示的草图 2。选择下拉菜单 插入(S) ➡️ 任务环境中的草图(S)...
命令；选取基准平面 XY 为草图平面；进入草图环境，绘制图 31.2.3 所示的草图 2。绘制完
成后，单击 完成草图 按钮，完成草图 2 的创建。

图 31.2.3　草图 2

　　Step6. 创建图 31.2.4 所示的零件特征——组合投影。选择下拉菜单 插入(S) ➡️
来自曲线集的曲线(F)▶ ➡️ 组合投影(C) 命令；依次选取图 31.2.2 所示的草图 1 和图 31.2.3 所
示的草图 2 为参照，并分别单击中键确认；完成组合投影的创建。

图 31.2.4　组合投影

　　Step7. 创建图 31.2.5 所示的零件特征——镜像。选择下拉菜单 插入(S) ➡️ 来自曲线集的曲线(F)
➡️ 镜像(M)... 命令，在绘图区中选取图 31.2.4 所示的组合投影 1 为要镜像的曲线。在
镜像平面 区域中单击 ▢ 按钮，在绘图区中选取 YZ 基准平面作为镜像平面。单击 < 确定 > 按
钮，完成镜像的创建。

图 31.2.5　镜像

Step8. 创建图 31.2.6 所示的草图 3。选择下拉菜单 插入(S) ➡️ 🔲 任务环境中的草图(S)...
命令；选取基准平面 YZ 为草图平面；进入草图环境，绘制图 31.2.6 所示的草图 3。绘制完
成后，单击 🔲完成草图 按钮，完成草图 3 的创建。

图 31.2.6　草图 3

Step9. 创建图 31.2.7 所示的草图 4。选择下拉菜单 插入(S) ➡️ 🔲 任务环境中的草图(S)...
命令；选取基准平面 YZ 为草图平面；进入草图环境，绘制图 31.2.7 所示的草图 4。绘制完
成后，单击 🔲完成草图 按钮，完成草图 4 的创建。

图 31.2.7　草图 4

Step10. 创建图 31.2.8 所示的基准平面 1。选择下拉菜单 插入(S) ➡️ 基准/点(D)
➡️ 🔲 基准平面(D)... 命令，系统弹出"基准平面"对话框。在 类型 区域的下拉列表中选择
🔲 两直线 选项，在绘图区选取图 31.2.9 所示的直线为参照，单击 〈 确定 〉 按钮，完成基准
平面 1 的创建。

图 31.2.8　基准平面 1

选取此两条直线为参照

图 31.2.9　定义参照线

Step11. 创建图 31.2.10 所示的基准平面 2。在 类型 区域的下拉列表中选择 🔲 两直线 选项，

在绘图区选取图 31.2.11 所示的直线为参照，单击 < 确定 > 按钮，完成基准平面 2 的创建。

图 31.2.10　基准平面 2

选取此两条直线为参照

图 31.2.11　定义参照线

Step12. 创建图 31.2.12 所示的草图 5。选择下拉菜单 插入(S) ➜ 任务环境中的草图(S)... 命令；选取基准平面 1 为草图平面；进入草图环境，绘制图 31.2.12 所示的草图 5。绘制完成后，单击 完成草图 按钮，完成草图 5 的创建。

a）建模环境

草图 5

b）草绘环境

图 31.2.12　草图 5

Step13. 创建图 31.2.13 所示的草图 6。选择下拉菜单 插入(S) ➜ 任务环境中的草图(S)... 命令；选取基准平面 XZ 为草图平面；进入草图环境，绘制图 31.2.13 所示的草图 6。绘制完成后，单击 完成草图 按钮，完成草图 6 的创建。

草图 6

a）建模环境

b）草绘环境

图 31.2.13　草图 6

Step14. 创建图 31.2.14 所示的草图 7。选择下拉菜单 插入(S) ➜ 任务环境中的草图(S)... 命令；选取基准平面 2 为草图平面；进入草图环境，绘制图 31.2.14 所示的草图 7。绘制完成后，单击 完成草图 按钮，完成草图 7 的创建。

a）建模环境

b）草绘环境

图 31.2.14　草图 7

Step15. 创建图 31.2.15 所示的零件特征——网格曲面 1。选择下拉菜单 插入(S) ➡
网格曲面(M) ➡ 通过曲线网格(M)... 命令；依次选取图 31.2.16 所示的曲线 1、曲线 2、曲线
3 为主线串，并分别单击中键确认；再次单击中键后依次选取图 31.2.16 所示的曲线 4、曲
线5、曲线6为交叉线串，并分别单击中键确认；在 连续性 区域的下拉列表中全部选择 G0（位置）
选项。单击 确定 按钮，完成网格曲面 1 的创建。

图 31.2.15　网格曲面 1

图 31.2.16　定义主曲线和交叉曲线

Step16. 创建图 31.2.17 所示的零件特征——网格曲面 2。选择下拉菜单 插入(S) ➡
网格曲面(M) ➡ 通过曲线网格(M)... 命令；依次选取图 31.2.18 所示的曲线 1、曲线 2、曲线
3 为主线串，并分别单击中键确认；再次单击中键后选取图 31.2.18 所示的曲线 4、曲线 5、
曲线 6 为交叉线串，并分别单击中键确认；在 连续性 区域的下拉列表中全部选择 G0（位置）选
项。单击 确定 按钮，完成网格曲面 2 的创建。

图 31.2.17　网格曲面 2

图 31.2.18　定义主曲线和交叉曲线

Step17. 创建图 31.2.19 所示的零件特征——有界平面 1。选择下拉菜单 插入(S) ➡

曲面(R) ➡ 有界平面(B)...命令；依次选取图 31.2.20 所示曲线，单击 <确定> 按钮，完成有界平面 1 的创建。

图 31.2.19 有界平面 1

图 31.2.20 定义参照曲线

Step18. 创建图 31.2.21 所示的零件特征——有界平面 1。选择下拉菜单 插入(S) ➡ 曲面(R) ➡ 有界平面(B)...命令；依次选取图 31.2.22 所示曲线，单击 <确定> 按钮，完成有界平面 2 的创建。

图 31.2.21 有界平面 2

图 31.2.22 定义参照曲线

Step19. 创建缝合特征。选择下拉菜单 插入(S) ➡ 组合(B) ▶ ➡ 缝合(W)...命令，选取图 31.2.23 所示的片体特征为目标体，选取图 31.2.24 所示的片体特征为刀具体。单击 <确定> 按钮，完成缝合特征 1 的创建。

图 31.2.23 定义目标体

图 31.2.24 定义刀具体

Step20. 创建图 31.2.25 所示的零件基础特征——拉伸 1。选择下拉菜单 插入(S) ➡ 设计特征(E) ➡ 拉伸(E)...命令，系统弹出"拉伸"对话框。选取 XY 平面为草图平面，选中 设置 区域的 ☑创建中间基准 CSYS 复选框，绘制图 31.2.26 所示的截面草图；在 指定矢量 下拉列表中选择 -ZC↓ 选项，在 极限 区域的 开始 下拉列表中选择 值 选项，并在其下的 距离 文本框中输入值 0，在 极限 区域的 结束 下拉列表中选择 值 选项，在 距离 文本框中输入值 60，在 布尔 区域的下拉列表中选择 求差 选项，采用系统默认的求差对象。单击 <确定> 按钮，完成拉伸特征 1 的创建。

图 31.2.25　拉伸特征 1　　　　　　　　图 31.2.26　截面草图

Step21. 创建图 31.2.27 所示的边倒圆特征 1。选择下拉菜单 插入(S) ➡ 细节特征(L) ▶

➡ 边倒圆(E)...命令，在 要倒圆的边 区域中单击 按钮，选择图 31.2.27 所示的边链为边倒圆参照，并在 半径 1 文本框中输入值 5.5。单击 < 确定 > 按钮，完成边倒圆特征 1 的创建。

此边链为圆角参照

a）圆角前　　　　　　　　　　　　　　　　　　　b）圆角后

图 31.2.27　边倒圆特征 1

Step22. 创建图 31.2.28 所示的基准平面 3。在 类型 下拉列表中选择 按某一距离 选项，在绘图区选取 YZ 基准平面，输入偏移值 15。单击 < 确定 > 按钮，完成基准平面 3 的创建。

Step23. 创建图 31.2.29 所示的基准平面 4。在 类型 下拉列表中选择 按某一距离 选项，在绘图区选取 XY 基准平面，输入偏移值 22，然后单击"反向"按钮 。单击 < 确定 > 按钮，完成基准平面 4 的创建。

图 31.2.28　基准平面 3　　　　　　　　图 31.2.29　基准平面 4

Step24. 创建图 31.2.30 所示的回转特征 1。选择 插入(S) ➡ 设计特征(E) ➡

回转(R)...命令，单击 截面 区域中的 按钮，在绘图区选取基准平面 3 为草图平面，绘制图 31.2.31 所示的截面草图。在绘图区中选取图 31.2.31 所示的直线为旋转轴。在"回转"对话框的 极限 区域的 开始 下拉列表中选择 值 选项，并在 角度 文本框中输入值 0，在 结束 下拉

列表中选择 值 选项，并在 角度 文本框中输入值 360；在 布尔 区域的下拉列表中选择 求和 选项，采用系统默认的求和对象。单击 < 确定 > 按钮，完成回转特征 1 的创建。

图 31.2.30　回转特征 1　　　　　　图 31.2.31　截面草图

Step25. 创建图 31.2.32 所示的边倒圆特征 2。选择图 31.2.32 所示的边链为边倒圆参照，并在 半径 1 文本框中输入值 2。单击 < 确定 > 按钮，完成边倒圆特征 2 的创建。

a）圆角前　　　　　　　　　　　　　　　b）圆角后

图 31.2.32　边倒圆特征 2

Step26. 创建图 31.2.33 所示的草图 8。选择下拉菜单 插入(S) ➡ 任务环境中的草图(S)... 命令；选取基准平面 1 为草图平面；进入草图环境，绘制图 31.2.33 所示的草图 8。绘制完成后，单击 完成草图 按钮，完成草图 8 的创建。

a）建模环境　　　　　　　　　　　　　　b）草绘环境

图 31.2.33　草图 8

Step27. 创建图 31.2.34 所示的草图 9。选择下拉菜单 插入(S) ➡ 任务环境中的草图(S)... 命令；选取基准平面 XY 为草图平面；进入草图环境，绘制图 31.2.34 所示的草图 9。绘制完成后，单击 完成草图 按钮，完成草图 9 的创建。

图 31.2.34　草图 9

Step28. 创建图 31.2.35 所示的零件特征——网格曲面 3。选择下拉菜单 插入(S) ➡️ 网格曲面(M)▶ ➡️ 通过曲线组(T)...命令；依次选取图 31.2.36 所示的曲线 1、曲线 2，并分别单击中键确认；单击 < 确定 > 按钮，完成网格曲面 3 的创建。

图 31.2.35　网格曲面 3　　　　　　　　　图 31.2.36　定义参照线

Step29. 创建图 31.2.37 所示的修剪特征 1。选择下拉菜单 插入(S) ➡️ 修剪(T)▶ ➡️ 修剪体(T)...命令，在绘图区选取图 31.2.38 所示的片体为目标体，单击中键；选取图 31.2.35 所示的网格曲面 3 特征为工具体，单击中键，通过调整方向确定要保留的部分，单击 确定 按钮，完成修剪特征 1 的创建。

图 31.2.37　修剪特征 1

图 31.2.38　定义目标体

Step30. 创建图 31.2.39 所示的基准平面 5。在 类型 下拉列表中选择 按某一距离 选项，在绘图区选取 XY 基准平面，输入偏移值 5。单击 < 确定 > 按钮，完成基准平面 5 的创建。

Step31. 创建图 31.2.40 所示的基准平面 6。在 类型 下拉列表中选择 按某一距离 选项，在绘图区选取 XY 基准平面，输入偏移值 2.5。点击 ✕ 按钮，单击 < 确定 > 按钮，完成基准平面 6 的创建。

图 31.2.39　基准平面 5

图 31.2.40　基准平面 6

Step32. 创建图 31.2.41 所示的基准平面 7。在<kbd>类型</kbd>下拉列表中选择<kbd>按某一距离</kbd>选项，在绘图区选取 XY 基准平面，输入偏移值 40。单击<kbd>＜确定＞</kbd>按钮，完成基准平面 7 的创建。

图 31.2.41　基准平面 7

Step33. 创建图 31.2.42 所示的回转特征 2。选择<kbd>插入(S)</kbd> ➡ <kbd>设计特征(E)</kbd> ➡ <kbd>回转(R)...</kbd>命令，单击<kbd>截面</kbd>区域中的<kbd>囗</kbd>按钮，在绘图区选取基准平面 YZ 为草图平面，绘制图 31.2.43 所示的截面草图。在绘图区中选取图 31.2.43 所示的直线为旋转轴。在"回转"对话框的<kbd>极限</kbd>区域的<kbd>开始</kbd>下拉列表中选择<kbd>值</kbd>选项，并在<kbd>角度</kbd>文本框中输入值 0，在<kbd>结束</kbd>下拉列表中选择<kbd>值</kbd>选项，并在<kbd>角度</kbd>文本框中输入值 360；在<kbd>布尔</kbd>区域的下拉列表中选择<kbd>求差</kbd>选项，采用系统默认的求差对象。单击<kbd>＜确定＞</kbd>按钮，完成回转特征 2 的创建。

图 31.2.42　回转特征 2

图 31.2.43　截面草图

Step34. 创建图 31.2.44 所示的零件基础特征——拉伸 2。选择下拉菜单<kbd>插入(S)</kbd> ➡ <kbd>设计特征(E)</kbd> ➡ <kbd>拉伸(E)...</kbd>命令，系统弹出"拉伸"对话框。选取基准平面 5 为草图平面，取消选中<kbd>设置</kbd>区域的<kbd>□创建中间基准 CSYS</kbd>复选框，绘制图 31.2.45 所示的截面草图；在<kbd>指定矢量</kbd>下拉列表中选择<kbd>-ZC</kbd>选项；在<kbd>极限</kbd>区域的<kbd>开始</kbd>下拉列表中选择<kbd>值</kbd>选项，并在其下的<kbd>距离</kbd>文本框中输入值 0，在<kbd>极限</kbd>区域的<kbd>结束</kbd>下拉列表中选择<kbd>直至选定对象</kbd>选项（拉伸时基准平面 6 为直至选定对象），在 布尔 区域的下拉列表中选择 求差 选项，采用系统默认的求差对象。单击 确定 按钮，完成拉伸特征 2 的创建。

图 31.2.44　拉伸特征 2

图 31.2.45　截面草图

Step35. 创建图 31.2.46 所示的拔模特征。选择下拉菜单 插入(S) ➡ 细节特征(L) ▶ ➡ 拔模(T) 命令，在 脱模方向 区域中指定矢量选择 Z 轴的正方向，在 固定面 选择图 31.2.47 所示的面为固定平面，在 要拔模的面 区域选择图 31.2.48 所示的面为拔模面，并在 角度 1 文本框中输入值 30。单击 < 确定 > 按钮，完成拔模特征的创建。

图 31.2.46　拔模特征

图 31.2.47　定义拔模固定面

图 31.2.48　定义拔模面

Step36. 创建图 31.2.49 所示的边倒圆特征 3。选择图 31.2.49 所示的边链为边倒圆参照，并在 半径 1 文本框中输入值 1。单击 < 确定 > 按钮，完成边倒圆特征 3 的创建。

a）圆角前　　　　　　　　　　　　　　b）圆角后

图 31.2.49　边倒圆特征 3

Step37. 创建图 31.2.50 所示的零件基础特征——拉伸 3。选择下拉菜单 插入(S) ➡️ 设计特征(E) ➡️ 🔲 拉伸(E)...命令，系统弹出"拉伸"对话框。选取基准平面 YZ 为草图平面，绘制图 31.2.51 所示的截面草图；在 ✔ 指定矢量 下拉列表中选择 -XC 选项；在 极限 区域的 开始 下拉列表中选择 对称值 选项，并在其下的 距离 文本框中输入值 38，单击 确定 按钮，完成拉伸特征 3 的创建。

图 31.2.50　拉伸特征 3　　　　　　　　　图 31.2.51　截面草图

Step38. 创建图 31.2.52 所示的回转特征 3。选择 插入(S) ➡️ 设计特征(E) ➡️ 🍷 回转(R)...命令，单击 截面 区域中的 🔲 按钮，在绘图区选取基准平面 YZ 为草图平面，绘制图 31.2.53 所示的截面草图。在绘图区中选取图 31.2.53 所示的直线为旋转轴。在"回转"对话框的 极限 区域的 开始 下拉列表中选择 值 选项，并在 角度 文本框中输入值 0，在 结束 下拉列表中选择 值 选项，并在 角度 文本框中输入值 360；在 布尔 区域的下拉列表中选择 求差 选项，采用系统默认的求差对象。单击 < 确定 > 按钮，完成回转特征 3 的创建。

图 31.2.52　回转特征 3　　　　　　　　　图 31.2.53　截面草图

Step39. 创建图 31.2.54 所示的基准平面 8。在 类型 下拉列表中选择 按某一距离 选项，在绘图区选取基准平面 8，输入偏移值 25。单击 < 确定 > 按钮，完成基准平面 8 的创建。

图 31.2.54　基准平面 8

Step40. 创建图 31.2.55 所示的零件基础特征——拉伸 4。选择下拉菜单 插入(S) ➡

设计特征(E) ➡ ⬚ 拉伸(E)... 命令，系统弹出"拉伸"对话框。选取图 31.2.56 所示的平面

为草图平面，绘制图 31.2.57 所示的截面草图；在 ✔ 指定矢量 下拉列表中选择 -YC 选项；在 极限

区域的 开始 下拉列表中选择 ⬚ 值 选项，并在其下的 距离 文本框中输入值 0，在 结束 下拉列表中

选择 ⬚ 值 选项，并在其下的 距离 文本框中输入值 5，在 设置 区域中的 体类型 下拉列表中选择

图纸页 选项，单击 确定 按钮，完成拉伸特征 4 的创建。

图 31.2.55　拉伸特征 4　　　　　　　　　　　图 31.2.56　定义草图平面

图 31.2.57　截面草图

Step41. 创建图 31.2.58 所示的基准平面 9。在 类型 下拉列表中选择 ⬚ 按某一距离 选项，在

绘图区选取图 31.2.59 所示的平面为参照，输入偏移值 3。单击 〈 确定 〉 按钮，完成基准平

面 9 的创建。

图 31.2.58　基准平面 9　　　　　　　　　　　图 31.2.59　定义参照平面

Step42. 创建图 31.2.60 所示的零件基础特征——拉伸 5。选择下拉菜单 插入(S) ➡

设计特征(E) ➡ ⬚ 拉伸(E)... 命令，系统弹出"拉伸"对话框。选取基准平面 4 为草图平面，

绘制图 31.2.61 所示的截面草图；在 ✔ 指定矢量 下拉列表中选择 ZC↑ 选项；在 极限 区域的 开始 下

拉列表中选择 ⬚ 对称值 选项，并在其下的 距离 文本框中输入值 30，在 设置 区域中的 体类型 下拉

列表中选择 图纸页 选项，单击 确定 按钮，完成拉伸特征 5 的创建。

图 31.2.60　拉伸特征 5

图 31.2.61　截面草图

Step43. 创建图 31.2.62 所示的修剪特征 2。选择下拉菜单插入(S) ➡ 修剪(T) ▶ ➡ 修剪与延伸(N)...命令，在类型下拉列表中选择 制作拐角 选项，选取图 31.2.60 所示的拉伸特征 5 为目标体，选取图 31.2.55 所示拉伸特征 4 特征为工具体。调整方向作为要保留的部分，单击 < 确定 > 按钮，完成修剪特征 2 的创建。

图 31.2.62　修剪特征 2

Step44. 创建图 31.2.63 所示的边倒圆特征 4。选择图 31.2.63 所示的边链为边倒圆参照，并在半径 1 文本框中输入值 6。单击 < 确定 > 按钮，完成边倒圆特征 4 的创建。

Step45. 创建图 31.2.64 所示的边倒圆特征 5。选择图 31.2.64 所示的边链为边倒圆参照，并在半径 1 文本框中输入值 3。单击 < 确定 > 按钮，完成边倒圆特征 5 的创建。

选取此两边链为圆角参照

a）圆角前

b）圆角后

图 31.2.63　边倒圆特征 4

选取此边链为圆角参照

a）圆角前

b）圆角后

图 31.2.64　边倒圆特征 5

Step46. 创建图 31.2.65 所示的边倒圆特征 6。选择图 31.2.65 所示的边链为边倒圆参照，并在 半径 1 文本框中输入值 2.5。单击 < 确定 > 按钮，完成边倒圆特征 6 的创建。

选取此边链为圆角参照

a）圆角前　　　　　　　　　　　　　　b）圆角后

图 31.2.65　　边倒圆特征 6

Step47. 保存零件模型。选择下拉菜单 文件(F) ➡ 💾 保存(S) 命令，即可保存零件模型。

31.3　创建二级主控件 1

下面要创建的二级控件（SECOND01.PRT）是从一级控件（FIRST.PRT）中分割出来的一部分，它继承了一级控件的相应外观形状，同时它又作为控件模型为三级控件提供相应外观和尺寸。下面讲解二级控件的创建过程，零件模型及相应的模型树如图 31.3.1 所示。

图 31.3.1　　零件模型及模型树

Step1. 创建 SECOND01 层。

（1）在"装配导航器"窗口中的 ☑🔩 FIRST 选项上右击，系统弹出快捷菜单（二），在此快捷菜单中选择 WAVE▶ ➡ 新建级别 命令，系统弹出"新建级别"对话框。单击"新建级别"对话框中的 指定部件名 按钮，在弹出的"选择部件名"对话框的 文件名(N): 文本框中输入文件名 SECOND01，单击 OK 按钮，系统再次弹出"新建级别"对话框。

（2）单击"新建级别"对话框中的 类选择 按钮，系统弹出"WAVE 组件间的复制"对话框，选取一级控件中图 31.3.2 所示的特征（2 个片体和 1 个实体）为参照，然后单击 确定 按钮，系统重新弹出"新建级别"对话框。在"新建级别"对话框中单击 确定 按钮，完成 SECOND01 层的创建。

（3）在"装配导航器"窗口中的 ☑🔲 SECONDO1 选项上右击，系统弹出快捷菜单（三），在此快捷菜单中选择 🔲 设为显示部件 命令，对模型进行编辑。

图 31.3.2　定义参照对象

Step2. 创建图 31.3.3 所示的零件特征——修剪体 1。选择下拉菜单 插入(S) ➡ 修剪(T) ▶ ➡ 🔲 修剪体(T)... 命令，在绘图区选取图 31.3.4 所示的实体为目标体，单击中键；选取图 31.3.4 所示的刀具体为工具体，单击中键，通过调整方向确定要保留的部分，单击 确定 按钮，完成修剪特征 1 的创建。（显示片体）

图 31.3.3　修剪特征 1　　　　　　　图 31.3.4　定义参照体

Step3. 创建图 31.3.5 所示的边倒圆特征。选择下拉菜单 插入(S) ➡ 细节特征(L) ▶ ➡ 🔲 边倒圆(E) 命令，在 要倒圆的边 区域中单击 🔲 按钮，选择图 31.3.5 所示的边链为边倒圆参照，并在 半径 1 文本框中输入值 5。单击 < 确定 > 按钮，完成边倒圆特征的创建。

此边链为圆角参照

a）圆角前　　　　　　　　　　　　　　b）圆角后

图 31.3.5　边倒圆特征

Step4. 创建图 31.3.6 所示的抽壳特征。选择下拉菜单 插入(S) ➡ 偏置/缩放(O) ▶ ➡ 🔲 抽壳(H)... 命令，在 类型 区域的下拉列表中选择 🔲 移除面，然后抽壳 选项，在 面 区域中单击 🔲 按钮，选取图 31.3.7 所示的曲面为要移除的对象。在 厚度 文本框中输入值 1.5，在 备选厚度 区域单击"抽壳设置"按钮 🔲，选取图 31.3.6 所示面为参照，在 厚度 1 文本框中输入值 2.5，其他参数采用系统默认设置值，单击 < 确定 > 按钮，完成面抽壳特征的创建。

图 31.3.6 抽壳特征

图 31.3.7 定义移除面

Step5. 创建图 31.3.8 所示的零件基础特征——拉伸 1。选择下拉菜单 插入(S) ➡ 设计特征(E) ➡ 拉伸(E)... 命令，系统弹出"拉伸"对话框。选取 YZ 基准平面为草图平面，绘制图 31.3.9 所示的截面草图；在 ✔ 指定矢量 下拉列表中选择 XC 选项，在 极限 区域的 开始 下拉列表框中选择 对称值 选项，并在其下的 距离 文本框中输入值 25，在 设置 区域中的 体类型 下拉列表中选择 图纸页 选项，单击 <确定> 按钮，完成拉伸特征 1 的创建。

图 31.3.8 拉伸特征 1

图 31.3.9 截面草图

Step6. 创建图 31.3.10 所示的零件基础特征——拉伸 2。选择下拉菜单 插入(S) ➡ 设计特征(E) ➡ 拉伸(E)... 命令，系统弹出"拉伸"对话框。选取图 31.3.11 所示的平面为草图平面，绘制图 31.3.12 所示的截面草图；在 ✔ 指定矢量 下拉列表中选择 ZC 选项；在 极限 区域的 开始 下拉列表框中选择 直至延伸部分 选项，选取上一步创建的拉伸特征 1 为参照。在 极限 区域的 结束 下拉列表框中选择 值 选项，并在其下的 距离 文本框中输入值 5，在 设置 区域中的 体类型 下拉列表中选择 图纸页 选项，单击 确定 按钮，完成拉伸特征 2 的创建。

图 31.3.10 拉伸特征 2

图 31.3.11 定义草图平面

图 31.3.12 截面草图

Step7. 创建图 31.3.13 所示的修剪特征 2。选择下拉菜单 插入 (S) ➡ 修剪 (T) ▸ ➡ 修剪与延伸 (N)... 命令，在 类型 下拉列表中选择 制作拐角 选项，选取图 31.3.8 所示的拉伸特征 1 为目标体，选取图 31.3.13 所示拉伸特征 2 特征为工具体。调整方向作为保留的部分，单击 < 确定 > 按钮，完成修剪特征 2 的创建。

图 31.3.13　修剪特征 2

Step8. 保存零件模型。选择下拉菜单 文件 (F) ➡ 保存 (S) 命令，即可保存零件模型。

31.4　创建二级主控件 2

下面要创建的二级控件（SECOND02.PRT）是从一级控件（FIRST.PRT）中分割出来的一部分，它继承了一级控件的相应外观形状，同时它又作为控件模型为三级控件提供相应外观和尺寸。下面讲解二级控件的创建过程，零件模型及相应的模型树如图 31.4.1 所示。

图 31.4.1　二级主控件零件模型及模型树

Step1. 创建 SECOND02 层。

（1）　在"装配导航器"窗口中的 ☑ SECOND01 选项上右击，系统弹出快捷菜单（一），在此快捷菜单中选择 显示父项 ▸ ➡ FIRST 选项，设为工作部件并将 ☑ SECOND01 隐藏。

说明：为了在创建下一级别选取方便，将图形中的草图、曲线和基准平面隐藏。

（2）在"装配导航器"窗口中的 ☑🗔 FIRST 选项上右击，系统弹出快捷菜单（二），在此快捷菜单中选择 WAVE▶ ➡ 新建级别 命令，系统弹出"新建级别"对话框。单击"新建级别"对话框中的 指定部件名 按钮，在弹出的"选择部件名"对话框的 文件名(N): 文本框中输入文件名 SECOND02，单击 OK 按钮，系统再次弹出"新建级别"对话框。

（3）单击"新建级别"对话框中的 类选择 按钮，系统弹出"WAVE 组件间的复制"对话框，选取一级控件中图 31.4.2 所示的特征（2 个片体和 1 个实体）和基准坐标系为参照，然后单击 确定 按钮，系统重新弹出"新建级别"对话框。在"新建级别"对话框中单击 确定 按钮，完成 SECOND02 层的创建。

（4）在"装配导航器"窗口中的 ☑🗔 SECOND02 选项上右击，系统弹出快捷菜单（三），在此快捷菜单中选择 🔲▶设为显示部件 命令，对模型进行编辑。

图 31.4.2　定义参照对象

Step2. 创建图 31.4.3 所示的零件特征——修剪特征 1。选择下拉菜单 插入(S) ➡ 修剪(T) ▶ ➡ ▢ 修剪体(T)... 命令，在绘图区选取图 31.4.4 所示的特征为目标体，单击中键；选取图 31.4.4 所示的特征为工具体，单击中键，通过调整方向确定要保留的部分，单击 确定 按钮，完成修剪特征 1 的创建。（显示片体）

图 31.4.3　修剪特征 1

图 31.4.4　定义参照体

Step3. 创建图 31.4.5 所示的零件特征——修剪特征 2。选择下拉菜单 插入(S) ➡ 修剪(T) ▶ ➡ ▢ 修剪体(T)... 命令，在绘图区选取图 31.4.6 所示的特征为目标体，单击中键；选取图 31.4.6 所示的特征为工具体，单击中键，通过调整方向确定要保留的部分，单击 确定 按钮，完成修剪特征 2 的创建。

图 31.4.5　修剪特征 2

放大图

选取该曲面为工具体

目标体

图 31.4.6　定义参照体

Step4. 创建图 31.4.7 所示的零件基础特征——拉伸特征 1。选择下拉菜单 插入(S) ➡️ 设计特征(E) ➡️ 拉伸(E)... 命令，系统弹出"拉伸"对话框。选取图 31.4.8 所示的平面为草图平面，选中 设置 区域的 ☑ 创建中间基准 CSYS 复选框，绘制图 31.4.9 所示的截面草图；在 ✔ 指定矢量 下拉列表中选择 YC 选项，在 极限 区域的 开始 下拉列表中选择 值 选项，并在其下的 距离 文本框中输入值 0，在 极限 区域的 结束 下拉列表中选择 值 选项，并在其下的 距离 文本框中输入值 30，在 布尔 区域的下拉列表中选择 求差 选项，选取修剪的实体为求差对象。单击 < 确定 > 按钮，完成拉伸特征 1 的创建。

图 31.4.7　拉伸特征 1

选取此面为草图平面

图 31.4.8　定义草图平面

图 31.4.9　截面草图

Step5. 创建图 31.4.10 所示的边倒圆特征 1。选择下拉菜单 插入(S) ➡️ 细节特征(L) ▸ ➡️ 边倒圆(E)... 命令，在 要倒圆的边 区域中单击 按钮，选择图 31.4.10 所示的边链为边倒圆参照，并在 半径 1 文本框中输入值 1。单击 < 确定 > 按钮，完成边倒圆特征 1 的创建。

Step6. 创建图 31.4.11 所示的边倒圆特征 2。选择图 31.4.11 所示的边链为边倒圆参照，并在 半径 1 文本框中输入值 0.5。单击 < 确定 > 按钮，完成边倒圆特征 2 的创建。

a）圆角前　　　　　　　　　　　　　　　　　　　b）圆角后

图 31.4.10　边倒圆特征 1

a）圆角前　　　　　　　　　　　　　　　　　　　b）圆角后

图 31.4.11　边倒圆特征 2

Step7. 创建图 31.4.12 所示的边倒圆特征 3。选择图 31.4.12 所示的边链为边倒圆参照，并在 半径 1 文本框中输入值 2。单击 < 确定 > 按钮，完成边倒圆特征 3 的创建。

a）圆角前　　　　　　　　　　　　　　　　　　　b）圆角后

图 31.4.12　边倒圆特征 3

Step8. 创建图 31.4.13 所示的零件特征—— 镜像。选择下拉菜单 插入(S) ➡ 关联复制(A)▶ ➡ 镜像特征(M)... 命令，在绘图区中选取前面 Step4~ Step7 所做的特征为要镜像的特征。在 镜像平面 区域中单击 □ 按钮，在绘图区中选取 YZ 基准平面作为镜像平面。单击 < 确定 > 按钮，完成镜像特征的创建。

图 31.4.13　镜像特征

Step9. 创建图 31.4.14 所示的抽壳特征。选择下拉菜单 插入(S) ➡ 偏置/缩放(O)▶ ➡ 抽壳(H)... 命令，在 类型 区域的下拉列表中选择 移除面，然后抽壳 选项，在 面 区域中单击 □ 按钮，选取图 31.4.15 所示的曲面为要移除的对象。在 厚度 文本框中输入值 1，其他采用系统默认设置，单击 < 确定 > 按钮，完成面抽壳特征的创建。

Step10. 创建图 31.4.16 所示的边倒圆特征 4。选择图 31.4.16 所示的边链为边倒圆参照，并在 半径1 文本框中输入值 1。单击 〈 确定 〉 按钮，完成边倒圆特征 4 的创建。

图 31.4.14　抽壳特征

图 31.4.15　定义移除面

图 31.4.16　边倒圆特征 4

Step11. 创建图 31.4.17 所示的草图 1。选择下拉菜单 插入(S) ➡ 任务环境中的草图(S)... 命令；选取基准平面 XY 为草图平面；进入草图环境绘制。绘制完成后单击 完成草图 按钮，完成草图特征 1 的创建。

图 31.4.17　草图 1

Step12. 创建图 31.4.18 所示零件特征——投影 1。选择下拉菜单 插入(S) ➡ 来自曲线集的曲线(F)▶ ➡ 投影(P)... 命令；在 要投影的曲线或点 区域选择图 31.4.18 所示的曲线为要投影的曲线，选取图 31.4.19 所示的曲面为投影面；在 投影方向 的 方向 下拉列表中选择 沿矢量 选项，在指定矢量选择-ZC 方向，其他采用系统默认设置，单击 〈 确定 〉 按钮，完成投影特征 1 的创建。

图 31.4.18　投影特征 1

图 31.4.19　定义投影面

Step13. 创建图 31.4.20 所示的零件基础特征——拉伸 2。选择下拉菜单 插入(S) ➡ 设计特征(E) ➡ ▥ 拉伸(E)... 命令，系统弹出"拉伸"对话框。选取 YZ 基准平面为草图平面，取消选中 设置 区域的 □创建中间基准 CSYS 复选框，绘制图 31.4.21 所示的截面草图；在 ✔ 指定矢量 下拉列表中选择 ↖XC 选项；在 极限 区域的 开始 下拉列表中选择 ⟐ 对称值 选项，并在其下的 距离 文本框中输入值 35，在 布尔 区域的下拉列表中选择 ⊛ 无 选项，在 设置 区域中的 体类型 下拉列表中选择 图纸页 选项，单击 确定 按钮，完成拉伸特征 2 的创建。

图 31.4.20　拉伸特征 2

图 31.4.21　截面草图

Step14. 创建图 31.4.22 所示的零件特征——相交曲线。选择下拉菜单 插入(S) ➡ 来自体的曲线(U) ➡ ⬫ 求交(I)... 命令，在绘图区中选取图 31.4.23 所示的曲面为第一组面，单击中键，选取图 31.4.23 所示的曲面为第二组面，单击 确定 按钮，完成相交曲线的创建。

图 31.4.22　相交曲线

图 31.4.23　定义参照面

Step15. 创建图 31.4.24 所示的零件特征——修剪曲线。选择下拉菜单 编辑(E) ➡ 曲线(V) ➡ ⤳ 修剪(T) 命令，在绘图区中选取图 31.4.25 所示的曲线为要修剪的曲线，单击中键，选取图 31.4.25 所示的曲线为边界对象 1，单击中键，选取图 31.4.25 所示的曲线为边界对象 2。在 设置 区域 曲线修剪区域 的下拉列表中选择 外部 选项。单击 确定 按钮，完成修剪曲线的创建。

图 31.4.24　修剪曲线

图 31.4.25　定义参照线

Step16. 创建图 31.4.26 所示的草图 2。选择下拉菜单 插入(S) ➡ ☐ 任务环境中的草图(S)... 命令；选取基准平面 XY 为草图平面；进入草图环境绘制。绘制完成后单击 ⚑ 完成草图 按钮，完成草图特征 2 的创建。

图 31.4.26　草图 2

Step17. 创建图 31.4.27 所示零件特征——投影 2。选择下拉菜单 插入(S) ➡ 来自曲线集的曲线(F)▶ ➡ ⚙ 投影(P)... 命令；在 要投影的曲线或点 区域选择图 31.4.27 所示的曲线为要投影的曲线，选取图 31.4.28 所示的曲面为投影面；在 投影方向 的 方向 下拉列表中选择 沿面的法向 选项，其他采用系统默认设置，单击 <确定> 按钮，完成投影特征 2 的创建。

图 31.4.27　投影特征 2

图 31.4.28　定义投影面

Step18. 创建图 31.4.29 所示的零件特征——网格曲面。选择下拉菜单 插入(S) ➡ 网格曲面(M)▶ ➡ 通过曲线组(T)...命令；依次选取图 31.4.30 所示的两条曲线为参照，并分别单击中键确认；在 对齐 区域 对齐 的下拉列表中选择 根据点 选项（拖动投影曲线 2 上的小球到合适位置使曲面变的光滑）。单击 <确定> 按钮，完成网格曲面的创建。

依次选取此两条曲线为参照

图 31.4.29　网格曲面　　　　　　　　　　图 31.4.30　定义参照线

Step19. 创建图 31.4.31 所示的修剪特征 3。选择下拉菜单 插入(S) ➡ 修剪(T)▶ ➡ 修剪与延伸(N)...命令，在 类型 下拉列表中选择 制作拐角 选项，选取图 31.4.20 所示的拉伸特征 2 为目标体，选取图 31.4.29 所示网格曲面特征为工具体。调整方向作为保留的部分，单击 <确定> 按钮，完成修剪特征 3 的创建。

图 31.4.31　修剪特征 3

Step20. 创建图 31.4.32 所示的边倒圆特征 5。选择图 31.4.32 所示的边链为边倒圆参照，并在 半径 1 文本框中输入值 1.5。单击 <确定> 按钮，完成边倒圆特征 5 的创建。

此边链为圆角参照

a）圆角前　　　　　　　　　　　　　b）圆角后

图 31.4.32　边倒圆特征 5

Step21. 创建图 31.4.33 所示的偏置曲面。选择下拉菜单 插入(S) ➡ 偏置/缩放(O)▶ ➡ 偏置曲面(O)...命令，系统弹出"偏置曲面"对话框。选择图 31.4.34 所示的曲面为偏置曲面。在 偏置 1 的文本框中输入值 0；其他参数采用系统默认设置值。单击 <确定> 按钮，完成偏置曲面的创建。

图 31.4.33 偏置曲面

图 31.4.34 定义参照面

Step22. 创建图 31.4.35 所示的修剪特征 4。选择下拉菜单 插入⑤ ➡ 修剪① ▶ ➡ 修剪片体®... 命令,选取图 31.4.36 所示的曲面为目标体,选取图 31.4.33 所示偏置曲面特征为边界对象。调整方向作为保留的部分,单击 < 确定 > 按钮,完成修剪特征 4 的创建。

图 31.4.35 修剪特征 4

图 31.4.36 定义目标体

说明:为了操作方便可将实体隐藏。

Step23. 保存零件模型。选择下拉菜单 文件® ➡ 保存⑤ 命令,即可保存零件模型。

31.5 创建电话天线

下面讲解电话天线 1(ANTENNA.PRT)的创建过程,零件模型及模型树如图 31.5.1 所示。

图 31.5.1 零件模型及模型树

Step1. 创建 ANTENNA 层。

(1) 在"装配导航器"窗口中的 ☑🗐 SECONDO2 选项上右击,系统弹出快捷菜单(一),在此快捷菜单中选择 显示父项 ▶ ➡ FIRST 选项,设为工作部件并将 ☑🗐 SECONDO2 隐藏。

（2）在"装配导航器"窗口中的 ☑️ FIRST选项上右击，系统弹出快捷菜单（二），在此快捷菜单中选择 WAVE ➡️ 新建级别 命令，系统弹出"新建级别"对话框。单击"新建级别"对话框中的 指定部件名 按钮，在弹出的"选择部件名"对话框的 文件名(N): 文本框中输入文件名 ANTENNA，单击 OK 按钮，系统再次弹出"新建级别"对话框。

（3）单击"新建级别"对话框中的 类选择 按钮，系统弹出"WAVE 组件间的复制"对话框，选取一级控件中图 31.5.2 所示的特征（1 个片体和 1 个实体）为参照，然后单击 确定 按钮，系统重新弹出"新建级别"对话框。在"新建级别"对话框中单击 确定 按钮，完成 ANTENNA 层的创建。

实体　　　　　　　　　　　　　　　　　片体

图 31.5.2　定义参照体

（4）在"装配导航器"窗口中的 ☑️ ANTENNA 选项上右击，系统弹出快捷菜单（三），在此快捷菜单中选择 设为显示部件 命令，对模型进行编辑。

Step2. 创建图 31.5.3 所示的零件特征——修剪特征。选择下拉菜单 插入(S) ➡️ 修剪(T) ▶ ➡️ 修剪体(T)... 命令，在绘图区选取图 31.5.4 所示的特征为目标体，单击中键；选取图 31.5.4 所示的特征为工具体，单击中键，通过调整方向确定要保留的部分，单击 确定 按钮，完成修剪特征的创建。

工具体

放大图

目标体

图 31.5.3　修剪特征　　　　　　　　　　图 31.5.4　定义参照体

Step3. 保存零件模型。选择下拉菜单 文件(F) ➡️ 保存(S) 命令，即可保存零件模型。

31.6　创建电话下盖

下面讲解电话下盖（DOWN_COVER.PRT）的创建过程，零件模型及模型树如图 31.6.1 所示。

Step1. 创建 DOWN_COVER 层。

（1）在"装配导航器"窗口中的 ☑📦 ANTENNA 选项上右击，系统弹出快捷菜单（一），在此快捷菜单中选择 显示父项 ▶ ➡ FIRST 选项，并将 ☑📦 SECOND02 设为显示部件。

图 31.6.1　零件模型及模型树

（2）在"装配导航器"窗口中的 ☑📦 SECOND02 选项上右击，系统弹出快捷菜单（二），在此快捷菜单中选择 WAVE ▶ ➡ 新建级别 命令，系统弹出"新建级别"对话框。单击"新建级别"对话框中的 指定部件名 按钮，在弹出的"选择部件名"对话框的 文件名(N): 文本框中输入文件名 DOWN_COVER，单击 OK 按钮，系统再次弹出"新建级别"对话框。

（3）单击"新建级别"对话框中的 类选择 按钮，系统弹出"WAVE 组件间的复制"对话框，选取二级控件中图 31.6.2 所示的特征（1 个实体和 2 个片体）和基准坐标系为参照对象，然后单击 确定 按钮，系统重新弹出"新建级别"对话框。在"新建级别"对话框中单击 确定 按钮，完成 DOWN_COVER 层的创建。在"装配导航器"窗口中的 ☑📦 DOWN_COVER 选项上右击，系统弹出快捷菜单（三），在此快捷菜单中选择 设为显示部件 命令，对模型进行编辑。

图 31.6.2　定义参照对象

Step2. 创建图 31.6.3 所示的修剪特征 1。选择下拉菜单 插入(S) ━━➤ 修剪(T) ━━➤
 修剪与延伸(N)... 命令，系统弹出"修剪和延伸"对话框。在 类型 的下拉列表中选择 按距离
选项。选择图 31.6.4 所示的边线为参照。在 延伸 区域 距离 的文本框中输入数值 1，在 设置 区
域选中 ☑ 作为新面延伸（保留原有的面） 复选框。单击 确定 按钮，完成修剪特征 1 的创建。

图 31.6.3　修剪特征 1　　　　　　　　　　　　图 31.6.4　定义参照边

Step3. 创建图 31.6.5 所示的零件特征——修剪特征 2。选择下拉菜单 插入(S) ━━➤
 修剪(T) ▶ ━━➤ 修剪体(T)... 命令，在绘图区选取图 31.6.6 所示的特征为目标体，单击中键；
选取图 31.6.6 所示的特征为工具体，单击中键，通过调整方向确定要保留的部分，单击
 确定 按钮，完成修剪特征 2 的创建。

图 31.6.5　修剪特征 2

图 31.6.6　定义参照体

Step4. 创建图 31.6.7 所示的拉伸特征 1。选择下拉菜单 插入(S) ━━➤
 设计特征(E) ━━➤ 拉伸(E)... 命令，系统弹出"拉伸"对话框。选取 XY 基准平面为草图平
面，选中 设置 区域的 ☑ 创建中间基准 CSYS 复选框，绘制图 31.6.8 所示的截面草图；在 ✔ 指定矢量 下
拉列表中选择 ZC 选项，在 极限 区域的 开始 下拉列表中选择 值 选项，并在其下的 距离 文本框

中输入值 0，在 极限 区域的 结束 下拉列表中选择 贯通 选项，在 布尔 区域的下拉列表中选择 求差 选项，采用系统默认的求差对象。单击 〈确定〉 按钮，完成拉伸特征 1 的创建。

Step5. 创建图 31.6.9 所示的草图 1。选择下拉菜单 插入(S) ➡ 任务环境中的草图(S)... 命令；选取基准平面 XY 为草图平面；进入草图环境绘制。绘制完成后单击 完成草图 按钮，完成草图特征 1 的创建。

图 31.6.7　拉伸特征 1　　　　　　　　图 31.6.8　截面草图

图 31.6.9　草图 1

Step6. 创建图 31.6.10 所示的阵列特征 1。选择下拉菜单 插入(S) ➡ 关联复制(A)▶ ➡ 对特征形成图样(A)... 命令，在绘图区选取图 31.6.7 所示的拉伸特征 1 为要形成图样的特征。在"对特征形成图样"对话框中 阵列定义 区域的 布局 下拉列表中选择 线性 选项。在 边界 下拉列表中选择 曲线 选项。选中简化边界填充 ☑简化边界填充 复选框，在 留边距离 的文本框中输入值 1，在 简化布局 下拉列表中选择 正方形 选项在 节距 文本框中输入值 3。对话框中的其他设置保持系统默认；单击 〈确定〉 按钮，完成阵列特征 1 的创建。

Step7. 创建图 31.6.11 所示的基准平面 1。选择下拉菜单 插入(S) ➡ 基准/点(D) ➡ 基准平面(D)... 命令，系统弹出"基准平面"对话框。在 类型 下拉列表中选择 按某一距离 选项，在绘图区选取基准平面 XY，输入偏移值 30。方向为 Z 轴的负方向。单击 〈确定〉 按钮，完成基准平面 1 的创建。

图 31.6.10　阵列特征 1

图 31.6.11　基准平面 1

Step8. 创建图 31.6.12 所示的零件基础特征——拉伸 2。选择下拉菜单 插入(S) ➡

设计特征(E) ➡ ▥ 拉伸(E)... 命令，系统弹出"拉伸"对话框。选取基准平面 1 为草图平面，取消选中 设置 区域的 □ 创建中间基准 CSYS 复选框，绘制图 31.6.13 所示的截面草图；在 ✔ 指定矢量 下拉列表中选择 ᶻᶜ↑ 选项；在 极限 区域的 开始 下拉列表中选择 ⬆ 值 选项，并在其下的 距离 文本框中输入值 0，在 极限 区域的 结束 下拉列表中选择 ⬆ 值 选项，并在其下的 距离 文本框中输入值 15，在 设置 区域中的 体类型 下拉列表中选择 图纸页 选项，单击 确定 按钮，完成拉伸特征 2 的创建。

图 31.6.12　拉伸特征 2

图 31.6.13　截面草图

Step9. 创建图 31.6.14 所示的修剪特征 3。选择下拉菜单 插入(S) ➡ 修剪(T) ▶ ➡ ▨ 修剪与延伸(N)... 命令，在 类型 下拉列表中选择 ▨ 制作拐角 选项，选取图 31.6.12 所示的拉伸特征 2 为目标体，选取图 31.6.15 所示片体特征为工具体。调整方向作为保留的部分，单击 < 确定 > 按钮，完成修剪特征 3 的创建。

图 31.6.14　修剪特征 3

图 31.6.15　定义工具体

Step10. 创建图 31.6.16 所示的零件特征——有界平面。选择下拉菜单 插入(S) ➡

曲面(R) ➡ 有界平面(B)... 命令；依次选取图 31.6.17 所示边链，单击 〈确定〉 按钮，完成有界平面的创建。

选取此边链

图 31.6.16 有界平面　　　　　图 31.6.17 定义参照线

Step11. 创建图 31.6.18 所示的缝合特征。选择下拉菜单 插入(S) ➡ 組合(B) ▶ ➡ 缝合(W)... 命令，选取图 31.6.18 所示的片体特征为目标体，选取图 31.6.18 所示的有界平面 1 特征为工具体。单击 〈确定〉 按钮，完成缝合特征的创建。

目标体
工具体

图 31.6.18 缝合特征

Step12. 创建图 31.6.19 所示的边倒圆特征 1。选择下拉菜单 插入(S) ➡ 细节特征(L) ▶ ➡ 边倒圆(E)... 命令，在 要倒圆的边 区域中单击 按钮，选择图 31.6.19 所示的边链为边倒圆参照，并在 半径 1 文本框中输入值 1。单击 〈确定〉 按钮，完成边倒圆特征 1 的创建。

这 8 条边为圆角参照
放大图
a）圆角前　　　　　b）圆角后

图 31.6.19 边倒圆特征 1

Step13. 创建图 31.6.20 所示的面加厚特征。选择下拉菜单 插入(S) ➡ 偏置/缩放(O) ▶ ➡ 加厚(T)... 命令，在 面 区域中单击 按钮，选取图 31.6.20 所示的曲面为加厚的对象。在 偏置 1 文本框中输入值 0.9，在 偏置 2 文本框中输入值 0，单击 按钮调整加厚方向为 Z 基准轴的正方向。单击 〈确定〉 按钮，完成面加厚特征的创建。

a）加厚前　　　　　　　　　　　　　　　　　　　b）加厚后

图 31.6.20　加厚特征

Step14. 创建图 31.6.21 所示的求和特征。选择下拉菜单 插入(S) ➤ 组合(B) ▶ ➤ 求和(U)... 命令，选取图 31.6.21 所示的实体特征为目标体，选取图 31.6.21 所示的加厚特征为工具体。单击 〈 确定 〉 按钮，完成求和特征的创建。

图 31.6.21　求和特征

Step15. 创建图 31.6.22 所示的零件特征——修剪特征 4。选择下拉菜单 插入(S) ➤ 修剪(T) ▶ ➤ 修剪体(T)... 命令，在绘图区选取图 31.6.21 所示的实体特征为目标体，单击中键；选取图 31.6.23 所示的特征为工具体，单击中键，通过调整方向确定要保留的部分，单击 确定 按钮，完成修剪特征 4 的创建。

图 31.6.22　修剪特征 4

图 31.6.23　定义工具体

Step16. 创建图 31.6.24 所示的基准平面 2。选择下拉菜单 插入(S) ➤ 基准/点(D) ➤ 基准平面(D)... 命令，系统弹出"基准平面"对话框。在 类型 下拉列表中选择 按某一距离 选项，在绘图区选取基准平面 XY，输入偏移值 35。方向为 Z 轴的负方向。单击 〈 确定 〉 按钮，完成基准平面 2 的创建。

图 31.6.24　基准平面 2

Step17. 创建图 31.6.25 所示的零件基础特征——拉伸 3。选择下拉菜单 插入(S) ➡️ 设计特征(E) ➡️ 🔲 拉伸(E)... 命令，系统弹出"拉伸"对话框。选取基准平面 2 为草图平面，绘制图 31.6.26 所示的截面草图；在 ✔️ 指定矢量 下拉列表中选择 ᶻᶜ↑ 选项；在 极限 区域的 开始 下拉列表中选择 📦 值 选项，并在其下的 距离 文本框中输入值 0，在 极限 区域的 结束 下拉列表中选择 💠 直至选定对象 选项，在 布尔 区域的下拉列表中选择 💠 求和 选项，采用系统默认的求和对象。单击 确定 按钮，完成拉伸特征 3 的创建。

图 31.6.25 拉伸特征 3

图 31.6.26 截面草图

Step18. 创建图 31.6.27 所示的零件基础特征——拉伸 4。选择下拉菜单 插入(S) ➡️ 设计特征(E) ➡️ 🔲 拉伸(E)... 命令，系统弹出"拉伸"对话框。选取图 31.6.27 所示的平面为草图平面，绘制图 31.6.28 所示的截面草图；在 ✔️ 指定矢量 下拉列表中选择 ⁻ˣᶜ 选项；在 极限 区域的 开始 下拉列表中选择 📦 值 选项，并在其下的 距离 文本框中输入值 0，在 极限 区域的 结束 下拉列表中选择 💠 贯通 选项，在 布尔 区域的下拉列表中选择 💠 求差 选项，采用系统默认的求差对象。单击 确定 按钮，完成拉伸特征 4 的创建。

图 31.6.27 拉伸特征 4

图 31.6.28 截面草图

Step19. 创建图 31.6.29 所示的零件基础特征——拉伸 5。选择下拉菜单 插入(S) ➡️ 设计特征(E) ➡️ 🔲 拉伸(E)... 命令，系统弹出"拉伸"对话框。选取 YZ 基准平面为草图平面，绘制图 31.6.30 所示的截面草图；在 ✔️ 指定矢量 下拉列表中选择 ⁻ˣᶜ 选项；在 极限 区域的 开始 下拉列表中选择 💠 对称值 选项，并在其下的 距离 文本框中输入值 7.5，在 布尔 区域的下拉列表中选择 💠 求和 选项，采用系统默认的求和对象。单击 确定 按钮，完成拉伸特征 5 的创建。

图 31.6.29　拉伸特征 5　　　　　　　　　　　　图 31.6.30　截面草图

　　Step20. 创建图 31.6.31 所示的边倒圆特征 2。选择图 31.6.31 所示的边链为边倒圆参照，并在 半径 1 文本框中输入值 0.5。单击 〈 确定 〉 按钮，完成边倒圆特征 2 的创建。

　　　　　　a）圆角前　　　　　　　　　　　　　　　　　b）圆角后

图 31.6.31　边倒圆特征 2

　　Step21. 创建图 31.6.32 所示的零件基础特征——拉伸 6。选择下拉菜单 插入(S) ➞ 设计特征(E) ➞ 拉伸(E)... 命令，系统弹出"拉伸"对话框。选取图 31.6.34 所示的平面为草图平面，绘制图 31.6.33 所示的截面草图；在 ✓ 指定矢量 下拉列表中选择 ZC↑ 选项；在 极限 区域的 开始 下拉列表中选择 值 选项，并在其下的 距离 文本框中输入值 0，在 极限 区域的 结束 下拉列表中选择 直至延伸部分 选项，在 布尔 区域的下拉列表中选择 求差 选项，采用系统默认的求差对象。单击 确定 按钮，完成拉伸特征 6 的创建。

图 31.6.32　拉伸特征 6

图 31.6.33　截面草图　　　　　　　　　　　图 31.6.34　截面草图

Step22. 创建图 31.6.35 所示的零件特征——镜像。选择下拉菜单 插入(S) ➡ 关联复制(A)▶ ➡ 镜像特征(M)... 命令,在绘图区中选取图 31.6.32 所示的拉伸特征 6 为要镜像的特征。在 镜像平面 区域中单击 按钮,在绘图区中选取 YZ 基准平面作为镜像平面。单击 确定 按钮,完成镜像特征的创建。

a）镜像前　　　　　　　　　　　　　　　　b）镜像后

图 31.6.35　镜像特征

Step23. 创建图 31.6.36 所示的零件基础特征——拉伸 7。选择下拉菜单 插入(S) ➡ 设计特征(E) ➡ 拉伸(E)... 命令,系统弹出"拉伸"对话框。选取基准平面 1 为草图平面,绘制图 31.6.37 所示的截面草图;在 指定矢量 下拉列表中选择 ZC↑ 选项;在 极限 区域的 开始 下拉列表中选择 值 选项,并在其下的 距离 文本框中输入值 0,在 极限 区域的 结束 下拉列表中选择 直至下一个 选项,在 布尔 区域的下拉列表中选择 求和 选项,采用系统默认的求和对象。单击 确定 按钮,完成拉伸特征 7 的创建。

图 31.6.36　拉伸特征 7　　　　　　　　图 31.6.37　截面草图

Step24. 创建图 31.6.38 所示的零件基础特征——拉伸 8。选择下拉菜单 插入(S) ➡ 设计特征(E) ➡ 拉伸(E)...命令，系统弹出"拉伸"对话框。选取基准平面 XZ 为草图平面，绘制图 31.6.39 所示的截面草图；在 指定矢量 下拉列表中选择 YC 选项；在 极限 区域的 开始 下拉列表中选择 值 选项，并在其下的 距离 文本框中输入值 0，在 极限 区域的 结束 下拉列表中选择 值 选项，并在其下的 距离 文本框中输入值 5，在 布尔 区域的下拉列表中选择 求和 选项，采用系统默认的求和对象。单击 确定 按钮，完成拉伸特征 8 的创建。

Step25. 创建图 31.6.40 所示的阵列特征 2。选择下拉菜单 插入(S) ➡ 关联复制(A)▶ ➡ 对特征形成图样(A)...命令，在绘图区选取图 31.6.38 所示的拉伸特征 8 为要形成图样的特征。在"对特征形成图样"对话框中 阵列定义 区域的 布局 下拉列表中选择 线性 选项。在 方向 1 区域中，在 指定矢量 的下拉列表中选择 YC 选项。在"对特征形成图样"对话框中 间距 区域的下拉列表中选择 数量和节距 选项，在 数量 的文本框中输入值 2，在 节距 的文本框中输入值 38。对话框中的其他设置保持系统默认；单击 确定 按钮，完成阵列特征 2 的创建。

图 31.6.38　拉伸特征 8　　　　　　　　　图 31.6.39　截面草图

a）阵列前　　　　　　　　　　　　b）阵列后

图 31.6.40　阵列特征 2

Step26. 创建图 31.6.41 所示的零件基础特征——拉伸 9。选择下拉菜单 插入(S) ➡ 设计特征(E) ➡ 拉伸(E)...命令，系统弹出"拉伸"对话框。选取基准平面 XZ 为草图平面，绘制图 31.6.42 所示的截面草图；在 指定矢量 下拉列表中选择 YC 选项；在 极限 区域的 开始 下拉列表中选择 值 选项，并在其下的 距离 文本框中输入值 0，在 极限 区域的 结束 下拉列表中选择 值 选项，并在其下的 距离 文本框中输入值 30，在 布尔 区域的下拉列表中选择 求差 选项，采用系统默认的求差对象。单击 确定 按钮，完成拉伸特征 9 的创建。

图 31.6.41   拉伸特征 9

图 31.6.42   截面草图

Step27. 创建图 31.6.43 所示的边倒圆特征 3。选择图 31.6.43 所示的边链为边倒圆参照，并在 半径 1 文本框中输入值 1。单击 〈 确定 〉 按钮，完成边倒圆特征 3 的创建。

Step28. 创建图 31.6.44 所示的边倒圆特征 4。选择图 31.6.44 所示的边链为边倒圆参照，并在 半径 1 文本框中输入值 1。单击 〈 确定 〉 按钮，完成边倒圆特征 4 的创建。

这两边为圆角参照

放大图

a）圆角前

放大图

b）圆角后

图 31.6.43   边倒圆特征 3

这两边为圆角参照

放大图

a）圆角前

放大图

b）圆角后

图 31.6.44   边倒圆特征 4

Step29. 创建图 31.6.45 所示的边倒圆特征 5。选择图 31.6.45 所示的边链为边倒圆参照，并在 半径 1 文本框中输入值 1。单击 〈 确定 〉 按钮，完成边倒圆特征 5 的创建。

a）圆角前　　　　　　　　　　　　　　b）圆角后

图 31.6.45　边倒圆特征 5

Step30. 创建图 31.6.46 所示的倒斜角特征 1。选择下拉菜单 插入(S) ➡ 细节特征(L) ▸ ➡ 倒斜角(C). 命令。在 边 区域中单击 按钮，选取图 31.6.46 所示的边线为倒斜角参照，在 偏置 区域的 横截面 文本框选择 非对称 选项，在 距离 1 文本框输入值 2.5，在 距离 2 文本框输入值 0.5，单击 < 确定 > 按钮，完成倒斜角特征 1 的创建。

这条边为倒斜角参照　　　　　　　　　　放大图

放大图

a）倒斜角前　　　　　　　　　　　　b）倒斜角后

图 31.6.46　倒斜角特征 1

Step31. 创建图 31.6.47 所示的倒斜角特征 2。选取图 31.6.47 所示的边线为倒斜角参照，在 偏置 区域的 横截面 文本框选择 非对称 选项，在 距离 1 文本框输入值 2.5，在 距离 2 文本框输入值 0.5，单击 < 确定 > 按钮，完成倒斜角特征 2 的创建。

放大图　　　　　　　　　　　　　　放大图

a）倒斜角前　　　　　　　　　　　　b）倒斜角后

图 31.6.47　倒斜角特征 2

Step32. 创建图 31.6.48 所示的边倒圆特征 6。选择图 31.6.48 所示的边链为边倒圆参照，并在 半径 1 文本框中输入值 0.5。单击 < 确定 > 按钮，完成边倒圆特征 6 的创建。

图 31.6.48　边倒圆特征 6

Step33. 创建图 31.6.49 所示的边倒圆特征 7。选择图 31.6.49 所示的边链为边倒圆参照，并在半径 1 文本框中输入值 1。单击 〈 确定 〉 按钮，完成边倒圆特征 7 的创建。

图 31.6.49　边倒圆特征 7

Step34. 创建图 31.6.50 所示的边倒圆特征 8。选择图 31.6.50 所示的边链为边倒圆参照，并在半径 1 文本框中输入值 1。单击 〈 确定 〉 按钮，完成边倒圆特征 8 的创建。

图 31.6.50　边倒圆特征 8

Step35. 创建图 31.6.51 所示的边倒圆特征 9。选择图 31.6.51 所示的边链为边倒圆参照，并在半径 1 文本框中输入值 1。单击 〈 确定 〉 按钮，完成边倒圆特征 9 的创建。

图 31.6.51　边倒圆特征 9

Step36. 创建图 31.6.52 所示的边倒圆特征 10。选择图 31.6.52 所示的边链为边倒圆参照，并在半径 1 文本框中输入值 0.2。单击 〈 确定 〉 按钮，完成边倒圆特征 10 的创建。

图 31.6.52　边倒圆特征 10

Step37. 创建图 31.6.53 所示的边倒圆特征 11。选择图 31.6.53 所示的边链为边倒圆参照，并在 半径 1 文本框中输入值 0.5。单击 〈 确定 〉 按钮，完成边倒圆特征 11 的创建。

图 31.6.53　边倒圆特征 11

Step38. 创建图 31.6.54 所示的倒斜角特征 3。选取图 31.6.54 所示的边线为倒斜角参照，在 偏置 区域的 横截面 文本框选择 对称 选项，在 距离 文本框输入值 0.5。在 设置 区域 偏置方法 的下拉列表中选择 偏置面并修剪 选项。单击 〈 确定 〉 按钮，完成倒斜角特征 3 的创建。

图 31.6.54　倒斜角特征 3

Step39. 创建图 31.6.55 所示的基准平面 3。选择下拉菜单 插入(S) ➡ 基准/点(D) ➡ □ 基准平面(D)... 命令，系统弹出"基准平面"对话框。在 类型 下拉列表中选择 ⬛ 按某一距离 选项，在绘图区选取基准平面 XY，输入偏移值 12。方向为 Z 轴的负方向。单击 〈 确定 〉 按钮，完成基准平面 3 的创建。

图 31.6.55　基准平面 3

Step40. 创建图 31.6.56 所示的零件基础特征——拉伸 10。选择下拉菜单 `插入(S)` ➡️ `设计特征(E)` ➡️ `拉伸(E)...` 命令，系统弹出"拉伸"对话框。选取基准平面 3（图 31.6.55）为草图平面，绘制图 31.6.57 所示的截面草图；在 `✔指定矢量` 下拉列表中选择 `-zc` 选项；在 `极限` 区域的 `开始` 下拉列表中选择 `值` 选项，并在其下的 `距离` 文本框中输入值 0，在 `极限` 区域的 `结束` 下拉列表中选择 `直至下一个` 选项，在 `布尔` 区域的下拉列表中选择 `求和` 选项，采用系统默认的求和对象。单击 `确定` 按钮，完成拉伸特征 10 的创建。

图 31.6.56 拉伸特征 10

图 31.6.57 截面草图

Step41. 创建图 31.6.58 所示的零件基础特征——拉伸 11。选择下拉菜单 `插入(S)` ➡️ `设计特征(E)` ➡️ `拉伸(E)...` 命令，系统弹出"拉伸"对话框。选取基准平面 3（图 31.6.55）为草图平面，绘制图 31.6.59 所示的截面草图；在 `✔指定矢量` 下拉列表中选择 `-zc` 选项；在 `极限` 区域的 `开始` 下拉列表中选择 `值` 选项，并在其下的 `距离` 文本框中输入值 0，在 `极限` 区域的 `结束` 下拉列表中选择 `直至下一个` 选项，在 `布尔` 区域的下拉列表中选择 `求和` 选项，采用系统默认的求和对象。单击 `确定` 按钮，完成拉伸特征 11 的创建。

图 31.6.58 拉伸特征 11

图 31.6.59 截面草图

Step42. 创建图 31.6.60 所示的边倒圆特征 12。选择图 31.6.60 所示的边链为边倒圆参照，并在 `半径 1` 文本框中输入值 0.5。单击 `< 确定 >` 按钮，完成边倒圆特征 12 的创建。

a）圆角前　　　　　　　　　　　　　　　　　　　　b）圆角后

图 31.6.60　边倒圆特征 12

Step43. 创建图 31.6.61 所示的基准平面 4。选择下拉菜单 插入(S) ➡️ 基准/点(D) ➡️ 基准平面(D)...命令，系统弹出"基准平面"对话框。在 类型 区域的下拉列表中选择 按某一距离 选项，在绘图区选取基准平面 3（图 31.6.55），输入偏移值 30。方向为-ZC 方向。单击 确定 按钮，完成基准平面 4 的创建。

图 31.6.61　基准平面 4

Step44. 创建图 31.6.62 所示的孔特征。选择下拉菜单 插入(S) ➡️ 设计特征(E) ➡️ 孔(H)...命令。在 类型 下拉列表中选择 常规孔 选项，单击"位置"区域的"草绘"按钮，选取基准平面 4（图 31.6.61）为草绘平面，绘制图 31.6.63 所示的草图 2（3 个点），在"孔"对话框 方向 区域 孔方向 的下拉列表中选择 沿矢量 选项，（反向可以通过反向按钮来调整）在 形状和尺寸 区域 成形 的下拉列表中选择 沉头 选项，在 沉头直径 的文本框中输入值 4，在 沉头深度 文本框中输入值 24，在 直径 文本框中输入值 2.5，在 深度限制 的下拉列表中选择 贯通体 选项。在 布尔 区域的下拉列表中选择 求差 选项，采用系统默认的求差对象。对话框中的其他设置保持系统默认；单击 ＜ 确定 ＞ 按钮，完成孔特征的创建。

图 31.6.62　孔特征　　　　　　　　　　　　　　图 31.6.63　草图 2

Step45. 创建图 31.6.64 所示的在面上的偏置特征。选择下拉菜单 插入(S) ➡️ 来自曲线集的曲线(F)▶ ➡️ 在面上偏置... 命令。在 类型 区域中选择 常数 选项，选取图 31.6.65 所示的曲线为参照，在 截面线1:偏置1 文本框输入数值 0，单击中键，选取图 31.6.66 所示的面为参照，单击 〈 确定 〉 按钮，完成面上的偏置特征的创建。

图 31.6.64 面上的偏置特征

图 31.6.65 定义参照线   图 31.6.66 定义参照面

Step46. 创建图 31.6.67 所示的草图 3。选择下拉菜单 插入(S) ➡️ 任务环境中的草图(S)... 命令；在 类型 下拉列表中选取 基于路径 选项，选取图 31.6.67 所示的曲线为参照，进入草图环境绘制。绘制完成后单击 完成草图 按钮，完成草图特征 3 的创建。

Step47. 创建图 31.6.68 所示的扫掠特征。选择下拉菜单 插入(S) ➡️ 扫掠(W) ➡️ 扫掠(S)... 命令，在绘图区选取图 31.6.63 所示的草图 2 为扫掠的截面曲线串，选取图 31.6.68 所示的曲线为扫掠的引导线串。采用系统默认的扫掠偏置值，单击 〈 确定 〉 按钮。完成扫掠特征的创建。

图 31.6.67 草图 3

图 31.6.68　扫掠特征

Step48. 创建求和特征。选择下拉菜单 插入(S) ➡ 组合(B) ▶ ➡ 🔥 求和(U)... 命令，选取图 31.6.69 所示的实体特征为目标体，选取图 31.6.68 所示的扫掠特征为刀具体。单击 ＜ 确定 ＞ 按钮，完成求和特征的创建。

图 31.6.69　定义目标体

Step49. 保存零件模型。选择下拉菜单 文件(F) ➡ 💾 保存(S) 命令，即可保存零件模型。

31.7　创建电话上盖

下面讲解电话上盖（UP_COVER.PRT）的创建过程，零件模型及模型树如图 31.7.1 所示。

Step1. 创建 UP_COVER 层。

（1）在"装配导航器"窗口中的 ☑ 🟦 DOWN_COVER 选项上右击，系统弹出快捷菜单（一），在此快捷菜单中选择 显示父项 ▶ ➡ HANDSET 选项，并将 ☑ 🟦 SECONDO1 设为显示部件。

图 31.7.1　零件模型及模型树

（2）在"装配导航器"窗口中的 ☑🔲 SECOND01 选项上右击，系统弹出快捷菜单（二），在此快捷菜单中选择 WAVE▶ ➡️ 新建级别 命令，系统弹出"新建级别"对话框。单击"新建级别"对话框中的 指定部件名 按钮，在弹出的"选择部件名"对话框的 文件名(N): 文本框中输入文件名 UP_COVER，单击 OK 按钮，系统再次弹出"新建级别"对话框。单击"新建级别"对话框中的 类选择 按钮，系统弹出"WAVE 组件间的复制"对话框，选取二级控件如图 31.7.2 所示的实体、片体和 CSYS 为参照，然后单击 确定 按钮，系统重新弹出"新建级别"对话框。在"新建级别"对话框中单击 确定 按钮，完成 UP_COVER 层的创建。

（3）在"装配导航器"窗口中的 ☑🔲 UP_COVER 选项上右击，系统弹出快捷菜单（三），在此快捷菜单中选择 设为显示部件 命令，对模型进行编辑。

图 31.7.2　定义参照对象

Step2. 创建图 31.7.3 所示的零件特征——修剪特征。选择下拉菜单 插入(S) ➡️ 修剪(T) ▶ ➡️ 修剪体(T)... 命令，在绘图区选取图 31.7.4 所示的特征为目标体，单击中键；选取图 31.7.4 所示的特征为工具体，单击中键，通过调整方向确定要保留的部分，单击 确定 按钮，完成修剪特征的创建。

图 31.7.3　修剪特征　　　　　　　　图 31.7.4　定义参照体

Step3. 创建图 31.7.5 所示的偏置曲面。选择下拉菜单 插入(S) ➡️ 偏置/缩放(O) ▶ ➡️ 偏置曲面(O)... 命令，系统弹出"偏置曲面"对话框。选择图 31.7.5 所示的曲面为偏置曲面。在 偏置 1 的文本框中输入值 0；其他参数采用系统默认设置值。

图 31.7.5　偏置曲面

Step4. 创建图 31.7.6 所示的零件基础特征——拉伸 1。选择下拉菜单 插入(S) ➡️ 设计特征(E) ➡️ 拉伸(E)... 命令，系统弹出"拉伸"对话框。选取 XY 基准平面为草图平面，选中设置区域的 ☑ 创建中间基准 CSYS 复选框，绘制图 31.7.7 所示的截面草图；在 ✔ 指定矢量 下拉列表中选择 zc 选项，在极限区域的开始下拉列表中选择 值 选项，并在其下的距离文本框中输入值 0，在极限区域的结束下拉列表中选择 贯通 选项，在布尔区域的下拉列表中选择 求差 选项，选取图 31.7.5 所示的实体为求差对象。单击 < 确定 > 按钮，完成拉伸特征 1 的创建。

图 31.7.6　拉伸特征 1　　　　　　　　图 31.7.7　截面草图

Step5. 创建图 31.7.8 所示的倒斜角特征 1。选择下拉菜单 插入(S) ➡️ 细节特征(L) ▶ ➡️ 倒斜角(C)... 命令。在边区域中单击 按钮，选取图 31.7.8 所示的边线为倒斜角参照，在偏置区域的横截面文本框选择 对称 选项，在距离文本框输入值 0.5。单击 < 确定 > 按钮，完成倒斜角特征 1 的创建。

a）倒斜角前　　　　　　　　　　　　　　　　b）倒斜角后

图 31.7.8　倒斜角特征 1

Step6. 创建图 31.7.9 所示的零件基础特征——拉伸 2。选择下拉菜单 插入(S) ➡️ 设计特征(E) ➡️ 🔲 拉伸(E)... 命令，系统弹出"拉伸"对话框。选取基准平面 XY 为草图平面，取消选中 设置 区域的 □ 创建中间基准 CSYS 复选框，绘制图 31.7.10 所示的截面草图；在 ✔️ 指定矢量 下拉列表中选择 ⤴️-zc 选项；在 极限 区域的 开始 下拉列表中选择 🔟 值 选项，并在其下的 距离 文本框中输入值 0，在 极限 区域的 结束 下拉列表中选择 ✖️ 贯通 选项，在 布尔 区域的下拉列表中选择 ▪️ 求差 选项，选取图形区的实体为求差对象。单击 确定 按钮，完成拉伸特征 2 的创建。

图 31.7.9　拉伸特征 2

图 31.7.10　截面草图

Step7. 创建倒斜角特征 2。选择下拉菜单 插入(S) ➡️ 细节特征(L) ▶ ➡️ 🔷 倒斜角(C)... 命令。在 边 区域中单击 🔲 按钮，选取图 31.7.11 所示的边线为倒斜角参照，在 偏置 区域的 横截面 文本框选择 ▪️ 对称 选项，在 距离 文本框输入值 0.5。单击 〈确定〉 按钮，完成倒斜角特征 2 的创建。

图 31.7.11　定义参照边

Step8. 创建图 31.7.12 所示的零件特征——镜像 1。选择下拉菜单 插入(S) ➡️ 关联复制(A) ▶ ➡️ 🔷 镜像特征(M)... 命令，在绘图区中选取图 31.7.9 所示的拉伸特征 2 和倒斜角特征 2 为要镜像的特征。在 镜像平面 区域中单击 按钮，在绘图区中选取 YZ 基准平面作为镜像平面。单击 < 确定 > 按钮，完成镜像 1 的创建。

a）镜像前　　　　　　　　　　　　　　　　b）镜像后

图 31.7.12　镜像 1

Step9. 创建图 31.7.13 所示的零件基础特征——拉伸 3。选择下拉菜单 插入(S) ➡ 设计特征(E) ➡ 拉伸(E)... 命令，系统弹出"拉伸"对话框。选取基准平面 XY 为草图平面，绘制图 31.7.14 所示的截面草图；在 ✔ 指定矢量 下拉列表中选择 ZC 选项；在 极限 区域的 开始 下拉列表中选择 值 选项，并在其下的 距离 文本框中输入值 0，在 极限 区域的 结束 下拉列表中选择 贯通 选项，在 布尔 区域的下拉列表中选择 求差 选项，采用系统默认的求差对象。单击 确定 按钮，完成拉伸特征 3 的创建。

图 31.7.13　拉伸特征 3

图 31.7.14　截面草图

Step10. 创建图 31.7.15 所示的倒斜角特征 2。选择下拉菜单 插入(S) ➡ 细节特征(L) ▸ ➡ 倒斜角(C)... 命令。在 边 区域中单击 按钮，选取图 31.7.15 所示的边线为倒斜角参照，在 偏置 区域的 横截面 文本框选择 对称 选项，在 距离 文本框输入值 0.5。单击 < 确定 > 按钮，完成倒斜角特征 2 的创建。

Step11. 创建图 31.7.16 所示的基准平面 1。选择下拉菜单 插入(S) ➡ 基准/点(D) ➡ 基准平面(D)... 命令，系统弹出"基准平面"对话框。在 类型 区域的下拉列表中选择 按某一距离 选项，在绘图区选取 ZX 基准平面，输入偏移值 17。单击"反向"按钮。单击 < 确定 > 按钮，完成基准平面 1 的创建。

Step12. 创建图 31.7.17 所示的草图 1。选择下拉菜单 插入(S) ➡ 任务环境中的草图(S)...

命令；选取基准平面 1 为草图平面；进入草图环境绘制草图。绘制完成后单击 完成草图 按钮，完成草图 1 的创建。

　　a）倒斜角前　　　　　　　　　　　　　　b）倒斜角后

图 31.7.15　倒斜角特征 2

图 31.7.16　基准平面 1　　　　　　　　　图 31.7.17　草图 1

Step13. 创建图 31.7.18 所示的草图 2。选择下拉菜单 插入(S) ➡ 任务环境中的草图(S)... 命令；在 类型 下拉列表中选取 基于路径 选项，选取图 31.7.18 所示的曲线为参照，在 平面位置 区域 弧长百分比 的文本框输入值 0，进入草图环境绘制。绘制完成后单击 完成草图 按钮，完成草图特征 2 的创建。

Step14. 创建图 31.7.19 所示的扫掠特征 1。选择下拉菜单 插入(S) ➡ 扫掠(W) ➡ 沿引导线扫掠(G)... 命令，在绘图区选取草图 2 为扫掠的截面曲线串；单击鼠标中键，在绘图区选取图 31.7.19 所示的曲线特征为扫掠的引导线串。在 布尔 区域的下拉列表中选择 求差 选项；采用系统默认的扫掠偏置值，单击"沿引导线扫掠"对话框中的 〈 确定 〉 按钮。

　　图 31.7.18　草图 2　　　　　　　　　图 31.7.19　扫掠特征 1

Step15. 创建图 31.7.20 所示的阵列特征 1。选择下拉菜单 插入(S) ➡ 关联复制(A)▶ ➡ 对特征形成图样(A)... 命令，在绘图区选取图 31.7.19 所示的扫掠特征 1 为要形成图样的特征。在"对特征形成图样"对话框中 阵列定义 区域的 布局 下拉列表中选择 线性 选项。在 边界定义

区域 边界 的下拉列表中选择 面 选项。然后选取图 31.7.20 所示的面为参照。在 方向 1 区域中，在 *指定矢量 的下拉列表中选择 YC 选项。在"对特征形成图样"对话框中 间距 区域的下拉列表中选择 数量和节距 选项，在 数量 的文本框中输入值 4，在 节距 的文本框中输入值 12。对话框中的其他参数设置保持系统默认；单击 〈 确定 〉 按钮，完成阵列特征 1 的创建。

a）阵列前　　　　　　　　　　　　　　　　　b）阵列后

图 31.7.20　阵列特征 1

Step16. 创建图 31.7.21 所示的零件基础特征——拉伸 4。选择下拉菜单 插入(S) ➡ 设计特征(E) ➡ 拉伸(E)... 命令，系统弹出"拉伸"对话框。选取基准平面 XY 为草图平面，绘制图 31.7.22 所示的截面草图；在 ✓ 指定矢量 下拉列表中选择 ZC 选项；在 极限 区域的 开始 下拉列表中选择 值 选项，并在其下的 距离 文本框中输入值 0，在 极限 区域的 结束 下拉列表中选择 贯通 选项，在 布尔 区域的下拉列表中选择 求差 选项，采用系统默认的求差对象。单击 确定 按钮，完成拉伸特征 4 的创建。

图 31.7.21　拉伸特征 4　　　　　　　　　图 31.7.22　截面草图

Step17. 创建图 31.7.23 所示的阵列特征 2。选择下拉菜单 插入(S) ➡ 关联复制(A) ➡ 对特征形成图样(A)... 命令，在绘图区选取图 31.7.21 所示的拉伸特征 4 为要形成图样的特征。在"对特征形成图样"对话框中 阵列定义 区域的 布局 下拉列表中选择 线性 选项。在 边界定义 区域 边界 的下拉列表中选择 无 选项。在 方向 1 区域的 *指定矢量 下拉列表中选择 YC 选项。在"对特征形成图样"对话框中 间距 区域的下拉列表中选择 数量和节距 选项，在 数量 的文本框中输入值 4，在 节距 的文本框中输入值 12.3。对话框中的其他参数设置保持系统默认；单击 〈 确定 〉 按钮，完成阵列特征 2 的创建。

a）阵列前   b）阵列后

图 31.7.23 阵列特征 2

Step18. 创建图 31.7.24 所示的零件基础特征——拉伸 5。选择下拉菜单 插入(S) ➡️ 设计特征(E) ➡️ 拉伸(E) 命令，系统弹出"拉伸"对话框。选取基准平面 XY 为草图平面，绘制图 31.7.25 所示的截面草图；在 指定矢量 下拉列表中选择 -zc 选项；在 极限 区域的 开始 下拉列表中选择 值 选项，并在其下的 距离 文本框中输入值 0，在 极限 区域的 结束 下拉列表框中选择 贯通 选项，在 布尔 区域的下拉列表中选择 求差 选项，选取图形区的实体为求差对象。单击 确定 按钮，完成拉伸特征 5 的创建。

图 31.7.24 拉伸特征 5   图 31.7.25 截面草图

Step19. 创建图 31.7.26 所示的倒斜角特征 3。选择下拉菜单 插入(S) ➡️ 细节特征(L) ▶ ➡️ 倒斜角(C) 命令。在 边 区域中单击 按钮，选取图 31.7.26 所示的边线为倒斜角参照，在 偏置 区域的 横截面 文本框选择 对称 选项，在 距离 文本框输入值 0.5。单击 < 确定 > 按钮，完成倒斜角特征 3 的创建。

此边为倒角参照

放大图   放大图

a）倒斜角前   b）倒斜角后

图 31.7.26 倒斜角特征 3

Step20. 创建图 31.7.27 所示的零件特征——镜像 2。选择下拉菜单 插入(S) ➡️ 关联复制(A) ▶ ➡️ 镜像特征(M)... 命令，在绘图区中选取图 31.7.24 所示的拉伸特征 5 和图 31.7.26 所示的倒斜角特征 4 为要镜像的特征。在 镜像平面 区域中单击 ▢ 按钮，在绘图区中选取 YZ 基准平面作为镜像平面。单击 ＜确定＞ 按钮，完成镜像 2 的创建。

a）镜像前　　　　　　　　　　　　　b）镜像后

图 31.7.27　镜像 2

Step21. 创建图 31.7.28 所示的零件基础特征——拉伸 6。选择下拉菜单 插入(S) ➡ 设计特征(E) ➡ 📖 拉伸(E)... 命令，系统弹出"拉伸"对话框。选取基准平面 XY 为草图平面，绘制图 31.7.29 所示的截面草图；在 ✔指定矢量 下拉列表中选择 ↓-ZC 选项；在 极限 区域的 开始 下拉列表中选择 ⛀ 值 选项，并在其下的 距离 文本框中输入值 0，在 极限 区域的 结束 下拉列表中选择 ⛀ 贯通 选项，在 布尔 区域的下拉列表中选择 ⛀ 求差 选项，选取图形区的实体为求差对象。单击 确定 按钮，完成拉伸特征 6 的创建。

图 31.7.28　拉伸特征 6　　　　　　　　　　图 31.7.29　截面草图

Step22. 创建图 31.7.30 所示的草图 3。选择下拉菜单 插入(S) ➡ 🔡 任务环境中的草图(S)... 命令；选取基准平面 XY 为草图平面；进入草图环境绘制草图。绘制完成后单击 🏁 完成草图 按钮，完成草图 3 的创建。

Step23. 创建图 31.7.31 所示的阵列特征 3。选择下拉菜单 插入(S) ➡ 关联复制(A) ▸ ➡ 🔹 对特征形成图样(A)... 命令，在绘图区选取图 31.7.28 所示的拉伸特征 6 为要形成图样的特征。在"对特征形成图样"对话框中 阵列定义 区域的 布局 下拉列表中选择 ⛀ 线性 选项。在 边界 下拉列表中选择 曲线 选项。选中简化边界填充 ☑ 简化边界填充 复选框，在 留边距离 的文本框中输入值 0.6，在 简化布局 下拉列表中选择 正方形 选项在 节距 文本框中输入值 3。对话框中的其他参数设置保持系统默认；单击 ＜确定＞ 按钮，完成阵列特征 3 的创建。

图 31.7.30　草图 3

图 31.7.31　阵列特征 3

Step24. 创建图 31.7.32 所示的零件基础特征——拉伸 7。选择下拉菜单 插入(S) ➡ 设计特征(E) ➡ 拉伸(E)... 命令，系统弹出"拉伸"对话框。选取图 31.7.32 所示的平面为草图平面，绘制图 31.7.33 所示的截面草图；在 ✔ 指定矢量 下拉列表中选择 ᶻᶜ 选项；在 极限 区域的 开始 下拉列表中选择 值 选项，并在其下的 距离 文本框中输入值 0，在 极限 区域的 结束 下拉列表中选择 贯通 选项，在 布尔 区域的下拉列表中选择 求差 选项，选取图形区的实体为求差对象。单击 确定 按钮，完成拉伸特征 7 的创建。

图 31.7.32　拉伸特征 7

图 31.7.33　截面草图

Step25. 创建图 31.7.34 所示的倒斜角特征 4。选择下拉菜单 插入(S) ➡ 细节特征(L) ▶ ➡ 倒斜角(C)... 命令。在 边 区域中单击 按钮，选取图 31.7.34 所示的边线为倒斜角参照，在 偏置 区域的 横截面 文本框选择 对称 选项，在 距离 文本框输入值 0.2。单击 〈 确定 〉 按钮，完成倒斜角特征 4 的创建。

a）倒斜角前

此边为倒角边

b）倒斜角后

放大图

图 31.7.34　倒斜角特征 4

Step26. 创建图 31.7.35 所示的基准平面 2。选择下拉菜单 插入(S) ➡ 基准/点(D)

➡ □ 基准平面(D)...命令，系统弹出"基准平面"对话框。在 类型 区域的下拉列表中选择

按某一距离 选项，在绘图区选取 XY 基准平面，输入偏移值 3。方向为 Z 轴的负方向。单

击 <确定> 按钮，完成基准平面 2 的创建。

图 31.7.35　基准平面 2

Step27. 创建图 31.7.36 所示的零件基础特征——拉伸 8。选择下拉菜单 插入(S) ➡

设计特征(E) ➡ □ 拉伸(E)...命令，系统弹出"拉伸"对话框。选取基准平面 2 为草图平面，

绘制图 31.7.37 所示的截面草图；在 ✓ 指定矢量 下拉列表中选择 -ZC 选项；在 极限 区域的 开始 下

拉列表中选择 直至下一个 选项，在 极限 区域的 结束 下拉列表中选择 值 选项，并在其下的

距离 文本框中输入值 9，在 布尔 区域的下拉列表中选择 求和 选项，采用系统默认的求和对象。

单击 确定 按钮，完成拉伸特征 8 的创建。

图 31.7.36　拉伸特征 8

图 31.7.37　截面草图

Step28. 创建图 31.7.38 所示的零件基础特征——拉伸 9。选择下拉菜单 插入(S) ➡

设计特征(E) ➡ □ 拉伸(E)...命令，系统弹出"拉伸"对话框。选取基准平面 2（图 31.7.35）

为草图平面，绘制图 31.7.39 所示的截面草图；在 ✓ 指定矢量 下拉列表中选择 -ZC 选项；在 极限

区域的 开始 下拉列表中选择 直至下一个 选项，在 极限 区域的 结束 下拉列表中选择 值 选项，

并在其下的 距离 文本框中输入值 9，在 布尔 区域的下拉列表中选择 求和 选项，采用系统默认

的求和对象。单击 确定 按钮，完成拉伸特征 9 的创建。

Step29. 创建图 31.7.40 所示的边倒圆特征。选择下拉菜单 插入(S) ➡ 细节特征(L) ▶

➡ 边倒圆(E)...命令，在 要倒圆的边 区域中单击 按钮，选择图 31.7.39 所示的边链为边倒

圆参照，并在 半径 1 文本框中输入值 0.5。单击 确定 按钮，完成边倒圆特征的创建。

图 31.7.38　拉伸特征 9　　　　图 31.7.39　截面草图

图 31.7.40　边倒圆特征

Step30. 创建图 31.7.41 所示的孔特征。选择下拉菜单 插入(S) ➡ 设计特征(E)▶ ➡ 孔(H)... 命令。在 类型 下拉列表中选择 螺纹孔 选项，选取图 31.7.42 所示圆弧的中心为定位点，在"孔"对话框 螺纹尺寸 中的 大小 下拉列表中选择 M2.5×0.45，在 螺纹深度 文本框中输入值 5，在 深度限制 的下拉列表中选择 值 选项。在 深度 文本框中输入值 6，在 布尔 区域的下拉列表中选择 求差 选项，采用系统默认的求差对象。对话框中的其他参数设置保持系统默认；单击 < 确定 > 按钮，完成孔特征的创建。

图 31.7.41　孔特征

图 31.7.42　定位点

Step31. 创建图 31.7.43 所示的面上的偏置特征。选择下拉菜单 插入(S) ➡

来自曲线集的曲线 (F)▶ ➡️ ◈ 在面上偏置 命令。在 类型 区域中选择 常数 选项，选取图 31.7.44 所示的曲线为参照，在 截面线1:偏置1 文本框输入值 0，单击中键，选取图 31.7.45 所示的面为参照，单击 < 确定 > 按钮，完成面上的偏置特征的创建。

图 31.7.43　面上的偏置特征

图 31.7.44　定义参照线　　　　　　　　图 31.7.45　定义参照面

Step32. 创建图 31.7.46 所示的草图 4。选择下拉菜单 插入(S) ➡️ 🔲 任务环境中的草图(S)... 命令；在 类型 下拉列表中选取 🔘 基于路径 选项，选取图 31.7.46 所示的曲线为参照，在 平面位置 区域 弧长百分比 的文本框输入值 0，进入草图环境绘制。绘制完成后单击 🔯 完成草图 按钮，完成草图特征 4 的创建。

图 31.7.46　草图 4

Step33. 创建图 31.7.47 所示的扫掠特征 2。选择下拉菜单 插入(S) ➡️ 扫掠(W) ➡️ ◈ 扫掠(S)... 命令，在绘图区选取图 31.7.46 所示的草图 4 为扫掠的截面曲线串，选取图 31.7.44 所示的曲线为扫掠的引导线串。采用系统默认的扫掠偏置值，单击 < 确定 > 按钮。完成扫掠特征 2 的创建。

图 31.7.47　扫掠特征 2

Step34. 创建求差特征。选择下拉菜单 插入(S) ➡ 组合(B) ▶ ➡ 求差(S)... 命令，选取图 31.7.48 所示的实体特征为目标体，选取图 31.7.47 所示的扫掠特征为刀具体。单击 < 确定 > 按钮，完成求差特征的创建。

Step35. 保存零件模型。选择下拉菜单 文件(F) ➡ 保存(S) 命令，即可保存零件模型。

图 31.7.48　定义目标体

31.8　创建电话屏幕

下面讲解电话屏幕（SCREEN.PRT）的创建过程，零件模型及模型树如图 31.8.1 所示。

图 31.8.1　零件模型及模型树

Step1. 创建 SCREEN 层。

（1）在"装配导航器"窗口中的 ☑ UP_COVER 选项上右击，系统弹出快捷菜单（一），在此快捷菜单中选择 显示父项 ▶ ➡ SECOND01 选项，并将 ☑ UP_COVER 隐藏，将 ☑ SECOND01 设为显示部件。

（2）在"装配导航器"窗口中的 ☑ SECOND01 选项上右击，系统弹出快捷菜单（二），在此快捷菜单中选择 WAVE▶ ➡ 新建级别 命令，系统弹出"新建级别"对话框。单击"新建级别"对话框中的 指定部件名 按钮，在弹出的"选择部件名"对话框的 文件名(N): 文本框中输入文件名 SCREEN，单击 OK 按钮，系统再次弹出"新建级别"对话框。单击"新建级别"对话框中的 类选择 按钮，系统弹出"WAVE 组件间的复制"对话框，选取二级控件如图 31.8.2 所示的实体、片体和 CSYS，然后单击 确定 按钮，系统

重新弹出"新建级别"对话框。在"新建级别"对话框中单击 确定 按钮，完成 SCREEN
层的创建。

（3）在"装配导航器"窗口中的 ☑🔲 SCREEN 选项上右击，系统弹出快捷菜单（三），在
此快捷菜单中选择 🖼 设为显示部件 命令，对模型进行编辑。

图 31.8.2　定义参照对象

Step2. 创建图 31.8.3 所示的零件特征——修剪特征。选择下拉菜单 插入(S) ➡️
修剪(T) ▶ ➡️ 🔲 修剪体(T)... 命令，在绘图区选取图 31.8.4 所示的特征为目标体，单击中键；
选取图 31.8.4 所示的特征为工具体，单击中键，通过调整方向确定要保留的部分，单击
确定 按钮，完成修剪特征的创建。（显示片体）

图 31.8.3　修剪特征

图 31.8.4　定义参照体

Step3. 保存零件模型。选择下拉菜单 文件(F) ➡️ 🔲 保存(S) 命令，即可保存零件模型。

31.9　建立电池盖

下面讲解电池盖（CELL_COVER.PRT）的创建过程，零件模型及模型树如图 31.9.1 所
示。

图 31.9.1　零件模型及模型树

Step1. 创建 CELL_COVER 层。

（1） 在"装配导航器"窗口中的 ☑⬜ SCREEN 选项上右击，系统弹出快捷菜单（一），在此快捷菜单中选择 显示父项 ▶ ➡ FIRST 选项，并将 ☑⬜ SECONDO2 设为显示部件。

（2）在"装配导航器"窗口中的 ☑⬜ SECONDO2 选项上右击，系统弹出快捷菜单（二），在此快捷菜单中选择 WAVE▶ ➡ 新建级别 命令，系统弹出"新建级别"对话框。单击"新建级别"对话框中的 指定部件名 按钮,在弹出的"选择部件名"对话框的 文件名(N): 文本框中输入文件名 CELL_COVER，单击 OK 按钮，系统再次弹出"新建级别"对话框。单击"新建级别"对话框中的 类选择 按钮，系统弹出"WAVE 组件间的复制"对话框，选取二级控件如图 31.9.2 所示的实体、片体和 CSYS，然后单击 确定 按钮，系统重新弹出"新建级别"对话框。在"新建级别"对话框中单击 确定 按钮，完成 CELL_COVER 层的创建。

（3）在"装配导航器"窗口中的 ☑⬜ CELL_COVER 选项上右击，系统弹出快捷菜单（三），在此快捷菜单中选择 设为显示部件 命令，对模型进行编辑。

图 31.9.2　定义参照对象

Step2. 创建图 31.9.3 所示的修剪特征 1。选择下拉菜单 插入(S) ➡ 修剪(T) ➡ 修剪与延伸(N)... 命令，系统弹出"修剪和延伸"对话框。在 类型 的下拉列表中选择 按距离 选项。选择图 31.9.4 所示的边线为参照。在 延伸 区域 距离 的文本框输入值 1，在 设置 区域选中 ☑ 作为新面延伸（保留原有的面）复选框。单击 确定 按钮，完成修剪特征 1 的创建。（将实体隐藏）

图 31.9.3　修剪特征 1　　　　　　　图 31.9.4　定义参照边

Step3. 创建图 31.9.5 所示的零件特征——修剪特征 2。选择下拉菜单 插入(S) ➡

修剪(T) ▶ ➡ 修剪体(T)... 命令，在绘图区选取图 31.9.6 所示的特征为目标体，单击中键；选取图 31.9.6 所示的特征为工具体，单击中键，通过调整方向确定要保留的部分，单击 确定 按钮，完成修剪特征 2 的创建。（显示片体）

图 31.9.5　修剪特征 2

图 31.9.6　定义参照体

Step4. 创建图 31.9.7 所示的基准平面。选择下拉菜单 插入(S) ➡ 基准/点(D) ➡

□ 基准平面(D)... 命令，系统弹出"基准平面"对话框。在 类型 区域的下拉列表中选择 按某一距离 选项，在绘图区选取 XY 基准平面，输入偏移值 40。方向为 Z 轴的负方向。单击 〈 确定 〉 按钮，完成基准平面的创建。

图 31.9.7　基准平面

Step5. 创建图 31.9.8 所示的零件基础特征——拉伸 1。选择下拉菜单 插入(S) ➡

设计特征(E) ➡️ 拉伸(E)...命令，系统弹出"拉伸"对话框。选取基准平面为草图平面，选中 设置 区域的 ☑ 创建中间基准 CSYS 复选框，绘制图 31.9.9 所示的截面草图；在 ✔ 指定矢量 下拉列表中选择 ZC↑ 选项；在 极限 区域的 开始 下拉列表中选择 值 选项，并在其下的 距离 文本框中输入值 0，在 极限 区域的 结束 下拉列表中选择 值 选项，并在其下的 距离 文本框中输入值 6。在 布尔 区域的下拉列表中选择 求差 选项，采用系统默认的求差对象。单击 < 确定 > 按钮，完成拉伸特征 1 的创建。

图 31.9.8　拉伸特征 1

图 31.9.9　截面草图

Step6. 创建图 31.9.10 所示的边倒圆特征 1。选择下拉菜单 插入(S) ➡️ 细节特征(L) ▶ ➡️ 边倒圆(E).命令，在 要倒圆的边 区域中单击 ⬛ 按钮，选择图 31.9.10 所示的边链为边倒圆参照，并在 半径 1 文本框中输入值 2。单击 < 确定 > 按钮，完成边倒圆特征 1 的创建。

a）圆角前　　　　　　　　　　　　　　b）圆角后

图 31.9.10　边倒圆特征 1

Step7. 创建图 31.9.11 所示的零件基础特征——拉伸 2。选择下拉菜单 插入(S) ➡️ 设计特征(E) ➡️ 拉伸(E).命令，系统弹出"拉伸"对话框。选取 YZ 平面为草图平面，取消选中 设置 区域的 ☐ 创建中间基准 CSYS 复选框，绘制图 31.9.12 所示的截面草图；在 ✔ 指定矢量 下拉列表中选择 XC↘ 选项；在 极限 区域的 开始 下拉列表中选择 对称值 选项，并在其下的 距离 文本框中输入值 2.5，在 布尔 区域的下拉列表中选择 求和 选项，采用系统默认的求和对象。单击 < 确定 > 按钮，完成拉伸特征 2 的创建。

图 31.9.11　拉伸特征 2

图 31.9.12　截面草图

Step8. 创建图 31.9.13 所示的边倒圆特征 2。选择图 31.9.13 所示的边链为边倒圆参照，并在 半径 1 文本框中输入值 0.5。单击 < 确定 > 按钮，完成边倒圆特征 2 的创建。

a）圆角前　　　　　　　　　　　　　　　　　b）圆角后

图 31.9.13　边倒圆特征 2

Step9. 创建图 31.9.14 所示的边倒圆特征 3。选择图 31.9.14 所示的边链为边链倒圆参照，并在 半径 1 文本框中输入值 0.5。单击 < 确定 > 按钮，完成边倒圆特征 3 的创建。

a）圆角前　　　　　　　　　　　　　　　　　b）圆角后

图 31.9.14　边倒圆特征 3

Step10. 保存零件模型。选择下拉菜单 文件(F) ➡ 保存(S) 命令，即可保存零件模型。

31.10　创建电话按键

下面讲解电话按键（KEY_PRESS.PRT）的创建过程，零件模型及模型树如图 31.10.1 所示。

图 31.10.1　零件模型及模型树

Step1. 创建 KEY_PRESS 层。

（1）在"装配导航器"窗口中的 ☑📦 CELL_COVER 选项上右击，系统弹出快捷菜单（一），在此快捷菜单中选择 显示父项 ▶ ➜ HANDSET 选项，并将 ☑🔩 UP_COVER 设为显示部件。

（2）在"装配导航器"窗口中的 ☑🔩 UP_COVER 选项上右击，系统弹出快捷菜单（二），在此快捷菜单中选择 WAVE▶ ➜ 新建级别 命令，系统弹出"新建级别"对话框。单击"新建级别"对话框中的 指定部件名 按钮，在弹出的"选择部件名"对话框的 文件名(N): 文本框中输入文件名 KEY_PRESS，单击 OK 按钮，系统再次弹出"新建级别"对话框。单击"新建级别"对话框中的 类选择 按钮，系统弹出"WAVE 组件间的复制"对话框，选取二级控件如图 31.10.2 所示的实体、片体和 CSYS，然后单击 确定 按钮，系统重新弹出"新建级别"对话框。在"新建级别"对话框中单击 确定 按钮，完成 KEY_PRESS 层的创建。

（3）在"装配导航器"窗口中的 ☑📦 KEY_PRESS 选项上右击，系统弹出快捷菜单（三），在此快捷菜单中选择 🔲 设为显示部件 命令，对模型进行编辑。

图 31.10.2　定义参照体

Step2. 创建图 31.10.3 所示的偏置曲面。选择下拉菜单 插入(S) ➜ 偏置/缩放(O)▶ ➜ 🔲 偏置曲面(O)... 命令，系统弹出"偏置曲面"对话框。选择图 31.10.4 所示的曲面为要偏置的曲面。在 偏置 1 的文本框中输入值 3.5；单击 ⤴ 按钮调整偏置方向为 Z 基准轴正向；其他参数采用系统默认设置值。单击 < 确定 > 按钮，完成偏置曲面的创建。

图 31.10.3 偏置曲面

图 31.10.4 选择曲面

Step3. 创建图 31.10.5 所示的零件基础特征——拉伸 1。选择下拉菜单 插入(S) ➡ 设计特征(E) ➡ 📖拉伸(E)..命令，系统弹出"拉伸"对话框。选取 XY 平面为草图平面，选中设置区域的 ☑创建中间基准 CSYS 复选框，绘制图 31.10.6 所示的截面草图；在 ✔指定矢量 下拉列表中选择 ZC↑ 选项；在极限区域的开始下拉列表中选择 ◆直至延伸部分 选项（拉伸时选取上一级链接的片头为直至延伸的部分），在极限区域的结束下拉列表中选择 ◆直至延伸部分 选项（选取偏置曲面 1 为直至延伸的部分），单击 < 确定 > 按钮，完成拉伸特征 1 的创建。

图 31.10.5 拉伸特征 1

图 31.10.6 截面草图

说明：拉伸过程中的草图是通过投影命令完成的。

Step4. 创建图 31.10.7 所示的面加厚特征。选择下拉菜单 插入(S) ➡ 偏置/缩放(O) ▶ ➡ 🖳加厚(T)...命令，在面区域中单击🖳按钮，选取图 31.10.8 所示的曲面为加厚的对象。在偏置 1 文本框中输入值 1，在偏置 2 文本框中输入值 0，单击🖂按钮调整加厚方向为 Z 基准轴的负方向。单击 < 确定 > 按钮，完成面加厚特征的创建。

图 31.10.7 面加厚特征

选取该曲面为加厚对象

图 31.10.8 选取加厚曲面

Step5. 创建求和特征。选择下拉菜单 插入(S) ➡ 组合(B) ▶ ➡ 求和(U)... 命令，选取图 31.10.9 所示的实体特征为目标体，选取图 31.10.10 所示的拉伸特征为刀具体。单击 <确定> 按钮，完成求和特征的创建。

图 31.10.9　目标体

图 31.10.10　刀具体

Step6. 创建图 31.10.11 所示的零件基础特征——拉伸 2。选择下拉菜单 插入(S) ➡ 设计特征(E) ➡ 拉伸(E)... 命令，系统弹出"拉伸"对话框。选取 XY 基准平面为草图平面，取消选中 设置 区域的 □创建中间基准 CSYS 复选框，绘制图 31.10.12 所示的截面草图；在 ✓指定矢量 下拉列表中选择 ↓zc 选项；在 极限 区域的 开始 下拉列表中选择 值 选项，并在其下的 距离 文本框中输入值 0，在 极限 区域的 结束 下拉列表中选择 值 选项，并在其下的 距离 文本框中输入值 10。在 布尔 区域的下拉列表中选择 求差 选项，采用系统默认的求差对象。单击 <确定> 按钮，完成拉伸特征 2 的创建。（隐藏片体）

图 31.10.11　拉伸特征 2

图 31.10.12　截面草图

Step7. 创建图 31.10.13 所示的边倒圆特征 1。选择下拉菜单 插入(S) ➡ 細节特征(L) ▶ ➡ 边倒圆(E)... 命令，在 要倒圆的边 区域中单击 ⬡ 按钮，选择图 31.10.13 所示的边链为边倒圆参照，并在 半径 1 文本框中输入值 3。单击 <确定> 按钮，完成边倒圆特征 1 的创建。

　　a）圆角前　　　　　　　　　　　　　　　　　　　　　　b）圆角后

图 31.10.13　边倒圆特征 1

Step8. 创建图 31.10.14 所示的边倒圆特征 2。选择图 31.10.14 所示的边链为边倒圆参照，

并在 半径 1 文本框中输入值 0.5。单击 <　确定　> 按钮，完成边倒圆特征 2 的创建。

图 31.10.14　边倒圆特征 2

Step9. 创建图 31.10.15 所示的草图 1。选择下拉菜单 插入(S) ➡ 任务环境中的草图(S)... 命令；选取 YZ 基准平面为草图平面；进入草图环境绘制草图。绘制完成后单击 完成草图 按钮，完成草图 1 的创建。

图 31.10.15　草图 1

说明：在绘制草图时，可以先做两个交点，然后再画直线。

Step10. 创建图 31.10.16 所示的草图 2。选择下拉菜单 插入(S) ➡ 任务环境中的草图(S)... 命令；在 类型 下拉列表中选取 基于路径 选项，在 平面位置 区域 弧长百分比 的文本框输入值 50，选取图 31.10.15 所示的草图 1 为轨迹；单击 <　确定　> 按钮，进入草图环境绘制草图。绘制完成后单击 完成草图 按钮，完成草图 2 的创建。

图 31.10.16　草图 2

Step11. 创建图 31.10.17 所示的回转特征 1。选择 插入(S) ➡ 设计特征(E) ➡ 回转(R)... 命令，在绘图区选取图 31.10.16 所示的截面草图。在绘图区中选取图 31.10.16 所示的直线为旋转轴。在"回转"对话框的 极限 区域的 开始 下拉列表中选择 值 选项，并在 角度 文本框中输入值 0，在 结束 下拉列表中选择 值 选项，并在 角度 文本框中输入值 360；在 布尔

区域中选择 求差 选项，采用系统默认的求差对象。单击 〈 确定 〉 按钮，完成回转特征 1 的创建。

图 31.10.17 回转特征 1

Step12. 创建图 31.10.18 所示的边倒圆特征 3。选择图 31.10.18 所示的边链为边倒圆参照，并在 半径 1 文本框中输入值 0.5。单击 〈 确定 〉 按钮，完成边倒圆特征 3 的创建。

a）圆角前　　　　　　　　　　　　　　　b）圆角后

图 31.10.18 边倒圆特征 3

Step13. 创建图 31.10.19 所示的基准平面 1。选择下拉菜单 插入(S) ➡ 基准/点(D) ➡ □ 基准平面(D)... 命令，系统弹出"基准平面"对话框。在 类型 区域的下拉列表中选择 □ 点和方向 选项，在绘图区选取图 31.10.19 所示的点为参照。单击 〈 确定 〉 按钮，完成基准平面 1 的创建。

选取此点为参照

图 31.10.19 基准平面 1

Step14. 创建图 31.10.20 所示的基准平面 2。选择下拉菜单 插入(S) ➡ 基准/点(D) ➡ □ 基准平面(D)... 命令，系统弹出"基准平面"对话框。在 类型 区域的下拉列表中选择 □ 成一角度 选项，在绘图区选取基准平面 1，选取图 31.10.20 所示的轴为参照，在 角度 文本框输入值 45。单击 〈 确定 〉 按钮，完成基准平面 2 的创建。

Step15. 创建图 31.10.21 所示的基准平面 3。选择下拉菜单 插入(S) ➡ 基准/点(D) ➡ □ 基准平面(D)... 命令，系统弹出"基准平面"对话框。在 类型 区域的下拉列表中选择 按某一距离 选项，在绘图区选取基准平面 2，输入偏移值 8.5。单击 < 确定 > 按钮，完成基准平面 3 的创建。

选取此轴为参照

图 31.10.20　基准平面 2

图 31.10.21　基准平面 3

Step16. 创建图 31.10.22 所示的回转特征 2。选择 插入(S) ➡ 设计特征(E) ➡ 回转(R)... 命令，单击 截面 区域中的 按钮，在绘图区选取基准平面 3 为草图平面，绘制图 31.10.23 所示的截面草图。在绘图区中选取图 31.10.23 所示的直线为旋转轴。在"回转"对话框的 极限 区域的 开始 下拉列表中选择 值 选项，并在 角度 文本框中输入值 0，在 结束 下拉列表中选择 值 选项，并在 角度 文本框中输入值 360；在 布尔 区域中选择 求差 选项，采用系统默认的求差对象。单击 < 确定 > 按钮，完成回转特征 2 的创建。

图 31.10.22　回转特征 2

旋转轴

放大图

图 31.10.23　截面草图

Step17. 创建图 31.10.24 所示的边倒圆特征 4。选择图 31.10.24 所示的边链为边倒圆参照，并在 半径 1 文本框中输入值 0.5。单击 < 确定 > 按钮，完成边倒圆特征 4 的创建。

Step18. 创建图 31.10.25 所示的阵列特征。选择下拉菜单 插入(S) ➡ 关联复制(A)▶ ➡ 对特征形成图样(A)... 命令，在绘图区选取图 31.10.22 所示的回转特征 2 和图 31.10.24

所示的边倒圆特征 4 为要形成图样的特征。在"对特征形成图样"对话框中 阵列定义 区域的 布局 下拉列表中选择 圆形 选项。在"指定矢量"区域中选择图 31.10.25 所示的旋转轴为参照。在"对特征形成图样"对话框中 间距 区域的下拉列表中选择 数量和跨距 选项，在 数量 的文本框中输入值 4，在 跨角 的文本框中输入值 360。对话框中的其他参数设置保持系统默认；单击 〈 确定 〉 按钮，完成阵列特征的创建。

图 31.10.24　边倒圆特征 4

图 31.10.25　阵列特征

Step19. 保存零件模型。选择下拉菜单 文件(F) ➡ 保存(S) 命令，即可保存零件模型。

实例 32　微波炉钣金外壳的自顶向下设计

32.1　实　例　概　述

本实例详细讲解了采用自顶向下（Top_Down Design）设计方法创建图 32.1.1 所示的微波炉外壳的整个设计过程，其设计过程是先确定微波炉内部原始文件的尺寸，然后根据该文件建立一个骨架模型，通过该骨架模型将设计意图传递给微波炉的各个外壳钣金零件后，再对其进行细节设计，设计流程如图 32.1.2 所示。

骨架模型是根据装配体内各元件之间的关系而创建的一种特殊的零件模型，或者说它是一个装配体的 3D 布局，是自顶向下设计（Top_Down Design）的一个强有力的工具。

当微波炉外壳完成后，只需要更改内部原始文件的尺寸，微波炉的尺寸就随之更改。该设计方法可以加快产品的更新速度，非常适用于系列化的产品。

a）方位 1

b）方位 2

c）方位 3

图 32.1.1　微波炉外壳

图 32.1.2 设计流程图

32.2 准备原始文件

原始文件（图 32.2.1）是控制微波炉总体尺寸的一个模型文件，它是一个用于盛装需要加热食物的碗，该模型通常是由上游设计部门提供。

Step1. 新建文件。选择下拉菜单 文件(F) ➙ 新建(N)... 命令，系统弹出"新建"对话框。在 模板 区域中选择 模型 模板，在 名称 文本框中输入文件名称 MICROWAVE_COVEN _CASE，单击 确定 按钮，进入建模环境。

图 32.2.1　原始文件

　　Step2. 创建原始文件。在"装配导航器"窗口中的空白处右击，在弹出的快捷菜单中选择 WAVE 模式 选项；然后在 ☑🗀 MICROWAVE_COVEN_CASE 选项上右击，系统弹出快捷菜单（一），在此快捷菜单中选择 WAVE▶ ➡ 新建级别 命令，系统弹出"新建级别"对话框。在"新建级别"对话框中单击 指定部件名 按钮，系统弹出"选择部件名"对话框，在 文件名(N): 文本框中输入 DISH；单击 OK 按钮，回到"新建级别"对话框，单击 确定 按钮，完成 DISH 层的创建。在"装配导航器"窗口中的 ☑🗀DISH 选项上右击，系统弹出快捷菜单（二），在此快捷菜单中选择🗀设为工作部件 命令，对模型进行编辑。

　　Step3. 创建基准坐标系。选择下拉菜单 插入(S) ➡ 基准/点(D) ▶ ➡ 🗀 基准 CSYS... 命令，系统弹出"基准 CSYS"对话框，单击 < 确定 > 按钮，完成基准坐标系的创建。

　　Step4. 创建图 32.2.2 所示的回转特征。选择 插入(S) ➡ 设计特征(E) ➡ 🗀 回转(R)... 命令，单击截面区域中的🗀按钮，在绘图区选取 XZ 基准平面为草图平面，绘制图 32.2.3 所示的截面草图。在绘图区中选取 Z 轴为旋转轴，指定点为坐标系原点。在"回转"对话框的极限区域的开始下拉列表中选择值选项，并在角度文本框中输入值 0，在结束下拉列表中选择值选项，并在角度文本框中输入值 360；单击 < 确定 > 按钮，完成回转特征的创建。

图 32.2.2　回转特征

图 32.2.3　截面草图

　　Step5. 创建图 32.2.4 所示的抽壳特征。选择下拉菜单 插入(S) ➡ 偏置/缩放(O) ▶ ➡ 🗀 抽壳(H)... 命令，在类型区域的下拉列表中选择🗀移除面，然后抽壳选项，在面区域中单击🗀按钮，选取图 32.2.5 所示的曲面为要移除的对象。在厚度文本框中输入值 5，其他参数采用系统默认设置，单击 < 确定 > 按钮，完成面抽壳特征的创建。

图 32.2.4 抽壳特征

此面是要去除的面

图 32.2.5 定义移除面

Step6. 保存零件模型。选择下拉菜单 文件(F) ➡ 💾 保存(S) 命令，即可保存零件模型。

32.3　构建微波炉外壳的总体骨架

微波炉外壳总体骨架的创建在整个微波炉的设计过程中非常重要，只有通过骨架文件才能把原始文件的数据传递给外壳中的每个零件。总体骨架及模型树如图 32.3.1 所示。

图 32.3.1　微波炉的总体骨架及模型树

Step1. 创建 MICROWAVE_COVEN_CASE_SKEL 层。

（1）在"装配导航器"窗口中的 ☑ MICROWAVE_COVEN_CASE 选项上右击，系统弹出快捷菜单（二），在此快捷菜单中选择 WAVE▶ ➡ 新建级别 命令，系统弹出"新建级别"对话框。单击"新建级别"对话框中的 指定部件名 按钮，在弹出的"选择部件名"对话框的 文件名(N): 文本框中输入文件名 MICROWAVE_COVEN_CASE_SKEL，单击 OK 按钮，系统 再 次 弹 出 " 新 建 级 别 " 对 话 框 。 单 击 确定 按 钮 ， 完 成 MICROWAVE_COVEN_CASE_SKEL 层的创建。

（2）在"装配导航器"窗口中的 ☑ DISH 选项上右击，系统弹出快捷菜单，在此快捷菜单中选择 WAVE▶ ➡ 将几何体复制到组件 命令，系统弹出"部件间复制"对话框。在图形区选取原始文件所作的实体，然后单击"分量"按钮 🕀 ，在 选择组件复制至 的提示下单击"装配导航器"窗口中的 ☑ MICROWAVE_COVEN_CASE_SKEL ，单击 确定 按钮，完成部件间复制的创建。

（3）在"装配导航器"窗口中的 ☑ MICROWAVE_COVEN_CASE_SKEL 选项上右击，系统弹出快捷菜单（三），在此快捷菜单中选择 ![设为显示部件] 命令，对模型进行编辑。

Step2. 创建图 32.3.2 所示的基准平面 1。选择下拉菜单 插入(S) ➡ 基准/点(D)
➡ □ 基准平面(D)... 命令，系统弹出"基准平面"对话框。在 类型 区域的下拉列表中选择
![XC-ZC 平面] 选项，在 偏置和参考 区域的 距离 的文本框输入值 125。单击 ＜ 确定 ＞ 按钮，完成
基准平面 1 的创建。

Step3. 创建图 32.3.3 所示的基准平面 2。在 类型 区域的下拉列表中选择 ![按某一距离] 选项，
在绘图区选取基准平面 1，输入偏移值 20。单击 ＜ 确定 ＞ 按钮，完成基准平面 2 的创建。

　　　图 32.3.2　基准平面 1　　　　　　　　　　　　图 32.3.3　基准平面 2

Step4. 创建图 32.3.4 所示的基准平面 3。在 类型 区域的下拉列表中选择 ![XC-ZC 平面] 选项，
在 偏置和参考 区域的 距离 的文本框输入值 125。单击 反向 区域中的 ![X] 按钮，单击 ＜ 确定 ＞ 按
钮，完成基准平面 3 的创建。

Step5. 创建图 32.3.5 所示的基准平面 4。在 类型 区域的下拉列表中选择 ![按某一距离] 选
项，在绘图区选取基准平面 3，输入偏移值 20。单击 ＜ 确定 ＞ 按钮，完成基准平面 4 的
创建。

　　　图 32.3.4　基准平面 3　　　　　　　　　　　　图 32.3.5　基准平面 4

Step6. 创建图 32.3.6 所示的基准平面 5。在 类型 区域的下拉列表中选择 ![YC-ZC 平面] 选
项，在 偏置和参考 区域的 距离 的文本框输入值 125。单击 ＜ 确定 ＞ 按钮，完成基准平面 5
的创建。

Step7. 创建图 32.3.7 所示的基准平面 6。在 类型 区域的下拉列表中选择 ![按某一距离] 选
项，在绘图区选取基准平面 5，输入偏移值 20。单击 ＜ 确定 ＞ 按钮，完成基准平面 6 的
创建。

图 32.3.6　基准平面 5

图 32.3.7　基准平面 6

Step8. 创建图 32.3.8 所示的基准平面 7。在 类型 区域的下拉列表中选择 按某一距离 选项，在绘图区选取基准平面 6，输入偏移值 30。单击 < 确定 > 按钮，完成基准平面 7 的创建。

Step9. 创建图 32.3.9 所示的基准平面 8。在 类型 区域的下拉列表中选择 YC-ZC 平面 选项，在 偏置和参考 区域的 距离 的文本框输入值-125。单击 < 确定 > 按钮，完成基准平面 8 的创建。

图 32.3.8　基准平面 7

图 32.3.9　基准平面 8

Step10. 创建图 32.3.10 所示的基准平面 9。在 类型 区域的下拉列表中选择 按某一距离 选项，在绘图区选取基准平面 8，输入偏移值 20。单击 反向 区域中的 按钮，单击 < 确定 > 按钮，完成基准平面 9 的创建。

Step11. 创建图 32.3.11 所示的基准平面 10。在 类型 区域的下拉列表中选择 按某一距离 选项，在绘图区选取基准平面 9，输入偏移值 140。单击 < 确定 > 按钮，完成基准平面 10 的创建。

图 32.3.10　基准平面 9

图 32.3.11　基准平面 10

Step12. 创建图 32.3.12 所示的基准平面 11。在 类型 区域的下拉列表中选择 按某一距离 选项，在绘图区选取图 32.3.12 所示的模型的表面，输入偏移值 60。单击 < 确定 > 按钮，完成基准平面 11 的创建。

Step13. 创建图 32.3.13 所示的基准平面 12。在 类型 区域的下拉列表中选择 ■□ 按某一距离 选项，在绘图区选取基准平面 11，输入偏移值 30。单击 〈 确定 〉 按钮，完成基准平面 12 的创建。

选取该平面

图 32.3.12　基准平面 11　　　　　　　　图 32.3.13　基准平面 12

Step14. 创建图 32.3.14 所示的基准平面 13。在 类型 区域的下拉列表中选择 ■□ 按某一距离 选项，在绘图区选取图 32.3.14 所示的模型平面为参照，输入偏移值 20。单击 〈 确定 〉 按钮，完成基准平面 13 的创建。

Step15. 创建图 32.3.15 所示的基准平面 14。在 类型 区域的下拉列表中选择 ■□ 按某一距离 选项，在绘图区选取基准平面 13，输入偏移值 30。单击 〈 确定 〉 按钮，完成基准平面 14 的创建。

选取该平面为参照

图 32.3.14　基准平面 13　　　　　　　　图 32.3.15　基准平面 14

说明：为了方便后面的选取，这里可以修改基准平面的显示属性，具体操作参看视频录像。

Step16. 保存零件模型。选择下拉菜单 文件(F) ➡ ■ 保存(S) 命令，即可保存零件模型。

32.4　微波炉外壳内部底盖的设计

初步设计是通过骨架文件创建出每个零件的第一壁，设计出微波炉外壳的大致结构，经过验证数据传递无误后，再对每个零件进行具体细节的设计。微波炉外壳内部底盖模型及模型树如图 32.4.1 所示。

图 32.4.1　微波炉外壳内部底盖模型及模型树

Step1. 创 建 INSIDE_COVER_01 层 。在 " 装 配 导 航 器 " 窗 口 中 的 ☑ ⬙ MICROWAVE_COVEN_CASE_SKEL 选项上右击，系统弹出快捷菜单（二），在此快捷菜单中选择 WAVE▶ ➡ 新建级别 命令，系统弹出"新建级别"对话框。单击"新建级别"对话框中的 指定部件名 按钮，在弹出的"选择部件名"对话框的 文件名(N): 文本框中输入文件名 INSIDE_COVER_01，单击 OK 按钮，系统再次弹出"新建级别"对话框。单击"新建级别"对话框中的 类选择 按钮，系统弹出"WAVE 组件间的复制"对话框，选取 MICROWAVE_COVEN_CASE_SKEL 层，选取其中的 6 个基准平面为参考平面，如图 32.4.2 所示。然后单击 确定 按钮，系统重新弹出"新建级别"对话框。在"新建级别"对话框中单击 确定 按钮，完成 INSIDE_COVER_01 层的创建。在"装配导航器"窗口中的 ☑ ⬙ INSIDE_COVER_01 选项上右击，系统弹出快捷菜单（三），在此快捷菜单中选择 ⬙ 设为显示部件 命令，对模型进行编辑。

Step2. 创建图 32.4.3 所示的突出块特征。选择下拉菜单 ⬙ 开始▾ ➡ ⬙ NX 钣金(H)... 命令，进入"NX 钣金"环境。选择下拉菜单 插入(S) ➡ ⬙ 突出块(B)... 命令，系统弹出"突出块"对话框；选取图 32.4.3 所示的平面为草图平面，绘制图 32.4.4 所示的截面草图。绘制完成后单击 <kbd>完成草图</kbd> 按钮。在 <kbd>厚度</kbd> 区域 <kbd>厚度</kbd> 的文本框输入值 0.5。方向为 Z 轴的负方向。单击 <kbd>〈确定〉</kbd> 按钮，完成突出块特征的创建。

图 32.4.2　参考平面　　　　　图 32.4.3　突出块特征

a）草绘环境　　　　　　　　　b）钣金环境

图 32.4.4　截面草图

Step3. 创建图 32.4.5 所示的弯边特征 1。选择下拉菜单 <kbd>插入(S)</kbd> ➡ <kbd>折弯(N)</kbd> ➡ <kbd>弯边(F)...</kbd> 命令，系统弹出"弯边"对话框。选取图 32.4.6 所示的边线为线性边。在 <kbd>截面</kbd> 区域单击 <kbd>⊞</kbd> 按钮，绘制图 32.4.7 所示的截面草图。绘制完成后单击 <kbd>完成草图</kbd> 按钮。在 <kbd>弯边属性</kbd> 区域的 <kbd>匹配面</kbd> 下拉列表中选择 <kbd>无</kbd> 选项，在 <kbd>角度</kbd> 文本框中输入数值 90，在 <kbd>内嵌</kbd> 下拉列表中选择 <kbd>材料内侧</kbd> 选项。在 <kbd>偏置</kbd> 区域的 <kbd>偏置</kbd> 文本框中输入数值 0；在 <kbd>折弯参数</kbd> 区域中单击 <kbd>折弯半径</kbd> 文本框右侧的 <kbd>fx</kbd> 按钮，在系统弹出的菜单中选择 <kbd>使用本地值</kbd> 选项，然后在 <kbd>折弯半径</kbd> 文本框中输入数值 3.5；在 <kbd>止裂口</kbd> 区域中的 <kbd>折弯止裂口</kbd> 下拉列表中选择 <kbd>无</kbd> 选项；在 <kbd>拐角止裂口</kbd> 下拉列表中选择 <kbd>仅折弯</kbd> 选项。单击 <kbd>〈确定〉</kbd> 按钮，完成弯边特征 1 的创建。

图 32.4.5　弯边特征 1

图 32.4.6　定义线性边　　　　　　图 32.4.7　截面草图

Step4. 创建图 32.4.8 所示的弯边特征 2。选择下拉菜单 插入(S) ➡ 折弯(N) ▶ ➡ 🔘 弯边(F)... 命令，系统弹出"弯边"对话框。选取图 32.4.9 所示的边线为线性边。在 截面 区域单击 按钮，绘制图 32.4.10 所示的截面草图。绘制完成后单击 完成草图 按钮。在 弯边属性 区域的 匹配面 下拉列表中选择 无 选项，在 角度 文本框中输入数值 90，在 内嵌 下拉列表中选择 ↱ 材料内侧 选项。在 偏置 区域的 偏置 文本框中输入数值 0；在 折弯参数 区域中单击 折弯半径 文本框右侧的 按钮，在系统弹出的菜单中选择 使用本地值 选项，然后在 折弯半径 文本框中输入数值 3.5；在 止裂口 区域中的 折弯止裂口 下拉列表中选择 🔘 无 选项；在 拐角止裂口 下拉列表中选择 仅折弯 选项。单击 〈 确定 〉 按钮，完成弯边特征 2 的创建。

图 32.4.8　弯边特征 2

图 32.4.9　定义线性边

图 32.4.10　截面草图

Step5. 创建图 32.4.11 所示的轮廓弯边特征。选择下拉菜单 插入(S) ➡ 折弯(N) ▶ ➡ 🔘 轮廓弯边(C)... 命令。在"轮廓弯边"对话框 类型 区域的下拉列表中选择 次要 选项。单击 按钮，选取图 32.4.12 所示的模型边线为路径，绘制图 32.4.13 所示的截面草图。绘制完成后单击 完成草图 按钮。在 宽度选项 下拉列表中选择 链 选项；选取图 32.4.12 所示的边线为参照，在 折弯参数 区域中单击 折弯半径 文本框右侧的 按钮，在弹出的菜单中选择 使用本地值 选项，然后在 折弯半径 文本框中输入数值 0.2；在 止裂口 区域的 折弯止裂口 下拉列表中选择 正方形 选项，在 拐角止裂口 下拉列表中选择 仅折弯 选项。单击 〈 确定 〉 按钮，完成轮廓弯边特征的创建。

图 32.4.11　轮廓弯边特征

图 32.4.12　选取路径

图 32.4.13　截面草图

Step6. 创建图 32.4.14 所示的零件特征——镜像 1。选择下拉菜单 插入(S) ➡ 关联复制(A) ➡ 镜像特征(M) 命令，在绘图区中选取上一步创建的轮廓弯边特征 1 为要镜像的特征。在 镜像平面 区域中的 平面 的下拉列表中选择 新平面 选项，在 指定平面 区域选择 按钮，单击 确定 按钮，完成镜像特征 1 的创建。

图 32.4.14　镜像特征 1

Step7. 创建图 32.4.15 所示的拉伸特征 1。选择下拉菜单 插入(S) ➡ 剪切(T) ➡ 拉伸(E) 命令；选取图 32.4.15 所示的平面为草图平面，绘制图 32.4.16 所示的截面草图；在 指定矢量 下拉列表中选择 选项；在 开始 下拉列表中选择 贯通 选项，在 结束 下拉列表中选择 贯通 选项，在 布尔 下拉列表中选择 求差 选项，采用系统默认求差对象；单击 确定 按钮，完成拉伸特征 1 的创建。

图 32.4.15　拉伸特征 1

图 32.4.16　截面草图

Step8. 创建图 32.4.17 所示的弯边特征 3。选择下拉菜单 插入(S) ➡️ 折弯(N) ➡️ 弯边(F)... 命令，系统弹出"弯边"对话框。选取图 32.4.18 所示的边线为线性边。在 截面 区域单击 按钮，绘制图 32.4.19 所示的截面草图。绘制完成后单击 完成草图 按钮。在 弯边属性 区域的 匹配面 下拉列表中选择 无 选项，在 角度 文本框中输入数值 90，在 内嵌 下拉列表中选择 折弯外侧 选项。在 偏置 区域的 偏置 文本框中输入数值 0；在 折弯参数 区域中单击 折弯半径 文本框右侧的 按钮，在系统弹出的菜单中选择 使用本地值 选项，然后在 折弯半径 文本框中输入数值 0.2；在 止裂口 区域中的 折弯止裂口 下拉列表中选择 无 选项；在 拐角止裂口 下拉列表中选择 仅折弯 选项。单击 〈确定〉 按钮，完成弯边特征 3 的创建。

图 32.4.17　弯边特征 3　　　　　　　　　　图 32.4.18　定义线性边

图 32.4.19　截面草图

Step9. 创建图 32.4.20 所示的弯边特征 4。详细操作过程参见 step8。

图 32.4.20　弯边特征 4

Step10. 创建图 32.4.21 所示的拉伸特征 2。选择下拉菜单 插入(S) ➡️ 剪切(T) ➡️ 拉伸(E)... 命令；选取图 32.4.21 所示的平面为草图平面，绘制图 32.4.22 所示的截面草图；在 指定矢量 下拉列表中选择 ZC 选项；在 开始 下拉列表中选择 值 选项，并在其下的 距离 文本框中输入数值 0，在 结束 下拉列表中选择 值 选项，并在其下的 距离 文本框中输入数值 5；在 布尔 下拉列表中选择 无 选项，单击 〈确定〉 按钮，完成拉伸特征 2 的创建。

选取该平面为草图平面

放大图

图 32.4.21　拉伸特征 2　　　　　　　　　　图 32.4.22　截面草图

Step11. 创建图 32.4.23 所示的基准平面。选择下拉菜单 插入(S) ➞ 基准/点(D) ➞ □ 基准平面(D)... 命令，系统弹出"基准平面"对话框。在 类型 区域的下拉列表中选择 XC-ZC 平面 选项，在 偏置和参考 区域的 距离 的文本框输入值 0。单击 < 确定 > 按钮，完成基准平面的创建。

图 32.4.23　基准平面

Step12. 创建图 32.4.24 所示的回转特征。选择下拉菜单 开始▾ ➞ 建模(M)... 命令，进入"建模"环境。选择 插入(S) ➞ 设计特征(E) ➞ 回转(R)... 命令，单击 截面 区域中的 按钮，在绘图区选取基准平面为草图平面，绘制图 32.4.25 所示的截面草图。在绘图区中选取图 32.4.25 所示的直线为旋转轴。在"回转"对话框的 极限 区域的 开始 下拉列表中选择 值 选项，并在 角度 文本框中输入值 0，在 结束 下拉列表中选择 值 选项，并在 角度 文本框中输入值 360；在 布尔 区域的下拉列表中选择 求和 选项，选取 Step10 创建的拉伸特征 2 为求和对象。单击 < 确定 > 按钮，完成回转特征的创建。

图 32.4.24　回转特征

旋转轴

放大图

图 32.4.25　截面草图

Step13. 创建图 32.4.26 所示的边倒圆特征 1。选择下拉菜单 插入(S) ➡ 细节特征(L) ▸
➡ 边倒圆(E) 命令，在 要倒圆的边 区域中单击 按钮，选择图 32.4.27 所示的 3 条边链为
边倒圆参照，并在 半径 1 文本框中输入值 5。单击 < 确定 > 按钮，完成边倒圆特征 1 的创建。

图 32.4.26　边倒圆特征 1

选取此三条边链为参照

图 32.4.27　定义参照边

Step14. 创建图 32.4.28 所示的边倒圆特征 2。选择图 32.4.29 所示的 3 条边链为边倒圆
参照，并在 半径 1 文本框中输入值 8。单击 < 确定 > 按钮，完成边倒圆特征 2 的创建。

图 32.4.28　边倒圆特征 2

图 32.4.29　定义参照边

Step15. 创建图 32.4.30 所示的实体冲压特征 1。切换到 "NX 钣金" 环境。选择下拉菜
单 插入(S) ➡ 冲孔(H) ▸ ➡ 实体冲压(S)… 命令，系统弹出 "实体冲压" 对话框。在 类型
下拉列表中选择 冲模 选项，选取图 32.4.30 所示的面为目标面。选取图 32.4.31 所示的实体
为工具体。在 实体冲压属性 区域选中 ☑ 自动判断厚度 复选框。单击 "实体冲压" 对话框中的 < 确定 >
按钮，完成实体冲压特征 1 的创建。

选取该平面为目标面

图 32.4.30   实体冲压特征 1

选取此实体为工具体

图 32.4.31   定义工具体

Step16. 创建图 32.4.32 所示的凹坑特征。选择下拉菜单 插入(S) ➡ 冲孔(H) ➡
凹坑(M)... 命令。单击 按钮，系统弹出"创建草图"对话框，选取图 32.4.33 所示的面为
草图平面，取消选中 设置 区域的 □ 创建中间基准 CSYS 复选框，单击 确定 按钮，绘制图 32.4.34
所示的凹坑截面草图。在 凹坑属性 区域的 深度 文本框中输入数值 20，单击"反向"按钮 ；
在 侧角 文本框中输入数值 45；在 参考深度 下拉列表中选择 外部 选项；在 侧壁 下拉列表中选
择 材料外侧 选项，。在 倒圆 区域中选中 ☑ 圆形凹坑边 复选框；在 凸模半径 文本框中输入数值 8；在
凹模半径 文本框中输入数值 8；单击 确定 按钮，完成凹坑特征的创建。

图 32.4.32   凹坑特征

选取该平面为草图平面

图 32.4.33   草图平面

图 32.4.34   截面草图

Step17. 创建图 32.4.35 所示的零件基础特征——拉伸 3。切换到"建模"环境。选择下
拉菜单 插入(S) ➡ 设计特征(E) ➡ 拉伸(E)... 命令，系统弹出"拉伸"对话框。选
取图 32.4.35 所示的平面为草图平面，绘制图 32.4.36 所示的截面草图；在 ✔ 指定矢量 下拉列
表中选择 XC 选项；在 极限 区域的 开始 下拉列表中选择 值 选项，并在其下的 距离 文本框中输
入值 0，在 极限 区域的 结束 下拉列表中选择 值 选项，并在其下的 距离 文本框中输入值 10。
在 布尔 区域的下拉列表中选择 无 选项，单击 确定 按钮，完成拉伸特征 3 的创建。

放大图

选取该平面为草图平面

图 32.4.35　拉伸特征 3

图 32.4.36　截面草图

Step18. 创建图 32.4.37 所示的零件基础特征——拉伸 4。选择下拉菜单 插入(S) ➡ 设计特征(E) ➡ 拉伸(E)... 命令，系统弹出"拉伸"对话框。选取图 32.4.35 所示的平面为草图平面，绘制图 32.4.38 所示的截面草图；在 指定矢量 下拉列表中选择 -XC 选项；在 极限 区域的 开始 下拉列表中选择 值 选项，并在其下的 距离 文本框中输入值 0，在 极限 区域的 结束 下拉列表中选择 值 选项，并在其下的 距离 文本框中输入值 5。在 布尔 区域的下拉列表中选择 求和 选项，选取 Step17 所创建的拉伸特征 3 为求和对象。单击 < 确定 > 按钮，完成拉伸特征 4 的创建。

图 32.4.37　拉伸特征 4

图 32.4.38　截面草图

Step19. 创建图 32.4.39 所示的零件基础特征——拉伸 5。选择下拉菜单 插入(S) ➡ 设计特征(E) ➡ 拉伸(E)... 命令，系统弹出"拉伸"对话框。选取图 32.4.35 所示的平面为草图平面，绘制图 32.4.40 所示的截面草图；在 指定矢量 下拉列表中选择 -XC 选项；在 极限 区域的 开始 下拉列表中选择 值 选项，并在其下的 距离 文本框中输入值 0，在 极限 区域的 结束 下拉列表中选择 值 选项，并在其下的 距离 文本框中输入值 5。在 布尔 区域的下拉列表中选择 求和 选项，选取选取 Step17 所创建的拉伸特征 3 为求和对象。单击 < 确定 > 按钮，完成拉伸特征 5 的创建。

图 32.4.39　拉伸特征 5

图 32.4.40　截面草图

Step20. 创建图 32.4.41 所示的零件基础特征——拉伸 6。选择下拉菜单 <u>插入(S)</u> ➡
<u>设计特征(E)</u> ➡ <u>⫿ 拉伸(E)...</u>命令，系统弹出"拉伸"对话框。选取图 32.4.35 所示的平面
为草图平面，绘制图 32.4.42 所示的截面草图；在 <u>✓ 指定矢量</u>下拉列表中选择<u>-XC</u>选项；在<u>极限</u>
区域的<u>开始</u>下拉列表中选择<u>⫿ 值</u>选项，并在其下的<u>距离</u>文本框中输入值 0，在<u>极限</u>区域的<u>结束</u>
下拉列表中选择<u>⫿ 值</u>选项，并在其下的<u>距离</u>文本框中输入值 5。在<u>布尔</u>区域的下拉列表中选
择<u>⫿ 求和</u>选项，选取 Step17 所创建的拉伸特征 3 为求和对象。单击<u>〈 确定 〉</u>按钮，完成拉
伸特征 6 的创建。

图 32.4.41　拉伸特征 6

图 32.4.42　截面草图

Step21. 创建图 32.4.43 所示的边倒圆特征 3。选择图 32.4.44 所示的边链为边倒圆参照，
并在<u>半径 1</u>文本框中输入值 2。单击<u>〈 确定 〉</u>按钮，完成边倒圆特征 3 的创建。

图 32.4.43　边倒圆特征 3

图 32.4.44　定义参照边

Step22. 创建图 32.4.45 所示的零件基础特征——拉伸 7。选择下拉菜单 <u>插入(S)</u> ➡
<u>设计特征(E)</u> ➡ <u>⫿ 拉伸(E)...</u>命令，系统弹出"拉伸"对话框。选取图 32.4.35 所示的平面
为草图平面，绘制图 32.4.46 所示的截面草图；在 <u>✓ 指定矢量</u>下拉列表中选择<u>-XC</u>选项；在<u>极限</u>
区域的<u>开始</u>下拉列表中选择<u>⫿ 值</u>选项，并在其下的<u>距离</u>文本框中输入值 0，在<u>极限</u>区域的<u>结束</u>
下拉列表中选择<u>⫿ 值</u>选项，并在其下的<u>距离</u>文本框中输入值 5。在<u>拔模</u> 区域中的<u>拔模</u>的下拉

列表中选择从截面选项，在角度选项的下拉列表中选择单个选项，在角度的文本框中输入值 30；在布尔区域的下拉列表中选择求和选项，选取 Step17 所创建的拉伸特征 3 为求和对象。单击 < 确定 > 按钮，完成拉伸特征 7 的创建。

图 32.4.45 拉伸特征 7

图 32.4.46 截面草图

Step23. 创建图 32.4.47 所示的边倒圆特征 4。选择图 32.4.48 所示的边链为边倒圆参照，并在半径 1 文本框中输入值 3。单击 < 确定 > 按钮，完成边倒圆特征 4 的创建。

图 32.4.47 边倒圆特征 4

图 32.4.48 定义参照边

Step24. 创建图 32.4.49 所示的实体冲压特征 2。切换到"NX 钣金"环境。选择下拉菜单插入(S) → 冲孔(H) ▸ → 实体冲压(S)...命令，系统弹出"实体冲压"对话框。在类型下拉列表中选择冲模选项，选取图 32.4.49 所示的面为目标面。选取图 32.4.50 所示的实体为工具体。在实体冲压属性区域选中☑自动判断厚度复选框。在倒圆区域选中☑实体冲压边倒圆复选框，在凹模半径文本框输入数值 2。单击"实体冲压"对话框中的 < 确定 > 按钮，完成实体冲压特征 2 的创建。

选取该平面为目标面
图 32.4.49 实体冲压特征 2

选取此实体为工具体
图 32.4.50 定义工具体

Step25. 创建图 32.4.51 所示的拉伸特征 8。选择下拉菜单 插入(S) ➡ 剪切(T) ▶ ➡ ⊞ 拉伸(E)... 命令；选取图 32.4.52 所示的平面为草图平面，绘制图 32.4.53 所示的截面草图；在 ✔ 指定矢量 下拉列表中选择 -XC 选项；在 开始 下拉列表中选择 ⊞ 值 选项，并在其下的 距离 文本框中输入数值 0；在 结束 下拉列表中选择 ⊞ 贯通 选项，在 布尔 区域的下拉列表中选择 ⊡ 求差 项，采用系统默认的求差对象。单击 〈 确定 〉 按钮，完成拉伸特征 8 的创建。

图 32.4.51 拉伸特征 8

图 32.4.52 定义草图平面

图 32.4.53 截面草图

Step26. 创建图 32.4.54 所示的阵列特征 1。选择下拉菜单 插入(S) ➡ 关联复制(A) ▶ ➡ ⬛ 实例特征(I) 命令，系统弹出"实例"对话框。在"实例"对话框中选择 矩形阵列 按钮，在系统弹出的"实例"对话框中选择图 32.4.51 所示的拉伸特征 8，单击 〈 确定 〉 按钮，在系统弹出"输入参数"对话框中的 X 向的数量 的文本框输入值 11，在 XC 偏置 的文本框输入值 6，在 Y 向的数量 的文本框输入值 11，在 YC 偏置 的文本框输入值-6，单击 〈 确定 〉 按钮，完成阵列特征 1 的创建。

说明：阵列特征的工作坐标系是通过选择下拉菜单中的 格式(R) ➡ WCS ➡ ⟳ 旋转(R)... ➡ ⊙ +YC 轴：ZC --〉 XC 旋转 90° 来定位的。

图 32.4.54 阵列特征 1

Step27. 创建图 32.4.55 所示的拉伸特征 9。选择下拉菜单 插入(S) ➡ 剪切(T) ▶ ➡ ⊞ 拉伸(E)... 命令；选取图 32.4.56 所示的平面为草图平面，绘制图 32.4.57 所示的截面草图；在 ✔ 指定矢量 下拉列表中选择 ZC 选项；在 开始 下拉列表中选择 ⊞ 值 选项，并在其下的 距离 文本框中输入数值 0；在 结束 下拉列表中选择 ⊞ 贯通 选项；在 布尔 区域的下拉列表中选择 ⊡ 求差 选项，采用系统默认的求差对象。单击 < 确定 > 按钮，完成拉伸特征 9 的创建。

图 32.4.55 拉伸特征 9

图 32.4.56 定义草图平面

图 32.4.57 截面草图

Step28. 创建图 32.4.58 所示的拉伸特征 10。选择下拉菜单 插入(S) ➡ 剪切(T) ▶ ➡ 拉伸(E)... 命令；选取图 32.4.58 所示的平面为草图平面，绘制图 32.4.59 所示的截面草图；在 ✔ 指定矢量 下拉列表中选择 ZC↑ 选项；在 开始 下拉列表中选择 ⋒ 值 选项，并在其下的 距离 文本框中输入数值 0；在 结束 下拉列表中选择 ⋒ 贯通 选项；在 布尔 区域的下拉列表中选择 ⊕ 求差 选项，采用系统默认的求差对象。单击 < 确定 > 按钮，完成拉伸特征 10 的创建。

图 32.4.58 拉伸特征 10

图 32.4.59 截面草图

Step29. 创建图 32.4.60 所示的阵列特征 2。选择下拉菜单 插入(S) ➡ 关联复制(A) ▶ ➡ 实例特征(I) 命令，系统弹出"实例"对话框。在"实例"对话框中选择 矩形阵列 按钮，在系统弹出的"实例"对话框中选择图 32.4.58 所示的拉伸特征 10，单击 < 确定 > 按钮，在系统弹出的"输入参数"对话框中的 X 向的数量 的文本框输入值 2，在 XC 偏置 的文本框输入值 11，在 Y 向的数量 的文本框输入值 17，在 YC 偏置 的文本框输入值 -11，单击 < 确定 > 按钮，完成阵列特征 2 的创建。

图 32.4.60 阵列特征 2

Step30. 创建图 32.4.61 所示的拉伸特征 11。选择下拉菜单 插入(S) ➡ 剪切(T) ▸ ➡ 拉伸(E)... 命令；选取图 32.4.61 所示的平面为草图平面，绘制图 32.4.62 所示的截面草图；在 ✔ 指定矢量 下拉列表中选择 ᶻᶜ↑ 选项；在 开始 下拉列表中选择 ⬛ 值 选项，并在其下的 距离 文本框中输入数值 0；在 结束 下拉列表中选择 ⬛ 贯通 选项；在 布尔 区域的下拉列表中选择 ⬛ 求差 选项，采用系统默认的求差对象。单击 ＜ 确定 ＞ 按钮，完成拉伸特征 11 的创建。

图 32.4.61　拉伸特征 11　　　　　　图 32.4.62　截面草图

Step31. 创建图 32.4.63 所示的阵列特征 3。选择下拉菜单 插入(S) ➡ 关联复制(A)▸ ➡ 实例特征(I) 命令，系统弹出"实例"对话框。在"实例"对话框中选择 矩形阵列 按钮，在系统弹出的"实例"对话框中选择图 32.4.61 所示的拉伸特征 11，单击 ＜ 确定 ＞ 按钮，在系统弹出的"输入参数"对话框中的 X 向的数量 的文本框输入值 6，在 XC 偏置 的文本框输入值 5.0，在 Y 向的数量 的文本框输入值 19，在 YC 偏置 的文本框输入值-5.0，单击 ＜ 确定 ＞ 按钮，完成阵列特征 3 的创建。

图 32.4.63　阵列特征 3

Step32. 创建图 32.4.64 所示的拉伸特征 12。选择下拉菜单 插入(S) ➡ 剪切(T) ▸ ➡ 拉伸(E)... 命令；选取图 32.4.65 所示的平面为草图平面，选取图 32.4.65 所示的边为参照，绘制图 32.4.66 所示的截面草图；在 ✔ 指定矢量 下拉列表中选择 ˣᶜ↘ 选项；在 开始 下拉列表中选择 ⬛ 值 选项，并在其下的 距离 文本框中输入数值 0；在 结束 下拉列表中选择 ⬛ 贯通 选项；在 布尔 区域的下拉列表中选择 ⬛ 求差 选项，采用系统默认的求差对象。单击 ＜ 确定 ＞ 按钮，完成拉伸特征 12 的创建。

图 32.4.64　拉伸特征 12

草图平面

选取此边为参照

图 32.4.65　定义草图平面

放大图

$\phi\,20$

图 32.4.66　截面草图

Step33. 创建图 32.4.67 所示的法向除料特征。选择下拉菜单 插入(S) ➡ 剪切(T) ➡ 法向除料(N)... 命令，系统弹出"法向除料"对话框。单击 按钮，选取图 32.4.68 所示的模型表面为草图平面，取消选中 设置 区域的 □ 创建中间基准 CSYS 复选框，单击 确定 按钮，绘制图 32.4.69 所示的除料截面草图。在 除料属性 区域的 切削方法 下拉列表中选择 厚度 选项，在 限制 下拉列表中选择 直至下一个 选项。单击 < 确定 > 按钮，完成法向除料特征的创建。

放大图

放大图

图 32.4.67　法向除料特征

放大图

图 32.4.68　草图平面

放大图　　　　放大图

7.5

50　　10

50　　50

$\phi\,6$

图 32.4.69　除料截面草图

Step34. 创建图32.4.70所示的零件特征——镜像2。选择下拉菜单 插入(S) ➡ 关联复制(A) ➡ 镜像特征(M)... 命令，在绘图区中选取图 32.4.67 所示的法向除料特征 1 为要镜像的特征。在 镜像平面 区域中的 平面 的下拉列表中选择 新平面 选项，在 ✓指定平面 区域选择 按钮，单击 < 确定 > 按钮，完成镜像特征 2 的创建。

图 32.4.70　镜像特征 2

Step35. 保存钣金件模型。选择下拉菜单 文件(F) ➡ ▣ 保存(S) 命令，即可保存钣金件模型。

32.5　微波炉外壳内部顶盖的设计

下面讲解微波炉外壳内部顶盖的细节设计，微波炉外壳内部顶盖模型及模型树如图 32.5.1 所示。

图 32.5.1　微波炉外壳内部顶盖模型及模型树

Step1. 创建 INSIDE_COVER_02 层。

（1）在"装配导航器"窗口中的 ☑▣ INSIDE_COVER_01 选项上右击，系统弹出快捷菜单（二），在此快捷菜单中选择 显示父项 ▶ ➡ MICROWAVE_COVEN_CASE_SKEL 选项，并设为工作部件。

（2）在"装配导航器"窗口中的 ☑▣ MICROWAVE_COVEN_CASE_SKEL 选项上右击，系统弹出快捷菜单（二），在此快捷菜单中选择 WAVE ➡ 新建级别 命令，系统弹出"新建级别"对话框。单击"新建级别"对话框中的 指定部件名 按钮，在弹出的"选择部件名"对话框的 文件名(N): 文本框中输入文件名 INSIDE_COVER_02，单击 OK 按钮，系统再次弹出"新建级别"对话框。单击"新建级别"对话框中的 类选择 按钮，系统弹出"WAVE 组件间的复制"对话框，选取 MICROWAVE_COVEN_CASE_SKEL 层中的 5 个基准平面为参照，如图 32.5.2 所示。然后单击 确定 按钮，系统重新弹出"新建级别"对话框。在"新建级别"对话框中单击 确定 按钮，完成 INSIDE_COVER_02 层的创建。

选取该 5 个基准平面为参照

图 32.5.2 定义参照平面

图 32.5.3　突出块特征

（3）在"装配导航器"窗口中的 ☑ INSIDE_COVER_02 选项上右击，系统弹出快捷菜单（三），在此快捷菜单中选择 设为显示部件 命令，对模型进行编辑。

Step2. 创建图 32.5.3 所示的突出块特征。选择下拉菜单 插入(S) ➡ 突出块(B)... 命令，系统弹出"突出块"对话框；选取图 32.5.4 所示的平面为草图平面和参照平面，绘制图 32.5.5 所示的截面草图。绘制完成后单击 完成草图 按钮。在 厚度 区域 厚度 的文本框输入值 0.5。方向为 Z 轴的正方向。单击 < 确定 > 按钮，完成突出块特征的创建。

图 32.5.4　定义参照平面 　　　　　　　　 图 32.5.5　截面草图

Step3. 创建图 32.5.6 所示的弯边特征 1。选择下拉菜单 插入(S) ➡ 折弯(N) ▶ ➡ 弯边(F)... 命令，系统弹出"弯边"对话框。选取图 32.5.7 所示的边线为线性边。在 宽度 区域的 宽度选项 下拉列表中选择 ▣ 完整 选项，在 弯边属性 区域的 长度 文本框中输入数值 10，在 角度 文本框中输入数值 90，在 参考长度 下拉列表中选择 ◥ 外部 选项，在 内嵌 下拉列表中选择 ◥ 材料内侧 选项。在 偏置 区域的 偏置 文本框中输入数值 0；在 折弯参数 区域中单击 折弯半径 文本框右侧的 f(x) 按钮，在系统弹出的菜单中选择 使用本地值 选项，然后在 折弯半径 文本框中输入数值 0.2；在 止裂口 区域中的 折弯止裂口 下拉列表中选择 ◥ 无 选项；在 拐角止裂口 下拉列表中选择 仅折弯 选项。单击 < 确定 > 按钮，完成弯边特征 1 的创建。

图 32.5.6　弯边特征 1 　　　　　　　　 图 32.5.7　定义线性边

Step4. 创建图 32.5.8 所示的弯边特征 2。选择下拉菜单 插入(S) ➡ 折弯(N) ▶ ➡ 弯边(F)... 命令，系统弹出"弯边"对话框。选取图 32.5.9 所示的边线为线性边。在 宽度 区域的 宽度选项 下拉列表中选择 ▣ 完整 选项，在 弯边属性 区域的 长度 文本框中输入数值 10，在 角度 文本框中输入数值 90，在 参考长度 下拉列表中选择 ◥ 外部 选项，在 内嵌 下拉列表中选择选项。在区域的文本框中输入数值 0；在区域中单击文本框右侧的按钮，在系统弹出的菜单中选择选项，然后在文本框中输入数值 0.2；在区域中的下拉列表中选择选项；在下拉列表中选择选项。单击按钮，完成弯边特征 2 的创建。

图 32.5.8　弯边特征 2　　　　　　　　　图 32.5.9　定义线性边

Step5. 创建图 32.5.10 所示的凹坑特征 1。选择下拉菜单 插入(S) → 冲孔(H) → 凹坑(M)... 命令。单击 按钮，系统弹出"创建草图"对话框，选取图 32.5.11 所示的面为草图平面，取消选中 设置 区域的 □创建中间基准 CSYS 复选框，单击 确定 按钮，绘制图 32.5.12 所示的凹坑截面草图。在 凹坑属性 区域的 深度 文本框中输入数值 20，单击"反向"按钮 ；在 侧角 文本框中输入数值 45；在 参考深度 下拉列表中选择 外部 选项；在 侧壁 下拉列表中选择 材料外侧 选项。在 倒圆 区域中选中 ☑ 圆形凹坑边 复选框；在 凸模半径 文本框中输入数值 15；在 凹模半径 文本框中输入数值 15；单击 <确定> 按钮，完成凹坑特征 1 的创建。

图 32.5.10　凹坑特征 1　　　　　　　　图 32.5.11　草图平面

图 32.5.12　截面草图

Step6. 创建图 32.5.13 所示的弯边特征 3。选择下拉菜单 插入(S) → 折弯(N) → 弯边(F)... 命令，系统弹出"弯边"对话框。选取图 32.5.14 所示的边线为线性边。在 截面 区

域单击 按钮，绘制图 32.5.15 所示的截面草图。绘制完成后单击 ![完成草图] 按钮。在 ![弯边属性] 区域的 ![匹配面] 下拉列表中选择 ![无] 选项，在 ![角度] 文本框中输入数值 90，在 ![内嵌] 下拉列表中选择 ![材料内侧] 选项。在 ![偏置] 区域的 ![偏置] 文本框中输入数值 0；在 ![折弯参数] 区域中单击 ![折弯半径] 文本框右侧的 ![按钮] 按钮，在系统弹出的菜单中选择 ![使用本地值] 选项，然后在 ![折弯半径] 文本框中输入数值 0.2；在 ![止裂口] 区域中的 ![折弯止裂口] 下拉列表中选择 ![无] 选项；在 ![拐角止裂口] 下拉列表中选择 ![仅折弯] 选项。单击 ![< 确定 >] 按钮，完成弯边特征 3 的创建。

图 32.5.13 弯边特征 3

图 32.5.14 定义线性边

图 32.5.15 截面草图

Step7. 创建图 32.5.16 所示的法向除料特征 1。选择下拉菜单 ![插入(S)] ➡ ![剪切(T)] ➡ ![法向除料(N)...] 命令，系统弹出"法向除料"对话框。单击 ![按钮] 按钮，选取图 32.5.17 所示的模型表面为草图平面，取消选中 ![设置] 区域的 ![□ 创建中间基准 CSYS] 复选框，单击 ![确定] 按钮，绘制图 32.5.18 所示的除料截面草图。在 ![除料属性] 区域的 ![切削方法] 下拉列表中选择 ![厚度] 选项，在 ![限制] 下拉列表中选择 ![直至下一个] 选项。单击 ![< 确定 >] 按钮，完成法向除料特征 1 的创建。

图 32.5.16 法向除料特征 1

图 32.5.17 草图平面

图 32.5.18 除料截面草图

Step8. 创建图 32.5.19 所示的零件特征—— 镜像。选择下拉菜单 插入(S) ➡ 关联复制(A)▶
➡ 镜像特征(M)... 命令，在绘图区中选取图 32.5.16 所示的法向除料特征 1 为要镜像的
特征。在 镜像平面 区域中的 平面 下拉列表中选择 新平面 选项，在 指定平面 区域选择 XC 按钮，
单击 < 确定 > 按钮，完成镜像特征的创建。

图 32.5.19　镜像特征

Step9. 创建图 32.5.20 所示的凹坑特征 2。选择下拉菜单 插入(S) ➡ 冲孔(H)▶ ➡
凹坑(M)... 命令。单击 按钮，系统弹出"创建草图"对话框，选取图 32.5.20 所示的面为
草图平面，单击 确定 按钮，绘制图 32.5.21 所示的凹坑截面草图。在 凹坑属性 区域的 深度
文本框中输入数值 8；在 侧角 文本框中输入数值 42；在 参考深度 下拉列表中选择 内部 选项；
在 侧壁 下拉列表中选择 材料内侧 选项，单击"反向"按钮 。在 倒圆 区域中选中 圆形凹坑边
复选框；在 凸模半径 文本框中输入数值 2；在 凹模半径 文本框中输入数值 5；取消选中
圆形截面拐角 复选框；单击 < 确定 > 按钮，完成凹坑特征 2 的创建。

图 32.5.20　凹坑特征 2

图 32.5.21　截面草图

Step10. 创建图 32.5.22 所示的凹坑特征 3。绘制图 32.5.23 所示的凹坑截面草图。详细
操作参照 Step9。

图 32.5.22　凹坑特征 3

图 32.5.23　截面草图

Step11. 创建图 32.5.24 所示的法向除料特征 2。选择下拉菜单 插入(S) ➡ 剪切(T)▶
➡ 法向除料(N)... 命令，系统弹出"法向除料"对话框。单击 按钮，选取图 32.5.24 所

示的模型表面为草图平面，取消选中 设置 区域的 □创建中间基准 CSYS 复选框，单击 确定 按钮，绘制图 32.5.25 所示的除料截面草图。在 除料属性 区域的 切削方法 下拉列表中选择 厚度 选项，在 限制 下拉列表中选择 直至下一个 选项。单击 <确定> 按钮，完成法向除料特征 2 的创建。

图 32.5.24　法向除料特征 2　　　　　　　　图 32.5.25　除料截面草图

Step12. 保存钣金件模型。选择下拉菜单 文件(F) ➡ 保存(S) 命令，即可保存钣金件模型。

32.6　微波炉外壳前盖的设计

下面讲解图 32.6.1 所示的微波炉外壳前盖的细节设计。

图 32.6.1　微波炉外壳前盖模型及模型树

Step1. 创建 FRONT_COVER 层。

（1）在"装配导航器"窗口中的 ☑ INSIDE_COVER_02 选项上右击，系统弹出快捷菜单（二），在此快捷菜单中选择 显示父项 ➡ MICROWAVE_COVEN_CASE_SKEL 选项，并设为工作部件。

（2）在"装配导航器"窗口中的 ☑🔲MICROWAVE_COVEN_CASE_SKEL 选项上右击，系统弹出快捷菜单（二），在此快捷菜单中选择 WAVE▶ ➡ 新建级别 命令，系统弹出"新建级别"对话框。单击"新建级别"对话框中的 指定部件名 按钮，在弹出的"选择部件名"对话框的 文件名(N): 文本框中输入文件名 FRONT_COVER，单击 OK 按钮，系统再次弹出"新建级别"对话框。单击"新建级别"对话框中的 类选择 按钮，系统弹出"WAVE组件间的复制"对话框，选取 MICROWAVE_COVEN_CASE_SKEL 层中的 9 个基准平面为参照，如图 32.6.2 所示。然后单击 确定 按钮，系统重新弹出"新建级别"对话框。在"新建级别"对话框中单击 确定 按钮，完成 FRONT_COVER 层的创建。

（3）在"装配导航器"窗口中的 ☑🔲FRONT_COVER 选项上右击，系统弹出快捷菜单（三），在此快捷菜单中选择 🔲设为显示部件 命令，对模型进行编辑。

选取该 9 个基准平面为参照

图 32.6.2　定义参照平面

Step2. 创建图 32.6.3 所示的突出块特征 1。选择下拉菜单 插入(S) ➡ 🔲突出块(B)... 命令，系统弹出"突出块"对话框；选取图 32.6.4 所示的平面为草图平面，绘制图 32.6.5 所示的截面草图。绘制完成后单击 ▨完成草图 按钮。在 厚度 区域 厚度 的文本框输入值 1。方向为 YC。单击 < 确定 > 按钮，完成突出块特征 1 的创建。

图 32.6.3　突出块特征 1　　　　　　　图 32.6.4　草图平面

放大图

图 32.6.5　截面草图

Step3. 创建图 32.6.6 所示的拉伸特征 1。选择下拉菜单 插入(S) ➡ 剪切(T) ▶ ➡ 拉伸(E)... 命令；选取图 32.6.6 所示的平面为草图平面，绘制图 32.6.7 所示的截面草图；在 ✔ 指定矢量 下拉列表中选择 YC 选项；在 开始 下拉列表中选择 贯通 选项，在 结束 下拉列表中选择 贯通 选项；在 布尔 下拉列表中选择 求差 选项，采用系统默认求差对象；单击 〈确定〉 按钮，完成拉伸特征 1 的创建。

图 32.6.6　拉伸特征 1　　　　　　　　　图 32.6.7　截面草图

Step4. 创建图 32.6.8 所示的拉伸特征 2。选择下拉菜单 插入(S) ➡ 剪切(T) ▶ ➡ 拉伸(E)... 命令；选取图 32.6.6 所示的平面为草图平面，绘制图 32.6.9 所示的截面草图；在 ✔ 指定矢量 下拉列表中选择 YC 选项；在 开始 下拉列表中选择 贯通 选项，在 结束 下拉列表中选择 贯通 选项；在 布尔 下拉列表中选择 求差 选项，采用系统默认求差对象；单击 〈确定〉 按钮，完成拉伸特征 2 的创建。

图 32.6.8　拉伸特征 2　　　　　　　　　图 32.6.9　截面草图

Step5. 创建图 32.6.10 所示的拉伸特征 3。选择下拉菜单 插入(S) ➡ 剪切(T) ▶ ➡ 拉伸(E)... 命令；选取图 32.6.6 所示的平面为草图平面，绘制图 32.6.11 所示的截面草图；在 ✔ 指定矢量 下拉列表中选择 YC 选项；在 开始 下拉列表中选择 贯通 选项，在 结束 下拉列表中选择 贯通 选项；在 布尔 下拉列表中选择 求差 选项，采用系统默认求差对象；单击 〈确定〉 按钮，完成拉伸特征 3 的创建。

图 32.6.10　拉伸特征 3　　　　　　　　　图 32.6.11　截面草图

Step6.创建图 32.6.12 所示的钣金倒角特征 1。选择下拉菜单 插入(S) ➡️ 拐角(O)... ▶ ➡️ 倒角(B)... 命令，系统弹出"倒角"对话框。在"倒角"对话框 倒角属性 区域的 方法 下拉列表中选择 圆角。选取图 32.6.12 所示的边线，在 半径 文本框中输入数值 5。单击"倒角"对话框的 < 确定 > 按钮，完成钣金倒角特征 1 的创建。

图 32.6.12　钣金倒角特征 1

Step7.创建图 32.6.13 所示的钣金倒角特征 2。选择下拉菜单 插入(S) ➡️ 拐角(O)... ▶ ➡️ 倒角(B)... 命令，系统弹出"倒角"对话框。在"倒角"对话框 倒角属性 区域的 方法 下拉列表中选择 圆角。选取图 32.6.13 所示的四条边线，在 半径 文本框中输入数值 8。单击"倒角"对话框的 < 确定 > 按钮，完成钣金倒角特征 2 的创建。

图 32.6.13　钣金倒角特征 2

Step8. 创建图 32.6.14 所示的轮廓弯边特征 1。选择下拉菜单 插入(S) ➡️ 折弯(N) ▶ ➡️ 轮廓弯边(C)... 命令。在"轮廓弯边"对话框 类型 区域的下拉列表中选择 次要 选项。单击 按钮，选取图 32.6.15 所示的模型边线为路径，在 平面位置 区域 弧长百分比 的文本框输入数值 0，绘制图 32.6.16 所示的截面草图。绘制完成后单击 完成草图 按钮。在 宽度选项 下拉列表中选择 链 选项；选取图 32.4.15 所示的边线为参照，在 折弯参数 区域中单击 折弯半径 文本框右侧的 按钮，在弹出的菜单中选择 使用本地值 选项，然后在 折弯半径 文本框中输入数值 0.5；在 止裂口 区域的 折弯止裂口 下拉列表中选择 无 选项，在 拐角止裂口 下拉列表中选择 仅折弯 选项。单击 < 确定 > 按钮，完成轮廓弯边特征 1 的创建。

图 32.6.14　轮廓弯边特征 1

图 32.6.15　定义参照边

图 32.6.16　截面草图

Step9. 创建图 32.6.17 所示的拉伸特征 4。选择下拉菜单 插入(S) ➡ 剪切(T) ▶ ➡ 拉伸(E)... 命令；选取图 32.6.17 所示的平面为草图平面，绘制图 32.6.18 所示的截面草图；在 指定矢量 下拉列表中选择 ZC 选项；在 开始 下拉列表中选择 值 选项，并在其下的 距离 文本框中输入值 0，在 结束 下拉列表中选择 值 选项，并在其下的 距离 文本框中输入值 22；在 布尔 下拉列表中选择 求差 选项，采用系统默认求差对象；单击 < 确定 > 按钮，完成拉伸特征 4 的创建。

草图平面

放大图

图 32.6.17　拉伸特征 4

图 32.6.18　截面草图

Step10. 创建钣金倒角特征 3。选择下拉菜单 插入(S) ➡ 拐角(O)... ▶ ➡ 倒角(B)... 命令，系统弹出"倒角"对话框。在"倒角"对话框 倒角属性 区域的 方法 下拉列表中选择 圆角。选取图 32.6.19 所示的边线，在 半径 文本框中输入数值 2。单击"倒角"对话框的 < 确定 > 按钮，完成钣金倒角特征 3 的创建。

这两条边线
为倒角参照

放大图

图 32.6.19　定义参照边

Step11. 创建图 32.6.20 所示的拉伸特征 5。选择下拉菜单 插入(S) ➡ 剪切(T) ▶ ➡

命令；选取图 32.6.20 所示的平面为草图平面，绘制图 32.6.21 所示的截面草图；在 指定矢量 下拉列表中选择 选项；在 开始 下拉列表中选择 值 选项，并在其下的 距离 文本框中输入值 0，在 结束 下拉列表中选择 直至下一个 选项，在 布尔 下拉列表中选择 求差 选项，采用系统默认求差对象；单击 〈 确定 〉 按钮，完成拉伸特征 5 的创建。

图 32.6.20　拉伸特征 5

图 32.6.21　截面草图

说明：水平尺寸 17 和竖直尺寸 5 是以基准平面为基准标注的。

Step12. 创建图 32.6.22 所示的拉伸特征 6。选择下拉菜单 插入(S) ➡ 剪切(T) ▸ ➡ 拉伸(E)... 命令；选取图 32.6.22 所示的平面为草图平面，绘制图 32.6.23 所示的截面草图；在 指定矢量 下拉列表中选择 选项；在 开始 下拉列表中选择 值 选项，并在其下的 距离 文本框中输入值 0，在 结束 下拉列表中选择 直至下一个 选项，在 布尔 下拉列表中选择 求差 选项，采用系统默认求差对象；单击 〈 确定 〉 按钮，完成拉伸特征 6 的创建。

图 32.6.22　拉伸特征 6　　　　　　　　　图 32.6.23　截面草图

Step13. 创建图 32.6.24 所示的拉伸特征 7。选择下拉菜单 插入(S) ➡ 剪切(T) ▸ ➡ 拉伸(E)... 命令；选取图 32.6.24 所示的平面为草图平面，绘制图 32.6.25 所示的截面草图；在 指定矢量 下拉列表中选择 选项；在 开始 下拉列表中选择 值 选项，并在其下的 距离 文本框中输入值 0，在 结束 下拉列表中选择 值 选项，并在其下的 距离 文本框中输入值 20，在 布尔 下拉列表中选择 求差 选项，采用系统默认求差对象；单击 〈 确定 〉 按钮，完成拉伸特征 7 的创建。

图 32.6.24　拉伸特征 7　　　　　　图 32.6.25　截面草图

Step14. 创建图 32.6.26 所示的拉伸特征 8。选择下拉菜单 插入(S) ➡ 剪切(T) ▶ ➡

拉伸(E)... 命令；选取图 32.6.26 所示的平面为草图平面，绘制图 32.6.27 所示的截面草图；在 指定矢量 下拉列表中选择 XC 选项；在 开始 下拉列表中选择 值 选项，并在其下的 距离 文本框中输入值 0，在 结束 下拉列表中选择 值 选项，并在其下的 距离 文本框中输入值 20，在 布尔 下拉列表中选择 求差 选项，采用系统默认求差对象；单击 〈 确定 〉 按钮，完成拉伸特征 8 的创建。

Step15. 创建图 32.6.28 所示的拉伸特征 9。选择下拉菜单 插入(S) ➡ 剪切(T) ▶ ➡

拉伸(E)... 命令；选取图 32.6.28 所示的平面为草图平面，绘制图 32.6.29 所示的截面草图；在 指定矢量 下拉列表中选择 XC 选项；在 开始 下拉列表中选择 值 选项，并在其下的 距离 文本框中输入值 0，在 结束 下拉列表中选择 值 选项，并在其下的 距离 文本框中输入值 20，在 布尔 下拉列表中选择 求差 选项，采用系统默认求差对象；单击 〈 确定 〉 按钮，完成拉伸特征 9 的创建。

图 32.6.26　拉伸特征 8　　　　　　图 32.6.27　截面草图

图 32.6.28　拉伸特征 9　　　　　　图 32.6.29　截面草图

Step16. 创建图 32.6.30 所示的轮廓弯边特征 2。选择下拉菜单 插入(S) ➡ 折弯(N) ▶

➡ 轮廓弯边 (C) ... 命令。在"轮廓弯边"对话框 类型 区域的下拉列表中选择 次要 选项。
单击 按钮，选取图 32.6.31 所示的模型边线为路径，在 平面位置 区域 弧长百分比 的文本框输
入数值 0，绘制图 32.6.32 所示的截面草图。绘制完成后单击 完成草图 按钮。在 宽度选项 下拉列
表中选择 链 选项；选取图 32.4.31 所示的边线为参照，在 折弯参数 区域中单击 折弯半径 文本
框右侧的 fx 按钮，在弹出的菜单中选择 使用本地值 选项，然后在 折弯半径 文本框中输入数值 0.5；
在 止裂口 区域的 折弯止裂口 下拉列表中选择 无 选项，在 拐角止裂口 下拉列表中选择 仅折弯 选
项。单击 < 确定 > 按钮，完成轮廓弯边特征 2 的创建。

图 32.6.30　轮廓弯边特征 2　　　　　　　　图 32.6.31　定义参照边

图 32.6.32　截面草图

　　Step17. 创建图 32.6.33 所示的突出块特征 2。选择下拉菜单 插入 (S) ➡ 突出块 (B) ... 命
令，系统弹出"突出块"对话框；单击 按钮，系统弹出"创建草图"对话框，选取图 32.6.34
所示的平面为草图平面，取消选中 设置 区域的 创建中间基准 CSYS 复选框，单击 确定 按钮，
绘制图 32.6.35 所示的截面草图。绘制完成后单击 完成草图 按钮。单击 < 确定 > 按钮，完成
突出块特征 2 的创建。

图 32.6.33　突出块特征 2　　　　　　　　图 32.6.34　草图平面

图 32.6.35　截面草图

　　Step18. 创建图 32.6.36 所示的突出块特征 3。详细操作过程参照 Step17。

图 32.6.36　突出块特征 3

Step19. 创建图 32.6.37 所示的突出块特征 4。选择下拉菜单 插入(S) ━━➤ 突出块(B)... 命令，系统弹出"突出块"对话框；单击 按钮，系统弹出"创建草图"对话框，选取图 32.6.38 所示的平面为草图平面，取消选中 设置 区域的 □ 创建中间基准 CSYS 复选框，单击 确定 按钮，绘制图 32.6.39 所示的截面草图。绘制完成后单击 完成草图 按钮。单击 < 确定 > 按钮，完成突出块特征 4 的创建。

图 32.6.37　突出块特征 4　　　　　　　　图 32.6.38　草图平面

图 32.6.39　截面草图

Step20. 创建图 32.6.40 所示的突出块特征 5。选择下拉菜单 插入(S) ━━➤ 突出块(B)... 命令，系统弹出"突出块"对话框；单击 按钮，系统弹出"创建草图"对话框，选取图 32.6.41 所示的平面为草图平面，取消选中 设置 区域的 □ 创建中间基准 CSYS 复选框，单击 确定 按钮，绘制图 32.6.42 所示的截面草图。绘制完成后单击 完成草图 按钮。单击 < 确定 > 按钮，完成突出块特征 5 的创建。

图 32.6.40　突出块特征 5　　　　　　　　图 32.6.41　草图平面

图 32.6.42　截面草图

Step21. 创建图 32.6.43 所示的拉伸特征 10。选择下拉菜单 插入(S) ➝ 剪切(T) ➝ 拉伸(E)... 命令；选取图 32.6.43 所示的平面为草图平面，绘制图 32.6.44 所示的截面草图；在 ✔ 指定矢量 下拉列表中选择 XC 选项；在 开始 下拉列表中选择 值 选项，并在其下的 距离 文本框中输入值 0，在 结束 下拉列表中选择 直至下一个 选项，在 布尔 下拉列表中选择 求差 选项，采用系统默认求差对象；单击 < 确定 > 按钮，完成拉伸特征 10 的创建。

图 32.6.43　拉伸特征 10　　　　　图 32.6.44　截面草图

Step22. 创建图 32.6.45 所示的拉伸特征 11。选择下拉菜单 插入(S) ➝ 剪切(T) ➝ 拉伸(E)... 命令；选取图 32.6.45 所示的平面为草图平面，绘制图 32.6.46 所示的截面草图；在 ✔ 指定矢量 下拉列表中选择 XC 选项；在 开始 下拉列表中选择 值 选项，并在其下的 距离 文本框中输入值 0，在 结束 下拉列表中选择 直至下一个 选项，在 布尔 下拉列表中选择 求差 选项，采用系统默认求差对象；单击 < 确定 > 按钮，完成拉伸特征 11 的创建。

图 32.6.45　拉伸特征 11　　　　　图 32.6.46　截面草图

Step23. 创建图 32.6.47 所示的拉伸特征 12。选择下拉菜单 插入(S) ➝ 剪切(T) ➝ 拉伸(E)... 命令；选取图 32.6.47 所示的平面为草图平面，绘制图 32.6.48 所示的截面草图；

在 ✔ 指定矢量下拉列表中选择 ^{XC} 选项；在 开始 下拉列表中选择 值 选项，并在其下的 距离 文本框中输入值 0，在 结束 下拉列表中选择 直至下一个 选项，在 布尔 下拉列表中选择 求差 选项，采用系统默认求差对象；单击 〈 确定 〉 按钮，完成拉伸特征 12 的创建。

图 32.6.47 拉伸特征 12

图 32.6.48 截面草图

Step24. 创建图 32.6.49 所示的拉伸特征 13。选择下拉菜单 插入(S) ➡ 剪切(T) ➡ 拉伸(E)... 命令；选取图 32.6.49 所示的平面为草图平面，绘制图 32.6.50 所示的截面草图；在 ✔ 指定矢量下拉列表中选择 ^{YC} 选项；在 开始 下拉列表中选择 值 选项，并在其下的 距离 文本框中输入值 0，在 结束 下拉列表中选择 直至下一个 选项，在 布尔 下拉列表中选择 求差 选项，采用系统默认求差对象；单击 〈 确定 〉 按钮，完成拉伸特征 13 的创建。

图 32.6.49 拉伸特征 13

图 32.6.50 截面草图

说明：草图中的水平尺寸 22 和竖直尺寸 30 的标注均以基准平面为参照。

Step25. 创建钣金倒角特征 4。选择下拉菜单 插入(S) ➡ 拐角(O)... ➡ 倒角(B)... 命令，系统弹出"倒角"对话框。在"倒角"对话框 倒角属性 区域的 方法 下拉列表中选择 圆角。选取图 32.6.51 所示的边线，在 半径 文本框中输入值 2。单击"倒角"对话框的 〈 确定 〉 按钮，完成钣金倒角特征 4 的创建。

图 32.6.51　定义参照边

Step26. 创建图 32.6.52 所示的拉伸特征 14。选择下拉菜单 插入⑤ ➡ 剪切① ▸ ➡ ⬚ 拉伸⑥… 命令；选取图 32.6.52 所示的平面为草图平面，绘制图 32.6.53 所示的截面草图；在 ✓ 指定矢量 下拉列表中选择 ⟋ᵞᶜ 选项；在 开始 下拉列表中选择 ⬚ 值 选项，并在其下的 距离 文本框中输入值 0，在 结束 下拉列表中选择 ⬚ 直至下一个 选项，在 布尔 下拉列表中选择 ⬚ 求差 选项，采用系统默认求差对象；单击 〈 确定 〉 按钮，完成拉伸特征 14 的创建。

图 32.6.52　拉伸特征 14

图 32.6.53　截面草图

说明：草图中的水平尺寸 40、15 和竖直尺寸 4 的标注以基准平面为参照。

Step27. 创建图 32.6.54 所示的高级弯边特征 1。选择下拉菜单 插入⑤ ➡ NX 高级钣金 ▸ ➡ ⬚ 高级弯边④… 命令，系统弹出 "高级弯边" 对话框。在 "高级弯边" 对话框 类型 区域的下拉列表中选择 ⬚ 按值 选项。在 基本边 区域单击 ⬚ 按钮，选取图 32.6.55 所示的边线为高级弯边特征的参照边，单击 折弯参数 区域 折弯半径 文本框右侧的 ⬚ 按钮，在弹出的菜单中选择 使用本地值，然后在 折弯半径 文本框中输入数值 0.4。在 "高级弯边" 对话框 弯边属性 区域 长度 文本框中输入数值 3，在 角度 文本框中输入数值 90，方向为 Y 轴的负方向，在 内嵌 下拉列表中选择 ⬚ 材料内侧 选项。其他为默认，单击 "高级弯边" 对话框的 〈 确定 〉 按钮，完成高级弯边特征 1 的创建。

图 32.6.54　高级弯边特征 1　　　　　　　　图 32.6.55　定义参照边

Step28. 创建图 32.6.56 所示的高级弯边特征 2。详细操作过程参照 Step27。

图 32.6.56　高级弯边特征 2

Step29. 创建图 32.6.57 所示的拉伸特征 15。选择下拉菜单 插入(S) ➡ 剪切(T) ▶ ➡ 拉伸(E)... 命令；选取图 32.6.57 所示的平面为草图平面，绘制图 32.6.58 所示的截面草图；在 ✔ 指定矢量 下拉列表中选择 -YC 选项；在 开始 下拉列表中选择 值 选项，并在其下的 距离 文本框中输入值 0，在 结束 下拉列表中选择 直至下一个 选项，在 布尔 下拉列表中选择 求差 选项，采用系统默认求差对象；单击 〈确定〉 按钮，完成拉伸特征 15 的创建。

图 32.6.57　拉伸特征 15

图 32.6.58　截面草图

说明：草图中的水平尺寸 50、57、25 和竖直尺寸 3 的标注以基准平面为参照。

Step30. 创建图 32.6.59 所示的拉伸特征 16。选择下拉菜单 插入(S) ➡ 剪切(T) ▶ ➡ 拉伸(E)... 命令；选取图 32.6.59 所示的平面为草图平面，绘制图 32.6.60 所示的截面草图；在 ✔ 指定矢量 下拉列表中选择 ZC 选项；在 开始 下拉列表中选择 值 选项，并在其下的 距离 文本框中输入值 0，在 结束 下拉列表中选择 值 选项，并在其下的 距离 文本框中输入值 5，在 布尔 区域中选择 无 选项，单击 〈确定〉 按钮，完成拉伸特征 16 的创建。

图 32.6.59　拉伸特征 16

图 32.6.60　截面草图

说明： 草图中的水平尺寸 60 的标注以基准平面为参照。

Step31. 创建图 32.6.61 所示的基准平面 1。选择下拉菜单 插入(S) ➡ 基准/点(D) ➡ □ 基准平面(D)... 命令，系统弹出"基准平面"对话框。在 类型 区域的下拉列表中选择 ■■ 按某一距离 选项，在绘图区选取图 32.6.62 所示的基准平面，输入偏移值 65。单击 < 确定 > 按钮，完成基准平面 1 的创建。

说明： 基准平面的方向可以通过"反向"按钮 ⬙ 来调整。

图 32.6.61　基准平面 1　　　　　　　　　　　　　图 32.6.62　参照平面

Step32. 创建图 32.6.63 所示的回转特征 1。切换到"建模"环境。选择 插入(S) ➡ 设计特征(E) ➡ 🌀 回转(R)... 命令，单击 截面 区域中的 🔳 按钮，在绘图区选取基准平面 1 为草图平面，绘制图 32.6.64 所示的截面草图。在绘图区中选取图 32.6.64 所示的直线为回转轴。在"回转"对话框的 极限 区域的 开始 下拉列表中选择 值 选项，并在 角度 文本框中输入值 0，在 结束 下拉列表中选择 值 选项，并在 角度 文本框中输入值 360；在 布尔 区域中选择 ⬡ 求和 选项，选取 Step30 所做的拉伸特征为求和对象。单击 < 确定 > 按钮，完成回转特征 1 的创建。

Step33. 创建边倒圆特征 1。选择下拉菜单 插入(S) ➡ 细节特征(L) ▸ ➡ 🍥 边倒圆(E)... 命令，在 要倒圆的边 区域中单击 🔲 按钮，选择图 32.6.65 所示的边链为边倒圆参照，并在 半径 1 文本框中输入值 1。单击 < 确定 > 按钮，完成边倒圆特征 1 的创建。

图 32.6.63　回转特征 1

图 32.6.64　截面草图

图 32.6.65　定义参照边

Step34. 创建图 32.6.66 所示的基准平面 2。选择下拉菜单 插入(S) ➡ 基准/点(D) ➡ 基准平面(D)...命令，系统弹出"基准平面"对话框。在 类型 区域的下拉列表中选择 二等分 选项，在绘图区选取图 32.6.67 所示的平面为第一参照平面，选取图 32.6.68 所示的平面为第二参照平面，单击 <确定> 按钮，完成基准平面 2 的创建。

图 32.6.66　基准平面 2

图 32.6.67　定义参照平面

图 32.6.68　定义参照平面

Step35. 创建图 32.6.69 所示的零件特征——镜像 1。选择下拉菜单 插入(S) ➡ 关联复制(A)▶ ➡ 镜像特征(M)...命令，在绘图区中选取图 32.6.59 所示的拉伸特征 16 和图 32.6.63 所示的回转特征 1 和边倒圆特征 1 为要镜像的特征。在 镜像平面 区域中单击 按钮，在绘图区中选取基准平面 2 作为镜像平面。单击 <确定> 按钮，完成镜像特征 1 的创建。

图 32.6.69　镜像特征 1

Step36. 创建图 32.6.70 所示的实体冲压特征 1。将环境转化为"钣金"环境。选择下拉菜单 插入(S) ➡ 冲孔(H) ▶ ➡ 实体冲压(S)... 命令，系统弹出"实体冲压"对话框。在 类型 下拉列表中选择 冲模 选项，选取图 32.6.70 所示的面为目标面。选取图 32.6.71 所示的特征为工具体。在 实体冲压属性 区域选中 ☑自动判断厚度 复选框。单击"实体冲压"对话框中的 〈确定〉 按钮，完成实体冲压特征 1 的创建。

图 32.6.70　实体冲压特征 1　　　　　　　　图 32.6.71　定义工具体

Step37. 创建图 32.6.72 所示的阵列特征 1。选择下拉菜单 插入(S) ➡ 关联复制(A) ▶ ➡ 实例特征(I) 命令，系统弹出"实例"对话框。在"实例"对话框中选择 矩形阵列 按钮，在系统弹出的"实例"对话框中选择图 32.6.70 所示的实体冲压特征 1，单击 〈确定〉 按钮，在系统弹出的"输入参数"对话框中的 X 向的数量 的文本框输入值 5，在 XC 偏置 的文本框输入值-85，在 Y 向的数量 的文本框输入值 1，在 YC 偏置 的文本框输入值 0，单击 〈确定〉 按钮，完成阵列特征 1 的创建。

图 32.6.72　阵列特征 1

Step38. 创建图 32.6.73 所示的实体冲压特征 2。选择下拉菜单 插入(S) ➡ 冲孔(H) ▶ ➡ 实体冲压(S)... 命令，系统弹出"实体冲压"对话框。在 类型 下拉列表中选择 冲模 选项，选取图 32.6.73 所示的面为目标面。选取图 32.6.74 所示的特征为工具体。在 实体冲压属性 区域选中 ☑自动判断厚度 复选框。单击"实体冲压"对话框中的 〈确定〉 按钮，完成实体冲压特征 2 的创建。

选取该平面为目标面

放大图

图 32.6.73 实体冲压特征 2

Step39. 创建图 32.6.75 所示的阵列特征 2。选择下拉菜单 插入(S) ➡ 关联复制(A)▶ ➡ 实例特征(I) 命令，系统弹出"实例"对话框。在"实例"对话框中单击 矩形阵列 按钮，在系统弹出的"实例"对话框中选择图 32.6.73 所示的实体冲压特征 2，单击 < 确定 > 按钮，在系统弹出的"输入参数"对话框中的 X 向的数量 的文本框输入值 5，在 XC 偏置 的文本框输入值-85，在 Y 向的数量 的文本框输入值 1，在 YC 偏置 的文本框输入值 0，单击 < 确定 > 按钮，完成阵列特征 2 的创建。

放大图

选取此实体为工具体

图 32.6.74 定义工具体   图 32.6.75 阵列特征 2

Step40. 创建图 32.6.76 所示的拉伸特征 17。选择下拉菜单 插入(S) ➡ 剪切(T)▶ ➡ 拉伸(E)... 命令；选取图 32.6.76 所示的平面为草图平面，绘制图 32.6.77 所示的截面草图；在 ✔ 指定矢量 下拉列表中选择 XC 选项；在 开始 下拉列表中选择 值 选项，并在其下的 距离 文本框中输入值 0，在 结束 下拉列表中选择 值 选项，并在其下的 距离 文本框中输入值 5，在 布尔 区域中选择 无 选项，单击 < 确定 > 按钮，完成拉伸特征 17 的创建。

草图平面

放大图

图 32.6.76 拉伸特征 17

60   10   15   放大图

图 32.6.77 截面草图

Step41. 创建图 32.6.78 所示的基准平面 3。选择下拉菜单 插入(S) ➡ 基准/点(D) ➡ 基准平面(D)... 命令，系统弹出"基准平面"对话框。在 类型 区域的下拉列表中选择

按某一距离 选项，在绘图区选取图 32.6.79 所示的基准平面，输入偏移值 65。方向为 ZC 方向。单击 < 确定 > 按钮，完成基准平面 3 的创建。

图 32.6.78　基准平面 3

图 32.6.79　定义参照平面

Step42. 创建图 32.6.80 所示的回转特征 2。将环境转化为"建模"环境。选择插入(S) —— 设计特征(E) —— 回转(R) 命令，单击截面区域中的 按钮，在绘图区选取基准平面 3（图 32.6.78）为草图平面，绘制图 32.6.81 所示的截面草图。在绘图区中选取图 32.6.81 所示的直线为旋转轴。在"回转"对话框的极限区域的开始下拉列表中选择 值 选项，并在角度文本框中输入值 0，在结束下拉列表中选择 值 选项，并在角度文本框中输入值 360；在布尔区域中选择 求和 选项，选取 Step40 所创建的拉伸特征 17 为求和对象。单击< 确定 > 按钮，完成回转特征 2 的创建。

图 32.6.80　回转特征 2　　　　　　　　　　图 32.6.81　截面草图

Step43. 创建边倒圆特征 2。选择下拉菜单 插入(S) —— 细节特征(L) ▶ —— 边倒圆(E) 命令，在要倒圆的边区域中单击 按钮，选择图 32.6.82 所示的边链为边倒圆参照，并在半径 1 文本框中输入值 1。单击 < 确定 > 按钮，完成边倒圆特征 2 的创建。

图 32.6.82　定义参照边

Step44. 创建图 32.6.83 所示的基准平面 4。选择下拉菜单 插入(S) —— 基准/点(D) —— 基准平面(D)... 命令，系统弹出"基准平面"对话框。在类型区域的下拉列表中选择

二等分选项，在绘图区选取图 32.6.84 所示的平面为第一参照平面，选取图 32.6.85 所示的平面为第二参照平面，单击 **< 确定 >** 按钮，完成基准平面 4 的创建。

图 32.6.83　基准平面 4　　　　　　　　图 32.6.84　定义参照平面

图 32.6.85　定义参照平面

Step45. 创建图 32.6.86 所示的零件特征——镜像 2。选择下拉菜单 **插入(S)** ➡ **关联复制(A)▶** ➡ **镜像特征(M)…** 命令，在绘图区中选取图 32.6.76 所示的拉伸特征 17 和图 32.6.80 所示的回转特征 2 和边倒圆特征 2 为要镜像的特征。在 **镜像平面** 区域中单击 按钮，在绘图区中选取基准平面 4 作为镜像平面。单击 **< 确定 >** 按钮，完成镜像特征 2 的创建。

图 32.6.86　镜像特征 2

Step46. 创建图 32.6.87 所示的实体冲压特征 3。切换到 "NX 钣金" 环境。选择下拉菜单 **插入(S)** ➡ **冲孔(H)▶** ➡ **实体冲压(S)…** 命令，系统弹出 "实体冲压" 对话框。在 **类型** 下拉列表中选择 **冲模** 选项，选取图 32.6.87 所示的面为目标面。选取图 32.6.88 所示的特征为工具体。在 **实体冲压属性** 区域选中 ☑ **自动判断厚度** 复选框。单击 "实体冲压" 对话框中的 **< 确定 >** 按钮，完成实体冲压特征 3 的创建。

图 32.6.87　实体冲压特征 3　　　　　　图 32.6.88　定义工具体

Step47. 创建图 32.6.89 所示的阵列特征 3。选择下拉菜单 插入(S) ➡ 关联复制(A)▶ ➡ 实例特征(I) 命令，系统弹出"实例"对话框。在"实例"对话框中选择 矩形阵列 按钮，在系统弹出的"实例"对话框中选择图 32.6.87 所示的实体冲压特征 3，单击 < 确定 > 按钮，在系统弹出的"输入参数"对话框中的 X 向的数量 的文本框输入值 4，在 XC 偏置 的文本框输入值-50，在 Y 向的数量 的文本框输入值 1，在 YC 偏置 的文本框输入值 0，单击 < 确定 > 按钮，完成阵列特征 3 的创建。

说明：阵列前需调整坐标系，绕-YC 旋转 90°。

图 32.6.89 阵列特征 3

Step48. 创建图 32.6.90 所示的实体冲压特征 4。选择下拉菜单 插入(S) ➡ 冲孔(H)▶ ➡ 实体冲压(S)... 命令，系统弹出"实体冲压"对话框。在 类型 下拉列表中选择 冲模 选项，选取图 32.6.90 所示的面为目标面。选取图 32.6.91 所示的特征为工具体。在 实体冲压属性 区域选中 ☑ 自动判断厚度 复选框。单击"实体冲压"对话框中的 < 确定 > 按钮，完成实体冲压特征 4 的创建。

Step49. 创建图 32.6.92 所示的阵列特征 4。选择下拉菜单 插入(S) ➡ 关联复制(A)▶ ➡ 实例特征(I) 命令，系统弹出"实例"对话框。在"实例"对话框中选择 矩形阵列 按钮，在系统弹出的"实例"对话框中选择图 32.6.73 所示的实体冲压特征 2，单击 < 确定 > 按钮，在系统弹出的"输入参数"对话框中的 X 向的数量 的文本框输入值 4，在 XC 偏置 的文本框输入值-50，在 Y 向的数量 的文本框输入值 1，在 YC 偏置 的文本框输入值 0，单击 < 确定 > 按钮，完成阵列特征 4 的创建。

图 32.6.90 实体冲压特征 4

图 32.6.91 定义工具体   图 32.6.92 阵列特征 4

Step50. 保存钣金件模型。选择下拉菜单 文件(F) ➡️ 保存(S) 命令，即可保存钣金件模型。

32.7　微波炉外壳底盖的设计

下面讲解图 32.7.1 所示的微波炉外壳底盖的细节设计。

图 32.7.1　微波炉外壳底盖模型及模型树

Step1. 创建 DOWN_COVER 层。

（1）在"装配导航器"窗口中的 ☑ FRONT_COVER 选项上右击，系统弹出快捷菜单（二），在此快捷菜单中选择 显示父项 ▶ ➡️ MICROWAVE_COVEN_CASE_SKEL 选项，并设为工作部件。

（2）在"装配导航器"窗口中的 ☑ MICROWAVE_COVEN_CASE_SKEL 选项上右击，系统弹出快捷菜单（二），在此快捷菜单中选择 WAVE▶ ➡️ 新建级别 命令，系统弹出"新建级别"对话框。单击"新建级别"对话框中的 指定部件名 按钮，在弹出的"选择部件名"对话框的 文件名(N): 文本框中输入文件名 DOWN_COVER，单击 OK 按钮，系统再次弹出"新建级别"对话框。单击"新建级别"对话框中的 类选择 按钮，系统弹出"WAVE 组件间的复制"对话框，选取 MICROWAVE_COVEN_CASE_SKEL 层中的 5 个基准平面为参照，如图 32.7.2 所示。然后单击 确定 按钮，系统重新弹出"新建级别"对话框。在"新建级别"对话框中单击 确定 按钮，完成 DOWN_COVER 层的创建。

（3）在"装配导航器"窗口中的 ☑ DOWN_COVER 选项上右击，系统弹出快捷菜单（三），在此快捷菜单中选择 设为显示部件 命令，对模型进行编辑。

选取此 5 个基准
平面为参照

图 32.7.2　定义参照平面

Step2. 创建图 32.7.3 所示的突出块特征。选择下拉菜单 开始▾ ➜ NX 钣金(H)... 命令，进入 "NX 钣金" 环境。选择下拉菜单 插入(S) ➜ 突出块(B)... 命令，系统弹出 "突出块" 对话框；选取图 32.7.4 所示的平面为草图平面，绘制图 32.7.5 所示的截面草图。绘制完成后单击 完成草图 按钮。在 厚度 区域 厚度 的文本框输入值 1。方向为 ZC 轴的正方向。单击 < 确定 > 按钮，完成突出块特征的创建。

图 32.7.3　突出块特征　　　　　　　　图 32.7.4　草图平面

图 32.7.5　截面草图

Step3. 创建图 32.7.6 所示的弯边特征 1。选择下拉菜单 插入(S) ➜ 折弯(N) ▸ ➜ 弯边(F)... 命令，系统弹出 "弯边" 对话框。选取图 32.7.7 所示的边线为线性边。在 截面 区域单击 按钮，绘制图 32.7.8 所示的截面草图。绘制完成后单击 完成草图 按钮。在 弯边属性 区域的 匹配面 下拉列表中选择 无 选项，在 角度 文本框中输入数值 90，在 内嵌 下拉列表中选择 材料内侧 选项。在 偏置 区域的 偏置 文本框中输入数值 0；在 折弯参数 区域中单击 折弯半径 文本框右侧的 按钮，在系统弹出的菜单中选择 使用本地值 选项，然后在 折弯半径 文本框中输入数值 1；在 止裂口 区域中的 折弯止裂口 下拉列表中选择 无 选项；在 拐角止裂口 下拉列表中选择 仅折弯 选项。单击 < 确定 > 按钮，完成弯边特征 1 的创建。

图 32.7.6　弯边特征 1　　　　　　　　　图 32.7.7　定义线性边

图 32.7.8　截面草图

Step4. 创建图 32.7.9 所示的弯边特征 2。选择下拉菜单 插入(S) ➡ 折弯(N) ➡
弯边(F)...命令，系统弹出"弯边"对话框。选取图 32.7.10 所示的边线为线性边。在 截面 区域单击 按钮，绘制图 32.7.11 所示的截面草图。绘制完成后单击 完成草图 按钮。在 弯边属性 区域的 匹配面 下拉列表中选择 无 选项，在 角度 文本框中输入数值 90，在 内嵌 下拉列表中选择 材料内侧 选项。在 偏置 区域的 偏置 文本框中输入数值 0；在 折弯参数 区域中单击 折弯半径 文本框右侧的 按钮，在系统弹出的菜单中选择 使用本地值 选项，然后在 折弯半径 文本框中输入数值 1；在 止裂口 区域中的 折弯止裂口 下拉列表中选择 无 选项；在 拐角止裂口 下拉列表中选择 仅折弯 选项。单击 < 确定 > 按钮，完成弯边特征 2 的创建。

图 32.7.9　弯边特征 2　　　　　　　　　图 32.7.10　定义线性边

图 32.7.11　截面草图

Step5. 创建图 32.7.12 所示的弯边特征 3。选择下拉菜单 插入(S) ➡ 折弯(N) ➡
弯边(F)...命令，系统弹出"弯边"对话框。选取图 32.7.13 所示的边线为线性边。在 宽度 区域的 宽度选项 下拉列表中选择 完整 选项，在 弯边属性 区域的 长度 文本框中输入数值 20，在 角度 文本框中输入数值 90，在 参考长度 下拉列表中选择 外部 选项，在 内嵌 下拉列表中选择 折弯外侧 选项。在 偏置 区域的 偏置 文本框中输入数值 0；在 折弯参数 区域中单击 折弯半径 文本框右侧的 按钮，在系统弹出的菜单中选择 使用本地值 选项，然后在 折弯半径 文本框中输入数值 1；在 止裂口 区域中的 折弯止裂口 下拉列表中选择 正方形 选项；在 拐角止裂口 下拉列表中选择 仅折弯 选项。单击 < 确定 > 按钮，完成弯边特征 3 的创建。

图 32.7.12 弯边特征 3　　　　　　　　图 32.7.13　定义线性边

Step6. 创建图 32.7.14 所示的拉伸特征 1。选择下拉菜单 插入(S) ➡ 剪切(T) ▶ ➡
拉伸(E)... 命令；选取图 32.7.14 所示的平面为草图平面，绘制图 32.7.15 所示的截面草图；
在 ✓ 指定矢量 下拉列表中选择 ZC↑ 选项；在 开始 下拉列表中选择 值 选项，并在其下的 距离 文本
框中输入值 0，在 结束 下拉列表中选择 值 选项，并在其下的 距离 文本框中输入值 10，在 布尔
区域中选择 无 选项，单击 ＜确定＞ 按钮，完成拉伸特征 1 的创建。

图 32.7.14　拉伸特征 1　　　　　　　　图 32.7.15　截面草图

Step7. 创建图 32.7.16 所示的拉伸特征 2。选择下拉菜单 插入(S) ➡ 剪切(T) ▶ ➡
拉伸(E)... 命令；选取图 32.7.14 所示的平面为草图平面，绘制图 32.7.17 所示的截面草图；
在 ✓ 指定矢量 下拉列表中选择 ZC↓ 选项；在 开始 下拉列表中选择 值 选项，并在其下的 距离 文本
框中输入值 0，在 结束 下拉列表中选择 值 选项，并在其下的 距离 文本框中输入值 15，在 布尔
区域中选择 求和 选项，选取 Step6 所做的拉伸特征 1 为求和对象。单击 ＜确定＞ 按钮，完
成拉伸特征 2 的创建。

图 32.7.16　拉伸特征 2　　　　　　　　图 32.7.17　截面草图

Step8. 创建图 32.7.18 所示的拉伸特征 3。选择下拉菜单 插入(S) ➡ 剪切(T) ▶ ➡
拉伸(E)... 命令；选取图 32.7.18 所示的平面为草图平面，绘制图 32.7.19 所示的截面草图；
在 ✓ 指定矢量 下拉列表中选择 ZC↓ 选项；在 开始 下拉列表中选择 值 选项，并在其下的 距离 文本
框中输入值 0，在 结束 下拉列表中选择 值 选项，并在其下的 距离 文本框中输入值 10，在 布尔

区域中选择 求和选项，选取 Step6 所做的拉伸特征 1 为求和对象。单击 <确定> 按钮，完成拉伸特征 3 的创建。

选取该平面为草图平面

图 32.7.18　拉伸特征 3

图 32.7.19　截面草图

Step9. 创建图 32.7.20 所示的拉伸特征 4。选择下拉菜单 插入(S) ➡ 剪切(T)▶ ➡ 拉伸(E)... 命令；选取图 32.7.20 所示的平面为草图平面，绘制图 32.7.21 所示的截面草图；在 ✓ 指定矢量 下拉列表中选择 ZC↑ 选项；在 开始 下拉列表中选择 值 选项，并在其下的 距离 文本框中输入值 0，在 结束 下拉列表中选择 值 选项，并在其下的 距离 文本框中输入值 8，在 布尔 区域中选择 求差 选项，采用系统默认的求差对象。单击 <确定> 按钮，完成拉伸特征 4 的创建。

选取该平面为草图平面

图 32.7.20　拉伸特征 4

图 32.7.21　截面草图

Step10. 创建图 32.7.22 所示的拔模特征 1。切换到"建模"环境。选择下拉菜单 插入(S) ➡ 细节特征(L)▶ ➡ 拔模(T)... 命令，在 脱模方向 区域中"指定矢量"的下拉列表中选取 ZC↓ 选项，在 固定面 选择图 32.7.22 所示的面为拔模固定平面，在 要拔模的面 区域选择图 32.7.23 所示的面为要拔模的面，在并在 角度 1 文本框中输入值 20。单击 <确定> 按钮，完成拔模特征 1 的创建。

拔模固定平面

选取该面为要拔模的面

图 32.7.22　拔模特征 1

图 32.7.23　拔模面

Step11. 创建图 32.7.24 所示的拔模特征 2。选择下拉菜单 插入(S) ➡ 细节特征(L)▶

➡ 🔘 **拔模(T)** 命令，在 **脱模方向** 区域中"指定矢量"的下拉列表中选取 ⬇ ᶻᶜ 选项，在 **固定面** 选择图 32.7.24 所示的面为拔模固定平面，在 **要拔模的面** 区域选择图 32.7.25 所示的面为要拔模的面，并在 **角度 1** 文本框中输入值 20。单击 **< 确定 >** 按钮，完成拔模特征 2 的创建。

图 32.7.24　拔模特征 2　　　　　　　　　图 32.7.25　拔模面

Step12. 创建图 32.7.26 所示的边倒圆特征 1。选择下拉菜单 **插入(S)** ➡ **细节特征(L) ▶**

➡ 🔘 **边倒圆(E)** 命令，在 **要倒圆的边** 区域中单击 ⬛ 按钮，选择图 32.7.27 所示的边链为边倒圆参照，并在 **半径 1** 文本框中输入值 10。单击 **< 确定 >** 按钮，完成边倒圆特征 1 的创建。

图 32.7.26　边倒圆特征 1　　　　　　　　　图 32.7.27　定义参照边

Step13. 创建图 32.7.28 所示的边倒圆特征 2。选择图 32.7.29 所示的边链为边倒圆参照，并在 **半径 1** 文本框中输入值 8。单击 **< 确定 >** 按钮，完成边倒圆 2 的创建。

图 32.7.28　边倒圆特征 2　　　　　　　　　图 32.7.29　定义参照边

Step14. 创建图 32.7.30 所示的边倒圆特征 3。选择图 32.7.31 所示的边链为边倒圆参照，并在 **半径 1** 文本框中输入值 10。单击 **< 确定 >** 按钮，完成边倒圆特征 3 的创建。

图 32.7.30　边倒圆特征 3　　　　　　　　　图 32.7.31　定义参照边

Step15. 创建图 32.7.32 所示的边倒圆特征 4。选择图 32.7.33 所示的边链为边倒圆参照，并在 半径 1 文本框中输入值 5。单击 〈 确定 〉 按钮，完成边倒圆特征 4 的创建。

选取此边为参照

图 32.7.32　边倒圆特征 4　　　　　　图 32.7.33　定义参照边

Step16. 创建图 32.7.34 所示的边倒圆特征 5。选择图 32.7.35 所示的边链为边倒圆参照，并在 半径 1 文本框中输入值 5。单击 〈 确定 〉 按钮，完成边倒圆特征 5 的创建。

选取此两条边为参照

图 32.7.34　边倒圆特征 5　　　　　　图 32.7.35　定义参照边

Step17. 创建图 32.7.36 所示的边倒圆特征 6。选择图 32.7.37 所示的边链为边倒圆参照，并在 半径 1 文本框中输入值 5。单击 〈 确定 〉 按钮，完成边倒圆特征 6 的创建。

选取此两条边为参照

图 32.7.36　边倒圆特征 6　　　　　　图 32.7.37　定义参照边

Step18. 创建图 32.7.38 所示的边倒圆特征 7。选择图 32.7.39 所示的边链为边倒圆参照，并在 半径 1 文本框中输入值 5。单击 〈 确定 〉 按钮，完成边倒圆特征 7 的创建。

选取此两条边为参照

图 32.7.38　边倒圆特征 7　　　　　　图 32.7.39　定义参照边

Step19. 创建图 32.7.40 所示的边倒圆特征 8。选择图 32.7.41 所示的边链为边倒圆参照，并在 半径 1 文本框中输入值 5。单击 〈 确定 〉 按钮，完成边倒圆特征 8 的创建。

图 32.7.40 　边倒圆特征 8　　　　　　　图 32.7.41 　定义参照边

Step20. 创建图 32.7.42 所示的实体冲压特征 1。切换到"钣金"环境。选择下拉菜单 插入(S) ➡️ 冲孔(H) ▶ ➡️ 实体冲压(S)... 命令，系统弹出"实体冲压"对话框。在 类型 下拉列表中选择 冲模 选项，选取图 32.7.42 所示的面为目标面。选取图 32.7.43 所示的实体 为工具体。在 实体冲压属性 区域选中 ☑ 自动判断厚度 复选框。单击"实体冲压"对话框中的 〈 确定 〉 按钮，完成实体冲压特征 1 的创建。

图 32.7.42 　实体冲压特征 1

图 32.7.43 　定义工具体

Step21. 创建图 32.7.44 所示的拉伸特征 5。选择下拉菜单 插入(S) ➡️ 剪切(T) ▶ ➡️ 拉伸(E)... 命令；选取图 32.7.44 所示的平面为草图平面，绘制图 32.7.45 所示的截面草图；在 ☑ 指定矢量 下拉列表中选择 ZC↑ 选项；在 开始 下拉列表中选择 值 选项，并在其下的 距离 文本框中输入值 0，在 结束 下拉列表中选择 值 选项，并在其下的 距离 文本框中输入值 10，在 布尔 区域中选择 无 选项，单击 〈 确定 〉 按钮，完成拉伸特征 5 的创建。

图 32.7.44 　拉伸特征 5

图 32.7.45 　截面草图

Step22. 创建图 32.7.46 所示的回转特征。切换到"建模"环境。选择 插入(S) ➡️ 设计特征(E) ➡️ 回转(R)... 命令，单击 截面 区域中的 按钮，在绘图区选取图 32.7.46 所示的面为草图平面，绘制图 32.7.47 所示的截面草图。在绘图区中选取图 32.7.47 所示的直线为旋转轴。在"回转"对话框的 极限 区域的 开始 下拉列表中选择 值 选项，并在 角度 文本框

中输入值 0，在 结束 下拉列表中选择 值 选项，并在 角度 文本框中输入值 90；在 布尔 区域中
选择 求和 选项，采用系统默认的求对象。单击 〈 确定 〉 按钮，完成回转特征的创建。

图 32.7.46　回转特征　　　　　　　图 32.7.47　截面草图

Step23. 创建图 32.7.48 所示的边倒圆特征 9。选择图 32.7.48 所示的边链为边倒圆参照，
并在 半径 1 文本框中输入值 2.5。单击 〈 确定 〉 按钮，完成边倒圆特征 9 的创建。

图 32.7.48　边倒圆特征 9

Step24. 创建图 32.7.49 所示的基准平面。选择下拉菜单 插入(S) ➡ 基准/点(D)
➡ 基准平面(D)... 命令，系统弹出"基准平面"对话框。在 类型 区域的下拉列表中选择
按某一距离 选项，在绘图区选取图 32.7.50 所示的平面为参照平面，输入偏移值 150。方向
为 YC 轴的正方向。单击 〈 确定 〉 按钮，完成基准平面的创建。

图 32.7.49　基准平面　　　　　　　图 32.7.50　参照平面

Step25. 创建图 32.7.51 所示的零件特征——镜像。选择下拉菜单 插入(S) ➡ 关联复制(A)
➡ 镜像体(B) 命令，在绘图区中选取图 32.7.51 所示的实体为要镜像的特征。在 镜像平面
区域中单击 按钮，在绘图区中选取基准平面作为镜像平面。单击 〈 确定 〉 按钮，完成镜
像特征的创建。

图 32.7.51　镜像特征

Step26. 创建图 32.7.52 所示的实体冲压特征 2。切换到"钣金"环境。选择下拉菜单 插入(S) ➡ 冲孔(H) ▶ ➡ 🔧 实体冲压(S)... 命令，系统弹出"实体冲压"对话框。在 类型 下拉列表中选择 🔻 冲模 选项，选取图 32.7.52 所示的面为目标面。选取图 32.7.53 所示的实体 为工具体。选取图 32.7.54 所示的面为冲裁面。在 实体冲压属性 区域选中 ☑ 自动判断厚度 复选框。单击"实体冲压"对话框中的 < 确定 > 按钮，完成实体冲压特征 2 的创建。

图 32.7.52　实体冲压特征 2　　　　　　　　图 32.7.53　　定义工具体

图 32.7.54　　参考平面

Step27. 创建图 32.7.55 所示的实体冲压特征 3。详细操作过程参照 Step26。

图 32.7.55　实体冲压特征 3

Step28. 创建图 32.7.56 所示的阵列特征 1。选择下拉菜单 插入(S) ➡ 关联复制(A)▶ ➡ 🔧 实例特征(I) 命令，系统弹出"实例"对话框。在"实例"对话框中选择 矩形阵列 按钮，在系统弹出的"实例"对话框中选择图 32.7.52 所示的实体冲压特征 2，单击 < 确定 > 按钮，在系统弹出的"输入参数"对话框中的 X 向的数量 的文本框输入值 10，在 XC 偏置 的文本框输入值-12，在 Y 向的数量 的文本框输入值 1，在 YC 偏置 的文本框输入值 0，单击 < 确定 > 按钮，完成阵列特征 1 的创建。

Step29. 创建图 32.7.57 所示的阵列特征 2。选择下拉菜单 插入(S) ➡ 关联复制(A)▶ ➡ 实例特征(I) 命令，系统弹出"实例"对话框。在"实例"对话框中选择 矩形阵列 按钮，在系统弹出的"实例"对话框中选择图 32.7.55 所示的实体冲压特征 3，单击 < 确定 > 按钮，在系统弹出的"输入参数"对话框中的 X 向的数量 的文本框输入值 10，在 XC 偏置 的文本框输入值-12，在 Y 向的数量 的文本框输入值 1，在 YC 偏置 的文本框输入值 0，单击 < 确定 > 按钮，完成阵列特征 2 的创建。

图 32.7.56 阵列特征 1

图 32.7.57 阵列特征 2

Step30. 创建图 32.7.58 所示的拉伸特征 6。选择下拉菜单 插入(S) ➡ 剪切(T)▶ ➡ 拉伸(E)... 命令；选取图 32.7.58 所示的平面为草图平面，绘制图 32.7.59 所示的截面草图；在 ✔ 指定矢量 下拉列表中选择 ZC↑ 选项；在 开始 下拉列表中选择 值 选项，并在其下的 距离 文本框中输入值 0，在 结束 下拉列表中选择 直至下一个 选项，在 布尔 区域中选择 求差 选项，采用系统默认的求差对象。单击 < 确定 > 按钮，完成拉伸特征 6 的创建。

图 32.7.58 拉伸特征 6   图 32.7.59 截面草图

Step31. 创建图 32.7.60 所示的阵列特征 3。切换到"建模"环境。选择下拉菜单 插入(S) ➡ 关联复制(A)▶ ➡ 阵列面(F) 命令，系统弹出"阵列面"对话框。在 类型 的下拉列表中选取 矩形阵列 选项。在"阵列面"对话框中 面 区域选择图 32.7.60 所示的面为参考，在 X 向 区域中的 ✔ 指定矢量 下拉列表中选择 YC 选项，在 Y 向 区域中的 ✔ 指定矢量 下拉列表中选择 -XC 选项，在 阵列属性 区域中的 X 距离 的文本框输入值 10，在 Y 距离 的文本框输入值 10，在 X 数量 的文本框输入值 6，在 Y 数量 的文本框输入值 7，单击 < 确定 > 按钮，完成阵列特征 3 的创建。

a）阵列前　　　　　　　　　　　　　　　　　　b）阵列后

图 32.7.60　阵列特征 3

Step32. 创建图 32.7.61 所示的草图。选择下拉菜单 插入(S) ➡ 任务环境中的草图(S)... 命令；选取图 32.7.61 所示的平面为草图平面；进入草图环境绘制草图。绘制完成后单击 完成草图 按钮，完成草图的创建。

图 32.7.61　草图

Step33. 创建图 32.7.62 所示的零件基础特征——拉伸 7。选择下拉菜单 插入(S) ➡ 设计特征(E) ➡ 拉伸(E)... 命令，系统弹出"拉伸"对话框。选取图 32.7.62 所示的平面为草图平面，绘制图 32.7.63 所示的截面草图；在 指定矢量 下拉列表中选择 ZC↑ 选项；在 开始 下拉列表中选择 值 选项，并在其下的 距离 文本框中输入值 0，在 结束 下拉列表中选择 直至下一个 选项，在 布尔 区域中选择 求差 选项，采用系统默认的求差对象。单击 〈 确定 〉 按钮，完成拉伸特征 7 的创建。

图 32.7.62　拉伸特征 7　　　　　　　　　　图 32.7.63　截面草图

Step34. 创建图 32.7.64 所示的阵列特征 4。选择下拉菜单 插入(S) ➡ 关联复制(A) ➡ 对特征形成图样(A)... 命令，在绘图区选取图 32.7.62 所示的拉伸特征 7 为要形成图样的特征。在"对特征形成图样"对话框中 `阵列定义` 区域的 `布局` 下拉列表中选择 `线性` 选项。在 `边界` 下拉列表中选择 `曲线` 选项。在简化边界填充打上对勾（`☑ 简化边界填充`），选取 Step32 所做的曲线，在 `留边距离` 的文本框中输入值 0，在 `简化布局` 下拉列表中选择 `菱形` 选项在 `节距` 文本框中输入值 10。对话框中的其他参数设置保持系统默认；单击 `〈 确定 〉` 按钮，完成阵列特征 4 的创建。

图 32.7.64　阵列特征 4

Step35. 创建图 32.7.65 所示的拉伸特征 8。选择下拉菜单 `插入(S)` ➡ `设计特征(E)` ➡ `拉伸(E)...` 命令；选取图 32.7.66 所示的平面为草图平面，绘制图 32.7.66 所示的截面草图；在 `✓ 指定矢量` 下拉列表中选择 `YC` 选项；在 `开始` 下拉列表中选择 `值` 选项，并在其下的 `距离` 文本框中输入值 0，在 `结束` 下拉列表中选择 `直至下一个` 选项，在 `布尔` 区域中选择 `求差` 选项，采用系统默认的求差对象。单击 `〈 确定 〉` 按钮，完成拉伸特征 8 的创建。

图 32.7.65　拉伸特征 8　　　　　　　　　　图 32.7.66　截面草图

Step36. 保存钣金件模型。选择下拉菜单 `文件(F)` ➡ `保存(S)` 命令，即可保存钣金件模型。

32.8　微波炉外壳后盖的细节设计

下面讲解图 32.8.1 所示的微波炉外壳后盖的细节设计。

Step1. 创建 BACK_COVER 层。

（1）在"装配导航器"窗口中的 `☑ DOWN_COVER` 选项上右击，系统弹出快捷菜单（二），在此快捷菜单中选择 `显示父项 ▶` ➡ `MICROWAVE_COVEN_CASE_SKEL` 选项，并设为工作部件。

图 32.8.1　微波炉外壳后盖模型及模型树

（2）在"装配导航器"窗口中的 ☑ MICROWAVE_COVEN_CASE_SKEL 选项上右击，系统弹出快捷菜单（二），在此快捷菜单中选择 WAVE ➡ 新建级别 命令，系统弹出"新建级别"对话框。单击"新建级别"对话框中的 指定部件名 按钮，在弹出的"选择部件名"对话框的 文件名(N): 文本框中输入文件名 BACK_COVER，单击 OK 按钮，系统再次弹出"新建级别"对话框。单击"新建级别"对话框中的 类选择 按钮，系统弹出"WAVE 组件间的复制"对话框，选取 MICROWAVE_COVEN_CASE_SKEL 层中的 5 个基准平面为参照，如图 32.8.2 所示。然后单击 确定 按钮，系统重新弹出"新建级别"对话框。在"新建级别"对话框中单击 确定 按钮，完成 BACK_COVER 层的创建。

选取该 5 个基准平面

图 32.8.2　定义参照平面

（3）在"装配导航器"窗口中的 ☑ BACK_COVER 选项上右击，系统弹出快捷菜单（三），在此快捷菜单中选择 设为显示部件 命令，对模型进行编辑。

Step2. 创建图 32.8.3 所示的突出块特征 1。选择下拉菜单 开始 ➡ NX 钣金(H)... 命令，进入 "NX 钣金"环境。选择下拉菜单 插入(S) ➡ 突出块(B)... 命令，系统弹出"突出块"对话框；选取图 32.8.4 所示的平面为草图平面，绘制图 32.8.5 所示的截面草图。绘

制完成后单击 完成草图 按钮。在 厚度 区域 厚度 的文本框输入值 1。方向为 YC 轴的正方向。单击 确定 按钮，完成突出块特征 1 的创建。

图 32.8.3 突出块特征 1　　　　　　图 32.8.4 参照平面

图 32.8.5 截面草图

Step3. 创建图 32.8.6 所示的钣金倒角特征。选择下拉菜单 插入(S) ➡ 拐角(O)... ➡ 倒角(B)... 命令，系统弹出"倒角"对话框。在"倒角"对话框 倒角属性 区域的 方法 下拉列表中选择 圆角。选取图 32.8.6 所示的四条边线，在 半径 文本框中输入值 8。单击"倒角"对话框的 确定 按钮，完成钣金倒角特征的创建。

a) 倒角前　　　　　　　　　　　　　　　　　　b) 倒角后

图 32.8.6 钣金倒角特征

Step4. 创建图 32.8.7 所示的轮廓弯边特征。选择下拉菜单 插入(S) ➡ 折弯(N) ➡ 轮廓弯边(C)... 命令。在"轮廓弯边"对话框 类型 区域的下拉列表中选择 次要 选项。单击 按钮，选取图 32.8.8 所示的模型边线为路径，绘制图 32.8.9 所示的截面草图。绘制完成后单击 完成草图 按钮。在 宽度选项 下拉列表中选择 链 选项；选取图 32.8.8 所示的边线为参照，在 折弯参数 区域中单击 折弯半径 文本框右侧的 按钮，在弹出的菜单中选择 使用本地值 选项，然后在 折弯半径 文本框中输入数值 0.5；在 止裂口 区域的 折弯止裂口 下拉列表中选择 无 选项，在 拐角止裂口 下拉列表中选择 无 选项。单击 确定 按钮，完成轮廓弯边特征的创建。

图 32.8.7　轮廓弯边特征　　　　　　　　　图 32.8.8　定义参照边

图 32.8.9　截面草图

Step5. 创建图 32.8.10 所示的拉伸特征 1。选择下拉菜单 插入(S) ➡ 剪切(T)▶ ➡
拉伸(E)... 命令；选取图 32.8.10 所示的平面为草图平面，绘制图 32.8.11 所示的截面草图；在 ✓指定矢量 下拉列表中选择 YC 选项；在 开始 下拉列表中选择 值 选项，并在其下的 距离 文本框中输入值 0，在 结束 下拉列表中选择 值 选项，并在其下的 距离 文本框中输入值 20，在 布尔 区域中选择 无 选项。单击 〈确定〉 按钮，完成拉伸特征 1 的创建。

图 32.8.10　拉伸特征 1　　　　　　　　　　图 32.8.11　截面草图

Step6. 创 建图 32.8.12 所示的草图 1。选择下拉菜单 插入(S) ➡ 任务环境中的草图(S)...
命令；选取图 32.8.12 所示的平面为草图平面；进入草图环境绘制草图。绘制完成后单击
完成草图 按钮，完成草图 1 的创建。

a）草绘环境　　　　　　　　　　　　　　b）钣金环境

图 32.8.12　草图 1

Step7. 创建图 32.8.13 所示的基准平面。选择下拉菜单 插入(S) ➡ 基准/点(D) ➡
基准平面(D)... 命令，系统弹出"基准平面"对话框。在 类型 区域的下拉列表中选择 按某一距离

选项，在绘图区选取图 32.8.14 所示的基准平面为参照，输入偏移值 25。方向为-YC 方向。单击 确定 按钮，完成基准平面的创建。

图 32.8.13 基准平面

图 32.8.14 参照平面

Step8. 创建图 32.8.15 所示的草图 2。选择下拉菜单 插入(S) ➡ 任务环境中的草图(S)… 命令；选取基准平面为草图平面；进入草图环境绘制草图。绘制完成后单击 完成草图 按钮，完成草图 2 的创建。

Step9. 创建图 32.8.16 所示的零件特征——网格曲面。切换到"建模"环境。选择下拉菜单 插入(S) ➡ 网格曲面(M)▶ ➡ 通过曲线组(T) 命令；依次选取图 32.8.12 所示的草图 1，单击中键确认；选取图 32.8.15 所示的草图 2，单击中键确认。其他为系统默认，单击 确定 按钮，完成网格曲面的创建。

图 32.8.15 草图 2

图 32.8.16 网格曲面

Step10. 创建求和特征。选择下拉菜单 插入(S) ➡ 组合(B) ▶ ➡ 求和(U)… 命令，选取图 32.8.9 所示的拉伸特征 1 特征为目标体，选取图 32.8.16 所示的网格曲面为刀具体。单击 确定 按钮，完成求和特征的创建。

Step11. 创建图 32.8.17 所示的边倒圆特征 1。选择下拉菜单 插入(S) ➡ 细节特征(L) ▶ ➡ 边倒圆(E)。命令，在 要倒圆的边 区域中单击 按钮，选择图 32.8.18 所示的边链为边倒圆参照，并在 半径 1 文本框中输入值 25。单击 确定 按钮，完成边倒圆特征 1 的创建。

图 32.8.17 边倒圆特征 1

选取此四条边为参照

图 32.8.18 定义参照边

Step12. 创建图 32.8.19 所示的边倒圆特征 2。选择图 32.8.20 所示的边链为边倒圆参照，并在 半径 1 文本框中输入值 8。单击 ＜ 确定 ＞ 按钮，完成边倒圆特征 2 的创建。

选取此两条边为参照

图 32.8.19　边倒圆特征 2　　　　　　　　图 32.8.20　定义参照边

Step13. 创建图 32.8.21 所示的实体冲压特征 1。切换到"钣金"环境。选择下拉菜单 插入(S) ➡ 冲孔(H) ▶ ➡ 实体冲压(S)... 命令，系统弹出"实体冲压"对话框。在 类型 下拉列表中选择 冲模 选项，选取图 32.8.21 所示的面为目标面。选取图 32.8.22 所示的特征为工具体。在 实体冲压属性 区域选中 ☑ 自动判断厚度 复选框。单击"实体冲压"对话框中的 ＜ 确定 ＞ 按钮，完成实体冲压特征 1 的创建。

选取该平面为目标面

选取此实体为工具体

图 32.8.21　实体冲压特征 1　　　　　　　图 32.8.22　定义工具体

Step14. 创建图 32.8.23 所示的百叶窗特征 1。选择下拉菜单 插入(S) ➡ 冲孔(H) ▶ ➡ 百叶窗(L)... 命令，系统弹出"百叶窗"对话框。单击 按钮，选取图 32.8.23 所示的模型表面为草图平面，取消选中 设置 区域的 ☐ 创建中间基准 CSYS 复选框，单击 确定 按钮，进入草图环境，绘制图 32.8.24 所示的截面草图。在 百叶窗属性 区域的 深度 文本框中输入数值 4，在 宽度 文本框中输入数值 5，单击 宽度 下的"反向"按钮 ，接受百叶窗的深度方向和宽度方向，在 百叶窗形状 下拉列表中选择 成形的 选项；在 倒圆 区域选中 ☑ 圆形百叶窗边 复选框，在 凹模半径 文本框中输入数值 1。单击 ＜ 确定 ＞ 按钮，完成百叶窗特征 1 的创建。

说明：若方向相反可双击箭头调整。

草图平面
放大图

图 32.8.23　百叶窗特征 1

20　32
175

图 32.8.24　截面草图

Step15. 创建特征分组 1。在"部件导航器"窗口中的 █ SB 百叶窗 (20) 选项上右击，系统弹出快捷菜单，在此快捷菜单中选择 特征分组(F) 命令，在 特征分组(F) 对话框 特征组名称 的文本框中输入 1。单击 ＜ 确定 ＞ 按钮，完成特征分组 1 的创建。

Step16. 创建图 32.8.25 所示的阵列特征 1。选择下拉菜单 插入(S) ➡ 关联复制(A)▶ ➡ 📦 实例特征(I) 命令，系统弹出的"实例"对话框。在"实例"对话框中选择 矩形阵列 按钮，在系统弹出的"实例"对话框中选择特征分组 1，单击 ＜ 确定 ＞ 按钮，在系统弹出的"输入参数"对话框 X 向的数量 的文本框中输入值 5，在 XC 偏置 的文本框输入值 50，在 Y 向的数量 的文本框中输入值 1，在 YC 偏置 的文本框中输入值 0，单击 ＜ 确定 ＞ 按钮，完成阵列特征 1 的创建。

图 32.8.25　阵列特征 1

Step17. 创建图 32.8.26 所示的百叶窗特征 2。选择下拉菜单 插入(S) ➡ 冲孔(H)▶ ➡ 📦 百叶窗(L)... 命令，系统弹出 "百叶窗"对话框。单击 按钮，选取图 32.8.26 所示的模型表面为草图平面，取消选中 设置 区域的 □ 创建中间基准 CSYS 复选框，单击 确定 按钮，进入草图环境，绘制图 32.8.27 所示的截面草图。在 百叶窗属性 区域的 深度 文本框中输入数值 4，在 宽度 文本框中输入数值 5，单击 宽度 下的"反向"按钮 ，接受百叶窗的深度方向和宽度方向，在 百叶窗形状 下拉列表中选择 成形的 选项；在 倒圆 区域选中 ☑ 圆形百叶窗边 复选框，在 凹模半径 文本框中输入数值 1。单击 ＜ 确定 ＞ 按钮，完成百叶窗特征 2 的创建。

说明： 若方向相反可双击箭头调整。

图 32.8.26　百叶窗特征 2　　　　　图 32.8.27　截面草图

Step18. 创建特征分组 2。在"部件导航器"窗口中的 █ SB 百叶窗 (31) 选项上右击，系统弹出快捷菜单，在此快捷菜单中选择 特征分组(F) 命令，在 特征分组(F) 对话框 特征组名称 的文本框中输入数值 2。单击 < 确定 > 按钮，完成特征分组 2 的创建。

Step19. 创建图 32.8.28 所示的阵列特征 2。选择下拉菜单 插入(S) ➡ 关联复制(A)▶ ➡ 实例特征(I) 命令，系统弹出"实例"对话框。在"实例"对话框中选择 矩形阵列 按钮，在系统弹出的"实例"对话框中选择图 32.8.26 所示的百叶窗特征 2，单击 < 确定 > 按钮，在系统弹出的"输入参数"对话框中的 X 向的数量 的文本框中输入值 1，在 XC 偏置 的文本框中输入值 0，在 Y 向的数量 的文本框中输入值 4，在 YC 偏置 的文本框中输入值-45，单击 < 确定 > 按钮，完成阵列特征 2 的创建。

说明：阵列前需调整 WCS，绕 XC 旋转 90°。

图 32.8.28　阵列特征 2

Step20. 创建图 32.8.29 所示的凹坑特征。选择下拉菜单 插入(S) ➡ 冲孔(H)▶ ➡ 凹坑(M)... 命令。单击 按钮，系统弹出"创建草图"对话框，选取图 32.8.29 所示的面为草图平面，取消选中 设置 区域的 □ 创建中间基准 CSYS 复选框，单击 确定 按钮，绘制图 32.8.30 所示的凹坑截面草图。在 凹坑属性 区域的 深度 文本框中输入数值 20，单击"反向"按钮 ；在 侧角 文本框中输入数值 30；在 参考深度 下拉列表中选择 外部 选项；在 侧壁 下拉列表中选择 材料外侧 选项，在 倒圆 区域中选中 ☑ 圆形凹坑边 复选框；在 凸模半径 文本框中输入数值 6；在 凹模半径 文本框中输入数值 6；单击 < 确定 > 按钮，完成凹坑特征的创建。

图 32.8.29　凹坑特征

图 32.8.30　截面草图

Step21. 创建图 32.8.31 所示的拉伸特征 2。选择下拉菜单 插入(S) ➡ 剪切(T)▶ ➡ 拉伸(E)... 命令；选取图 32.8.31 所示的平面为草图平面，绘制图 32.8.32 所示的截面草图；在 ✔ 指定矢量 下拉列表中选择 ZC↑ 选项；在 开始 下拉列表中选择 值 选项，并在其下的 距离 文本框中输入值 0，在 结束 下拉列表中选择 直至下一个 选项，在 布尔 区域中选择 求差 选项，采用系统默认的求差对象。单击 < 确定 > 按钮，完成拉伸特征 2 的创建。

图 32.8.31　拉伸特征 2　　　　　　　　　　图 32.8.32　截面草图

Step22. 创建图 32.8.33 所示的阵列特征 3。切换到"建模"环境。选择下拉菜单 插入(S) → 关联复制(A)▶ → 阵列面(F) 命令，系统弹出"阵列面"对话框。在"阵列面"对话框中 类型 区域的下来列表中选取 矩形阵列 选项，在 面 区域选择图 32.8.33 所示的平面为参考，在 X 向 区域中的 指定矢量 下拉列表中选择 -XC 选项，在 Y 向 区域中的 指定矢量 下拉列表中选择 YC 选项，在 阵列属性 区域中的 X 距离 的文本框输入值 11，在 Y 距离 的文本框输入值 11，在 X 数量 的文本框输入值 8，在 Y 数量 的文本框输入值 11，单击 < 确定 > 按钮，完成阵列特征 3 的创建。

图 32.8.33　阵列特征 3

Step23. 创建图 32.8.34 所示的突出块特征 2。切换到"钣金"环境。选择下拉菜单 插入(S) → 突出块(B)... 命令，系统弹出"突出块"对话框；单击 按钮，系统弹出"创建草图"对话框，选取图 32.8.35 所示的平面为草图平面，取消选中 设置 区域的 □ 创建中间基准 CSYS 复选框，单击 确定 按钮，绘制图 32.8.36 所示的截面草图。绘制完成后单击 完成草图 按钮。单击 < 确定 > 按钮，完成突出块特征 2 的创建。

图 32.8.34　突出块特征 2

图 32.8.35　参考平面

图 32.8.36　截面草图

Step24. 创建图 32.8.37 所示的拉伸特征 3。选择下拉菜单 插入(S) ➡ 剪切(T) ▶ ➡ 拉伸(E)... 命令；选取图 32.8.37 所示的平面为草图平面，绘制图 32.8.38 所示的截面草图；在 指定矢量 下拉列表中选择 -YC 选项；在 开始 下拉列表中选择 值 选项，并在其下的 距离 文本框中输入值 0，在 结束 下拉列表中选择 值 选项，并在其下的 距离 文本框中输入值 20，在 布尔 区域中选择 求差 选项，采用系统默认的求差对象。单击 < 确定 > 按钮，完成拉伸特征 3 的创建。

图 32.8.37　拉伸特征 3   图 32.8.38　截面草图

Step25. 创建图 32.8.39 所示的拉伸特征 4。选择下拉菜单 插入(S) ➡ 剪切(T) ▶ ➡ 拉伸(E)... 命令；选取图 32.8.39 所示的平面为草图平面，绘制图 32.8.40 所示的截面草图；在 指定矢量 下拉列表中选择 YC 选项；在 开始 下拉列表中选择 值 选项，并在其下的 距离 文本框中输入值 0，在 结束 下拉列表中选择 值 选项，并在其下的 距离 文本框中输入值 20，在 布尔 区域中选择 求差 选项，采用系统默认的求差对象。单击 < 确定 > 按钮，完成拉伸特征 4 的创建。

图 32.8.39　拉伸特征 4   图 32.8.40　截面草图

Step26. 创建图 32.8.41 所示的拉伸特征 5。选择下拉菜单 插入(S) ➡ 剪切(T) ▶ ➡ 拉伸(E)... 命令；选取图 32.8.41 所示的平面为草图平面，绘制图 32.8.42 所示的截面草图；在 指定矢量 下拉列表中选择 YC 选项；在 开始 下拉列表中选择 值 选项，并在其下的 距离 文本框中输入值 0，在 结束 下拉列表中选择 <ins>值</ins> 选项，并在其下的 距离 文本框中输入值 20，在 布尔 区域中选择 <ins>求差</ins> 选项，采用系统默认的求差对象。单击 < 确定 > 按钮，完成拉伸特征 5 的创建。

图 32.8.41　拉伸特征 5　　　　　　　　　　图 32.8.42　截面草图

Step27. 创建图 32.8.43 所示的拉伸特征 6。选择下拉菜单 插入(S) ➡ 剪切(T) ▶ ➡ <ins>拉伸(E)...</ins> 命令；选取图 32.8.43 所示的平面为草图平面，绘制图 32.8.44 所示的截面草图；在 <ins>指定矢量</ins> 下拉列表中选择 <ins>YC</ins> 选项；在 开始 下拉列表中选择 <ins>值</ins> 选项，并在其下的 距离 文本框中输入值 0，在 结束 下拉列表中选择 <ins>值</ins> 选项，并在其下的 距离 文本框中输入值 20，在 布尔 区域中选择 <ins>求差</ins> 选项，采用系统默认的求差对象。单击 < 确定 > 按钮，完成拉伸特征 6 的创建。

图 32.8.43　拉伸特征 6　　　　　　　　　　图 32.8.44　截面草图

Step28. 创建图 32.8.45 所示的筋肋特征 1。选择下拉菜单 插入(S) ➡ 冲孔(H) ▶ ➡ <ins>筋(B)...</ins> 命令。在"筋"对话框中单击 按钮，选取图 32.8.45 所示的模型表面为草图平面，取消选中 设置 区域的 □ 创建中间基准 CSYS 复选框，单击 确定 按钮，绘制图 32.8.46 所示的截面草图，绘制完成后单击 <ins>完成草图</ins> 按钮，在"筋"对话框 筋属性 区域的 横截面 下拉列表中选择 <ins>圆形</ins> 选项，在 深度 文本框中输入数值 3.5，在 半径 文本框中输入数值 3.5；在 结束条件 下拉列表中选择 <ins>成形的</ins> 选项；在 倒圆 区域中选中 ☑ 圆形筋边 复选框；在 凹模半径 文本框中输入数值 1.5。选取 ZC 方向为筋的创建方向。单击 < 确定 > 按钮，完成筋特征 1 的创建。

Step29. 创建图 32.8.47 所示的筋特征 2。选择下拉菜单 插入(S) ➡ 冲孔(H) ▶ ➡ <ins>筋(B)...</ins> 命令。在"筋"对话框中单击 按钮，选取图 32.8.47 所示的模型表面为草图平面，取消选中 设置 区域的 □ 创建中间基准 CSYS 复选框，单击 确定 按钮，绘制图 32.8.48

所示的截面草图，绘制完成后单击 <u>完成草图</u> 按钮，在"筋"对话框 <u>筋属性</u> 区域的 <u>横截面</u> 下拉列表中选择 <u>圆形</u> 选项，在 <u>深度</u> 文本框中输入数值 3.5，在 <u>半径</u> 文本框中输入数值 3.5；在 <u>结束条件</u> 下拉列表中选择 <u>成形的</u> 选项；在 <u>倒圆</u> 区域中选中 <u>☑ 圆形筋边</u> 复选框；在 <u>凹模半径</u> 文本框中输入数值 1.5。选取 Y 轴正方向为筋的创建方向。单击 <u>〈 确定 〉</u> 按钮，完成筋特征 2 的创建。

图 32.8.45　筋特征 1　　　　　　　　　图 32.8.46　截面草图

图 32.8.47　筋特征 2　　　　　　　　　图 32.8.48　截面草图

　　Step30. 创建图 32.8.49 所示的拉伸特征 7。选择下拉菜单 <u>插入(S)</u> ➡ <u>剪切(T)</u> ➡ <u>拉伸(g)...</u> 命令；选取图 32.8.49 所示的平面为草图平面，绘制图 32.8.50 所示的截面草图；在 <u>✓ 指定矢量</u> 下拉列表中选择 <u>YC</u> 选项；在 <u>开始</u> 下拉列表中选择 <u>值</u> 选项，并在其下的 <u>距离</u> 文本框中输入值 0，在 <u>结束</u> 下拉列表中选择 <u>值</u> 选项，并在其下的 <u>距离</u> 文本框中输入值 5，在 <u>布尔</u> 区域中选择 <u>无</u> 选项。单击 <u>〈 确定 〉</u> 按钮，完成拉伸特征 7 的创建。

图 32.8.49　拉伸特征 7

图 32.8.50　截面草图

Step31. 创建图 32.8.51 所示的拉伸特征 8。选择下拉菜单 插入(S) ➡ 剪切(T) ▸ ➡ 拉伸(E)... 命令；选取图 32.8.51 所示的平面为草图平面，绘制图 32.8.52 所示的截面草图；在 ✓ 指定矢量 下拉列表中选择 -YC 选项；在 开始 下拉列表中选择 值 选项，并在其下的 距离 文本框中输入值 0，在 结束 下拉列表中选择 值 选项，并在其下的 距离 文本框中输入值 5，在 布尔 区域的下拉列表中选择 求和 选项，选取 Step30 创建的拉伸特征 7 为求和对象。单击 〈 确定 〉 按钮，完成拉伸特征 8 的创建。

图 32.8.51　拉伸特征 8

图 32.8.52　截面草图

Step32. 创建图 32.8.53 所示的拔模特征。切换到"建模"环境。选择下拉菜单 插入(S) ➡ 细节特征(L) ▸ ➡ 拔模(T) 命令，在 脱模方向 区域中"指定矢量"的下拉列表中选择 -YC 选项，在 固定面 中选择图 32.8.54 所示的面为参照，在 要拔模的面 区域选择图 32.8.55 所示的面为拔模面，在并在 角度 1 文本框中输入值 30。单击 〈 确定 〉 按钮，完成拔模特征的创建。

图 32.8.53　拔模特征

图 32.8.54　定义拔模固定面

图 32.8.55　拔模面

Step33. 创建图 32.8.56 所示的边倒圆特征 3。选择图 32.8.56 所示的边链为边倒圆参照，并在 半径 1 文本框中输入值 2.5。单击 < 确定 > 按钮，完成边倒圆特征 3 的创建。

　a)　圆角前　　　　　　　　　　　　　　　　　　　　　　　　　b)　圆角后

图 32.8.56　边倒圆特征 3

Step34. 创建图 32.8.57 所示的实体冲压特征 2。切换到"钣金"环境。选择下拉菜单 插入(S) ➡ 冲孔(H) ▸ ➡ 实体冲压(S)... 命令，系统弹出"实体冲压"对话框。在 类型 下拉列表中选择 冲模 选项，选取图 32.8.57 所示的面为目标面。选取图 32.8.58 所示的特征为工具体。在 实体冲压属性 区域选中 ☑ 自动判断厚度 复选框。单击"实体冲压"对话框中的 < 确定 > 按钮，完成实体冲压特征 2 的创建。

　　　选取该平面为目标面　　　　　　　　　　　　　　选取此实体特征为工具体

图 32.8.57　实体冲压特征 2　　　　　　　　　图 32.8.58　定义工具体

Step35. 创建图 32.8.59 所示的拉伸特征 9。选择下拉菜单 插入(S) ➡ 剪切(T) ▸ ➡ 拉伸(E)... 命令；选取图 32.8.59 所示的平面为草图平面，绘制图 32.8.60 所示的截面草图；在 ✔ 指定矢量 下拉列表中选择 YC 选项；在 开始 下拉列表中选择 值 选项，并在其下的 距离 文本框中输入值 0，在 结束 下拉列表中选择 值 选项，并在其下的 距离 文本框中输入值 3，在 布尔 区域中选择 求差 选项，采用系统默认的求差对象。单击 < 确定 > 按钮，完成拉伸特征 9 的创建。

　　　　草图平面

图 32.8.59　拉伸特征 9　　　　　　　　　　　图 32.8.60　截面草图

Step36. 创建图 32.8.61 所示的拉伸特征 10。选择下拉菜单 插入(S) ➡ 剪切(T) ▶ ➡ 📖 拉伸(E)... 命令；选取图 32.8.61 所示的平面为草图平面，绘制图 32.8.62 所示的截面草图；在 ✔ 指定矢量 下拉列表中选择 ᶻᶜ 选项；在 开始 下拉列表中选择 🏛 值 选项，并在其下的 距离 文本框中输入值 0，在 结束 下拉列表中选择 🏛 值 选项，并在其下的 距离 文本框中输入值 5，在 布尔 区域中选择 ◼ 求差 选项，采用系统默认的求差对象。单击 〈 确定 〉 按钮，完成拉伸特征 10 的创建。

特征

图 32.8.61　拉伸特征 10

图 32.8.62　截面草图

Step37. 创建图 32.8.63 所示的拉伸特征 11。选择下拉菜单 插入(S) ➡ 剪切(T) ▶ ➡ 📖 拉伸(E)... 命令；选取图 32.8.63 所示的平面为草图平面，绘制图 32.8.64 所示的截面草图；在 ✔ 指定矢量 下拉列表中选择 ʸᶜ 选项；在 开始 下拉列表中选择 🏛 值 选项，并在其下的 距离 文本框中输入值 0，在 结束 下拉列表中选择 🏛 值 选项，并在其下的 距离 文本框中输入值 3，在 布尔 区域中选择 ◼ 求差 选项，采用系统默认的求差对象。单击 〈 确定 〉 按钮，完成拉伸特征 11 的创建。

图 32.8.63　拉伸特征 11

图 32.8.64　截面草图

Step38. 创建图 32.8.65 所示的拉伸特征 12。选择下拉菜单 插入(S) ➡ 剪切(T) ➡ 拉伸(E)... 命令；选取图 32.8.65 所示的平面为草图平面，绘制图 32.8.66 所示的截面草图；在 ✔ 指定矢量 下拉列表中选择 YC 选项；在 开始 下拉列表中选择 值 选项，并在其下的 距离 文本框中输入值 0，在 结束 下拉列表中选择 值 选项，并在其下的 距离 文本框中输入值 3，在 布尔 区域中选择 求差 选项，采用系统默认的求差对象。单击 < 确定 > 按钮，完成拉伸特征 12 的创建。

图 32.8.65　拉伸特征 12　　　　　　图 32.8.66　截面草图

Step39. 创建图 32.8.67 所示的拉伸特征 13。选择下拉菜单 插入(S) ➡ 剪切(T) ➡ 拉伸(E)... 命令；选取图 32.8.67 所示的平面为草图平面，绘制图 32.8.68 所示的截面草图；在 ✔ 指定矢量 下拉列表中选择 ZC 选项；在 开始 下拉列表中选择 值 选项，并在其下的 距离 文本框中输入值 0，在 结束 下拉列表中选择 直至下一个 选项，在 布尔 区域中选择 求差 选项，采用系统默认的求差对象。单击 < 确定 > 按钮，完成拉伸特征 13 的创建。

图 32.8.67　拉伸特征 13

图 32.8.68　截面草图

Step40. 创建图 32.8.69 所示的拉伸特征 14。选择下拉菜单 插入(S) ➡ 剪切(T) ➡ 拉伸(E)... 命令；选取图 32.8.69 所示的平面为草图平面，绘制图 32.8.70 所示的截面草图；在 ✔ 指定矢量 下拉列表中选择 -ZC 选项；在 开始 下拉列表中选择 值 选项，并在其下的 距离 文本框中输入值 0，在 结束 下拉列表中选择 直至下一个 选项，在 布尔 区域中选择 求差 选项，采用系统默认的求差对象。单击 〈 确定 〉 按钮，完成拉伸特征 14 的创建。

图 32.8.69　拉伸特征 14

图 32.8.70　截面草图

Step41. 创建图 32.8.71 所示的拉伸特征 15。选择下拉菜单 插入(S) ➡ 剪切(T) ▶ ➡
拉伸(E)... 命令；选取图 32.8.71 所示的平面为草图平面，绘制图 32.8.72 所示的截面草图；在 指定矢量 下拉列表中选择 ZC 选项；在 开始 下拉列表中选择 值 选项，并在其下的 距离 文本框中输入值 0，在 结束 下拉列表中选择 直至下一个 选项，在 布尔 区域中选择 求差 选项，采用系统默认的求差对象。单击 〈 确定 〉 按钮，完成拉伸特征 15 的创建。

图 32.8.71　拉伸特征 15

图 32.8.72　截面草图

Step42. 创建图 32.8.73 所示的拉伸特征 16。选择下拉菜单 插入(S) ➡ 剪切(T) ▶ ➡
拉伸(E)... 命令；选取图 32.8.73 所示的平面为草图平面，绘制图 32.8.74 所示的截面草图；

在 ✔ 指定矢量 下拉列表中选择 ⬇ZC 选项；在 开始 下拉列表中选择 🛠 值 选项，并在其下的 距离 文本框中输入值 0，在 结束 下拉列表中选择 🛠 直至下一个 选项，在 布尔 区域中选择 🛠 求差 选项，采用系统默认的求差对象。单击 < 确定 > 按钮，完成拉伸特征 16 的创建。

图 32.8.73　拉伸特征 16

图 32.8.74　截面草图

Step43. 创建图 32.8.75 所示的拉伸特征 17。选择下拉菜单 插入(S) ➡ 剪切(T) ▶ ➡ 🖽 拉伸(E)... 命令；选取图 32.8.75 所示的平面为草图平面，绘制图 32.8.76 所示的截面草图；在 ✔ 指定矢量 下拉列表中选择 ⬇ZC 选项；在 开始 下拉列表中选择 🛠 值 选项，并在其下的 距离 文本框中输入值 0，在 结束 下拉列表中选择 🛠 直至下一个 选项，在 布尔 区域中选择 🛠 求差 选项，采用系统默认的求差对象。单击 < 确定 > 按钮，完成拉伸特征 17 的创建。

图 32.8.75　拉伸特征 17

图 32.8.76　截面草图

Step44. 保存钣金件模型。选择下拉菜单 文件(F) ➡ 🖫 保存(S) 命令，即可保存钣金件模型。

32.9　创建微波炉外壳顶盖

下面讲解图 32.9.1 所示的微波炉外壳顶盖的细节设计。

Step1. 创建 TOP_COVER 层。

（1）在"装配导航器"窗口中的 ☑⬜ BACK_COVER 选项上右击，系统弹出快捷菜单（二），在此快捷菜单中选择 显示父项 ▶ ➡ MICROWAVE_COVEN_CASE_SKEL 选项，并设为工作部件。

图 32.9.1　微波炉外壳顶盖模型及模型树

（2）在"装配导航器"窗口中的 ☑⬜ MICROWAVE_COVEN_CASE_SKEL 选项上右击，系统弹出快捷菜单（二），在此快捷菜单中选择 WAVE▶ ➡ 新建级别 命令，系统弹出"新建级别"对话框。单击"新建级别"对话框中的 指定部件名 按钮，在弹出的"选择部件名"对话框的 文件名(N): 文本框中输入文件名 TOP_COVER，单击 OK 按钮，系统再次弹出"新建级别"对话框。单击"新建级别"对话框中的 类选择 按钮，系统弹出"WAVE组件间的复制"对话框，选取 MICROWAVE_COVEN_CASE_SKEL 层中的 6 个基准平面为参照面，如图 32.9.2 所示。然后单击 确定 按钮，系统重新弹出"新建级别"对话框。在"新建级别"对话框中单击 确定 按钮，完成 TOP_COVER 层的创建。

选取该 6 个基准平面

图 32.9.2　定义参照面

（3）在"装配导航器"窗口中的 ☑ ▢ TOP_COVER 选项上右击，系统弹出快捷菜单（三），在此快捷菜单中选择 ▢ 设为显示部件 命令，对模型进行编辑。

Step2. 创建图 32.9.3 所示的突出块特征 1。选择下拉菜单 插入(S) ➡ ▢ 突出块(B)... 命令，系统弹出"突出块"对话框；选取图 32.9.4 所示的平面为草图平面，绘制图 32.9.5 所示的截面草图。绘制完成后单击 ▢ 完成草图 按钮。在 厚度 区域 厚度 的文本框输入值 1。方向为 ZC 方向。单击 ＜ 确定 ＞ 按钮，完成突出块特征 1 的创建。

图 32.9.3 突出块特征 1

图 32.9.4 定义草图平面

图 32.9.5 截面草图

Step3. 创建图 32.9.6 所示的弯边特征 1。选择下拉菜单 插入(S) ➡ 折弯(N) ➡ ▢ 弯边(F)... 命令，系统弹出"弯边"对话框。选取图 32.9.7 所示的边线为线性边。在 截面 区域单击 ▢ 按钮，绘制图 32.9.8 所示的截面草图。绘制完成后单击 ▢ 完成草图 按钮。在 弯边属性 区域的 匹配面 下拉列表中选择 无 选项，在 角度 文本框中输入数值 90，在 内嵌 下拉列表中选择 ⊓ 折弯外侧 选项。在 偏置 区域的 偏置 文本框中输入数值 0；在 折弯参数 区域中单击 折弯半径 文本框右侧的 f(x) 按钮，在系统弹出的菜单中选择 使用本地值 选项，然后在 折弯半径 文本框中输入数值 8；在 止裂口 区域中的 折弯止裂口 下拉列表中选择 ➘ 正方形 选项；在 拐角止裂口 下拉列表中选择 仅折弯 选项。单击 ＜ 确定 ＞ 按钮，完成弯边特征 1 的创建。

图 32.9.6 弯边特征 1

图 32.9.7 定义线性边

a）草图环境　　　　　　　　　　　　　　　　b）钣金环境

图 32.9.8　截面草图

Step4. 创建图 32.9.9 所示的弯边特征 2。详细操作过程见 Step3。

图 32.9.9　弯边特征 2

Step5. 创建图 32.9.10 所示的弯边特征 3。选择下拉菜单 插入(S) ➡ 折弯(N) ▸ ➡ 弯边(F)... 命令，系统弹出"弯边"对话框。选取图 32.9.11 所示的边线为线性边。在 宽度 区域的 宽度选项 下拉列表中选择 完整 选项，在 弯边属性 区域的 长度 文本框中输入数值 10，在 角度 文本框中输入数值 90，在 参考长度 下拉列表中选择 外部 选项，在 内嵌 下拉列表中选择 折弯外侧 选项。在 偏置 区域的 偏置 文本框中输入数值 0；在 折弯参数 区域中单击 折弯半径 文本框右侧的 按钮，在系统弹出的菜单中选择 使用本地值 选项，然后在 折弯半径 文本框中输入数值 1；在 止裂口 区域中的 折弯止裂口 下拉列表中选择 正方形 选项；在 拐角止裂口 下拉列表中选择 仅折弯 选项。单击 〈确定〉 按钮，完成弯边特征 3 的创建。

图 32.9.10　弯边特征 3　　　　　　　图 32.9.11　定义线性边

Step6. 创建图 32.9.12 所示的弯边特征 4。详细操作过程见 Step5。

图 32.9.12　弯边特征 4

Step7. 创建图 32.9.13 所示的折边弯边特征 1。选择下拉菜单 插入(S) ➡ 折弯(N) ▶ ➡ 折边弯边(H)... 命令，系统弹出"折边"对话框。在"折边"对话框 类型 区域的下拉列表中选择 ∩ S型 选项。选取图 32.9.14 所示的边线为折边弯边的附着边。在"折边"对话框 内嵌选项 区域的 内嵌 下拉列表中选择 ┓ 折弯外侧 选项。在 折弯参数 区域的 1.折弯半径 文本框中输入折弯的半径值 0.001，在 2.弯边长度 文本框中输入弯边的长度值 18。在 3.折弯半径 文本框中输入折弯的半径值 1，在 4.弯边长度 文本框中输入弯边的长度值 16。在 止裂口 区域中的 折弯止裂口 下拉列表中选择 无 选项；单击 < 确定 > 按钮，完成折边弯边特征 1 的创建。

图 32.9.13　折边弯边特征 1　　　　　　　　图 32.9.14　定义附着边

Step8. 创建图 32.9.15 所示的折边弯边特征 2。选择下拉菜单 插入(S) ➡ 折弯(N) ▶ ➡ 折边弯边(H)... 命令，系统弹出"折边"对话框。在"折边"对话框 类型 区域的下拉列表中选择 ∩ 开环 选项。选取图 32.9.16 所示的边线为折边弯边的附着边。在"折边"对话框 内嵌选项 区域的 内嵌 下拉列表中选择 ┓ 折弯外侧 选项。在 折弯参数 区域的 1.折弯半径 文本框中输入折弯的半径值 0.08，在 折弯参数 区域的 5.扫掠角度 文本框中输入扫掠的角度值 270。在 止裂口 区域中的 折弯止裂口 下拉列表中选择 无 选项；单击 < 确定 > 按钮，完成折边弯边特征 2 的创建。

图 32.9.15　折边弯边特征 2　　　　　　　　图 32.9.16　定义附着边

Step9. 创建图 32.9.17 所示的折边弯边特征 3。选择下拉菜单 插入(S) ➡ 折弯(N) ▶ ➡ 折边弯边(H)... 命令，系统弹出"折边"对话框。在"折边"对话框 类型 区域的下拉列表中选择 ∩ 开放的 选项。选取图 32.9.18 所示的边线为折边弯边的附着边。在"折边"对话框 内嵌选项 区域的 内嵌 下拉列表中选择 ┓ 折弯外侧 选项。在 折弯参数 区域的 1.折弯半径 文本框中输入折弯的半径值 0.001，在 折弯参数 区域的 2.弯边长度 文本框中输入弯边的长度值 10。在 止裂口 区域中的 折弯止裂口 下拉列表中选择 无 选项；单击 < 确定 > 按钮，完成折边弯边特征 3 的创建。

图 32.9.17　折边弯边特征 3　　　　　　图 32.9.18　定义附着边

Step10. 创建图 32.9.19 所示的折边弯边特征 4。选择下拉菜单 插入(S) ➡ 折弯(N) ▶

➡ 折边弯边(H)... 命令，系统弹出"折边"对话框。在"折边"对话框 类型 区域的下拉

列表中选择 ∩ S 型 选项。选取图 32.9.20 所示的边线为折边弯边的附着边。在"折边"对话

框 内嵌选项 区域的 内嵌 下拉列表中选择 ┓ 折弯外侧 选项。在 折弯参数 区域的 1.折弯半径 文本框中输入

折弯的半径值 0.001，在 折弯参数 区域的 2.弯边长度 文本框中输入弯边的长度值 18。在 折弯参数 区

域的 3.折弯半径 文本框中输入折弯的半径值 1，在 折弯参数 区域的 4.弯边长度 文本框中输入弯边的

长度值 16。在 止裂口 区域中的 折弯止裂口 下拉列表中选择 ⊘ 无 选项；单击 〈确定〉 按钮，完成

折边弯边特征 4 的创建。

图 32.9.19　折边弯边特征 4

图 32.9.20　定义附着边

Step11. 创建图 32.9.21 所示的折边弯边特征 5。选择下拉菜单 插入(S) ➡ 折弯(N) ▶

➡ 折边弯边(H)... 命令，系统弹出"折边"对话框。在"折边"对话框 类型 区域的下拉

列表中选择 ∩ 开环 选项。选取图 32.9.22 所示的边线为折边弯边的附着边。在"折边"对话

框 内嵌选项 区域的 内嵌 下拉列表中选择 ┓ 折弯外侧 选项。在 折弯参数 区域的 1.折弯半径 文本框中输入

折弯的半径值 0.08，在 折弯参数 区域的 5.扫掠角度 文本框中输入扫掠的角度值 270。在 止裂口 区

域中的 折弯止裂口 下拉列表中选择 ⊘ 无 选项；单击 〈确定〉 按钮，完成折边弯边特征 5 的创

建。

图 32.9.21　折边弯边特征 5

图 32.9.22　定义附着边

Step12. 创建图 32.9.23 所示的基准平面。选择下拉菜单 插入(S) ➡ 基准/点(D) ➡ □ 基准平面(D)... 命令，系统弹出"基准平面"对话框。在 类型 区域的下拉列表中选择 ◻ 二等分 选项，在绘图区选取图 32.9.24 所示的平面为第一参照平面，选取图 32.9.24 所示的平面为第二参照平面，单击 < 确定 > 按钮，完成基准平面的创建。

选取该基准平面为第一参照平面　　　　　　　选取该基准平面为第二参照平面

图 32.9.23　基准平面　　　　　　　　　图 32.9.24　参照平面

Step13. 创建图 32.9.25 所示的零件特征——镜像 1。选择下拉菜单 插入(S) ➡ 关联复制(A) ➡ 镜像特征(M)... 命令，在绘图区中选取图 32.9.13 所示的折边弯边特征 1、图 32.9.15 所示的折边弯边特征 2 和图 32.9.17 所示的折边弯边特征 3 为要镜像的特征。在 镜像平面 区域中单击 □ 按钮，在绘图区中选取基准平面（图 32.9.23）作为镜像平面。单击 < 确定 > 按钮，完成镜像特征 1 的创建。

放大图

图 32.9.25　镜像特征 1

Step14. 创建图 32.9.26 所示的拉伸特征 1。选择下拉菜单 插入(S) ➡ 剪切(T) ▸ ➡ 拉伸(E)... 命令；选取基准平面 1（图 32.9.23）为草图平面，绘制图 32.9.27 所示的截面草图；在 ✔ 指定矢量 下拉列表中选择 XC 选项；在 开始 下拉列表中选择 贯通 选项，在 结束 下拉列表中选择 贯通 选项，在 布尔 区域中选择 求差 选项，采用系统默认的求差对象。单击 〈确定〉 按钮，完成拉伸特征 1 的创建。

图 32.9.26　拉伸特征 1　　　　　　　　图 32.9.27　截面草图

Step15. 创建图 32.9.28 所示的拉伸特征 2。选择下拉菜单 插入(S) ➡ 剪切(T) ▸ ➡ 拉伸(E)... 命令；选取图 32.9.28 所示的面为草图平面，绘制图 32.9.29 所示的截面草图；在 ✔ 指定矢量 下拉列表中选择 XC 选项；在 开始 下拉列表中选择 值 选项，并在其下的 距离 文本框中输入值 0，在 结束 下拉列表中选择 直至下一个 选项，在 布尔 区域中选择 求差 选项，采用系统默认的求差对象。单击 〈确定〉 按钮，完成拉伸特征 2 的创建。

图 32.9.28　拉伸特征 2

图 32.9.29　截面草图

Step16. 创建图 32.9.30 所示的拉伸特征 3。选择下拉菜单 插入(S) ➡ 剪切(T) ▸ ➡ 拉伸(E)... 命令；选取图 32.9.30 为草图平面，绘制图 32.9.31 所示的截面草图；在 ✔ 指定矢量下拉列表中选择 XC 选项；在 开始 下拉列表中选择 值 选项，并在其下的 距离 文本框中输入值 0，在 结束 下拉列表中选择 直至下一个 选项，在 布尔 区域中选择 求差 选项，采用系统默认的求差对象。单击 < 确定 > 按钮，完成拉伸特征 3 的创建。

图 32.9.30　拉伸特征 3

图 32.9.31　截面草图

Step17. 创建图 32.9.32 所示的零件特征——镜像 2。选择下拉菜单 插入(S) → 关联复制(A) → 镜像特征(M)... 命令，在绘图区中选取图 32.9.28 所示的拉伸特征 2 和图 32.9.30 所示的拉伸特征 3 为要镜像的特征。在 镜像平面 区域中单击 按钮，在绘图区中选取基准平面（图 32.9.23）作为镜像平面。单击 < 确定 > 按钮，完成镜像特征 2 的创建。

图 32.9.32　镜像特征 2

Step18. 创建图 32.9.33 所示的轮廓弯边特征。选择下拉菜单 插入(S) → 折弯(N) → 轮廓弯边(C)... 命令。在"轮廓弯边"对话框 类型 区域的下拉列表中选择 次要 选项。单击 按钮，选取图 32.9.34 所示的模型边线为路径，绘制图 32.9.35 所示的截面草图。绘制完成后单击 完成草图 按钮。在 宽度选项 下拉列表中选择 链 选项；选取图 32.9.34 所示的边线为参照，在 折弯参数 区域中单击 折弯半径 文本框右侧的 按钮，在弹出的菜单中选择 使用本地值 选项，然后在 折弯半径 文本框中输入数值 1；在 止裂口 区域的 折弯止裂口 下拉列表中选择 无 选项，

在 拐角止裂口 下拉列表中选择 ⊘无 选项。单击 〈 确定 〉 按钮，完成轮廓弯边特征的创建。

图 32.9.33　轮廓弯边特征　　　　　　　　图 32.9.34　定义参考边

图 32.9.35　截面草图

Step19. 创建图 32.9.36 所示的突出块特征 2。选择下拉菜单 插入(S) ➡ 突出块(B)... 命令，系统弹出"突出块"对话框；单击 按钮，系统弹出"创建草图"对话框，选取图 32.9.37 所示的平面为草图平面，取消选中 设置 区域的 □创建中间基准 CSYS 复选框，单击 确定 按钮，绘制图 32.9.38 所示的截面草图。绘制完成后单击 完成草图 按钮。单击 〈 确定 〉 按钮，完成突出块特征 2 的创建。

图 32.9.36　突出块特征 2　　　　　　　　图 32.9.37　定义参照平面

图 32.9.38　截面草图

Step20. 创建图 32.9.39 所示的零件特征——镜像 3。选择下拉菜单 插入(S) ➡ 关联复制(A)▶ ➡ 镜像特征(M)... 命令，在绘图区中选取图 32.9.36 所示的突出块特征 1 为要镜像的特征。在 镜像平面 区域中单击 按钮，在绘图区中选取基准平面（图 32.9.23）作为镜像平面。单击 ＜确定＞ 按钮，完成镜像特征 3 的创建。

图 32.9.39　镜像特征 3

Step21. 创建图 32.9.40 所示的拉伸特征 4。选择下拉菜单 插入(S) ➡ 剪切(T) ▶ ➡ 拉伸(E)... 命令；选取图 32.9.40 所示的面为草图平面，绘制图 32.9.41 所示的截面草图；在 ✔ 指定矢量 下拉列表中选择 ZC 选项；在 开始 下拉列表中选择 值 选项，并在其下的 距离 文本框中输入值 0，在 结束 下拉列表中选择 贯通 选项，在 布尔 区域中选择 求差 选项，采用系统默认的求差对象。单击 ＜确定＞ 按钮，完成拉伸特征 4 的创建。

图 32.9.40　拉伸特征 4

图 32.9.41　截面草图

Step22. 创建图 32.9.42 所示的拉伸特征 5。选择下拉菜单 插入(S) ➡ 剪切(T) ▶ ➡ 拉伸(E)... 命令；选取图 32.9.42 为草图平面，绘制图 32.9.43 所示的截面草图；在 ✔ 指定矢量 下拉列表中选择 ZC 选项；在 开始 下拉列表中选择 值 选项，并在其下的 距离 文本框中输入值 0，在 结束 下拉列表中选择 直至下一个 选项，在 布尔 区域中选择 求差 选项，采用系统默认的求差对象。单击 ＜确定＞ 按钮，完成拉伸特征 5 的创建。

图 32.9.42　拉伸特征 5

图 32.9.43　截面草图

Step23. 创建图 32.9.44 所示的零件特征——镜像 4。选择下拉菜单 插入(S) ━━▶ 关联复制(A)▶ ━━▶ 镜像特征(M)... 命令，在绘图区中选取图 32.9.40 所示的拉伸特征 4 和图 32.9.42 所示的拉伸特征 5 为要镜像的特征。在 镜像平面 区域中单击 按钮，在绘图区中选取基准平面 1（图 32.9.23）作为镜像平面。单击 〈 确定 〉 按钮，完成镜像特征 4 的创建。

图 32.9.44　镜像特征 4

Step24. 创建图 32.9.45 所示的拉伸特征 6。选择下拉菜单 插入(S) ━━▶ 剪切(T)▶ ━━▶ 拉伸(E)... 命令；选取图 32.9.45 为草图平面，绘制图 32.9.46 所示的截面草图；在 ✓ 指定矢量 下拉列表中选择 -XC 选项；在 开始 下拉列表中选择 值 选项，并在其下的 距离 文本框中输入值 0，在 结束 下拉列表中选择 贯通 选项，在 布尔 区域中选择 求差 选项，采用系统默认的求差 对象。单击 〈 确定 〉 按钮，完成拉伸特征 6 的创建。

图 32.9.45　拉伸特征 6

图 32.9.46　截面草图

Step25. 创建图 32.9.47 所示的突出块特征 3。选择下拉菜单 插入(S) ━━➤ 突出块(B)... 命令，系统弹出"突出块"对话框；单击 按钮，系统弹出"创建草图"对话框，选取图 32.9.48 所示的平面为草图平面，取消选中 设置 区域的 创建中间基准 CSYS 复选框，单击 确定 按钮，绘制图 32.9.49 所示的截面草图。绘制完成后单击 完成草图 按钮。单击 < 确定 > 按钮，完成突出块特征 3 的创建。

图 32.9.47 突出块特征 3 　　　　图 32.9.48 参照平面

图 32.9.49 截面草图

Step26. 创建图 32.9.50 所示的百叶窗特征 1。选择下拉菜单 插入(S) ━━➤ 冲孔(H) ▸ ━━➤ 百叶窗(L)... 命令，系统弹出"百叶窗"对话框。单击 按钮，选取图 32.9.50 所示的模型表面为草图平面，取消选中 设置 区域的 创建中间基准 CSYS 复选框，单击 确定 按钮，进入草图环境，绘制图 32.9.51 所示的截面草图。在 百叶窗属性 区域的 深度 文本框中输入数值 4，单击 宽度 下的"反向"按钮 ，在 宽度 文本框中输入数值 5，接受百叶窗的宽度方向，在 百叶窗形状 下拉列表中选择 成形的 选项；在 倒圆 区域选中 圆形百叶窗边 复选框，在 凹模半径 文本框中输入数值 2.5。单击 < 确定 > 按钮，完成百叶窗特征 1 的创建。

说明：若方向相反可双击箭头调整。

图 32.9.50 百叶窗特征 1 　　　　图 32.9.51 截面草图

Step27. 创建特征分组 1。在"部件导航器"窗口中的 ☑ ▤ SB 百叶窗 (38) 选项上右击，系统弹出快捷菜单，在此快捷菜单中选择 特征分组(F) 命令，在 特征分组(F) 对话框中 特征组名称 的文本框输入数值 1。单击 < 确定 > 按钮，完成特征分组 1 的创建。

Step28. 创建图 32.9.52 所示的阵列特征 1。选择下拉菜单 插入(S) ➡ 关联复制(A) ▸ ➡ 实例特征(I) 命令，系统弹出"实例"对话框。在"实例"对话框中选择 矩形阵列 按钮，在系统弹出的"实例"对话框中选择 Step27 创建的特征分组 1，单击 < 确定 > 按钮，在系统弹出的"输入参数"对话框中的 X 向的数量 的文本框输入值 8，在 XC 偏置 的文本框输入值 10，在 Y 向的数量 的文本框输入值 4，在 YC 偏置 的文本框输入值 35，单击 < 确定 > 按钮，完成阵列特征 1 的创建。

图 32.9.52　阵列特征 1

Step29. 创建图 32.9.53 所示的百叶窗特征 2。选择下拉菜单 插入(S) ➡ 冲孔(H) ▸ ➡ 百叶窗(L)... 命令，系统弹出"百叶窗"对话框。单击 按钮，选取图 32.9.53 所示的模型表面为草图平面，取消选中 设置 区域的 □ 创建中间基准 CSYS 复选框，单击 确定 按钮，进入草图环境，绘制图 32.9.54 所示的截面草图。在 百叶窗属性 区域的 深度 文本框中输入数值 4，在 宽度 文本框中输入数值 5，单击 宽度 下的"反向"按钮 ，接受图 32.9.50 所示的方向为百叶窗的深度方向和宽度方向，在 百叶窗形状 下拉列表中选择 成形的 选项；在 倒圆 区域选中 ☑ 圆形百叶窗边 复选框，在 凹模半径 文本框中输入数值 2.5。单击 < 确定 > 按钮，完成百叶窗特征 2 的创建。

图 32.9.53　百叶窗特征 2

图 32.9.54　截面草图

Step30. 创建特征分组 2。在"部件导航器"窗口中的 ☑ ☰ SB 百叶窗 (103) 选项上右击，系统弹出快捷菜单，在此快捷菜单中选择 特征分组(F) 命令，在 特征分组(F) 对话框 特征组名称 的文本框中输入数值 2。单击 < 确定 > 按钮，完成特征分组 2 的创建。

说明：阵列特征的工作坐标系是通过选择下拉菜单中的 格式(R) ➡ WCS ➡ 旋转(R)... ➡ ⊙ -YC 轴: XC --> ZC 旋转 90° 来定位的。

Step31. 创建图 32.9.55 所示的阵列特征 2。选择下拉菜单 插入(S) ➡ 关联复制(A)▸ ➡ 实例特征(I) 命令，系统弹出"实例"对话框。在"实例"对话框中选择 矩形阵列 按钮，在系统弹出的"实例"对话框中选择图 32.9.53 所示的百叶窗特征 2，单击 < 确定 > 按钮，在系统弹出的"输入参数"对话框 X 向的数量 的文本框中输入值 6，在 XC 偏置 的文本框中输入值 45，在 Y 向的数量 的文本框中输入值 3，在 YC 偏置 的文本框中输入值 15，单击 < 确定 > 按钮，完成阵列特征 2 的创建。

图 32.9.55　阵列特征 2

Step32. 创建图 32.9.56 所示的法向除料特征。选择下拉菜单 插入(S) ➡ 剪切(T)▸ ➡ 法向除料(N)... 命令，系统弹出"法向除料"对话框。单击 按钮，选取图 32.9.56 所示的模型表面为草图平面，取消选中 设置 区域的 □ 创建中间基准 CSYS 复选框，单击 确定 按钮，绘制图 32.9.57 所示的除料截面草图。在 除料属性 区域的 切削方法 下拉列表中选择 厚度 选项，在 限制 下拉列表中选择 ⅃ 直至下一个 选项。单击 < 确定 > 按钮，完成法向除料特征的创建。

图 32.9.56　法向除料特征

图 32.9.57　除料截面草图

Step33. 创建图 32.9.58 所示的零件特征——镜像 5。选择下拉菜单 插入(S) ➡ 关联复制(A)▶ ➡ 镜像特征(M)... 命令，在绘图区中选取图 32.9.56 所示的法向除料特征 1 为要镜像的特征。在 镜像平面 区域中单击 按钮，在绘图区中选取基准平面 1（图 32.9.23）作为镜像平面。单击 〈 确定 〉 按钮，完成镜像特征 5 的创建。

图 32.9.58　镜像特征 5

Step34. 保存钣金件模型。选择下拉菜单 文件(F) ➡ 保存(S) 命令，即可保存钣金件模型。

第 6 章

钣金设计实例

本章主要包含如下内容：
- 实例 33　钣金板
- 实例 34　钣金固定架
- 实例 35　软驱托架

实例33 钣 金 板

实例概述

本实例介绍了钣金板的设计过程，首先创建第一钣金壁特征，然后通过"弯边"命令和"高级弯边"命令创建了钣金壁特征，在设计此零件的过程中还创建了钣金壁切除特征，下面介绍了其设计过程，钣金件模型及模型树如图33.1所示。

图 33.1 钣金件模型及模型树

Step1. 新建文件。选择下拉菜单 文件(F) ➡ 📄 新建(N)... 命令，系统弹出"新建"对话框。在 模板 区域中选择 NX 钣金 模板，在 名称 文本框中输入文件名称 sm_board，单击 确定 按钮，进入钣金环境。

Step2. 创建图33.2所示的突出块特征。选择下拉菜单 插入(S) ➡ 🗔 突出块(B)... 命令，系统弹出"突出块"对话框。单击 🔲 按钮，选取 XY 平面为草图平面，选中 设置 区域的 ☑ 创建中间基准 CSYS 复选框，单击 确定 按钮，绘制图33.3所示的截面草图。厚度方向采用系统默认的矢量方向，单击 厚度 区域 厚度 文本框右侧的 🕫 按钮，在弹出的菜单中选择 使用本地值，然后在 厚度 文本框中输入数值 1；单击 < 确定 > 按钮，完成突出块特征的创建。

图 33.2 突出块特征

图 33.3 截面草图

Step3. 创建图 33.4 所示的钣金倒角特征 1。选择下拉菜单 插入(S) ➡ 拐角(0)... ▶
➡ 倒角(B)... 命令，系统弹出"倒角"对话框。在"倒角"对话框 倒角属性 区域的 方法
下拉列表中选择 圆角。选取图 33.4 所示的三条边线，在 半径 文本框中输入值 5。单击"倒
角"对话框的 < 确定 > 按钮，完成钣金倒角特征 1 的创建。

图 33.4 钣金倒角特征 1

Step4. 创建图 33.5 所示的钣金倒角特征 2。选择下拉菜单 插入(S) ➡ 拐角(0)... ▶
➡ 倒角(B)... 命令，系统弹出"倒角"对话框。在"倒角"对话框 倒角属性 区域的 方法
下拉列表中选择 圆角。选取图 33.6 所示的六条边线为参照边，在 半径 文本框中输入值 3。
单击"倒角"对话框的 < 确定 > 按钮，完成钣金倒角特征 2 的创建。

图 33.5 钣金倒角特征 2

图 33.6 定义参照边

Step5. 创建图 33.7 所示的高级弯边特征 1。选择下拉菜单 插入(S) ➡ NX 高级钣金 ▶
➡ 高级弯边(A)... 命令，系统弹出"高级弯边"对话框。在"高级弯边"对话框 类型 区
域的下拉列表中选择 按值 选项。在 基本边 区域单击 按钮，选取图 33.8 所示的边线为高级
弯边特征的基本边，单击 折弯参数 区域 折弯半径 文本框右侧的 按钮，在弹出的菜单中选择
使用本地值，然后在 折弯半径 文本框中输入数值 0.5。在"高级弯边"对话框 弯边属性 区域 长度 文
本框中输入数值 5，在 角度 文本框中输入数值 90，方向为 Z 轴的负方向，在 内嵌 下拉列表中

选择 ![折弯外侧] 选项。其他为默认，单击"高级弯边"对话框的 ![< 确定 >] 按钮，完成高级弯边特征 1 的创建。

图 33.7　高级弯边特征 1　　　　　　　　　　图 33.8　定义参照边

Step6. 创建图 33.9 所示的高级弯边特征 2。选择下拉菜单 ![插入(S)] ➡ ![NX 高级钣金 ▸] ➡ ![高级弯边(A)...] 命令，系统弹出"高级弯边"对话框。在"高级弯边"对话框 ![类型] 区域的下拉列表中选择 ![按值] 选项。在 ![基本边] 区域单击 ![按钮] 按钮，选取图 33.10 所示的边线为高级弯边特征的基本边，单击 ![折弯参数] 区域 ![折弯半径] 文本框右侧的 ![f(x)] 按钮，在弹出的菜单中选择 ![使用本地值]，然后在 ![折弯半径] 文本框中输入数值 0.5。在"高级弯边"对话框 ![弯边属性] 区域 ![长度] 文本框中输入数值 5，在 ![角度] 文本框中输入数值 90，方向为 Z 轴的负方向，在 ![内嵌] 下拉列表中选择 ![折弯外侧] 选项。其他为默认，单击"高级弯边"对话框的 ![< 确定 >] 按钮，完成高级弯边特征 2 的创建。

图 33.9　高级弯边特征 2　　　　　　　　　　图 33.10　定义参照边

Step7. 创建图 33.11 所示的拉伸特征 1。选择下拉菜单 ![插入(S)] ➡ ![剪切(T)▸] ➡ ![拉伸(E)...] 命令（或单击 ![按钮] 按钮），系统弹出"拉伸"对话框。单击"拉伸"对话框中的"绘制截面"按钮 ![图标]，系统弹出"创建草图"对话框；选取图 33.12 所示的平面为草图平面，单击 ![确定] 按钮，进入草图环境；绘制图 33.13 所示的截面草图；单击 ![完成草图] 按钮，退出草图环境。在 ![极限] 区域的 ![开始] 下拉列表中选择 ![贯通] 选项，在 ![结束] 下拉列表中选择 ![贯通] 选项，在 ![布尔] 区域的 ![布尔] 下拉列表中选择 ![求差] 选项。单击 ![< 确定 >] 按钮，完成拉伸特征 1 的创建。

Step8. 创建图 33.14 所示的高级弯边特征 3。选择下拉菜单 ![插入(S)] ➡ ![NX 高级钣金 ▸] ➡ ![高级弯边(A)...] 命令，系统弹出"高级弯边"对话框。在"高级弯边"对话框 ![类型] 区域的下拉列表中选择 🔼 按值 选项。在 基本边 区域单击 ⬛ 按钮，选取图 33.15 所示的边线为高级弯边特征的基本边，单击 折弯参数 区域 折弯半径 文本框右侧的 f⍵ 按钮，在弹出的菜单中选择 使用本地值，然后在 折弯半径 文本框中输入数值 0.5。在"高级弯边"对话框 弯边属性 区域 长度 文本框中输入数值 5，在 角度 文本框中输入数值 90，方向为 Z 轴的负方向，在 内嵌 下拉列表中选择 ⌐ 折弯外侧 选项。其他为默认，单击"高级弯边"对话框的 〈 确定 〉 按钮，完成高级弯边特征 3 的创建。

图 33.11　拉伸特征 1　　　　　图 33.12　草图平面　　　　　图 33.13　截面草图

图 33.14　高级弯边特征 3　　　　　　　图 33.15　定义参照边

Step9. 创建图 33.16 所示的弯边特征 1。选择下拉菜单 插入(S) ➡ 折弯(N) ▸ ➡

🔵 弯边(F)... 命令，系统弹出"弯边"对话框。选取图 33.17 所示的边线为线性边。在 宽度 区域的 宽度选项 下拉列表中选择 ⬛ 在终点 选项，在 宽度 文本框中输入值 30，选取图 33.17 所示的点为指定点，在 弯边属性 区域的 长度 文本框中输入数值 15，在 角度 文本框中输入数值 90，在 参考长度 下拉列表中选择 ⌐ 外部 选项，在 内嵌 下拉列表中选择 ⌐ 材料内侧 选项。在 偏置 区域的 偏置 文本框中输入数值 0；在 折弯参数 区域中单击 折弯半径 文本框右侧的 f⍵ 按钮，在系统弹出的菜单中选择 使用本地值 选项，然后在 折弯半径 文本框中输入数值 0.5；在 止裂口 区域中的 折弯止裂口 下拉列表中选择 ⊘ 无 选项；在 拐角止裂口 下拉列表中选择 仅折弯 选项。单击 〈 确定 〉 按钮，完成弯边特征 1 的创建。

图 33.16　弯边特征 1

图 33.17　定义线性边

Step10. 创建图 33.18 所示的弯边特征2。选择下拉菜单 [插入(S)] ➡ [折弯(N) ▸] ➡ [弯边(F)...] 命令，系统弹出"弯边"对话框。选取图 33.19 所示的边线为线性边。在 [宽度] 区域的 [宽度选项] 下拉列表中选择 [■ 在终点] 选项，在 [宽度] 文本框中输入值 30，选取图 33.19 所示的点为指定点，在 [弯边属性] 区域的 [长度] 文本框中输入数值 15，在 [角度] 文本框中输入数值 90，在 [参考长度] 下拉列表中选择 [┐外部] 选项，在 [内嵌] 下拉列表中选择 [┑ 材料内侧] 选项。在 [偏置] 区域的 [偏置] 文本框中输入数值 0；在 [折弯参数] 区域中单击 [折弯半径] 文本框右侧的 [fx] 按钮，在系统弹出的菜单中选择 [使用本地值] 选项，然后在 [折弯半径] 文本框中输入数值 0.5；在 [止裂口] 区域中的 [折弯止裂口] 下拉列表中选择 [∅ 无] 选项；在 [拐角止裂口] 下拉列表中选择 [仅折弯] 选项。单击 [< 确定 >] 按钮，完成弯边特征 2 的创建。

图 33.18　弯边特征 2　　　　　　　　　　图 33.19　定义线性边

Step11. 创建图 33.20 所示的弯边特征 3。选择下拉菜单 [插入(S)] ➡ [折弯(N) ▸] ➡ [弯边(F)...] 命令，系统弹出"弯边"对话框。选取图 33.21 所示的边线为线性边。在 [截面] 区域单击 [图] 按钮，绘制图 33.22 所示的截面草图。绘制完成后单击 [完成草图] 按钮。在 [弯边属性] 区域的 [匹配面] 下拉列表中选择 [无] 选项，在 [角度] 文本框中输入数值 90，在 [内嵌] 下拉列表中选择 [┐折弯外侧] 选项。在 [偏置] 区域的 [偏置] 文本框中输入数值 0；在 [折弯参数] 区域中单击 [折弯半径] 文本框右侧的 [fx] 按钮，在系统弹出的菜单中选择 [使用本地值] 选项，然后在 [折弯半径] 文本框中输入数值 0.5；在 [止裂口] 区域中的 [折弯止裂口] 下拉列表中选择 [∅ 无] 选项；在 [拐角止裂口] 下拉列表中选择 [仅折弯] 选项。单击 [< 确定 >] 按钮，完成弯边特征 3 的创建。

图 33.20　弯边特征 3　　　　　　　　　　图 33.21　定义线性边

图 33.22　截面草图

Step12. 创建图 33.23 所示的高级弯边特征 4 。选择下拉菜单 插入(S) ➡️ NX 高级钣金 ▶ ➡️ 高级弯边(A)... 命令，系统弹出"高级弯边"对话框。在"高级弯边"对话框 类型 区域的下拉列表中选择 按值 选项。在 基本边 区域单击 ☐ 按钮，选取图 38.24 所示的边线为高级弯边特征的基本边，单击 折弯参数 区域 折弯半径 文本框右侧的 f(x) 按钮，在弹出的菜单中选择 使用本地值，然后在 折弯半径 文本框中输入数值 0.5。在"高级弯边"对话框 弯边属性 区域 长度 文本框中输入数值 10，在 角度 文本框中输入数值 90，方向为 Z 轴的正方向，在 内嵌 下拉列表中选择 折弯外侧 选项。其他为默认，单击"高级弯边"对话框的 < 确定 > 按钮，完成高级弯边特征 4 的创建。

图 33.23　高级弯边特征 4　　　　　　图 33.24　定义参照边

Step13. 创建图 33.25 所示的钣金倒角特征 3。选择下拉菜单 插入(S) ➡️ 拐角(Q)... ▶ ➡️ 倒角(B)... 命令，系统弹出"倒角"对话框。在"倒角"对话框 倒角属性 区域的 方法 下拉列表中选择 圆角 。选取八条边线，在 半径 文本框中输入数值 1。单击"倒角"对话框的 < 确定 > 按钮，完成钣金倒角特征 3 的创建。

a）倒角前　　　　　　　　　　　　　　　　　　b）倒角后

图 33.25　钣金倒角特征 3

Step14. 创建图 33.26 所示的拉伸特征 2。选择下拉菜单 插入(S) ➡️ 剪切(T)▶ ➡️ 拉伸(E)... 命令（或单击 ☐ 按钮），系统弹出"拉伸"对话框。单击"拉伸"对话框中的"绘制截面"按钮 📐，系统弹出"创建草图"对话框；选取 XZ 基准平面为草图平面，单击 确定 按钮，进入草图环境；绘制图 33.27 所示的截面草图；单击 完成草图 按钮，退出草图环境。在 极限 区域的 开始 下拉列表中选择 贯通 选项，在 结束 下拉列表中选择 值 选项，在 距离 文本框中输入数值 0，在 布尔 区域的 布尔 下拉列表中选择 求差 选项。单击 < 确定 > 按钮，完成拉伸特征 2 的创建。

图 33.26　拉伸特征 2

图 33.27　截面草图

Step15. 创建图 33.28 所示的拉伸特征 3。选择下拉菜单 插入(S) ➡ 剪切(T)▶ ➡ 拉伸(E)... 命令（或单击 按钮），系统弹出"拉伸"对话框。单击"拉伸"对话框中的"绘制截面"按钮，系统弹出"创建草图"对话框；选取 XY 基准平面为草图平面，单击 确定 按钮，进入草图环境；绘制图 33.29 所示的截面草图；单击 完成草图 按钮，退出草图环境。在 极限 区域的 开始 下拉列表中选择 贯通 选项，在 结束 下拉列表中选择 贯通 选项，在 布尔 区域的 布尔 下拉列表中选择 求差 选项。单击 〈确定〉 按钮，完成拉伸特征 3 的创建。

图 33.28　拉伸特征 3

图 33.29　截面草图

Step16. 保存钣金件模型。选择下拉菜单 文件(F) ➡ 保存(S) 命令，即可保存钣金件模型。

实例 34　钣金固定架

实例概述

　　本实例介绍了钣金固定架的设计过程，首先创建了拉伸特征和转换为钣金特征，用于创建后面的成形特征；然后通过"弯边"命令对模型进行折弯操作。钣金件模型及模型树如图 34.1 所示。

图 34.1　钣金件模型及模型树

　　Step1. 新建文件。选择下拉菜单 文件(F) ➡ 新建(N)... 命令，系统弹出"新建"对话框。在 模板 区域中选择 NX 钣金 模板，在 名称 文本框中输入文件名称 immobility_bracket，单击 确定 按钮，进入钣金环境。

　　Step2. 创建图 34.2 所示的拉伸特征 1。选择下拉菜单 开始▼ ➡ 建模(M)... 命令，进入建模环境；选择下拉菜单 插入(S) ➡ 设计特征(E)▶ ➡ 拉伸(E)... 命令；选取 YZ 基准平面为草图平面，选中 设置 区域的 ☑ 创建中间基准 CSYS 复选框，绘制图 34.3 所示的截面草图，拉伸方向采用系统默认的矢量方向；在"拉伸"对话框 极限 区域的 开始 下拉列表中选择 对称值 选项，并在其下的 距离 文本框中输入数值 12；其他参数采用系统默认设置值；单击 < 确定 > 按钮，完成拉伸特征 1 的创建。

图 34.2　拉伸特征 1

图 34.3　截面草图

Step3. 将实体零件转换为钣金件。选择下拉菜单 <kbd>开始▾</kbd> ➡ <kbd>NX 钣金(H)...</kbd> 命令，进入 "NX 钣金" 环境。选择下拉菜单 <kbd>插入(S)</kbd> ➡ <kbd>转换(V) ▸</kbd> ➡ <kbd>转换为钣金...</kbd> 命令，系统弹出 "转换为钣金" 对话框。选取图 34.4 所示的模型表面为基本面。在 "转换为钣金" 对话框中单击 <kbd>确定</kbd> 按钮，完成特征的转换。

图 34.4　选取基本面

Step4. 创建图 34.5 所示的弯边特征 1。选择下拉菜单 <kbd>插入(S)</kbd> ➡ <kbd>折弯(N) ▸</kbd> ➡ <kbd>弯边(F)...</kbd> 命令，系统弹出 "弯边" 对话框。选取图 34.6 所示的边线为线性边。在 <kbd>截面</kbd> 区域单击 <kbd>⊞</kbd> 按钮，绘制图 34.7 所示的截面草图。绘制完成后单击 <kbd>完成草图</kbd> 按钮。在 <kbd>弯边属性</kbd> 区域的 <kbd>匹配面</kbd> 下拉列表中选择 <kbd>无</kbd> 选项，在 <kbd>角度</kbd> 文本框中输入数值 90，在 <kbd>内嵌</kbd> 下拉列表中选择 <kbd>材料内侧</kbd> 选项。在 <kbd>偏置</kbd> 区域的 <kbd>偏置</kbd> 文本框中输入数值 0；在 <kbd>折弯参数</kbd> 区域中单击 <kbd>折弯半径</kbd> 文本框右侧的 <kbd>f(x)</kbd> 按钮，在系统弹出的菜单中选择 <kbd>使用本地值</kbd> 选项，然后在 <kbd>折弯半径</kbd> 文本框中输入数值 0.2；在 <kbd>止裂口</kbd> 区域中的 <kbd>折弯止裂口</kbd> 下拉列表中选择 <kbd>无</kbd> 选项；在 <kbd>拐角止裂口</kbd> 下拉列表中选择 <kbd>仅折弯</kbd> 选项。单击 <kbd>＜确定＞</kbd> 按钮，完成弯边特征 1 的创建。

图 34.5　弯边特征 1

图 34.6　定义线性边

图 34.7　截面草图

Step5. 创建图 34.8 所示的弯边特征 2。选择下拉菜单 插入(S) ➡ 折弯(N) ➡ 弯边(F)... 命令，系统弹出"弯边"对话框。选取图 34.9 所示的边线为线性边。在 截面 区域单击 按钮，绘制图 34.10 所示的截面草图。绘制完成后单击 完成草图 按钮。在 弯边属性 区域的 匹配面 下拉列表中选择 无 选项，在 角度 文本框中输入数值 90，在 内嵌 下拉列表中选择 材料内侧 选项。在 偏置 区域的 偏置 文本框中输入数值 0；在 折弯参数 区域中单击 折弯半径 文本框右侧的 按钮，在系统弹出的菜单中选择 使用本地值 选项，然后在 折弯半径 文本框中输入数值 0.2；在 止裂口 区域中的 折弯止裂口 下拉列表中选择 正方形 选项；在 拐角止裂口 下拉列表中选择 仅折弯 选项。单击 < 确定 > 按钮，完成弯边特征 2 的创建。

图 34.8　弯边特征 2　　　　　　　　　　图 34.9　定义线性边

图 34.10　截面草图

Step6. 创建图 34.11 所示的弯边特征 3。选择下拉菜单 插入(S) ➡ 折弯(N) ➡ 弯边(F)... 命令，系统弹出"弯边"对话框。选取图 34.12 所示的边线为线性边。在 宽度 区域的 宽度选项 下拉列表中选择 完整 选项，在 弯边属性 区域的 长度 文本框中输入数值 3，在 角度 文本框中输入数值 90，在 参考长度 下拉列表中选择 外部 选项，在 内嵌 下拉列表中选择 折弯外侧选项。在 偏置 区域的 偏置 文本框中输入数值 0；在 折弯参数 区域中单击 折弯半径 文本框右侧的 按钮，在系统弹出的菜单中选择 使用本地值 选项，然后在 折弯半径 文本框中输入数值 0.2；在 止裂口 区域中的 折弯止裂口 下拉列表中选择 正方形 选项；在 拐角止裂口 下拉列表中选择 仅折弯 选项。单击 〈确定〉 按钮，完成弯边特征 3 的创建。

图 34.11　弯边特征 3　　　　　　　　　　　　图 34.12　定义线性边

Step7. 创建图 34.13 所示的法向除料特征。选择下拉菜单 插入(S) ➡ 剪切(T) ➡ 法向除料(N)... 命令，系统弹出"法向除料"对话框。单击 按钮，选取图 34.14 所示的模型表面为草图平面，取消选中 设置 区域的 □ 创建中间基准 CSYS 复选框，单击 确定 按钮，绘制图 34.15 所示的除料截面草图。在 除料属性 区域的 切削方法 下拉列表中选择 厚度 选项，在 限制 下拉列表中选择 贯通 选项。单击 〈确定〉 按钮，完成法向除料特征的创建。

图 34.13　法向除料特征　　　　　　　　　　　图 34.14　定义草图平面

图 34.15　除料截面草图

Step8. 创建图 34.16 所示的拉伸特征 2。选择下拉菜单 插入(S) ➡ 剪切(T) ➡ 拉伸(E)... 命令；选取图 34.17 所示的平面为草图平面，绘制图 34.18 所示的截面草图；在 方向 区域中单击"反向"按钮 ；在 开始 下拉列表中选择 值 选项，并在其下的 距离 文本框中输入数值 0；在 结束 下拉列表中选择 贯通 选项；在 布尔 下拉列表中选择 求差 选项，采用系统默认求差对象；单击 〈确定〉 按钮，完成拉伸特征 2 的创建。

Step9. 创建图 34.19 所示的突出块特征。选择下拉菜单 插入(S) ➡ 突出块(B)... 命令，系统弹出"突出块"对话框；选取图 34.20 所示的平面为草图平面，绘制图 34.21 所示的截面草图。绘制完成后单击 完成草图按钮。单击 <确定> 按钮，完成突出块特征的创建。

图 34.16　拉伸特征 2

图 34.17　定义草图平面

图 34.18　截面草图

图 34.19　突出块特征

图 34.20　定义草图平面

图 34.21　截面草图

Step10. 创建图 34.22 所示的折弯特征 1。选择下拉菜单 插入(S) ➡ 折弯(N) ▸ ➡ 折弯(B)... 命令，系统弹出"折弯"对话框。单击 按钮，选取图 34.23 所示的平面为草图平面，取消选中 设置 区域的 □创建中间基准 CSYS 复选框，单击 确定 按钮，绘制图 34.24 所示的截面草图。绘制完成后单击 完成草图 按钮。在"折弯"对话框中的 角度 文本框中输入折弯角度值 45，单击"反侧"按钮 ，将 内嵌 设置为 外模具线轮廓 选项，在 折弯参数 区域中单击 折弯半径 文本框右侧的 按钮，在系统弹出的菜单中选择 使用本地值 选项，然后在 折弯半径 文本框中输入数值 0.2；在 止裂口 区域中的 折弯止裂口 下拉列表中选择 无 选项；在 拐角止裂口 下拉列表中选择 仅折弯 选项。单击 <确定> 按钮，完成折弯特征 1 的创建。

Step11. 创建图 34.25 所示的折弯特征 2。选择下拉菜单 插入(S) ➡ 折弯(N) ▸ ➡ 折弯(B)... 命令，系统弹出"折弯"对话框。单击 按钮，选取图 34.26 所示的平面为草图平面，单击 确定 按钮，绘制图 34.27 所示的截面草图。绘制完成后单击 完成草图 按钮。在"折弯"对话框中将 内嵌 设置为 外模具线轮廓 选项，在 角度 文本框中输入折弯角度值 45，在 折弯参数 区域中单击 折弯半径 文本框右侧的 按钮，在系统弹出的菜单中选择 使用本地值 选项，然后在 折弯半径 文本框中输入数值 0.2；在 止裂口 区域中的 折弯止裂口 下拉列表中选择 无 选项；在 拐角止裂口 下拉列表中选择 仅折弯 选项。单击 〈确定〉 按钮，完成折弯特征 2 的创建。

图 34.22　折弯特征 1

图 34.23　定义草图平面

图 34.24　截面草图

图 34.25　折弯特征 2

图 34.26　定义草图平面

图 34.27　截面草图

Step12. 创建图 34.28 所示的折弯特征 3。选择下拉菜单 插入(S) ➡ 折弯(N) ➡ 折弯(B)... 命令，系统弹出"折弯"对话框。单击 按钮，选取图 34.29 所示的平面为草图平面，单击 确定 按钮，绘制图 34.30 所示的截面草图。绘制完成后单击 完成草图 按钮。在"折弯"对话框中将 内嵌 设置为 外模具线轮廓 选项，在 角度 文本框中输入折弯角度值90，在 折弯参数 区域中单击 折弯半径 文本框右侧的 按钮，在系统弹出的菜单中选择 使用本地值 选项，然后在 折弯半径 文本框中输入数值 0.2；在 止裂口 区域中的 折弯止裂口 下拉列表中选择 无 选项；在 拐角止裂口 下拉列表中选择 仅折弯 选项。单击 〈确定〉 按钮，完成折弯特征 3 的创建。

图 34.28　折弯特征 3

图 34.29　定义草图平面

图 34.30　截面草图

Step13. 创建图 34.31 所示的基准平面。选择下拉菜单 插入(S) ➡ 基准/点(D) ➡ □ 基准平面(D)...命令（或单击 □ 按钮），系统弹出"基准平面"对话框。在 类型 区域的下拉列表中选择 按某一距离 选项，在绘图区选取 ZX 基准平面，输入偏移值 28。单击 〈确定〉按钮，完成基准平面的创建。

Step14. 创建图 34.32 所示的草图 1。选择下拉菜单 插入(S) ➡ 任务环境中的草图(S)... 命令；选取基准平面 1 为草图平面；进入草图环境，绘制图 34.32 所示的草图 1。绘制完成后单击 完成草图 按钮，完成草图 1 的创建。

图 34.31　基准平面

图 34.32　草图 1

Step15. 创建图 34.33 所示的草图 2。选择下拉菜单 插入(S) ➡ 任务环境中的草图(S)... 命令；选取图 34.34 所示的平面为草图平面；进入草图环境，绘制图 34.33 所示的草图 2。绘制完成后单击 完成草图 按钮，完成草图 2 的创建。

图 34.33　草图 2

选取该平面为草图平面

图 34.34　定义草图平面

Step16. 创建图 34.35 所示的零件特征——网格曲面。选择下拉菜单 开始▾ ➡ 建模(M)...命令，进入"建模"环境。选择下拉菜单 插入(S) ➡ 网格曲面(M)▸ ➡ 通过曲线组(T)...命令；依次选取图 34.36 所示的曲线为参照，并分别单击中键确认；单击 〈确定〉按钮，完成网格曲面的创建。

Step17. 创建图 34.37 所示的边倒圆特征。选择下拉菜单 插入(S) ➡ 细节特征(L)▸ ➡ 边倒圆(E)...命令（或单击 按钮），在 要倒圆的边 区域中单击 按钮，选择图 34.38 所示的边链为边倒圆参照，并在 半径 1 文本框中输入值 0.6。单击 〈确定〉按钮，完成边倒圆特征的创建。

图 34.35　网格曲面

选取此两条曲线为参照

图 34.36　定义参照线

放大图

图 34.37　边倒圆特征

放大图

图 34.38　定义参照边

Step18. 后面的详细操作过程请参见随书光盘中 video\ch06\reference\文件下的语音视频讲解文件 immobility_bracket-r02.exe。

实例 35　软 驱 托 架

实例概述

　　本实例介绍了软驱托架的设计过程，在其设计过程中主要运用了"弯边"命令，通过对创建的弯边特征进行镜像操作来实现零件的设计，读者也可以根据零件的对称性，巧妙运用"镜像"命令来实现零件的设计。下面介绍了该零件的设计过程，钣金件模型及模型树如图 35.1 所示。

图 35.1　钣金件模型及模型树

　　Step1. 新建文件。选择下拉菜单 文件(F) ➡ 新建(N)... 命令，系统弹出"新建"对话框。在 模板 区域中选择 NX 钣金 模板，在 名称 文本框中输入文件名称 floppy_drive_bracket，单击 确定 按钮，进入钣金环境。

　　Step2. 创建图 35.2 所示的突出块特征。选择下拉菜单 插入(S) ➡ 突出块(B)... 命令，系统弹出"突出块"对话框；单击 按钮，选取 XY 基准平面为草图平面，选中 设置 区域的 ☑ 创建中间基准 CSYS、☑ 关联原点 复选框，单击 确定 按钮，绘制图 35.3 所示的截面草图。绘制完成后单击 完成草图 按钮。在 厚度 区域 厚度 的文本框输入值 1。单击 〈确定〉 按钮，完成突出块特征的创建。

图 35.2　突出块特征

图 35.3　截面草图

Step3. 创建图 35.4 所示的拉伸特征 1。选择下拉菜单 插入(S) ➡ 剪切(T) ▶ ➡ 拉伸(E)... 命令；选取 XY 基准平面为草图平面，绘制图 35.5 所示的截面草图；在 指定矢量 下拉列表中选择 ZC 选项；在 开始 下拉列表中选择 贯通 选项，在 结束 下拉列表中选择 贯通 选项；在 布尔 下拉列表中选择 求差 选项，采用系统默认求差对象；单击 < 确定 > 按钮，完成拉伸特征 1 的创建。

图 35.4　拉伸特征 1　　　　　　　　　图 35.5　截面草图

Step4. 创建图 35.6 所示的轮廓弯边。选择下拉菜单 插入(S) ➡ 折弯(N) ▶ ➡ 轮廓弯边(C)... 命令，系统弹出"轮廓弯边"对话框。单击 按钮，选取图 35.7 所示的曲线为路径，在 平面位置 区域 位置 的下拉列表中选取 弧长百分比 选项，在 弧长百分比 的文本框输入数值 0，其他参数为默认设置值，单击 < 确定 > 按钮，绘制图 35.8 所示的截面草图，绘制完成后单击 完成草图 按钮，在 宽度选项 下拉列表中选择 到端点 选项；采用系统默认对象；单击 < 确定 > 按钮，完成轮廓弯边特征的创建。

图 35.6　轮廓弯边特征　　　　　　　图 35.7　定义参照边

图 35.8　截面草图

Step5. 创建图 35.9 所示的拉伸特征 2。选择下拉菜单 插入(S) ➡ 剪切(T) ▶ ➡ 拉伸(E)... 命令；选取 XY 基准平面为草图平面，绘制图 35.10 所示的截面草图；在 指定矢量 下拉列表中选择 ZC 选项；在 开始 下拉列表中选择 值 选项，并在其下的 距离 文本框中输入数值 0；在 结束 下拉列表中选择 值 选项，并在其下的 距离 文本框中输入数值 5；在 布尔 下拉列表中选择 无 选项，单击 < 确定 > 按钮，完成拉伸特征 2 的创建。

图 35.9　拉伸特征 2

图 35.10　截面草图

Step6. 创建图 35.11 所示的拔模特征。选择下拉菜单 开始▼ ➡ 建模(M)...命令，进入建模环境；选择下拉菜单 插入(S) ➡ 细节特征(L) ▶ ➡ 拔模(T)命令，在 脱模方向 区域中指定矢量选择 Z 轴的正方向，选取图 35.11 所示的面为拔模面，选取图 35.12 所示的面为要拔模的面，在并在 角度 1 文本框中输入值 20。单击 <确定> 按钮，完成拔模特征的创建。

图 35.11　拔模特征

图 35.12　定义拔模面

Step7. 创建图 35.13 所示的边倒圆特征 1。选择下拉菜单 插入(S) ➡ 细节特征(L) ▶ ➡ 边倒圆(E)...命令（或单击 按钮），在 要倒圆的边 区域中单击 按钮，选择图 35.14 所示的边链为边倒圆参照，并在 半径 1 文本框中输入值 1.5。单击 <确定> 按钮，完成边倒圆特征 1 的创建。

图 35.13　边倒圆特征 1

图 35.14　定义参照边

Step8. 创建图 35.15 所示的零件基础特征——拉伸 3。选择下拉菜单 插入(S) ➡ 设计特征(E) ➡ 拉伸(E)...命令，系统弹出"拉伸"对话框。选取 XY 基准平面为草图平面，绘制图 35.16 所示的截面草图；在 指定矢量 下拉列表中选择 ↓zc 选项；在 极限 区域的 开始 下拉列表中选择 值 选项，并在其下的 距离 文本框中输入值 0，在 极限 区域的 结束 下拉列表中选择 值 选项，并在其下的 距离 文本框中输入值 10，在 布尔 区域的下拉列表中选择 求和 选项，选取拉伸特征 2 为求和对象。单击 <确定> 按钮，完成拉伸特征 3 的创建。

图 35.15　拉伸特征 3

图 35.16　截面草图

Step9. 创建图 35.17 所示的边倒圆特征 2。选择图 35.18 所示的边链为边倒圆参照，并在 半径 1 文本框中输入值 3。单击 〈 确定 〉 按钮，完成边倒圆特征 2 的创建。

图 35.17　边倒圆特征 2

选取此边链为边倒圆参照

图 35.18　定义参照边

Step10. 创建图 35.19 所示的实体冲压特征。选择下拉菜单 开始▼ ➡ NX 钣金 (H)... 命令，进入"NX 钣金"环境。选择下拉菜单 插入 (S) ➡ 冲孔 (H) ▶ ➡ 实体冲压 (S)... 命令，系统弹出"实体冲压"对话框。在 类型 下拉列表中选择 冲模 选项，选取图 35.19 所示的面为目标面。选取图 35.20 所示的实体为工具体。在 实体冲压属性 区域选中 ☑ 自动判断厚度 复选框。单击"实体冲压"对话框中的 〈 确定 〉 按钮，完成实体冲压特征的创建。

选取该平面为目标面

图 35.19　实体冲压特征

选取此实体为工具体

图 35.20　定义工具体

Step11. 将实体零件转换为钣金件。选择下拉菜单 插入 (S) ➡ 转换 (V) ▶ ➡ 转换为钣金... 命令，系统弹出"转换为钣金"对话框。选取图 35.21 所示的模型表面为基准面。在"转换为钣金"对话框中单击 确定 按钮，完成特征的转换。

选取该平面为基准面

图 35.21　选取基准面

Step12. 创建图 35.22 所示的弯边特征 1。选择下拉菜单 `插入(S)` ➡ `折弯(N)` ➡ `弯边(F)...` 命令，系统弹出"弯边"对话框。选取图 35.23 所示的边线为线性边。在 `宽度` 区域的 `宽度选项` 下拉列表中选择 `完整` 选项，在 `弯边属性` 区域的 `长度` 文本框中输入数值 35，在 `角度` 文本框中输入数值 90，在 `参考长度` 下拉列表中选择 `外部` 选项，在 `内嵌` 下拉列表中选择 `折弯外侧` 选项。在 `偏置` 区域的 `偏置` 文本框中输入数值 0；在 `折弯参数` 区域中单击 `折弯半径` 文本框右侧的 `fx` 按钮，在系统弹出的菜单中选择 `使用本地值` 选项，然后在 `折弯半径` 文本框中输入数值 0.2；在 `止裂口` 区域中的 `折弯止裂口` 下拉列表中选择 `正方形` 选项；在 `拐角止裂口` 下拉列表中选择 `仅折弯` 选项。单击 `< 确定 >` 按钮，完成弯边特征 1 的创建。

图 35.22　弯边特征 1　　　　　　图 35.23　定义线性边

Step13. 创建图 35.24 所示的弯边特征 2。选择下拉菜单 `插入(S)` ➡ `折弯(N)` ➡ `弯边(F)...` 命令，系统弹出"弯边"对话框。选取图 35.25 所示的边线为线性边。在 `宽度` 区域的 `宽度选项` 下拉列表中选择 `完整` 选项，在 `弯边属性` 区域的 `长度` 文本框中输入数值 20，在 `角度` 文本框中输入数值 90，在 `参考长度` 下拉列表中选择 `外部` 选项，在 `内嵌` 下拉列表中选择 `折弯外侧` 选项。在 `偏置` 区域的 `偏置` 文本框中输入数值 0；在 `折弯参数` 区域中单击 `折弯半径` 文本框右侧的 `fx` 按钮，在系统弹出的菜单中选择 `使用本地值` 选项，然后在 `折弯半径` 文本框中输入数值 0.2；在 `止裂口` 区域中的 `折弯止裂口` 下拉列表中选择 `正方形` 选项；在 `拐角止裂口` 下拉列表中选择 `仅折弯` 选项。单击 `< 确定 >` 按钮，完成弯边特征 2 的创建。

图 35.24　弯边特征 2　　　　　　图 35.25　定义线性边

Step14. 创建图 35.26 所示的弯边特征 3。详细操作过程参见 Step12。

Step15. 创建图 35.27 所示的弯边特征 4。详细操作过程参见 Step13。

图 35.26　弯边特征 3

图 35.27　弯边特征 4

Step16. 创建图 35.28 所示的弯边特征 5。选择下拉菜单 插入(S) ➡ 折弯(N) ➡ 弯边(F)... 命令，系统弹出"弯边"对话框。选取图 35.29 所示的边线为线性边。在 截面 区域单击 按钮，绘制图 35.30 所示的截面草图。绘制完成后单击 完成草图 按钮。在 弯边属性 区域的 匹配面 下拉列表中选择 无 选项，在 角度 文本框中输入数值 90，在 内嵌 下拉列表中选择 折弯外侧 选项。在 偏置 区域的 偏置 文本框中输入数值 0；在 折弯参数 区域中单击 折弯半径 文本框右侧的 按钮，在系统弹出的菜单中选择 使用本地值 选项，然后在 折弯半径 文本框中输入数值 0.2；在 止裂口 区域中的 折弯止裂口 下拉列表中选择 正方形 选项；在 拐角止裂口 下拉列表中选择 仅折弯 选项。单击 确定 按钮，完成弯边特征 5 的创建。

图 35.28　弯边特征 5

选取该边线为线性边

放大图

图 35.29　定义线性边

图 35.30　截面草图

Step17. 创建图 35.31 所示的弯边特征 6。选择下拉菜单 插入(S) ➡ 折弯(N) ➡ 弯边(F)... 命令，系统弹出"弯边"对话框。选取图 35.32 所示的边线为线性边。在 截面 区域单击 按钮，绘制图 35.33 所示的截面草图。绘制完成后单击 完成草图 按钮。在 弯边属性 区域的 匹配面 下拉列表中选择 无 选项，在 角度 文本框中输入数值 90，在 内嵌 下拉列表中选择 折弯外侧 选项。在 偏置 区域的 偏置 文本框中输入数值 0；在 折弯参数 区域中单击 折弯半径 文本框右侧的 按钮，在系统弹出的菜单中选择 使用本地值 选项，然后在 折弯半径 文本框中输入数值 0.2；在 止裂口 区域中的 折弯止裂口 下拉列表中选择 正方形 选项；在 拐角止裂口 下拉列表中选择选项。单击 < 确定 > 按钮，完成弯边特征 6 的创建。

图 35.31　弯边特征 6　　　　图 35.32　定义线性边　　　　图 35.33　截面草图

Step18. 创建图 35.34 所示的弯边特征 7。选择下拉菜单 插入(S) ➡ 折弯(N) ▶ ➡ 弯边(F)... 命令，系统弹出"弯边"对话框。选取图 35.35 所示的边线为线性边。在 截面 区域单击 按钮，绘制图 35.36 所示的截面草图。绘制完成后单击 完成草图 按钮。在 弯边属性 区域的 匹配面 下拉列表中选择 无 选项，在 角度 文本框中输入数值 90，在 内嵌 下拉列表中选择 折弯外侧 选项。在 偏置 区域的 偏置 文本框中输入数值 0；在 折弯参数 区域中单击 折弯半径 文本框右侧的 按钮，在系统弹出的菜单中选择 使用本地值 选项，然后在 折弯半径 文本框中输入数值 0.2；在 止裂口 区域中的 折弯止裂口 下拉列表中选择 正方形 选项；在 拐角止裂口 下拉列表中选择 仅折弯 选项。单击 < 确定 > 按钮，完成弯边特征 7 的创建。

图 35.34　弯边特征 7　　　　　　　　图 35.35　定义线性边

图 35.36　截面草图

Step19. 创建图 35.37 所示的零件特征——镜像 1。选择下拉菜单 插入(S) ➡ 关联复制(A) ➡ 镜像特征(M)... 命令，在绘图区中选取图 35.31 所示的弯边特征 6 和图 35.34 所示的弯边特征 7 为要镜像的特征。在 镜像平面 区域中单击 按钮，在绘图区中选取 YZ 基准平面作为镜像平面。单击 < 确定 > 按钮，完成镜像特征 1 的创建。

图 35.37　镜像特征 1

Step20. 创建图 35.38 所示的弯边特征 8。选择下拉菜单 插入(S) ➡ 折弯(N) ➡ 弯边(F)... 命令，系统弹出"弯边"对话框。选取图 35.39 所示的边线为线性边。在 宽度 区域的 宽度选项 下拉列表中选择 ■ 完整 选项，在 弯边属性 区域的 长度 文本框中输入数值 15，在 角度 文本框中输入数值 90，在 参考长度 下拉列表中选择 ┓ 外部 选项，在 内嵌 下拉列表中选择 ┓折弯外侧 选项。在 偏置 区域的 偏置 文本框中输入数值 0；在 折弯参数 区域中单击 折弯半径 文本框右侧的 fx 按钮，在系统弹出的菜单中选择 使用本地值 选项，然后在 折弯半径 文本框中输入数值 0.2；在 止裂口 区域中的 折弯止裂口 下拉列表中选择 ～ 正方形 选项；在 拐角止裂口 下拉列表中选择 仅折弯 选项。单击 < 确定 > 按钮，完成弯边特征 8 的创建。

图 35.38　弯边特征 8

放大图

图 35.39　定义线性边

Step21. 创建图 35.40 所示的折边弯边特征。选择下拉菜单 插入(S) ➡ 折弯(N) ➡ 折边弯边(H)... 命令，系统弹出"折边"对话框。在"折边"对话框 类型 区域的下拉列表中选择 ┏ 闭环 选项。选取图 35.41 所示的边线为折边弯边的附着边。在"折边"对话框 内嵌选项 区域的 内嵌 下拉列表中选择 ┓折弯外侧 选项。在 折弯参数 区域的 1.折弯半径 文本框中输入折弯半径值 2*0.2，在 折弯参数 区域的 2.弯边长度 文本框中输入弯边的长度值 1。单击 < 确定 > 按钮，完成折边弯边特征的创建。

图 35.40　折边弯边特征

图 35.41　定义附着边

Step22. 创建图 35.42 所示的弯边特征 9。选择下拉菜单 插入(S) ➡️ 折弯(N)▶ ➡️
🔘 弯边(F)... 命令，系统弹出"弯边"对话框。选取图 35.43 所示的边线为线性边。在 宽度 区
域的 宽度选项 下拉列表中选择 ▢ 完整 选项，在 弯边属性 区域的 长度 文本框中输入数值 8，在 角度 文
本框中输入数值 90，在 参考长度 下拉列表中选择 ┐ 外部 选项，在 内嵌 下拉列表中选择 ┐ 折弯外侧
选项。在 偏置 区域的 偏置 文本框中输入数值 0；在 折弯参数 区域中单击 折弯半径 文本框右侧的 ⚙ 按
钮，在系统弹出的菜单中选择 使用本地值 选项，然后在 折弯半径 文本框中输入数值 0.2；在 止裂口
区域中的 折弯止裂口 下拉列表中选择 ⌐ 正方形 选项；在 拐角止裂口 下拉列表中选择 仅折弯 选项。
单击 < 确定 > 按钮，完成弯边特征 9 的创建。

图 35.42　弯边特征 9

选取该边线为线性边

放大图

图 35.43　定义线性边

Step23. 创建图 35.44 所示的凹坑特征。选择下拉菜单 插入(S) ➡️ 冲孔(H)▶ ➡️
🔘 凹坑(M)... 命令。单击 按钮，系统弹出"创建草图"对话框，选取图 35.45 所示的面为草
图平面，取消选中 设置 区域的 ▢ 创建中间基准 CSYS 复选框，单击 确定 按钮，绘制图 35.46
所示的凹坑截面草图。在 凹坑属性 区域的 深度 文本框中输入数值 4，单击"反向"按钮 ；
在 侧角 文本框中输入数值 20；在 参考深度 下拉列表中选择 ┐ 内部 选项；在 侧壁 下拉列表中选
择 ⌐ 材料内侧 选项。在 倒圆 区域中选中 ☑ 圆形凹坑边 复选框；在 凸模半径 文本框中输入数值 2；
在 凹模半径 文本框中输入数值 1；取消选中 ▢ 圆形截面拐角 复选框，单击 < 确定 > 按钮，完成凹
坑特征的创建。

图 35.44　凹坑特征

选取该平面为草图平面

图 35.45　草图平面

图 35.46　截面草图

Step24. 创建图 35.47 所示的拉伸特征 4。选择下拉菜单 插入(S) ➡ 剪切(T)▶ ➡ 拉伸(E)... 命令（或单击 按钮），单击 按钮，选取图 35.48 所示的平面为草图平面，单击 确定 按钮，进入草图环境；绘制图 35.49 所示的截面草图；绘制完成后单击 完成草图 按钮，在 指定矢量 下拉列表中选择 XC 选项；在 极限 区域的 开始 下拉列表中选择 值 选项，并在其下的 距离 文本框中输入值 0，在 结束 下拉列表中选择 直至下一个 选项，在 布尔 区域的 布尔 下拉列表中选择 求差 选项，采用系统默认的求差对象。单击 < 确定 > 按钮，完成拉伸特征 4 的创建。

图 35.47　拉伸特征 4

选取该平面为草图平面

图 35.48　草图平面

图 35.49　截面草图

Step25. 创建图 35.50 所示的拉伸特征 5。选择下拉菜单 插入(S) ➡ 剪切(T)▶ ➡ 拉伸(E)... 命令（或单击 按钮），单击 按钮，选取图 35.51 所示的平面为草图平面，单击 确定 按钮，进入草图环境；绘制图 35.52 所示的截面草图；绘制完成后单击 完成草图 按钮，在 指定矢量 下拉列表中选择 XC 选项；在 极限 区域的 开始 下拉列表中选择 值 选项，并在其下的 距离 文本框中输入值 0，在 结束 下拉列表中选择 直至下一个 选项，在 布尔 区域的 布尔 下拉列表中选择 求差 选项，采用系统默认的求差对象。单击 < 确定 > 按钮，完成拉伸特征 5 的创建。

图 35.50　拉伸特征 5

选取该平面

图 35.51　草图平面

图 35.52　截面草图

Step26. 创建图 35.53 所示的弯边特征 10。选择下拉菜单 插入(S) ➡ 折弯(N) ➡ 弯边(F)... 命令，系统弹出"弯边"对话框。选取图 35.54 所示的边线为线性边。在 截面 区域单击 按钮，绘制图 35.55 所示的截面草图。绘制完成后单击 完成草图 按钮。在 弯边属性 区域的 匹配面 下拉列表中选择 无 选项，在 角度 文本框中输入数值 90，在 内嵌 下拉列表中选择 折弯外侧 选项。在 偏置 区域的 偏置 文本框中输入数值 0；在 折弯参数 区域中单击 折弯半径 文本框右侧的 按钮，在系统弹出的菜单中选择 使用本地值 选项，然后在 折弯半径 文本框中输入数值 0.2；在 止裂口 区域中的 折弯止裂口 下拉列表中选择 圆形 选项；在 拐角止裂口 下拉列表中选择 仅折弯 选项。单击 〈 确定 〉 按钮，完成弯边特征 10 的创建。

图 35.53　弯边特征 10　　　　　　　　　　图 35.54　定义线性边

放大图

放大图

图 35.55　截面草图

Step27. 创建图 35.56 所示的零件特征——镜像 2。选择下拉菜单 插入(S) ➡ 关联复制(A) ➡ 镜像特征(M)... 命令，在绘图区中选取图 35.53 所示的弯边特征 10 为要镜像的特征。

在 镜像平面 区域中单击 ▢ 按钮，在绘图区中选取 XZ 基准平面作为镜像平面。单击 〈 确定 〉
按钮，完成镜像特征 2 的创建。

　　Step28. 创建图 35.57 所示的零件特征——镜像 3。选择下拉菜单 插入(S) ➡ 关联复制(A)▶
➡ 镜像特征(M)... 命令，在绘图区中选取图 35.50 所示的拉伸特征 5、图 35.53 所示的
弯边特征 10 和图 35.56 所示的镜像特征 2 为要镜像的特征。在 镜像平面 区域中单击 ▢ 按钮，
在绘图区中选取 YZ 基准平面作为镜像平面。单击 〈 确定 〉 按钮，完成镜像特征 3 的创建。

图 35.56　镜像特征 2

图 35.57　镜像特征 3

　　Step29. 后面的详细操作过程请参见随书光盘中 video\ch06\reference\文件下的语音视
频讲解文件 floppy_drive_bracket-r02.exe。

第 7 章

模型的外观设置与渲染实例

本章主要包含如下内容：

- 实例 36 贴图贴花及渲染
- 实例 37 机械零件的渲染

实例 36 贴图贴花及渲染

本实例讲解了如何在模型表面进行贴图渲染的整个过程，如图 36.1 所示。

图 36.1 在模型上贴图

Step1. 打开文件 D:\ugins8\work\ch07\ins36\BLOCK.prt。

Step2. 选择命令。选择下拉菜单 视图(V) ➡ 可视化(V) ➡ 贴花(E)...命令，系统弹出"贴花"对话框。

Step3. 选择图像文件。单击"贴花"对话框 图像 区域的 按钮，打开文件 D:\ugins8\work\ch07\ins36\decal.jpg（文件类型为*.jpg）。在 图像 区域 图像大小 的下拉列表中选择 4096 选项。选择图 36.2 所示的面为参照，在 放置 区域 锚点类型 的下拉列表中选择 左上 选项，选择图 36.2 所示的点为原点。在 透明度 区域 透明颜色 选择默认的白色，在 RGB 公差 的文本框输入数值 10。其他参数采用系统默认的设置值。单击 确定 按钮，完成模型表面贴图的创建。

Step4. 在图形空白区按住鼠标右键不放，选择"艺术外观"选项，结果如图 36.1 所示。

选取此点为原点

选取该面

图 36.2 定义参照对象

Step5. 选择命令。选择下拉菜单 视图(V) ➡ 可视化(V) ➡ 高质量图像(H)... 命令，系统弹出图"高质量图像"对话框。

Step6. 定义渲染方法。在 方法 下拉列表中选择 照片般逼真的 选项。

Step7. 定义渲染操作。单击 开始着色 按钮，系统开始自动着色。此时能看到模型的变化（此操作后的对话框中的按钮均为激活状态）。

Step8. 保存渲染后模型图像。单击 保存 按钮，系统弹出图 36.3 所示的"保存图像"对话框。单击"保存图像"对话框中的 列出文件 按钮，系统弹出保存路径对话框，在该对话框中单击 OK 按钮，然后单击"保存图像"对话框中 确定 按钮。

Step9. 单击 确定 按钮，完成高质量图像的设置，如图 36.4 所示。

图 36.3　"保存图像"对话框

图 36.4　高质量图像

实例 37 机械零件的渲染

本节介绍一个零件模型渲染效果的详细操作过程。

Task 1. 打开模型文件

Step1. 打开文件 D:\ugins8\work\ch07\ins37\instance_engine.prt。

Step2. 更改渲染样式。在图形区单击鼠标右键，在弹出的快捷菜单中选择 渲染样式(D) ➡ 艺术外观(T) 命令。

Task2. 设置材料/纹理

Step1. 添加材料到部件中材料。选择下拉菜单 视图(V) ➡ 可视化(V) ➡ 材料/纹理(M)... 命令，单击工具栏中的"系统材料"按钮 ，然后单击 metal 文件夹，系统弹出图 37.1 所示的"系统材料"窗口。

Step2. 用鼠标拖动系统材料中所选的材料"aluminum"至模型当中，模型材料自动更改成所选材料，此时的模型外观如图 37.2 所示。

图 37.1 "系统材料"窗口

图 37.2 添加材料后的模型

Step3. 单击工具栏中的"部件中的材料" 按钮，系统弹出"部件中的材料"窗口。

Step4. 编辑新建材料属性。选中新建的文件"aluminum"右击，在弹出的快捷菜单中选择 编辑 命令，系统弹出图 37.3 所示"材料编辑器"对话框。

Step5. 编辑材质参数。在 纹理大小 右侧的下拉列表中选择 4096 选项；单击 常规 选项卡，材料颜色 选择为白色，在 类型 的下拉列表中选择 镜子 选项，其他参数采用系统默认的设置值，单击"材料编辑器"对话框的 确定 按钮。

图 37.3　"材料编辑器"对话框

Task 3. 展示室环境的设置

Step1. 选择命令。选择下拉菜单 视图(V) ➡ 可视化(V) ➡ 展示室环境(H)... 命令，系统弹出"展示室环境"对话框。

说明：初次使用该工具时，系统会弹出图 37.4 所示的"展示室环境"对话框，直接单击对话框中的 确定(O) 按钮。

图 37.4　"展示室环境"对话框

Step2. 调整房间位置。拖动图 37.5 所示的小球向 Bottom 面旋转 90°。结果如图 37.5 所示。

a）旋转前　　　　　　　　　　　　　　　b）旋转后

图 37.5　调整房间位置

Step3. 调整室环境大小。单击图形区图 37.6a 所示的小方块，然后在弹出的"大小"的文本框输入值 1500，结果如图 37.6b 所示。

a）调整前　　　　　　　　　　　　　　b）调整后

图 37.6　调整室环境大小

Step4. 单击"展示室环境"工具条（图 37.7）中的"编辑器"按钮，系统弹出图 37.8 所示的"编辑环境立方体图像"对话框。

图 37.7　"展示室环境"工具条

（1）修改"仰视图"图像。按图 37.8 所示的编号（1～2）依次操作。在弹出的"图像列表文件"中选择 floor.tif 文件并将其打开。单击"编辑环境立方体图像"对话框的 应用 按钮，结果如图 37.9 所示。

图 37.8　"编辑环境立方体图像"对话框　　　图 37.9　修改仰视图

（2）修改后视图、左视图、前视图和右视图的图像。在弹出的"图像列表文件"中选择 wall.tif 文件并将其打开。详细操作过程参照步骤（1）。

（3）修改俯视图的图像。在弹出的"图像列表文件"中选择 sky.tif 文件并将其打开。详细操作过程参照步骤（1）。修改完成后单击 取消 按钮。

Task4. 灯光设置

Step1. 选择命令。选择下拉菜单 视图(V) ➡ 可视化(V) ➡ 高级光源(A)... 命令，系统弹出"高级光源"对话框。

Step2. 设置场景环境光源属性。在"高级光源"对话框 可视效果设置 区域选中 使用基于图像的打光（IBL）复选框。

Step3. 设置场景左上部灯光属性。单击 灯光列表 中 开 区域下面的"场景左上部"按钮 ,
然后在 基本设置 区域 强度 选项中定义其强度为 0.28。

Step4. 设置场景右上部灯光属性。单击 灯光列表 中 开 区域下面的"场景右上部"按钮 ,
然后在 基本设置 区域 强度 选项中定义其强度为 0.29; 在 阴影设置 区域选中 ☑ 阴影 复选框。在 详细
的下拉列表中选择 粗糙 选项,在 边 的下拉列表中选择 特柔和(仅用于高质量图像) 选项。

Step5. 添加"标准 Z 聚光"。

(1)选中"高级光源"对话框中 灯光列表 中 关 区域中的"标准 Z 聚光"按钮 ,然后
单击 ⬆ 按钮,此时"标准 Z 聚光"被添加到环境光源 开 区域中。在 基本设置 区域 类型 的下
拉列表中选择 聚光灯 选项,在 强度 选项中定义其强度为 0.33。

(2)定义光源目标位置。在 定向灯光 区域确认"拖动目标"按钮被按下,然后单击 按
钮,系统弹出"点"对话框,在图 37.10 所示的区域输入坐标位置。 单击 确定 按钮。

(3)定义光源位置。在 定向灯光 区域单击"拖动源"按钮 ,然后单击 按钮,系统
弹出"点"对话框,在图 37.11 所示的区域输入坐标位置。

(4)单击"高级光源"的 确定 按钮,完成灯光的设置。

图 37.10　输入坐标位置　　　　　　图 37.11　输入"光源"位置坐标

Task5. 场景编辑器设置

Step1. 选择命令。选择下拉菜单 视图(V) ➡ 可视化(V) ➡ 场景编辑器(N)...
命令,系统弹出"场景编辑器"对话框。

Step2. 单击对话框中的 光源 选项卡,在 场景光源 区域单击 标准 Z 聚光 ,在 光源设置 区
域选中 ☑ 使用基于图像的打光 复选框;在 场景光源 区域单击 场景右上部 ,在 光源设置 区域选中
☑ 使用基于图像的打光 复选框;在 场景光源 区域单击 场景左上部 ,在 光源设置 区域选中
☑ 使用基于图像的打光 复选框;在 场景光源 区域单击 场景环境 ,在 光源设置 区域选中
☑ 使用基于图像的打光 复选框。

Step3. 单击对话框中的 全局照明 选项卡,设置图 37.12 所示的参数值。单击 确定 按钮,
完成设置。

图 37.12　　"全局照明"选项卡

Task 6. 模型渲染

Step1. 选择命令。选择下拉菜单 视图(V) ➡ 可视化(V) ➡ 高质量图像(H)…
命令，系统弹出图 37.13 所示的"高质量图像"对话框。

Step2. 定义渲染方法。在 方法 下拉列表中选择 照片般逼真的 选项。

Step3. 开始渲染。单击 开始着色 按钮，系统开始对模型进行渲染。渲染完成
后即得到一张渲染图片（图 37.14）。

图 37.13　　"高质量图像"对话框

图 37.14　　渲染图片

　　说明：此处在渲染时，若在"高质量图像"对话框中的下拉列表中选择 光线追踪/FFA 方法进行渲染，图片效果会更佳（使用该方法进行渲染后的效果参见随书光盘文件 D:\ugins8\work\ch07\ins37\ok\ph1.doc），但是渲染的时间比较长，本例中使用 照片般逼真的 方法进行渲染，是一种比较常用的渲染方法。

　　Step4. 保存渲染图像。单击 保存 按钮，系统弹出"保存图像"对话框。单击"保存图像"对话框中的 列出文件 按钮，系统弹出保存路径对话框，在该对话框中单击 OK 按钮，然后单击"保存图像"对话框中的 确定 按钮。

　　Step5. 单击 确定 按钮，完成渲染。

第 8 章

运动仿真及动画实例

本章主要包含如下内容：
- 实例 38　牛头刨床机构仿真
- 实例 39　齿轮机构仿真
- 实例 40　凸轮运动仿真

实例 38　牛头刨床机构仿真

本实例详细介绍了牛头刨床机构仿真的一般过程，通过本实例的学习，读者可以掌握通过 UG 进行运动仿真的操作方法。下面详细介绍图 38.1 所示的牛头刨床机构仿真的一般操作过程。

图 38.1　牛头刨床机构

Task1.　新建仿真文件

Step1. 打开文件 D:\ugins8\work\ch08\ins38\PLANNING_MACHINE.prt。

Step2. 选择 开始 ➡ ⌂ 运动仿真 (D)... 命令，进入运动仿真模块。

Step3. 新建仿真文件。

（1）在"运动导航器"中右击品 PLANNING_MACHINE，在弹出的快捷菜单中选择 🖱 新建仿真 命令，系统弹出图 38.2 所示的"环境"对话框。

图 38.2　"环境"对话框

（2）在"环境"对话框中选中 ⦿ 动力学 单选项，其他采用系统默认设置，单击 确定 按钮，系统弹出图 38.3 所示的"机构运动副向导"对话框，在对话框中单击 取消 按钮。系统进入运动仿真环境。

图 38.3 "机构运动副向导"对话框

Task2. 定义连杆

Step1. 定义固定连杆。选择下拉菜单 插入(S) ➡ ✎ 链接(L)... 命令，系统弹出图 38.4 所示的"连杆"对话框，选取图 38.5 所示的组件 1 为连杆对象，在 设置 区域选中 ☑ 固定连杆 复选框，其他采用系统默认的设置，在"连杆"对话框中单击 应用 按钮。

图 38.4 "连杆"对话框

图 38.5 定义连杆对象

Step2. 定义运动连杆。

（1）选取图 38.5 所示的组件 2 为连杆 2 对象，在 设置 区域取消选中 ☐ 固定连杆 复选框，其他采用系统默认的设置，在"连杆"对话框中单击 应用 按钮。

（2）选取图 38.5 所示的组件 3 为连杆 3 对象，单击 应用 按钮。

（3）选取图 38.5 所示的组件 4 为连杆 4 对象，单击 应用 按钮。

（4）选取图 38.5 所示的组件 5 为连杆 5 对象，单击 应用 按钮。

（5）选取图 38.5 所示的组件 6 为连杆 6 对象，单击 确定 按钮。完成连杆的定义。

Task3.　定义运动副

Step1.　添加旋转副 1。

（1）选择下拉菜单 插入(S) ➡ 运动副(J)... 命令，系统弹出图 38.6 所示的"运动副"对话框（一）。

（2）定义运动副类型。在"运动副"对话框的 定义 选项卡的 类型 下拉列表中选择 旋转副 选项。

（3）选择连杆。选取图 38.7 所示连杆 2。

（4）指定原点。在"运动副"对话框的 指定原点 后的下拉列表中选择 ⊙ 选项，在模型中选取图 38.7 所示的圆弧为定位原点参照。

（5）指定矢量。在 指定矢量 后的下拉列表中选择 ZC↑ 为矢量。

（6）定义驱动。在"运动副"对话框中单击 驱动 选项卡，在 旋转 下拉列表中选择 恒定 选项，并在其下的 初速度 文本框中输入数值 60。

（7）单击 应用 按钮，完成第一个运动副的添加。

图 38.6　"运动副"对话框（一）

图 38.7　指定连杆

Step2. 添加旋转副 2。

（1）定义操作对象。选择图 38.8 所示的连杆 3。在"运动副"对话框中 ![指定原点] 后的下拉列表中选择 ![⊙] 选项，在模型中选取图 38.8 所示的圆弧为定位原点参照；在 ![指定矢量] 下拉列表中选择 ![-zc] 为矢量。

图 38.8　添加旋转副 2

（2）定义基本对象。在图 38.9 所示的"运动副"对话框（二）的 ![基本] 区域中选中 ![☑啮合连杆] 复选框，单击 ![按钮] 按钮，选择图 38.8 所示连杆 2 为啮合连杆对象，在 ![指定原点] 后的下拉列表中选择 ![⊙] 选项，在模型中选取图 38.8 所示的圆弧为定位原点参照；在 ![指定矢量] 后的下拉列表中选择 ![-zc] 为矢量；单击 ![应用] 按钮，完成第二个运动副的添加。

注意：此处在定义"操作对象"和"基本对象"时，要保证选择的原点和矢量要一致，才能保证操作连杆和啮合连杆能够一起运动。

Step3. 添加滑动副 1。

（1）定义连杆类型。在 ![类型] 区域的下拉列表中选择 ![滑动副] 选项。

（2）定义操作对象。选择图 38.10 所示的连杆 3。在"运动副"对话框中 ![指定原点] 后的下拉列表中选择 ![⊙] 选项，在模型中选取图 38.10 所示的圆弧为定位原点参照；选取图 38.10 所示的面为矢量参照。

（3）定义基本对象。在"运动副"对话框的 ![基本] 区域中选中 ![☑啮合连杆] 复选框，单击 ![按钮] 按钮，选择图 38.10 所示连杆 4 为啮合连杆对象，在 ![指定原点] 后的下拉列表中选择 ![⊙] 选项，在模型中选取图 38.10 所示的圆弧为定位原点参照；选取图 38.10 所示的面为矢量参照，单击 应用 按钮，完成滑动副 1 的添加。

图 38.9　"运动副"对话框（二）

图 38.10　添加滑动副 1

Step4. 添加旋转副 3。在 类型 区域的下拉列表中选择 旋转副 选项。选择图 38.11 所示的连杆 4。在 指定原点 后的下拉列表中选择 选项，在模型中选取图 38.11 所示的圆弧为定位原点参照；在 指定矢量 下拉列表中选择 为矢量，单击 应用 按钮，完成第三个旋转副的添加。

图 38.11　添加旋转副 3

Step5. 添加旋转副 4。

（1）定义操作对象。选择图 38.12 所示的连杆 5。在"运动副"对话框中 ✔ 指定原点 后的下拉列表中选择 ⊙ 选项，在模型中选取图 38.12 所示的圆弧为定位原点参照；在 ✔ 指定矢量 下拉列表中选择 ↓-ZC 为矢量。

（2）定义基本对象。在"运动副"对话框的 基本 区域中选中 ☑ 啮合连杆 复选框，单击 ✎ 按钮，选择图 38.12 所示连杆 4 为啮合连杆对象，在 ✔ 指定原点 后的下拉列表中选择 ⊙ 选项，在模型中选取图 38.12 所示的圆弧为定位原点参照；在 ✔ 指定矢量 下拉列表中选择 ↓-ZC 为矢量。单击 应用 按钮，完成旋转副 4 的添加。

图 38.12　添加旋转副 4

Step6. 添加旋转副 5。

（1）定义操作对象。选择图 38.13 所示的连杆 5。在"运动副"对话框中 ✔ 指定原点 后的下拉列表中选择 ⊙ 选项，在模型中选取图 38.13 所示的圆弧为定位原点参照；在 ✔ 指定矢量 下拉列表中选择 ↓-ZC 为矢量。

（2）定义基本对象。在"运动副"对话框的 基本 区域中选中 ☑ 啮合连杆 复选框，单击 ✎ 按钮，选择图 38.13 所示连杆 6 为啮合连杆对象，在 ✔ 指定原点 后的下拉列表中选择 ⊙ 选项，在模型中选取图 38.13 所示的圆弧为定位原点参照；在 ✔ 指定矢量 下拉列表中选择 ↓-ZC 为矢量。单击 应用 按钮，完成旋转副 5 的添加。

Step7. 添加滑动副 2。

（1）定义连杆类型。在 类型 区域的下拉列表中选择 🔩 滑动副 选项。

（2）定义操作对象。选择图 38.14 所示的连杆 6。在"运动副"对话框中 ✔指定原点 后的下拉列表中选择 ⊙ 选项，在模型中选取图 38.14 所示的圆弧为定位原点参照；选取图 38.14 所示的面为矢量参照。单击 确定 按钮，完成滑动副 2 的添加。

定位原点参照圆弧　连杆 5　连杆 6　放大图

图 38.13　添加旋转副 5

连杆 6　选取该平面　定位原点参照圆弧　放大图

图 38.14　添加滑动副 2

Task4. 定义解算方案并仿真

Step1. 定义解算方案。选择下拉菜单 插入(S) ➡ 解算方案(I)... 命令，系统弹出图 38.15 所示的"解算方案"对话框。在 解算方案选项 区域中的 时间 文本框中输入数值 5，在 步数 文本框中输入数值 500，选中 ✔ 通过按"确定"进行解算 复选框，其他参数采用系统默认设置值；单击 确定 按钮，系统开始解算仿真文件。

图 38.15　"解算方案"对话框

Step2. 播放动画。在"动画控制"工具栏中单击"播放"按钮 ▶，即可播放动画。

Step3. 保存仿真动画。单击"完成动画"按钮 🏁，单击"导出至电影"按钮 🎬，系统弹出图 38.16 所示的"录制电影"对话框，输入文件名称 PLANNING_MACHINE，单击 OK 按钮，系统开始导出动画视频，录制完成后系统弹出图 38.17 所示的"导出至电影"对话框，单击 确定(0) 按钮完成操作。

图 38.16 "录制电影"对话框

图 38.17 "导出至电影"对话框

注意：只有在"动画控制"工具栏中单击"完成动画"按钮 🏁 之后，才可修改动画的相关属性。

实例 39　齿轮机构仿真

下面详细介绍图 39.1 所示的齿轮机构仿真的一般操作过程。

图 39.1　齿轮机构

Task1．新建仿真文件

Step1．打开文件 D:\ugins8work\ch08\ins39\SM.prt。

Step2．选择 ![开始] ➡ ![运动仿真(D)...] 命令，进入运动仿真模块。

Step3．新建仿真文件。

（1）在"运动导航器"中右击 ![GEARWHEEL_ASM]，在弹出的快捷菜单中选择 ![新建仿真] 命令，系统弹出图 39.2 所示的"环境"对话框。

（2）在"环境"对话框中选中 ![◉ 动力学] 单选项，单击 ![确定] 按钮。

图 39.2　"环境"对话框

Task2．定义连杆

Step1．定义连杆 1。选择下拉菜单 ![插入(S)] ➡ ![链接(L)...] 命令，系统弹出图 39.3 所示的"连杆"对话框，选取图 39.4 所示的组件 1 为连杆 1，采用系统默认的设置，在"连杆"对话框中单击 应用 按钮。

图 39.3　"连杆"对话框

　　Step2. 定义连杆 2。选取图 39.4 所示的组件 2 为连杆 2，采用系统默认的设置，在"连杆"对话框中单击 确定 按钮。

组件 1

组件 2

图 39.4　定义连杆

Task3.　定义运动副

Step1. 添加旋转副 1。

　　（1）选择下拉菜单 插入(S) ➝ 运动副(J)... 命令，系统弹出图 39.5 所示的"运动副"对话框。

　　（2）定义运动副类型。在"运动副"对话框的 定义 选项卡的 类型 下拉列表中选择 旋转副 选项。

　　（3）定义旋转副 1。选取图 39.6 所示的连杆 1。在"运动副"对话框的 指定原点 下拉列表中选择 选项，在模型中选取图 39.6 所示的圆弧为定位原点参照。在 指定矢量 下拉列表中选择 ZC 为矢量。

　　（4）单击 应用 按钮，完成第一个运动副（旋转副 1）的添加。

图 39.5 "运动副"对话框

图 39.6 定义旋转副 1

Step2. 添加旋转副 2。

（1）定义运动副类型。在"运动副"对话框的 定义 选项卡的 类型 下拉列表中选择 旋转副 选项。

（2）定义旋转副 2。选取图 39.7 所示的连杆 2，在"运动副"对话框中 指定原点 下拉列表中选择 选项，在模型中选取图 39.7 所示的圆弧为定位原点参照；在 指定矢量 下拉列表中选择 为矢量。

（3）定义驱动。在"运动副"对话框中单击 驱动 选项卡，在 旋转 下拉列表中选择 恒定 选项，并在其下的 初速度 文本框中输入数值 50。

（4）单击 确定 按钮，完成第二个运动副（旋转副 2）的添加。

图 39.7 定义旋转副 2

Step3. 添加齿轮副。

（1）选择下拉菜单 插入(S) ➡ 传动副(E) ➡ 齿轮副(G)... 命令，系统弹出图 39.8

所示的"齿轮副"对话框。

图 39.8 "齿轮副"对话框

（2）选择运动副。在"齿轮副"对话框中选取图 39.9 所示的旋转副 1 和旋转副 2。

（3）定义传动比率。在 设置 区域 比率 的文本框输入数值 2.083。

（4）单击 确定 按钮，完成齿轮副的添加。

运动副 1

运动副 2

图 39.9 选择运动副

Task4. 定义解算方案并仿真

Step1. 定义解算方案。

（1）选择下拉菜单 插入(S) ➡ 解算方案(L)... 命令，系统弹出图 39.10 所示的"解算方案"对话框。

（2）在"解算方案"对话框的 解算方案选项 区域中的 时间 文本框中输入数值 5，在 步数 文本框中输入数值 500。选中 ☑ 通过按"确定"进行解算 复选框。

（3）单击 确定 按钮，完成解算方案的定义。

Step2. 播放仿真动画。在"动画控制"工具栏中单击"播放"按钮 ，即可播放动画。

图 39.10　"解算方案"对话框

实例 40　凸轮运动仿真

下面详细介绍图 40.1 所示的凸轮机构运动仿真的一般操作过程。

图 40.1　凸轮机构

Task1. 新建仿真文件

Step1. 打开文件 D:\ugins8\work\ch08\ins40\CAM_ASM.prt

Step2. 选择 ![开始] ➜ ![运动仿真(D)...] 命令，进入运动仿真模块。

Step3. 新建仿真文件。

（1）在"运动导航器"中右击 ![CAM_ASM]，在弹出的快捷菜单中选择 ![新建仿真] 命令，系统弹出"环境"对话框。

（2）在"环境"对话框中选中 ![●动力学] 单选项，单击 ![确定] 按钮，系统弹出图 40.2 所示的"机构运动副向导"对话框，单击 ![取消] 按钮。

图 40.2　"机构运动副向导"对话框

Task2.　定义连杆

Step1. 定义固定连杆。

选择下拉菜单 插入(S) ➡ 链接(L)... 命令，系统弹出"连杆"对话框，选取图 40.3 所示的组件 1 为连杆 1，在 设置 区域选中 ☑固定连杆 复选框，其他采用系统默认的设置，在"连杆"对话框中单击 应用 按钮。

Step2. 定义运动连杆。

（1）选取图 40.3 所示的组件 2 为连杆 2，在 设置 区域取消选中 ☐固定连杆 复选框，其他采用系统默认的设置，在"连杆"对话框中单击 应用 按钮。

注意：此处的连杆 2 包括两个对象（销轴和推杆），因为在仿真过程中，这两个对象的运动是一样的，可以将这两个对象定义为一个连杆。

（2）选取图 40.3 所示的组件 3 为连杆 3，单击 应用 按钮。

（3）选取图 40.3 所示的组件 4 为连杆 4，单击 确定 按钮，完成连杆的定义。

图 40.3　定义连杆

Task3.　定义运动副

Step1. 添加旋转副 1。

（1）选择下拉菜单 插入(S) ➡ 运动副(J)... 命令，系统弹出"运动副"对话框。

（2）定义运动副类型。在"运动副"对话框的 定义 选项卡的 类型 下拉列表中选择 旋转副 选项。

（3）定义旋转副 1。选取图 40.4 所示连杆 4。在"运动副"对话框的 ✓指定原点 下拉列表中选择 ⊙ 选项，在模型中选取图 40.4 所示的圆弧为定位原点参照，在 ✓指定矢量 下拉列表中选择 YC 为矢量。

（4）定义驱动。在"运动副"对话框中单击 驱动 选项卡，在 旋转 下拉列表中选择 恒定选项，并在其下的 初速度 文本框中输入数值 50。

定位原点参照圆弧

连杆 4

放大图

图 40.4　定义旋转副 1

（5）单击 应用 按钮，完成旋转副 1 的添加。

Step2. 添加旋转副 2。

（1）定义运动副类型。在"运动副"对话框的 定义 选项卡的 类型 下拉列表中选择 旋转副 选项。

（2）定义操作连杆。选取图 40.5 所示的连杆 3。在"运动副"对话框中 指定原点 下拉列表中选择 选项，在模型中选取图 40.5 所示的圆弧为定位原点参照；在 指定矢量 下拉列表中选择 YC 为矢量。

（3）定义啮合连杆。在"运动副"对话框 基本 区域中选中 啮合连杆 复选框，单击 按钮，选取图 40.5 所示连杆 2，在"运动副"对话框中 指定原点 下拉列表中选择 选项，在模型中选取图 40.5 所示的圆弧为定位原点参照；在 指定矢量 下拉列表中选择 YC 为矢量。

（4）单击 应用 按钮，完成旋转副 2 的添加。

连杆 2

定位原点参照圆弧

连杆 3

放大图

图 40.5　定义旋转副 2

Step3. 添加滑动副。

（1）定义运动副类型。在"运动副"对话框的 定义 选项卡的 类型 下拉列表中选择 滑动副 选项。

（2）定义滑动副。选取图 40.6 所示连杆 2。在"运动副"对话框的 指定原点 下拉列表中选择 ⊙ 选项，在模型中选取图 40.6 所示的圆弧为定位原点参照。在 指定矢量 下拉列表中选择 ^{ZC}↑ 为矢量。

图 40.6 定义滑动副

（3）单击 确定 按钮，完成滑动副的添加。

Step4. 添加线在线上副。

（1）选择下拉菜单 插入(S) ➡ 约束(T) ➡ 线在线上副(N)... 命令，系统弹出图 40.7 所示的"线在线上副"对话框。

（2）定义参照曲线。选取图 40.8 所示曲线 1 和曲线 2。

（3）单击 确定 按钮，完成约束的添加。

图 40.7 "线在线上副"对话框

图 40.8 定义参照曲线

Task4. 定义解算方案并仿真

Step1. 添加运算器。

（1）选择下拉菜单 插入(S) ➡ 解算方案(I)... 命令，系统弹出"运算方案"对话框。

（2）在"运算方案"对话框的 解算方案选项 区域中的 时间 文本框中输入数值 10，在 步数 文本框中输入数值 5000。选中 ☑ 通过按"确定"进行解算 复选框。

（3）单击 确定 按钮，完成运算器的添加。

Step2. 播放动画。在"动画控制"工具栏中单击"播放"按钮 ▶，即可播放动画。

第 9 章

管道与电缆设计实例

本章主要包含如下内容：

- 实例 41　车间管道布线
- 实例 42　电缆设计

实例 41 车间管道布线

实例概述

本实例详细介绍了在 UG 管道布线模块中进行三维管道布线的操作过程，在管道布线过程中注意管道布线的流程以及管道路径的绘制方法。车间管道布线的示例如图 41.1 所示。

图 41.1 车间管道布线

Task1. 进入管道设计模块

Step1. 打开文件 D:\ugins8\work\ch09\ins41\ex\00-tubing_system_design.prt，装配模型如图 41.2 所示。

图 41.2　装配模型

Step2. 进入管道设计环境。选择下拉菜单 ➡ **所有应用模块** ➡

命令，系统进入管道设计模块。

说明：为了选择、操作方便将装配导航器中的 ☑ frame1 和 ☑ frame2 隐藏。

Task2. 创建管道路径

Stage1. 创建管道路径 L1

Step1. 创建管道端口 1。在装配导航器 ☑ vale_01 上右击，在弹出的快捷菜单中选择 **设为工作部件** 命令。

（1）选择下拉菜单 **工具(T)** ➡ **审核部件(Q)...** 命令，系统弹出图 41.3 所示的"审核部件"对话框。

图 41.3　"审核部件"对话框

（2）在"审核部件"对话框的 管线部件类型 区域选中 ⊙ 连接件 复选框，在 管线布置对象 区域 连接件 右击，选择 新建 命令，系统弹出图 41.4 所示的"连接件端口"对话框。

图 41.4　"连接件端口"对话框

（3）在 过滤器 右面的下拉列表中选择 面 选项。选择图 41.5 所示的面为参考面，单击 选择步骤 区域中的"对齐矢量"按钮 ，采用系统默认的方向，然后单击两次"连接件端口"对话框中的 确定 按钮，系统返回至"审核部件"对话框。

（4）单击"审核部件"对话框的 确定 按钮，完成管道端口 1 的创建。

选取该平面

图 41.5　选取参考面（一）

Step2. 创建管道端口 2。在装配导航器中 ☑ sample-Tank-05 （中间的）上双击将其设为工作部件，选取图 41.6 所示的面为参考面。详细操作过程参照 Step1。

Step3. 放置法兰。

（1）在装配导航器中 ☑ 00-tubing_system_design 上双击将其设为工作部件。

（2）选择下拉菜单 插入(S) ➡ 管线布置部件(T) ➡ 放置部件(P)... 命令，系统弹出"指定项"对话框。

图 41.6　选取参考面（二）

（3）在"指定项"对话框中单击"打开" 按钮，在弹出的"部件名"对话框中选择 fittings_weld_flange_d140.prt 并将其打开。单击"指定项"对话框中的 ┃确定┃ 按钮，系统弹出"放置部件"对话框。

（4）选择图 41.7 所示的端口 1（箭头）为参照，在"放置部件"对话框 ┃放置解算方案┃ 区域单击 ┃▶┃ 按钮，然后单击"放置部件"的 ┃应用┃ 按钮，结果如图 41.8 所示。

图 41.7　定义参照对象

图 41.8　放置法兰 1

（5）选择图 41.9 所示的端口 2（箭头）为参照对象，然后单击"放置部件"的 ┃确定┃ 按钮，结果如图 41.10 所示。

图 41.9　定义参照对象

图 41.10　放置法兰 2

Step4. 创建线性路径 1。

（1）在"机械管线布置"工具条中单击"创建线性路径"按钮 🔧，系统弹出"创建线性路径"对话框。

（2）在模型中选取图 41.11 所示点为参考点；在"创建线性路径"对话框中的 模式 下拉列表中选择 平行于轴 选项，在 指定点 区域 偏置 文本框输入数值 1200，在 设置 区域中选中 ☑ 指派默认转角 、 ☑ 锁定到选定的对象 、 ☑ 锁定长度 和 ☑ 锁定角度 复选框。

图 41.11　定义参考点（一）

（3）单击 应用 按钮，完成线性路径 1 的创建。如图 41.12 所示。

图 41.12　创建线性路径 1

Step5. 创建线性路径 2。

（1）在模型中选取图 41.13 所示点为参考点；在"创建线性路径"对话框中的 模式 下拉
列表中选择 平行于轴 选项，在 指定点 区域 偏置 文本框输入数值 260，按 Enter 键确认。

图 41.13　定义参考点（二）

（2）在"创建线性路径"对话框中单击 应用 按钮，完成线性路径 2 的创建。结果如
图 41.14 所示。

图 41.14　创建线性路径 2

Step6. 创建线性路径 3。

在模型中选取图 41.15 所示点为参考点；在"创建线性路径"对话框中的 模式 下拉列表

中选择 平行于轴 选项，单击 ✔ 指定矢量 按钮，选择 ✗ᶜ 为矢量，在 偏置 文本框中输入值 1300，按 Enter 键确认，单击 确定 按钮，结果如图 41.16 所示。

图 41.15　定义参考点（三）

图 41.16　创建线性路径 3

Step7. 创建修复路径。

（1）在"机械管线布置"工具条中单击"修复路径"按钮 🔧。

（2）在"修复路径"对话框 设置 区域中的 方法 下拉列表中选择 XC ZC YC 选项；在 直线 区域中选中 ☑ 指派默认转角 、☑ 锁定到选定的对象 、☑ 锁定长度 和 ☑ 锁定角度 复选框。

（3）在模型中选取图 41.17 所示的点为起点参考，在 延伸 文本框中输入值 0；选取图 41.17 所示的点为终点参考，在 延伸 文本框中输入值 500。

图 41.17　选取起点和终点参考

（4）在"修复路径"对话框中单击 确定 按钮，完成修复路径的创建，如图 41.18 所示。

图 41.18　创建修复路径

Step8. 创建简化路径。在"机械管线布置"工具条中单击"变换路径"按钮 后的 按钮，然后选择 简化路径 命令，系统弹出"简化路径"对话框；在模型中选取图 41.19 所示的路径分段 1 与路径分段 2 为简化对象，单击 应用 按钮；在模型中选取图 41.19 所示的路径分段 3 与路径分段 4 为简化对象，单击 确定 按钮，完成简化路径的创建。

图 41.19　选取简化对象

Step9. 指派拐角。

（1）选择下拉菜单 插入(S) ➡ 管线布置路径(R) ➡ 指派拐角 命令，系统弹出"指派拐角"对话框。

（2）在"指派拐角"对话框中设置图 41.20 所示的参数。

图 41.20　"指派拐角"对话框

（3）在模型中框选图 41.21 所示的所有拐角，单击 确定 按钮，完成指派拐角，结果如图 41.22 所示。

图 41.21　选择拐角

图 41.22 指派拐角后

Step10. 放置 90°折弯管接头（d140）。

（1）选择下拉菜单 插入(S) ➡ 管线布置部件(T) ➡ 放置部件(P)... 命令，系统弹出"指定项"对话框。

（2）在"指定项"对话框中单击"打开"按钮，在弹出的"部件名"对话框中选择 fittings_90deg_elbow_d140.prt 并将其打开。单击"指定项"对话框中的 确定 按钮，此时系统弹出"放置部件"对话框。

（3）选择图 41.23 所示的管线布置控制顶点 1 为参照，然后单击"放置部件"对话框中的 应用 按钮。

图 41.23 选取放置顶点

（4）按照（3）的操作步骤，在其他 3 个顶点处放置管接头，放置完成后单击 确定 按钮，退出"放置部件"对话框。结果如图 41.24 所示。

图 41.24 放置管接头

Step11. 指派型材。

（1）在"机械管线布置"工具条中单击"型材"按钮 ，系统弹出"型材"对话框。

（2）单击"型材"对话框中的 指定型材 按钮，系统弹出"指定项"对话框。

（3）在 重用库 的 文件夹视图 区域选择 Routing Part Library ➡ Pipe 节点下的 DIN-Steel 为型材类型，在 成员视图 下拉列表中选择"列表"选项 ，选中 R_ST_2448_125 ，单击 确定 按钮，系统返回到"型材"对话框。

Step12. 在模型中框选所有管道路径，单击 ＜ 确定 ＞ 按钮，完成型材的添加，如图 41.25 所示。

图 41.25　指派型材

Stage2．创建管道路径 L2

Step1. 创建管道端口 1。在装配导航器 ☑ equipment02 上右击，在弹出的快捷菜单中选择 设为工作部件 命令。

（1）选择下拉菜单 工具(T) ➡ 审核部件(Q)... 命令，系统弹出"审核部件"对话框。

（2）在"审核部件"对话框中 管线部件类型 区域选中 ⊙ 连接件 单选项，在 管线布置对象 区域 连接件 右击，然后选择 新建 命令，系统弹出"连接件端口"对话框。

（3）在 过滤器 右面的下拉列表中选择 面 选项。选择图 41.26 所示的平面 1 为参照，单击 选择步骤 区域中的"对齐矢量"按钮 ，采用系统默认的方向，然后单击两次"连接件端口"对话框中的 确定 按钮，此时系统返回"审核部件"对话框。

（4）单击"审核部件"对话框的 确定 按钮，完成管道端口 1 的创建。

Step2. 创建管道端口 2。选取图 41.26 所示的平面 2 为参照。详细操作过程参照 Step1。

Step3. 创建管道端口 3。在装配导航器中 ☑ sample-Tank-07 上双击将其设为工作部件，选取图 41.27 所示的平面 3 为参考面。详细操作过程参照 Step1。

　　Step4. 创建管道端口 4。选取图 41.27 所示的平面 4 为参考面。详细操作过程参照 Step1。

图 41.26　选取参考面（一）

图 41.27　选取参考面（二）

Step5. 放置法兰。

　　（1）在装配导航器中 ☑⧉ 00-tubing_system_design 上双击将其设为工作部件。

　　（2）选择下拉菜单 插入(S) ➤ 管线布置部件(T) ➤ 放置部件(P)... 命令，系统弹出"指定项"对话框。

　　（3）在"指定项"对话框中单击"打开"按钮 🖼️，在弹出的"部件名"对话框中选择 fittings_weld_flange_d60.prt 并将其打开。单击"指定项"对话框中的 确定 按钮，系统弹出"放置部件"对话框。

　　（4）选择图 41.28 所示的端口 1（箭头）为参照对象，单击"放置部件"对话框中的 应用 按钮，结果如图 41.29 所示。

图 41.28 定义参照对象（一）　　　　　　　图 41.29 放置法兰 1

（5）选择 Step2 创建的端口 2（箭头）为参照，放置法兰 2，结果如图 41.30 所示。详细操作过程参照 Step5。

图 41.30 放置法兰 2

（6）选择 Step3 创建的端口 3（箭头）和 Step4 创建的端口 4（箭头）为参照，放置法兰 3、4，结果如图 41.31 所示。

图 41.31 放置法兰 3、4

Step6. 创建线性路径 1。

（1）在"机械管线布置"工具条中单击"创建线性路径"按钮 ，系统弹出"创建线性路径"对话框。

（2）在模型中选取图 41.32 所示点为参考点；在"创建线性路径"对话框中的 模式 下拉

列表中选择 平行于轴 选项，在 指定点 区域 偏置 文本框输入数值 900，按 Enter 键确认。

（3）单击 ✔ 指定矢量 按钮，选择 ↓ᶻᶜ 矢量，在 偏置 文本框中输入值 750，按 Enter 键确认。

（4）单击 ✔ 指定矢量 按钮，选择 ↖⁻ˣᶜ 矢量，在 偏置 文本框中输入值 2400，按 Enter 键确认。

（5）单击 确定 按钮，完成线性路径 1 的创建。结果如图 41.33 所示。

图 41.32　定义参考点（一）

图 41.33　创建线性路径 1

Step7. 创建线性路径 2。

（1）在模型中选取图 41.34 所示点为参考点；在"创建线性路径"对话框中的 模式 下拉列表中选择 平行于轴 选项，在 指定点 区域 偏置 文本框输入数值 1000，按 Enter 键确认。

（2）在"创建线性路径"对话框中单击 确定 按钮，完成线性路径 2 的创建。结果如图 41.35 所示。

图 41.34　定义参考点（二）

图 41.35　创建线性路径 2

Step8. 创建修复路径 1。

（1）在"机械管线布置"工具条中单击"修复路径"按钮 ⌐。

（2）在"修复路径"对话框 设置 区域中的 方法 下拉列表中选择 YC XC ZC 选项；在 直线 区域中选中 ☑ 指派默认转角 、☑ 锁定到选定的对象 、☑ 锁定长度 和 ☑ 锁定角度 复选框。

（3）在模型中选取图 41.36 所示的点为起点参考，在 延伸 文本框中输入值 0；选取图 41.36 所示的点为终点参考，在 延伸 文本框中输入值 0。

图 41.36　选取起点和终点参考（一）

（4）在"修复路径"对话框中单击 确定 按钮，完成修复路径 1 的创建，如图 41.37 所示。

图 41.37　创建修复路径 1

Step9. 创建线性路径 3。

在模型中选取图 41.38 所示点为参考点；在"创建线性路径"对话框中的 模式 下拉列表中选择 平行于轴 选项，在 偏置 文本框中输入值 1000，按 Enter 键确认，单击 确定 按钮，结果如图 41.39 所示。

图 41.38　定义参考点（三）

图 41.39　创建线性路径 3

Step10. 创建再分割段 1。

（1）在"机械管线布置"工具条中单击"再分割段"按钮![]后的按钮，然后选择![再分割段]命令，系统弹出"再分割段"对话框。

（2）在[类型]下拉列表中选择[在点上]选项，选取图 41.40 所示的路径分段 1 为分割对象，在[位置]下拉列表中，选择[通过点]选项，在"点"下拉列表中，选择"交点"按钮![]；然后在模型中选取路径分段 2 和路径分段 1。

路径分段 2　　　　路径分段 1

图 41.40　创建再分割段 1

（3）单击[确定]按钮，完成再分割段 1 的创建。结果如图 41.40 所示。

Step11. 删除分段。在"机械管线布置"工具条中，单击"删除管线布置对象"按钮![]，系统弹出"删除管线布置对象"对话框；在模型中选取图 41.41 所示的管道分段为删除对象，单击[确定]按钮。

删除对象

图 41.41　选取删除对象

Step12. 创建修复路径 2。

（1）在"机械管线布置"工具条中单击"修复路径"按钮![]。

（2）在"修复路径"对话框[设置]区域中的[方法]下拉列表中，选择[ZC YC XC]选项；在[直线]区域中选中[☑ 指派默认转角]、[☑ 锁定到选定的对象]、[☑ 锁定长度]和[☑ 锁定角度]复选框。

（3）在模型中选取图 41.42 所示的点为起点参考，在 延伸 文本框中输入值 0；选取图 41.42 所示的点为终点参考，在 延伸 文本框中输入值 0。

（4）在"修复路径"对话框中单击 确定 按钮，完成修复路径的创建，如图 41.43 所示。

图 41.42　选取起点和终点参考（二）

图 41.43　创建修复路径 2

Step13. 创建线性路径 4。

在模型中选取图 41.44 所示点为参考点；在"创建线性路径"对话框中的 模式 下拉列表中选择 平行于轴 选项，在 偏置 文本框中输入值 1200，按 Enter 键确认，单击 确定 按钮，结果如图 41.45 所示。

图 41.44　定义参考点（四）

图 41.45　创建线性路径 4

Step14. 创建再分割段 2。选取图 41.46 所示的路径分段 3 为分割对象，在 位置 下拉列表中选择 通过点 选项，在"点"下拉列表中选择"交点"按钮 ；然后在模型中选取路径分段 3 和路径分段 4；单击 确定 按钮，完成再分割段 2 的创建。

Step15. 创建再分割段 3。选取图 41.46 所示的路径分段 4 为分割对象，在 位置 下拉列表中选择 通过点 选项，在"点"下拉列表中选择"现有点"按钮 ；然后在模型中选取 41.47 所示的点；单击 确定 按钮，完成再分割段 3 的创建。

Step16. 删除分段 2。选取图 41.47 所示的管道分段为删除对象，单击 确定 按钮，完成删除分段 2 的创建。

图 41.46　创建再分割段 2、3

图 41.47　选取删除对象

Step17. 创建再分割段 4。选取图 41.48 所示的路径分段 5 为分割对象，在 `位置` 下拉列表中选择 `弧长百分比` 选项，在 `% 位置` 文本框中输入值 50。单击 `应用` 按钮，完成再分割段 4 的创建。

Step18. 创建再分割段 5。选取图 41.49 所示的路径分段 6 为分割对象，在 `位置` 下拉列表中选择 `弧长百分比` 选项，在 `% 位置` 文本框中输入值 50。单击 `确定` 按钮，完成再分割段 5 的创建。

图 41.48　创建再分割段 4

图 41.49　创建再分割段 5

Step19. 放置 90°折弯管接头（d60）。

（1）选择下拉菜单 `插入(S)` ➡ `管线布置部件(T)` ➡ `放置部件(P)...` 命令，系统弹出"指定项"对话框。

（2）在"指定项"对话框中单击"打开"按钮 ，在弹出的"部件名"对话框中选择 fittings_90deg_elbow_d60.prt 并将其打开。单击"指定项"对话框中的 `确定` 按钮，此时系统弹出"放置部件"对话框。

（3）选择图 41.50 所示的管线布置控制顶点 1 为参照，然后单击"放置部件"对话框中的 `应用` 按钮。

图 41.50　选取放置顶点（一）

（4）按照（3）的操作步骤，在其他六个顶点处放置管接头，放置完成后单击 取消 按钮，退出"放置部件"对话框。结果如图 41.51 所示。

图 41.51　放置管接头

Step20. 放置三通管接头（d60）。

（1）选择下拉菜单 插入(S) ➡ 管线布置部件(T) ➡ 放置部件(P)... 命令，系统弹出"指定项"对话框。

（2）在"指定项"对话框中单击"打开"按钮，在弹出的"部件名"对话框中选择 fittings_straight_tee_d60.prt 并将其打开。单击"指定项"对话框中的 确定 按钮，此时系统弹出"放置部件"对话框。

（3）选择图 41.52 所示的管线布置控制顶点 1 为参照，然后单击"放置部件"对话框中的 应用 按钮。

（4）按照（3）的操作步骤，在其他所有三通顶点处放置三通管接头，放置完成后单击 取消 按钮，退出"放置部件"对话框。结果如图 41.53 所示。

说明：管接头放置的方向不正确时可以通过"放置解算方案"区域的 ▶ 按钮来调整。

图 41.52 选取放置顶点（二）

图 41.53 放置三通管接头

Step21. 添加阀配件接头。

（1）选择下拉菜单 插入(S) ➡ 管线布置部件(T) ➡ 放置部件(P)... 命令，系统弹出"指定项"对话框。

（2）在"指定项"对话框中单击"打开"按钮 ，在弹出的"部件名"对话框中选择 fittings_ball_valve_d60.prt 并将其打开。单击"指定项"对话框中的 确定 按钮，此时系统弹出"放置部件"对话框。

（3）选择图 41.54 所示的管线布置控制顶点 1 为参照，在 放置解算方案 区域 端口旋转 的文本框中输入数值-90，然后单击"放置部件"对话框中的 应用 按钮。

（4）按照（3）的操作步骤，在控制顶点 2 处放置阀配件接头，放置完成后单击 取消 按钮，退出"放置部件"对话框。结果如图 41.55 所示。

图 41.54 选取放置顶点（三）

图 41.55 放置阀配件接

Step22. 指派型材。

（1）在"机械管线布置"工具条中单击"型材"按钮 ，系统弹出"型材"对话框。

（2）单击"型材"对话框中的 指定型材 按钮，系统弹出"指定项"对话框。

（3）在 重用库 的 文件夹视图 区域选择 Routing Part Library ➡ Pipe 节点下 DIN-Steel 为型材类

型，在成员视图下拉列表中选择"列表"选项▤，选中 🔘 R_ST_2448_50，单击 确定 按钮，系统返回到"型材"对话框。

（4）在模型中框选所有管道路径，单击 ＜ 确定 ＞ 按钮，完成型材的添加，如图 41.56 所示。

图 41.56　指派型材

Stage3．创建管道路径 L3

Step1．创建管道端口 1。

（1）在装配导航器中 ☑🔲 sample-Tank-05 （第三个）上双击将其设为工作部件。

（2）选择下拉菜单 工具(T) ➡ 🔲 审核部件(Q)… 命令，系统弹出"审核部件"对话框。

（3）在"审核部件"对话框中 管线部件类型 区域选中 🔘 连接件 复选框，在 管线布置对象 区域 连接件 右击，然后选择 新建 命令，系统弹出"连接件端口"对话框。

（4）在 过滤器 右面的下拉列表中选择 面 选项。选择图 41.57 所示的平面为参照面，单击 选择步骤 区域中的"对齐矢量"按钮🔩，采用系统默认的方向，然后单击两次"连接件端口"对话框中的 确定 按钮，此时系统返回"审核部件"对话框。

图 41.57　定义参照面

（5）单击"审核部件"对话框的 确定 按钮，完成管道端口 1 的创建。

Step2. 放置法兰。

（1）在装配导航器中 ☑️🔩 00-tubing_system_design 上双击将其设为工作部件。

（2）选择下拉菜单 插入(S) ➡️ 管线布置部件(T) ➡️ 放置部件(P)... 命令，系统弹出"指定项"对话框。

（3）在"指定项"对话框中单击"打开"按钮🔧，在弹出的"部件名"对话框中选择 fittings_weld_flange_d140.prt 并将其打开。单击"指定项"对话框中的 确定 按钮，此时系统弹出"放置部件"对话框。

（4）选择图 41.58 所示的端口 1（箭头）为参照对象，在"放置部件"对话框 放置解算方案 区域单击 ▶ 按钮，然后单击"放置部件"对话框中的 应用 按钮，结果如图 41.59 所示。

图 41.58　定义参照对象（一）　　　　图 41.59　放置法兰

（5）选择图 41.60 所示的端口 2（箭头）和端口 3（箭头）为参照对象，然后单击"放置部件"的 确定 按钮，完成法兰的放置。

图 41.60　定义参照对象（二）

Step3. 创建参考草图。

（1）选择下拉菜单 插入(S) ➡️ 任务环境中的草图(S) 命令，系统弹出"创建草图"对话框。

（2）选取图 41.61 所示的平面为草图平面（是在整个装配环境下选择的），绘制图 41.62

所示的路径草图。

（3）根据草图创建管道路径。选择下拉菜单 插入(S) ➡ 管线布置路径(R) ➡ 相连曲线(N)... 命令，系统弹出"相连曲线"对话框；选取（2）创建的草图中所有曲线为参考对象。

（4）单击 确定 按钮，完成管道路径的创建。

选取该平面

放大图

图 41.61　选取草图平面

1000

800

2800

图 41.62　绘制路径草图

Step4. 创建修复路径 1。

（1）在"机械管线布置"工具条中单击"修复路径"按钮 。

（2）在"修复路径"对话框 设置 区域中的 方法 下拉列表中选择 XC ZC YC 选项；在 直线 区域中选中 ☑ 锁定到选定的对象 和 ☑ 锁定角度 复选框。

（3）在模型中选取图 41.63 所示的箭头为起点参考，在 延伸 文本框中输入值 800；选取图 41.63 所示的点为终点参考，在 延伸 文本框中输入值 0。

（4）在"修复路径"对话框中单击 应用 按钮，完成修复路径 1 的创建。

（5）在模型中选取图 41.64 所示的箭头为起点参考，在 延伸 文本框中输入值 800；选取图 41.64 所示的点为终点参考，在 延伸 文本框中输入值 0。

（6）在"修复路径"对话框中单击 确定 按钮，完成修复路径 2 的创建。

起点参考

终点参考

图 41.63　创建修复路径 1

起点参考

终点参考

图 41.64　创建修复路径 2

Step5. 创建再分割段 1。

（1）在"机械管线布置"工具条中单击"变换路径"按钮 后的 按钮，然后选择 再分割段 命令。

（2）在 类型 下拉列表中选择 在点上 选项，选取图 41.65 所示的路径分段 1 为分割对象（单击箭头指示位置），在 位置 下拉列表中选择 弧长百分比 选项，在 % 位置 文本框中输入值 50。

（3）单击 应用 按钮，完成再分割段 1 的创建。

Step6. 创建再分割段 2。

（1）选取图 41.65 所示的路径分段 2 为分割对象（单击箭头指示位置），在 位置 下拉列表中选择 弧长百分比 选项，在 % 位置 文本框中输入值 50。

（2）单击 确定 按钮，完成再分割段 2 的创建。

图 41.65　创建再分割段

Step7. 放置 90°折弯管接头（d140）。

（1）选择下拉菜单 插入(S) ➡ 管线布置部件(T) ➡ 放置部件(P)... 命令，系统弹出"指定项"对话框。

（2）在"指定项"对话框中单击"打开"按钮，在弹出的"部件名"对话框中选择 fittings_90deg_elbow_d140.prt 并将其打开。单击"指定项"对话框中的 确定 按钮，此时系统弹出"放置部件"对话框。

（3）选择图 41.66 所示的管线布置控制顶点 1 为参照，然后单击"放置部件"对话框中的 应用 按钮。

（4）按照（3）的操作步骤，在其他七个顶点处放置管接头，放置完成后单击 取消 按钮，退出"放置部件"对话框。结果如图 41.67 所示。

图 41.66　选取放置顶点（一）　　　　　图 41.67　放置管接头

Step8. 放置三通管接头（d140）。

（1）选择下拉菜单 插入(S) ➡ 管线布置部件(T) ➡ 放置部件(P)... 命令，系统弹出"指定项"对话框。

（2）在"指定项"对话框中单击"打开"按钮 ，在弹出的"部件名"对话框中选择 fittings_straight_tee_d140.prt 并将其打开。单击"指定项"对话框中的 确定 按钮，此时系统弹出"放置部件"对话框。

（3）选择图 41.68 所示的管线布置控制顶点 1 为参照，然后单击"放置部件"对话框中的 确定 按钮。结果如图 41.69 所示。

图 41.68　选取放置顶点（二）　　　　　图 41.69　放置三通管接头

Step9. 放置阀配件接头。

（1）选择下拉菜单 插入(S) ➡ 管线布置部件(T) ➡ 放置部件(P)... 命令，系统弹出"指定项"对话框。

（2）在"指定项"对话框中单击"打开"按钮 ，在弹出的"部件名"对话框中选择 fittings_gate_valve.prt 并将其打开。单击"指定项"对话框中的 确定 按钮，此时系统弹出"放置部件"对话框。

（3）选择图 41.70 所示的管线布置控制顶点 1 为参照，在 `放置解算方案` 区域 `端口旋转` 的文本框中输入数值 90，然后单击"放置部件"对话框中的 `应用` 按钮。

（4）选择图 41.70 所示的管线布置控制顶点 2 为参照，在 `放置解算方案` 区域 `端口旋转` 的文本框中输入数值 90，然后单击"放置部件"对话框中的 `确定` 按钮。结果如图 41.71 所示。

图 41.70　选取放置顶点（三）

图 41.71　放置阀配件接头

Step10. 指派型材。

（1）在"机械管线布置"工具条中单击"型材"按钮 ▣，系统弹出"型材"对话框。

（2）单击"型材"对话框中的 `指定型材` 按钮，系统弹出"指定项"对话框。

（3）在 `重用库` 的 `文件夹视图` 区域选择 `Routing Part Library` ➡ `Pipe` 节点下 `DIN-Steel` 为型材类型，在 `成员视图` 下拉列表中选择"列表"选项 ▤，选中 `R_ST_2448_125`，单击 `确定` 按钮，系统返回到"型材"对话框。

（4）在模型中框选所有管道路径，单击 `确定` 按钮，完成型材的添加，如图 41.72 所示。

图 41.72　指派型材

Stage4．创建管道路径 L4

Step1．创建管道端口 1。

（1）在装配导航器中 ☑ equipment01 上双击将其设为工作部件。

（2）选择下拉菜单 工具(T) ➡ 审核部件(Q)... 命令，系统弹出"审核部件"对话框。

（3）在"审核部件"对话框中 管线部件类型 区域选中 ⊙ 连接件 单选项，在 管线布置对象 区域 连接件 右击，然后选择 新建 命令，系统弹出"连接件端口"对话框。

（4）在 过滤器 右面的下拉列表中选择 面 选项。选择图 41.73 所示的平面 1 为参照，单击 选择步骤 区域中的"对齐矢量"按钮 ✎，采用系统默认的方向，然后单击两次"连接件端口"对话框中的 确定 按钮，完成管道端口 1 的创建。

Step2．创建管道端口 2。选择图 41.73 所示的平面 2 为参照面，详细操作过程参考 Step1。

选取该平面 1

选取该平面 2

图 41.73　定义参照面

Step3．放置法兰 1。

（1）在装配导航器中 ☑ 00-tubing_system_design 上双击将其设为工作部件。

（2）选择下拉菜单 插入(S) ➡ 管线布置部件(I) ➡ 放置部件(P)... 命令，系统弹出"指定项"对话框。

（3）在"指定项"对话框中单击"打开"按钮 🗁，在弹出的"部件名"对话框中选择 fittings_weld_flange_d88.prt 并将其打开。单击"指定项"对话框中的 确定 按钮，此时系统弹出"放置部件"对话框。

（4）选择图 41.74 所示的端口 1（箭头）为参照对象，在"放置部件"对话框 放置解算方案 区域单击 ▶ 按钮，然后单击"放置部件"对话框中的 应用 按钮。

（5）选择图 41.74 所示的端口 2（箭头）为参照对象，放置法兰盘。详细操作过程参照（4）。

Step4．放置法兰 2。

（1）选择下拉菜单 插入(S) ➡ 管线布置部件(I) ➡ 放置部件(P)... 命令，系统弹出"指定项"对话框。

图 41.74　定义参照对象（一）

（2）在"指定项"对话框中单击"打开"按钮 ![icon]，在弹出的"部件名"对话框中选择 fittings_weld_flange_d140.prt 并将其打开。单击"指定项"对话框中的 ![确定] 按钮，此时系统弹出"放置部件"对话框。

（3）选择图 41.75 所示的端口 3（箭头）为参照对象，然后单击"放置部件"的 ![确定] 按钮。结果如图 41.76 所示。

图 41.75　定义参照对象（二）

图 41.76　放置法兰

Step5. 创建基准平面 1。将环境切换至"建模"环境。选择下拉菜单 ![插入(S)] ➡ ![基准/点(D)] ➡ ![基准平面(D)...] 命令，系统弹出"基准平面"对话框。在 ![类型] 区域的下拉列表中选择 ![自动判断] 选项，在绘图区选取图 41.77 所示的两条中心线为参照对象，单击"基准平面"对话框的 ![< 确定 >] 按钮，完成基准平面 1 的创建，如图 41.78 所示。

Step6. 创建参考草图 1。

（1）选择下拉菜单 ![插入(S)] ➡ ![任务环境中的草图(S)] 命令，系统弹出"创建草图"对话框。

（2）选取 Step5 创建的基准平面 1 为草图平面，绘制图 41.79 所示的路径草图。

Step7. 创建基准平面 2。在 ![类型] 区域的下拉列表中选择 ![成一角度] 选项，在绘图区选取基准平面 1 和图 41.80 所示的直线为参照，单击"基准平面"对话框的 ![< 确定 >] 按钮，完成基准平面 2 的创建。结果如图 41.80 所示。

选取此两条中心线为参照

图 41.77　定义参照对象（三）

图 41.78　基准平面 1

1300

图 41.79　绘制路径草图 1

选取此线为参照

图 41.80　基准平面 2

Step8. 创建参考草图 2。

（1）选择下拉菜单 插入(S) ▅▅▅➤ 🔲 任务环境中的草图(S) 命令，系统弹出"创建草图"对话框。

（2）选取 Step7 创建的基准平面 2 为草图平面，绘制图 41.81 所示的路径草图。

2800

3500

4800

1000

1500

a）草绘环境

b）建模环境

图 41.81　绘制路径草图 2

（3）根据草图创建管道路径。将环境切换至"机械管线布置"环境。选择下拉菜单 [插入(S)] ➡ [管线布置路径(R)] ➡ [相连曲线(N)...] 命令，系统弹出"相连曲线"对话框；选取 Step6 和 Step8 创建的草图为参考对象。

（4）单击 [确定] 按钮，完成管道路径的创建。

Step9. 创建再分割段 1。

（1）在"机械管线布置"工具条中单击"变换路径"按钮 [图] 后的 [▪] 按钮，然后选择 [再分割段] 命令。

（2）在 [类型] 下拉列表中选择 [在点上] 选项，选取图 41.82 所示的路径分段 1 为分割对象（单击箭头指示位置），在 [位置] 下拉列表中选择 [弧长百分比] 选项，在 [% 位置] 文本框中输入值 50。

（3）单击 [确定] 按钮，完成再分割段 1 的创建。

Step10. 创建修复路径 1。

（1）在"机械管线布置"工具条中单击"修复路径"按钮 [图]。

（2）在"修复路径"对话框 [设置] 区域中的 [方法] 下拉列表中选择 [直接] 选项；在 [直线] 区域中选中 [☑ 锁定到选定的对象] 和 [☑ 锁定角度] 复选框。

（3）在模型中选取图 41.82 所示的线为起点参考，在 [延伸] 文本框中输入值 0；选取图 41.82 所示的线为终点参考，在 [延伸] 文本框中输入值 0。

（4）在"修复路径"对话框中单击 [确定] 按钮，完成修复路径 1 的创建。结果如图 41.83 所示。

图 41.82　定义参照对象（四）

图 41.83　创建修复路径 1

Step11. 创建修复路径 2。

（1）在"机械管线布置"工具条中单击"修复路径"按钮 [图]。

（2）在"修复路径"对话框 [设置] 区域中的 [方法] 下拉列表中选择 [XC YC ZC] 选项；在 [直线] 区域

中选中 ☑锁定到选定的对象 和 ☑锁定角度 复选框。

（3）在模型中选取图 41.84 所示的箭头为起点参考，在 延伸 文本框中输入值 260；选取图 41.84 所示的线为终点参考，在 延伸 文本框中输入值 0。

（4）在"修复路径"对话框中单击 确定 按钮，完成修复路径 2 的创建。结果如图 41.85 所示。

图 41.84 定义参照对象（五）

图 41.85 创建修复路径 2

Step12. 创建再分割段 2。

（1）在"机械管线布置"工具条中单击"变换路径"按钮 后的 按钮，然后选择 再分割段 命令。

（2）在 类型 下拉列表中选择 在点上 选项，选取图 41.86 所示的路径分段 1 为分割对象（单击箭头指示位置），在 位置 下拉列表中选择 弧长百分比 选项，在 % 位置 文本框中输入值 50。单击 应用 按钮。

（3）选取图 41.86 所示的路径分段 2 为分割对象（单击箭头指示位置），在 位置 下拉列表中选择 弧长百分比 选项，在 % 位置 文本框中输入值 50。

（4）单击 确定 按钮，完成再分割段 2 的创建。结果如图 41.86 所示。

图 41.86 创建再分割段 2

Step13. 放置 90°折弯管接头（d88）。

（1）选择下拉菜单 插入(S) ➡ 管线布置部件(T) ➡ 放置部件(P)... 命令，系统弹出"指定项"对话框。

（2）在"指定项"对话框中单击"打开"按钮，在弹出的"部件名"对话框中选择 fittings_90deg_lbow_d88.prt 并将其打开。单击"指定项"对话框中的 确定 按钮，此时系统弹出"放置部件"对话框。

（3）选择图 41.87 所示的管线布置控制顶点 1 为参照，然后单击"放置部件"对话框中的 应用 按钮。

（4）选择图 41.87 所示的管线布置控制顶点 2 为参照，放置完成后单击 确定 按钮，结果如图 41.88 所示。

图 41.87　选取放置顶点（一）　　　　　图 41.88　放置管接头（一）

Step14. 放置三通管接头。

（1）选择下拉菜单 插入(S) ➡ 管线布置部件(T) ➡ 放置部件(P)... 命令，系统弹出"指定项"对话框。

（2）在"指定项"对话框中单击"打开"按钮，在弹出的"部件名"对话框中选择 fittings_straight_tee_d88.prt 并将其打开。单击"指定项"对话框中的 确定 按钮，此时系统弹出"放置部件"对话框。

（3）选择图 41.89 所示的管线布置控制顶点 1 为参照，然后单击"放置部件"对话框中的 确定 按钮。结果如图 41.90 所示。

图 41.89　选取放置顶点（二）　　　　　图 41.90　放置三通管接头

Step15. 放置阀配件接头。

（1）选择下拉菜单 插入(S) ➡ 管线布置部件(T) ➡ 放置部件(P)... 命令，系统弹出"指定项"对话框。

（2）在"指定项"对话框中单击"打开"按钮 ，在弹出的"部件名"对话框中选择 fittings_gate_valve_02.prt 并将其打开。单击"指定项"对话框中的 确定 按钮，此时系统弹出"放置部件"对话框。

（3）选择图 41.91 所示的管线布置控制顶点 1 为参照，在 放置解算方案 区域 端口旋转 的文本框中输入数值-90，然后单击"放置部件"对话框中的 应用 按钮。

（4）选择图 41.91 所示的管线布置控制顶点 2 为参照，在 放置解算方案 区域 端口旋转 的文本框中输入数值-90，然后单击"放置部件"对话框中的 确定 按钮。结果如图 41.92 所示。

图 41.91　选取放置顶点（三）

图 41.92　放置阀配件接头（一）

Step16. 添加变径管接头。

（1）选择下拉菜单 插入(S) ➡ 管线布置部件(T) ➡ 放置部件(P)... 命令，系统弹出"指定项"对话框。

（2）在"指定项"对话框中单击"打开"按钮 ，在弹出的"部件名"对话框中选择 fittings_reducer.prt 并将其打开。单击"指定项"对话框中的 确定 按钮，此时系统弹出"放置部件"对话框。

（3）选择图 41.93 所示的管线布置控制顶点 1 为参照，然后单击"放置部件"对话框中的 确定 按钮。完成变径管接头的放置，结果如图 41.94 所示。

Step17. 放置 90°折弯管接头（d140）。

（1）选择下拉菜单 插入(S) ➡ 管线布置部件(T) ➡ 放置部件(P)... 命令，系统弹出"指定项"对话框。

（2）在"指定项"对话框中单击"打开"按钮 ，在弹出的"部件名"对话框中选择 fittings_90deg_elbow_d140.prt 并将其打开。单击"指定项"对话框中的 确定 按钮，此时系统弹出"放置部件"对话框。

图 41.93　选取放置顶点（四）

图 41.94　放置阀配件接头（二）

（3）选择图 41.95 所示的管线布置控制顶点 1 为参照，然后单击"放置部件"对话框中的 应用 按钮。

（4）按照（3）的操作步骤，在其他六处放置管接头，放置完成后单击 取消 按钮，退出"放置部件"对话框。结果如图 41.96 所示。

图 41.95　选取放置顶点（五）

图 41.96　放置管接头（二）

Step18. 指派型材。

（1）在"机械管线布置"工具条中单击"型材"按钮 ，系统弹出"型材"对话框。

（2）单击"型材"对话框中的 指定型材 按钮，系统弹出"指定项"对话框。

（3）在 重用库 的 文件夹视图 区域选择 Routing Part Library ➡ Pipe 节点下 DIN-Steel 为型材类型，在 成员视图 下拉列表中选择"列表"选项 ，选中 R_ST_2448_125，单击 确定 按钮，系统返回到"型材"对话框。

（4）在模型中选取图 41.97 所示的八条管道路径，单击 应用 按钮，完成型材的添加，如图 41.98 所示。

图 41.97　定义管道路径（一）

图 41.98　指派型材后（一）

（5）单击"型材"对话框中的 指定型材 按钮，系统弹出 "指定项"对话框。

（6）在 重用库 的 文件夹视图 区域选择 Routing Part Library ➡ Pipe 节点下 DIN-Steel 为型材类型，在 成员视图 下拉列表中选择"列表"选项 ☰ ，选中 🔘 R_ST_2448_80 ，单击 确定 按钮，系统返回到"型材"对话框。

（7）在模型中选取图 41.99 所示的七条管道路径，单击 ＜ 确定 ＞ 按钮，完成型材的添加，如图 41.100 所示。

图 41.99　定义管道路径（二）

图 41.100　指派型材后（二）

实例 42　电　缆　设　计

实例概述

本范例详细介绍了在 UG 中布线的全过程。电缆设计模型如图 42.1 所示。

图 42.1　电缆设计模型

Task1. 设置元件端口

Stage1. 在元件 jack1 中创建连接件端口

Step1. 打开文件 D:\ugins8\work\ch09\ins42\ex\routing_electric.prt，装配模型如图 42.2 所示。

图 42.2　装配模型

Step2. 在装配导航器中选中 ☑️ 🗂jack1 节点，右键选择 🔲设为显示部件 。

Step3. 选择下拉菜单 🔵 开始 ➡️ 所有应用模块 ➡️ 🔧 电气管线布置(U)... 命令，进入电缆设计模块。

Step4. 选择命令。选择下拉菜单 工具(T) ➡️ 🔧 审核部件(Q)... 命令，系统弹出图 42.3 所示的"审核部件"对话框。

Step5. 定义连接件端口。

（1）在"审核部件"对话框的 管线部件类型 区域中选择 ⊙ 连接件 单选项，在右侧的下拉列表中选择 连接件 选项。

（2）右击 端口 下方的 连接件 选项，在弹出的快捷菜单中选择 新建 命令，系统弹出图 42.4 所示的"连接件端口"对话框。

图 42.3　"审核部件"对话框

图 42.4　"连接件端口"对话框

（3）在"连接件端口"对话框的 过滤器 下拉列表中选择 点 选项，在模型中选取图 42.5 所示的边线为参考，定义该边线的圆心为原点。

（4）在"连接件端口"对话框中单击"对齐矢量"按钮 🔧，在 矢量方法 下拉列表中选择 ⌐ᶻᶜ 为对齐矢量。

（5）在"连接件端口"对话框中单击"旋转矢量"按钮 🔧，在 过滤器 下拉列表中选择 矢量 为对齐矢量，在 矢量方法 下拉列表中选择 xc 为旋转矢量。

（6）选中"连接件端口"对话框中选中 ☑ 允许多连接 复选框，单击 确定 按钮，结束连接件端口的创建，如图 42.6 所示。

（7）单击"审核部件"对话框中的 确定 按钮。

（8）保存模型。

选取此边线

图 42.5　定义原点参考

连接件端口

图 42.6　定义连接件端口

Stage2．在元件 jack2 中创建连接件端口

Step1．将窗口切换到装配体 routing_electric.prt。

Step2．在装配导航器中选中 ☑ 🗋 jack2 节点，右键选择 设为显示部件 命令。

Step3．选择下拉菜单 工具(T) ➡ 审核部件(Q)... 命令，系统弹出"审核部件"对话框。

Step4．定义连接件端口。

（1）在"审核部件"对话框的 管线部件类型 区域中选取 ⊙ 连接件 单选项，在右侧的下拉列表中选择 连接件 选项，右击 端口 下方的 连接件 选项，在弹出的快捷菜单中选择 新建 命令，系统弹出"连接件端口"对话框。

（2）在 过滤器 下拉列表中选择 面 选项，在模型中选取图 42.7 所示的面为参考，定义该面的中心为原点。

（3）在"连接件端口"对话框中单击"对齐矢量"按钮 🗲，在 矢量方法 下拉列表中选择 ↓ZC 为对齐矢量。

（4）在"连接件端口"对话框中单击"旋转矢量"按钮 🗲，在 过滤器 下拉列表中选择 矢量 为对齐矢量，在 矢量方法 下拉列表中选择 ↘XC 为旋转矢量。

（5）单击 确定 按钮，完成连接件端口的创建，如图 42.8 所示。

选取此面

图 42.7　定义原点参考

连接件端口

图 42.8　定义连接件端口

（6）单击"审核部件"对话框中的 确定 按钮。

（7）保存模型。

Stage3．在连接器 jack3 中创建连接件端口

Step1. 将窗口切换到装配体 routing_electric.prt。

Step2. 在装配导航器中选中 ☑◎ jack3 节点，右键选择 设为显示部件 。

Step3. 选择下拉菜单 工具(T) ➡ 审核部件(Q)... 命令，系统弹出"审核部件"对话框。

Step4. 定义连接件端口。

（1）在"审核部件"对话框的 管线部件类型 区域中选择 ◉连接件 单选项，在右侧的下拉列表中选择 连接件 选项，右击 端口 下方的 连接件 选项，在弹出的快捷菜单中选择 新建 命令，系统弹出"连接件端口"对话框。

（2）在 过滤器 下拉列表中选择 面 选项，在模型中选取图 42.9 所示的面为参考，定义该面的中心为原点。

（3）在"连接件端口"对话框中单击"对齐矢量"按钮 ，在 矢量方法 下拉列表中选择 $\boxed{↓^{-ZC}}$ 为对齐矢量。

（4）在"连接件端口"对话框中单击"旋转矢量"按钮 ，在 过滤器 下拉列表中选择 矢量 为对齐矢量，在 矢量方法 下拉列表中选择 $\boxed{↗^{XC}}$ 为旋转矢量。

（5）单击 确定 按钮，完成连接件端口的创建，如图 42.10 所示。

（6）保存模型。

图 42.9　定义原点参考

图 42.10　定义连接件端口

Stage4．在连接器 clip 中创建固定件端口

Step1. 将窗口切换到装配体 routing_electric.prt。

Step2. 在装配导航器中选中 ☑◎ clip 节点，右键选择 设为显示部件 。

Step3. 选择下拉菜单 工具(T) ➡ 审核部件(Q)... 命令，系统弹出"审核部件"对话

框。

Step4. 定义连接件端口。

（1）在"审核部件"对话框的 管线部件类型 区域中，选取 ⊙ 连接件 单选项，在右侧的下拉列表中选择 连接件 选项，右击 端口 下方的 固定件 选项，在弹出的快捷菜单中选择 新建 命令，系统弹出"连接件端口"对话框。

（2）在 过滤器 下拉列表中，选择 面 选项，在模型中选取图 42.11 所示的面为参考，定义该面的中心为原点。

（3）在"连接件端口"对话框中，单击"对齐矢量"按钮 📐，在 矢量方法 下拉列表中选择 ↑ZC 为对齐矢量。

（4）单击 确定 按钮两次，结束固定件端口的创建，如图 42.12 所示。

（5）单击"审核部件"对话框中的 确定 按钮。

（6）保存模型。

图 42.11   定义原点参考   图 42.12   定义固定件端口

Stage5. 在连接器 base 中创建连接件端口

Step1. 将窗口切换到装配体 routing_electric.prt。

Step2. 在装配导航器中选中 ☑ 📦 base 节点，右键选择 📦 设为显示部件 。

Step3. 选择下拉菜单 工具(T) ➡️ 审核部件(Q)... 命令，系统弹出"审核部件"对话框。

Step4. 定义连接件端口。

（1）在"审核部件"对话框的 管线部件类型 区域中选取 ⊙ 连接件 单选项，在右侧的下拉列表中选择 连接件 选项，右击 端口 下方的 固定件 选项，在弹出的快捷菜单中选择 新建 命令，系统弹出"连接件端口"对话框。

（2）在 过滤器 下拉列表中选择 点 选项，在模型中选取图 42.13 所示的边线为参考，定义该边线的中心为原点。

（3）在"连接件端口"对话框中单击"对齐矢量"按钮 📐，在 矢量方法 下拉列表中选择为对齐矢量。单击 循环方向 按钮。

（4）单击 确定 按钮两次，结束固定件端口的创建，结果如图 42.14 所示。

图 42.13　定义原点参考　　　　　　　　图 42.14　定义固定件端口

（5）单击"审核部件"对话框中的 确定 按钮。

（6）保存模型。

Stage6．在连接器 jack6 中创建连接件端口

Step1．将窗口切换到装配体 routing_electric.prt。

Step2．在装配导航器中选中 ☑ 🗐 jack6 节点，右键选择 设为显示部件 。

Step3．选择下拉菜单 工具(T) ➡ 审核部件(Q)... 命令，系统弹出"审核部件"对话框。

Step4．定义连接件端口。

（1）在"审核部件"对话框的 管线部件类型 区域中选取 ⊙ 连接件 单选项，在右侧的下拉列表中选择 连接器 选项，右击 端口 下方的 多个 选项，在弹出的快捷菜单中选择 新建 命令，系统弹出"多个端口"对话框。

（2）在 过滤器 下拉列表中选择 面 选项，在模型中选取图 42.15 所示的面为参考，定义该面的中心为原点。

（3）在"多个端口"对话框中单击"对齐矢量"按钮 🔩，在 矢量方法 下拉列表中选择 ↑ZC 为对齐矢量。

（4）在"多个端口"对话框中单击"旋转矢量"按钮 🔩，在 过滤器 下拉列表中选择 矢量 为对齐矢量，在 矢量方法 下拉列表中选择 XC 为旋转矢量。在 延伸 后的文本框中输入数值 5.0。在 接线长度 后的文本框中输入数值 15.0。

（5）单击 确定 按钮，系统弹出图 42.16 所示的"指派管端"对话框（一）。

图 42.15 定义原点参考

图 42.16 "指派管端"对话框（一）

（6）单击"指派管端"对话框中的 生成序列 按钮，系统弹出"次序名"对话框（一），在该对话框中设置图 42.17 所示的参数，然后单击 确定 按钮，返回到"指派管端"对话框（二），如图 42.18 所示。

（7）在"指派管端"对话框（二）中选择 1，单击 放置管端 按钮，系统弹出"放置管端"对话框，在 过滤器 下拉列表中选择 点 选项，选取图 42.19 所示的边线 1 为管端 1 的参考，单击 循环方向 按钮调整端口方向，然后单击 确定 按钮。

图 42.17 "次序名"对话框（一）

图 42.18 "指派管端"对话框（二）

（8）参考（6），依次选取图 42.20 所示的边线 2、3、4 创建管端 2、3、4。

（9）单击 确定 按钮，完成连接件多个端口的创建，如图 42.21 所示。

图 42.19　管段 1 边线参考　　　　　　　　　图 42.20　管段 2、3、4 边线参考

图 42.21　定义多个端口

（10）单击"审核部件"对话框中的 确定 按钮。

（11）保存模型。

Stage7．在连接器 jack8 中创建连接件端口

Step1. 将窗口切换到装配体 routing_electric.prt。

Step2. 在装配导航器中选中 ☑ jack8 节点，右键选择 设为显示部件 。

Step3. 选择下拉菜单 工具(T) ➡ 审核部件(Q)...命令，系统弹出"审核部件"对话框。

Step4. 定义连接件端口。

（1）在"审核部件"对话框的 管线部件类型 区域中选取 ◉ 连接件 单选项，在右侧的下拉列表中选择 连接器 选项，右击 端口 下方的 多个 选项，在弹出的快捷菜单中选择 新建 命令，系统弹出"多个端口"对话框。

（2）在 过滤器 下拉列表中选择 面 选项，在模型中选取图 42.22 所示的面为参考，定义该面的中心为原点。

（3）在"多个端口"对话框中单击"对齐矢量"按钮 ，在 矢量方法 下拉列表中选择 ZC 为对齐矢量。

（4）在"多个端口"对话框中单击"旋转矢量"按钮 ，在 过滤器 下拉列表中选择 矢量 为对齐矢量，在 矢量方法 下拉列表中选择 XC 为旋转矢量。在 延伸 后的文本框中输入数值

5.0。在 接线长度 后的文本框中输入数值 15.0。

（5）单击 确定 按钮，系统弹出"指派管端"对话框。

（6）单击"指派管端"对话框中的 生成序列 按钮，系统弹出"次序名"对话框（二），在该对话框中设置图 42.23 所示的参数，然后单击 确定 按钮，返回到"指派管端"对话框（三），如图 42.24 所示。

图 42.22　定义原点参考

图 42.23　"次序名"对话框（二）

图 42.24　"指派管端"对话框（三）

（7）在"指派管端"对话框（三）中选择 1 ，单击 放置管端 按钮，系统弹出"放置管端"对话框，在 过滤器 下拉列表中选择 点 选项，选取图 42.25 所示的边线 1 为管端 1 的参考，单击 循环方向 按钮调整端口方向，然后单击 确定 按钮。

（8）参考（7），依次选取图 42.25 所示的边线 2、3、4、5 创建管端 2、3、4、5。

（9）单击 确定 按钮，结束连接件多个端口的创建，如图 42.25 所示。

（10）　单击"审核部件"对话框中的 确定 按钮。

（11）保存模型。

（12）将窗口切换到装配体 routing_electric.prt，在装配导航器中双击总装配节点 ☑🔧 routing_electric ，将其激活，然后保存装配体模型。

图 42.25　定义多个端口

Stage8．在连接器 port1 中创建连接件端口与多端口

Step1．打开文件 D:\ugins\work\ch09\ins42\ex\port1.prt。

Step2．选择下拉菜单 工具(T) ➡ 审核部件(Q)... 命令，系统弹出"审核部件"对话框。

Step3．定义连接件端口。

（1）在"审核部件"对话框的 管线部件类型 区域中选择 ⊙连接件 单选项，在右侧的下拉列表中选择 接头 选项；右击 端口 下方的 连接件 选项，在弹出的快捷菜单中选择 新建 命令，系统弹出"连接件端口"对话框。

（2）在 过滤器 下拉列表中选择 面 选项，在模型中选取图 42.26 所示的面为参考，定义该面的中心为原点。

（3）在"连接件端口"对话框中单击"对齐矢量"按钮 ，选择 YC 为对齐矢量；单击"旋转矢量"按钮 ，选择 XC 为旋转矢量。

（4）单击 确定 按钮，完成连接件端口的创建，如图 42.27 所示。

图 42.26　定义原点参考

图 42.27　定义连接件端口

Step4．定义"多个"端口。

（1）在"审核部件"对话框中右击 端口 下方的 多个 选项，在弹出的快捷菜单中选择 新建 命令，系统弹出"多个端口"对话框。

（2）在 过滤器 下拉列表中选择 面 选项，在模型中选取图 42.28 所示的面为参考，定义

该面的中心为原点；在"多个端口"对话框中单击"对齐矢量"按钮 ，选择 为对齐矢量；在"多个端口"对话框中单击"旋转矢量"按钮 ，选择 为旋转矢量。在 延伸 后的文本框中输入数值 5.0。单击 确定 按钮，系统弹出"指派管端"对话框。

（3）在"指派管端"对话框中的 管端名称 文本框中输入数值 1，按 Enter 键，在"指派管端"对话框中选择 ，单击 放置管端 按钮，系统弹出"放置管端"对话框，在 过滤器 下拉列表中选择 面 选项，选取图 42.28 所示的面为参考，单击 循环方向 按钮调整端口方向（指向零件外部），如图 42.29 所示。

图 42.28　定义原点参考

图 42.29　定义多个端口

（4）单击 确定 按钮，完成连接件多个端口的创建。

（5）单击"审核部件"对话框中的 确定 按钮。

Step5. 保存零件模型，然后关闭零件窗口。

Stage9．在连接器 port2 中创建连接件端口与多端口

Step1. 打开文件 D:\ug8\work\ch09\ ins42\ex\port2.prt。

Step2. 选择下拉菜单 工具(T) ➡ 审核部件(Q)...命令，系统弹出"审核部件"对话框。

Step3. 定义连接件端口。

（1）在"审核部件"对话框的 管线部件类型 区域中选取 ⊙ 连接件 单选项，在右侧的下拉列表中选择 接头 选项；右击 端口 下方的 连接件 选项，在弹出的快捷菜单中选择 新建 命令，系统弹出"连接件端口"对话框。

（2）在 过滤器 下拉列表中选择 面 选项，在模型中选取图 42.30 所示的面为参考，定义该面的中心为原点。

（4）在"连接件端口"对话框中单击"对齐矢量"按钮 ，选择 为对齐矢量；单击"旋转矢量"按钮 ，选择 为旋转矢量。

（5）单击 确定 按钮，完成连接件端口的创建，如图 42.31 所示。

图 42.30　定义原点参考

图 42.31　定义连接件端口

Step4. 定义"多个"端口。

（1）在"审核部件"对话框中右击 端口 下方的 多个 选项，在弹出的快捷菜单中选择 新建 命令，系统弹出"多个端口"对话框。

（2）在 过滤器 下拉列表中选择 面 选项，在模型中选取图 42.32 所示的面为参考，定义该面的中心为原点；在"多个端口"对话框中单击"对齐矢量"按钮 ，选择 为对齐矢量；在"多个端口"对话框中单击"旋转矢量"按钮 ，在 过滤器 下拉列表中选择 矢量 为对齐矢量，在 矢量方法 下拉列表中选择 为旋转矢量。在 延伸 后的文本框中输入数值 5.0。在 接线长度 后的文本框中输入数值 15.0。单击 确定 按钮，系统弹出"指派管端"对话框。

图 42.32　定义原点参考

（3）单击"指派管端"对话框中的 生成序列 按钮，系统弹出"次序名"对话框（三），在该对话框中设置图 42.33 所示的参数，然后单击 确定 按钮，返回到"指派管端"对话框（四），如图 42.34 所示。

图 42.33　"次序名"对话框（三）

图 42.34　"指派管端"对话框（四）

（4）在"指派管端"对话框中选择 **1**，单击 放置管端 按钮，系统弹出"放置管端"对话框，在 过滤器 下拉列表中选择 点 选项，选取图 42.35 所示的边线 1 为管端 1 的参考，单击 循环方向 按钮调整端口方向，然后单击 确定 按钮。

（5）在"指派管端"对话框中选择 **2**，单击 放置管端 按钮，系统弹出"放置管端"对话框，在 过滤器 下拉列表中选择 点 选项，选取图 42.35 所示的边线 2 为管端 2 的参考，单击 循环方向 按钮调整端口方向，然后单击 确定 按钮。

（6）单击 确定 按钮，结束连接件多个端口的创建，如图 42.35 所示。

图 42.35　定义多个端口

（7）单击"审核部件"对话框中的 确定 按钮。

Step5. 保存零件模型，然后关闭零件窗口。

Stage10. 在连接器 port3 中创建连接件端口与多端口

Step1. 打开文件 D:\ugins\work\ch09\ins42\ex\port3.prt。

Step2. 选择下拉菜单 工具(T) ➡ 审核部件(Q)... 命令，系统弹出"审核部件"对话框。

Step3. 定义连接件端口。

（1）在"审核部件"对话框的 管线部件类型 区域中选取 ⊙ 连接件 单选项，在右侧的下拉列表中选择 接头 选项；右击 端口 下方的 连接件 选项，在弹出的快捷菜单中选择 新建 命令，系统弹出"连接件端口"对话框。

（2）在 过滤器 下拉列表中选择 面 选项，在模型中选取图 42.36 所示的面为参考，定义该面的中心为原点。

（3）在"连接件端口"对话框中单击"对齐矢量"按钮 ，选择 -XC 为对齐矢量；单击"旋转矢量"按钮 ，选择 ↑ZC 为旋转矢量。

（4）单击 确定 按钮，结束连接件端口的创建，如图 42.37 所示。

Step4. 定义"多个"端口。

（1）在"审核部件"对话框中右击 端口 下方的 多个 选项，在弹出的快捷菜单中选择 新建命令，系统弹出"多个端口"对话框。

图 42.36　定义原点参考

图 42.37　定义连接件端口

（2）在 过滤器 下拉列表中选择 面 选项，在模型中选取图 42.38 所示的面为参考，定义该面的中心为原点；在"多个端口"对话框中单击"对齐矢量"按钮 ，选择 XC 为对齐矢量；在"多个端口"对话框中单击"旋转矢量"按钮 ，选择 ↑ZC 为旋转矢量。在 延伸 后的文本框中输入数值 5.0，在 接线长度 后的文本框中输入数值 15.0。单击 确定 按钮，系统弹出"指派管端"对话框。

图 42.38　定义原点参考

（3）单击"指派管端"对话框中的 生成序列 按钮，系统弹出"次序名"对话框（四），在该对话框中设置图 42.39 所示的参数，然后单击 确定 按钮，返回到"指派管端"对话框。

（4）在"指派管端"对话框中选择 1，单击 放置管端 按钮，系统弹出"放置管端"对话框，在 过滤器 下拉列表中选择 点 选项，选取图 42.40 所示的边线 1 为管端 1 的参考，单击 循环方向 按钮调整端口方向，然后单击 确定 按钮。

（5）在"指派管端"对话框中选择 2，单击 放置管端 按钮，系统弹出"放置管端"对话框，在 过滤器 下拉列表中选择 点 选项，选取图 42.40 所示的边线 2 为管端 2 的参考，单击 循环方向 按钮调整端口方向，然后单击 确定 按钮。

（6）在"指派管端"对话框中选择 3，单击 放置管端 按钮，系统弹出"放置管端"对话框，在 过滤器 下拉列表中选择 点 选项，选取图 42.40 所示的边线 3 为管端 3 的参考，单击 循环方向 按钮调整端口方向，然后单击 确定 按钮。

（7）单击 确定 按钮两次，结束连接件多个端口的创建，如图 42.40 所示。

（8）单击"审核部件"对话框中的 确定 按钮。

图 42.39　"次序名"对话框（四）

图 42.40　定义多个端口

Step5. 保存零件模型，然后关闭零件窗口。

Task2. 放置元件

Step1. 选择命令。在"电气管线布置"工具条中单击"放置部件"按钮，系统弹出图 42.41 所示"指定项"对话框。

（1）单击"指定项"对话框中的"打开"按钮，打开文件 port1.prt， 单击 确定 按钮，系统弹出图 42.42 所示"放置部件"对话框。

图 42.41　"指定项"对话框

图 42.42　"放置部件"对话框

（2）在模型中选取图 42.43 所示的连接器端口为放置参考，单击 确定 按钮，完成元件的放置，结果如图 42.44 所示。（**注：** 若位置不对可单击 放置解算方案 下的 ▶ 按钮调整）

Step2. 参考 Step1 的操作步骤放置元件 port2，选取图 42.45 所示的连接器端口为放置参考，结果如图 42.46 所示。

图 42.43　选取放置参考

图 42.44　放置元件 port1

图 42.45　选取放置参考

图 42.46　放置元件 port2

Step3. 参考 Step1 和 Step2 的操作步骤放置元件 port3，选取图 42.47 所示的连接器端口为放置参考，结果如图 42.48 所示。

图 42.47　选取放置参考

图 42.48　放置元件 port3

Task3. 创建连接

Stage1. 创建连接 1

Step1. 在导航器中单击"电气连接导航器"按钮，激活"管线列表"工具条。

Step2. 定义连接属性。单击"管线列表"工具条中的"创建连接"按钮，系统弹出"创建连接向导：连接属性"对话框，在该对话框中设置图 42.49 所示的参数。

Step3. 定义起始组件属性。单击 下一步 > 按钮，系统进入"创建连接向导：起始组件属性"对话框，在模型中选取元件 port1，然后在 From Device 文本框中输入 J1，在 From Conn 文本框中输入 P1，在 From Pin 下拉列表中选择 1，如图 42.50 所示。

图 42.49　"创建连接向导：连接属性"对话框

图 42.50　"创建连接向导：起始组件属性"对话框

　　Step4. 定义目标组件属性。单击 下一步 > 按钮，系统进入"创建连接向导：目标组件属性"对话框，在模型中选取元件 port3，然后在 To Device 文本框中输入 J3，在 To Conn 文本框中输入 P3，在 To Pin 下拉列表中选择 1。如图 42.51 所示。

　　Step5. 单击 下一步 > 按钮，系统进入"创建连接向导：中间组件属性"对话框。

　　Step6. 定义电线属性。

　　（1）单击 下一步 > 按钮，系统进入"创建连接向导：电线属性"对话框。

图 42.51 "创建连接向导：目标组件属性"对话框

（2）单击 选择电线 按钮，系统弹出图 42.52 所示的"指定项"对话框，选择 Wires 节点，在 成员视图 下拉列表中选择"列表"选项 ，选中 W-100，单击 确定 按钮，系统返回到"创建连接向导：电线属性"对话框，如图 42.53 所示。

图 42.52 "指定项"对话框

（3）单击 显示颜色 右侧的"颜色"按钮，选择粉红色(Magenta)为显示颜色，单击 确定 按钮。

图 42.53　"创建连接向导：电线属性"对话框

Step7. 单击 下一步 > 按钮，系统进入"创建连接向导：汇总报告"对话框，在该对话框中显示当前连接的详细信息，如图 42.54 所示。

Step8. 单击 完成 按钮，关闭系统弹出的信息提示文本，结束连接 1 的创建。

图 42.54　"创建连接向导：汇总报告"对话框

Stage2.　创建连接 2

Step1. 定义连接属性。单击"管线列表"工具条中的"创建连接"按钮，系统弹出

"创建连接向导：连接属性"对话框，在 `Wire ID` 文本框中输入 W2，在 `型材类型` 下拉列表中选择 `电线` 选项，在 `切削长度` 文本框中输入值 0。

Step2. 定义起始组件属性。单击 `下一步 >` 按钮，系统进入"创建连接向导：起始组件属性"对话框，在模型中选取元件 port2，然后在 `From Device` 文本框中输入 J2，在 `From Conn` 文本框中输入 P2，在 `From Pin` 下拉列表中选择 `1`。

Step3. 定义目标组件属性。单击 `下一步 >` 按钮，系统进入"创建连接向导：目标组件属性"对话框，在模型中选取元件 port3，然后在 `To Device` 文本框中输入 J3，在 `To Conn` 文本框中输入 P3，在 `To Pin` 下拉列表中选择 `2`。

Step4. 单击 `下一步 >` 按钮，系统进入"创建连接向导：中间组件属性"对话框。

Step5. 定义电线属性。单击 `下一步 >` 按钮，系统进入"创建连接向导：电线属性"对话框；选取电线 `W-100`，颜色设置为红色（red）。

Step6. 单击 `下一步 >` 按钮，系统进入"创建连接向导：汇总报告"对话框，在该对话框中显示当前连接的详细信息。

Step7. 单击 `完成` 按钮，关闭系统弹出的信息提示文本，完成连接 2 的创建。

Stage3. 创建连接 3

Step1. 定义连接属性。单击"管线列表"工具条中的"创建连接"按钮 `□`，系统弹出"创建连接向导：连接属性"对话框，在 `Wire ID` 文本框中输入 W3，在 `型材类型` 下拉列表中选择 `电线` 选项，在 `切削长度` 文本框中输入值 0。

Step2. 定义起始组件属性。单击 `下一步 >` 按钮，系统进入"创建连接向导：起始组件属性"对话框，在模型中选取元件 port2，然后在 `From Device` 文本框中输入 J2，在 `From Conn` 文本框中输入 P2，在 `From Pin` 下拉列表中选择 `2`。

Step3. 定义目标组件属性。单击 `下一步 >` 按钮，系统进入"创建连接向导：目标组件属性"对话框，在模型中选取元件 port3，然后在 `To Device` 文本框中输入 J3，在 `To Conn` 文本框中输入 P3，在 `To Pin` 下拉列表中选择 `3`。

Step4. 单击 `下一步 >` 按钮，系统进入"创建连接向导：中间组件属性"对话框。

Step5. 定义电线属性。单击 `下一步 >` 按钮，系统进入"创建连接向导：电线属性"对话框；选取电线 `W-100`，颜色设置为橘黄色(Orange)。

Step6. 单击 `下一步 >` 按钮，系统进入"创建连接向导：汇总报告"对话框，在该对话框中显示当前连接的详细信息。

Step7. 单击 `完成` 按钮，关闭系统弹出的信息提示文本，结束连接 3 的创建。

Stage4．创建连接 4

Step1．定义连接属性。单击"管线列表"工具条中的"创建连接"按钮 ![icon]，系统弹出"创建连接向导：连接属性"对话框，在 `Wire ID` 文本框中输入 W4，在 `型材类型` 下拉列表中选择 `电线` 选项，在 `切削长度` 文本框中输入值 0。

Step2．定义起始组件属性。单击 `下一步 >` 按钮，系统进入"创建连接向导：起始组件属性"对话框，在模型中选取元件 port1，然后在 `From Device` 文本框中输入 J1，在 `From Conn` 文本框中输入 P1，在 `From Pin` 下拉列表中选择 `1`。

Step3．定义目标组件属性。单击 `下一步 >` 按钮，系统进入"创建连接向导：目标组件属性"对话框，在模型中选取元件 jack8，然后在 `To Device` 文本框中输入 J8，在 `To Conn` 文本框中输入 P8，在 `To Pin` 下拉列表中选择 `5`。

Step4．单击 `下一步 >` 按钮，系统进入"创建连接向导：中间组件属性"对话框。

Step5．定义电线属性。单击 `下一步 >` 按钮，系统进入"创建连接向导：电线属性"对话框；选取电线 ![icon] `W-10`，颜色设置为黄色(Yellow)。

Step6．单击 `下一步 >` 按钮，系统进入"创建连接向导：汇总报告"对话框，在该对话框中显示当前连接的详细信息。

Step7．单击 `完成` 按钮，关闭系统弹出的信息提示文本，结束连接 4 的创建。

Stage5．创建连接 5

Step1．定义连接属性。单击"管线列表"工具条中的"创建连接"按钮 ![icon]，系统弹出"创建连接向导：连接属性"对话框，在 `Wire ID` 文本框中输入 C1_1，在 `型材类型` 下拉列表中选择 `电线` 选项，在 `切削长度` 文本框中输入值 0。

Step2．定义起始组件属性。单击 `下一步 >` 按钮，系统进入"创建连接向导：起始组件属性"对话框，在模型中选取元件 JACK6，然后在 `From Device` 文本框中输入 J6，在 `From Conn` 文本框中输入 P6，在 `From Pin` 下拉列表中选择 `1`。

Step3．定义目标组件属性。单击 `下一步 >` 按钮，系统进入"创建连接向导：目标组件属性"对话框，在模型中选取元件 JACK8，然后在 `To Device` 文本框中输入 J8，在 `To Conn` 文本框中输入 P8，在 `To Pin` 下拉列表中选择 `4`。

Step4．单击 `下一步 >` 按钮，系统进入"创建连接向导：中间组件属性"对话框。

Step5．定义电线属性。单击 `下一步 >` 按钮，系统进入"创建连接向导：电线属性"对话框；选取电线 ![icon] `W-112`，颜色设置为浅蓝色(Cornflower)。

Step6．单击 `下一步 >` 按钮，系统进入"创建连接向导：汇总报告"对话框，在该对话框中显示当前连接的详细信息。

Step7. 单击 完成 按钮，关闭系统弹出的信息提示文本，结束连接 5 的创建。

Stage6．创建连接 6

Step1. 定义连接属性。单击"管线列表"工具条中的"创建连接"按钮 🔟，系统弹出 "创建连接向导：连接属性"对话框，在 Wire ID 文本框中输入 C1_2，在 型材类型 下拉列表中 选择 电线 选项，在 切削长度 文本框中输入值 0。

Step2. 定义起始组件属性。单击 下一步 > 按钮，系统进入"创建连接向导：起始组件 属性"对话框，在模型中选取元件 JACK6，然后在 From Device 文本框中输入 J6，在 From Conn 文本框中输入 P6，在 From Pin 下拉列表中选择 2。

Step3. 定义目标组件属性。单击 下一步 > 按钮，系统进入"创建连接向导：目标组件 属性"对话框，在模型中选取元件 JACK8，然后在 To Device 文本框中输入 J8，在 To Conn 文 本框中输入 P8，在 To Pin 下拉列表中选择 3。

Step4. 单击 下一步 > 按钮，系统进入"创建连接向导：中间组件属性"对话框。

Step5. 定义电线属性。单击 下一步 > 按钮，系统进入"创建连接向导：电线属性"对 话框；选取电线 🔽 W-112，颜色设置为蓝色(Blue)。

Step6. 单击 下一步 > 按钮，系统进入"创建连接向导：汇总报告"对话框，在该对话 框中显示当前连接的详细信息。

Step7. 单击 完成 按钮，关闭系统弹出的信息提示文本，结束连接 6 的创建。

Stage7．创建连接 7

Step1. 定义连接属性。单击"管线列表"工具条中的"创建连接"按钮 🔟，系统弹出 "创建连接向导：连接属性"对话框，在 Wire ID 文本框中输入 C1_3，在 型材类型 下拉列表中 选择 电线 选项，在 切削长度 文本框中输入值 0。

Step2. 定义起始组件属性。单击 下一步 > 按钮，系统进入"创建连接向导：起始组件 属性"对话框，在模型中选取元件 JACK6，然后在 From Device 文本框中输入 J6，在 From Conn 文本框中输入 P6，在 From Pin 下拉列表中选择 3。

Step3. 定义目标组件属性。单击 下一步 > 按钮，系统进入"创建连接向导：目标组件 属性"对话框，在模型中选取元件 JACK8，然后在 To Device 文本框中输入 J8，在 To Conn 文 本框中输入 P8，在 To Pin 下拉列表中选择 2。

Step4. 单击 下一步 > 按钮，系统进入"创建连接向导：中间组件属性"对话框。

Step5. 定义电线属性。单击 下一步 > 按钮，系统进入"创建连接向导：电线属性"对 话框；选取电线 🔽 W-112，颜色设置为青橙绿色(Lime)。

Step6. 单击 下一步 > 按钮，系统进入"创建连接向导：汇总报告"对话框中显示当前连接的详细信息。

Step7. 单击 `完成` 按钮，关闭系统弹出的信息提示文本，结束连接 7 的创建。

Stage8. 创建连接 8

Step1. 定义连接属性。单击"管线列表"工具条中的"创建连接"按钮 `▬`，系统弹出"创建连接向导：连接属性"对话框，在 `Wire ID` 文本框中输入 C1_4，在 `型材类型` 下拉列表中选择 `电线` 选项，在 `切削长度` 文本框中输入值 0。

Step2. 定义起始组件属性。单击 `下一步 >` 按钮，系统进入"创建连接向导：起始组件属性"对话框，在模型中选取元件 JACK6，然后在 `From Device` 文本框中输入 J6，在 `From Conn` 文本框中输入 P6，在 `From Pin` 下拉列表中选择 `4`。

Step3. 定义目标组件属性。单击 `下一步 >` 按钮，系统进入"创建连接向导：目标组件属性"对话框，在模型中选取元件 JACK8，然后在 `To Device` 文本框中输入 J8，在 `To Conn` 文本框中输入 P8，在 `To Pin` 下拉列表中选择 `1`。

Step4. 单击 `下一步 >` 按钮，系统进入"创建连接向导：中间组件属性"对话框。

Step5. 定义电线属性。单击 `下一步 >` 按钮，系统进入"创建连接向导：电线属性"对话框；选取电线 `W-112`，颜色设置为蓝绿色(Cyan)。

Step6. 单击 `下一步 >` 按钮，系统进入"创建连接向导：汇总报告"对话框，在该对话框中显示当前连接的详细信息。

Step7. 单击 `完成` 按钮，关闭系统弹出的信息提示文本，结束连接 8 的创建。

Stage9. 显示所有连接

Step1. 在图 42.55 所示的"电气连接导航器"中查看所有电气连接属性。

Step2. 在电气连接导航器中选中所有连接，右击，在弹出的快捷菜单中选择 `显示` 命令，此时在模型中显示所有连接，如图 42.56 所示。

Wire ID	From Device	From Conn	From Pin	To Device	To Conn	To Pin	Length
工作部件							
W1	J1	P1	1	J3	P3	1	0.000000
W2	J2	P2	1	J3	P3	2	0.000000
W3	J2	P2	2	J3	P3	3	0.000000
W4	J1	P1	1	J8	P8	5	0.000000
C1_1	J6	P6	1	J8	P8	4	0.000000
C1_2	J6	P6	2	J8	P8	3	0.000000
C1_3	J6	P6	3	J8	P8	2	0.000000
C1_4	J6	P6	4	J8	P8	1	0.000000

图 42.55　电气连接导航器

图 42.56　显示连接

Step3. 刷新图形区，取消连接的显示。

Task4. 创建路径

Stage1. 创建样条路径 1

Step1. 在"电气管线布置"工具条中单击"样条路径"按钮 🦎，系统弹出"样条路径"对话框。

Step2. 在模型中依次选取图 42.57 所示的固定端口 1 和固定端口 2 为路径点。

图 42.57　选取路径点 1

Step3. 单击 〈 确定 〉 按钮，完成样条路径 1 的创建，如图 42.58 所示。

图 42.58　创建样条路径 1

Stage2．创建样条路径 2

Step1．在"电气管线布置"工具条中单击"样条路径"按钮 ，系统弹出"样条路径"对话框。

Step2．在模型中依次选取图 42.59 所示的连接端口 1 和固定端口 2 为路径点，在"样条路径"对话框中选择 点 2 ，在 向后延伸 文本框中输入值 0.5；单击 〈 确定 〉 按钮，完成样条路径 2 的创建，如图 42.60 所示。

图 42.59　选取路径点 2

图 42.60　创建样条路径 2

Stage3．创建样条路径 3

Step1．在"电气管线布置"工具条中单击"样条路径"按钮 ，系统弹出"样条路径"对话框。

Step2．在模型中依次选取图 42.61 所示的多端口 1 和固定端口 2 为路径点，在"样条路径"对话框中选择 点 2 ，在 向后延伸 文本框中输入值 0.5；单击 〈 确定 〉 按钮，完成样条路径 3 的创建，如图 42.62 所示。

图 42.61　选取路径点 3

图 42.62　创建样条路径 3

Stage4．创建样条路径 4

Step1．在"电气管线布置"工具条中单击"样条路径"按钮 ，系统弹出"样条路径"

对话框。

　　Step2. 在模型中依次选取图 42.63 所示的多端口 2 和固定端口 1 为路径点，在"样条路径"对话框中选择 点 2，在 向后延伸 文本框中输入值 0.5；单击 应用 按钮。

　　Step3. 在模型中依次选取图 42.64 所示的固定端口 2、固定端口 5 和固定端口 3 为路径点，在"样条路径"对话框中选择 点 1，在 向前延伸 文本框中输入值 0.5；选择 点 2，在 向后延伸 文本框中输入值 0.5；选择 点 3，在 向后延伸 文本框中输入值 0.5；单击 应用 按钮。

图 42.63　选取路径点 1

图 42.64　选取路径点 2

　　Step4. 在模型中依次选取图 42.65 所示的多端口 4、固定端口 4 和固定端口 3 为路径点，在"样条路径"对话框中选择 点 2，在 向后延伸 文本框中输入值 0.5；选择 点 3，在 向后延伸 文本框中输入值 0.5；单击 应用 按钮。

　　Step5. 在模型中依次选取图 42.66 所示的固定端口 3 和多端口 5 为路径点，在"样条路径"对话框中选择 点 1，在 向前延伸 文本框中输入值 0.5。

图 42.65　选取路径点 3

图 42.66　选取路径点 4

　　Step6. 单击 确定 按钮，完成样条路径的创建，如图 42.67 所示。

图 42.67　创建样条路径

Stage5. 创建端子

Step1. 在"电气管线布置"工具条中单击"创建端子"按钮 ，系统弹出图 42.68 所示的"创建端子"对话框。

Step2. 创建端子 1。在模型中选取图 42.69 所示的多端口 1，在 `端子段` 区域中 `管端延伸` 和 `管端接线` 下拉列表中选择 `均匀值` 选项，然后在 `管端端口` 区域 `均匀接线` 的文本框中输入数值 20，在"创建端子"对话框中单击"全部建模"按钮 ，单击 `应用` 按钮，完成端子 1 的创建，如图 42.70 所示。

图 42.68　"创建端子"对话框

图 42.69　选取多端口 1

图 42.70　创建端子 1

Step3. 创建端子 2。在模型中选取图 42.71 所示的多端口 2，在 `端子段` 区域中 `管端延伸` 和 `管端接线` 下拉列表中选择 `均匀值` 选项，然后在 `管端端口` 区域 `均匀接线` 的文本框中输入数值 30，在

"创建端子"对话框中单击"全部建模"按钮 ，单击 按钮，完成端子 2 的创建，如图 42.72 所示。

图 42.71　选取多端口 2

图 42.72　创建端子 2

Step4. 创建端子 3。在模型中选取图 42.73 所示的多端口 4，在 端子段 区域中 管端延伸 和 管端接线 下拉列表中选择 均匀值 选项，然后在 管端端口 区域 均匀接线 的文本框中输入数值 40，在"创建端子"对话框中单击"全部建模"按钮 ，单击 应用 按钮，完成端子 3 的创建，如图 42.74 所示。

图 42.73　选取多端口 3

图 42.74　创建端子 3

Step5. 创建端子 4。在模型中选取图 42.75 所示的多端口 5，在 端子段 区域中 管端延伸 和 管端接线 下拉列表中选择 均匀值 选项，然后在 管端端口 区域 均匀接线 的文本框中输入数值 50，在"创建端子"对话框中单击"全部建模"按钮 ，单击 〈 确定 〉 按钮，完成端子 4 的创建，如图 42.76 所示。

图 42.75　选取多端口 4

图 42.76　创建端子 4

Task5. 自动布线

Step1. 在电气连接导航器中选中所有连接，右击，在弹出的快捷菜单中选择 自动管线布置

➡ 引脚级别 命令，此时在模型自动布置所有线缆，如图 42.77 所示。

图 42.77　自动布线

Step2. 保存模型。

第 10 章

模具设计实例

本章主要包含如下内容：

实例 43 具有复杂外形的模具设计

图 43.1 所示为一个下盖（DOWN_COVER）的模型，该模型的表面有多个破孔，要使其能够顺利分出上、下模具，必须将破孔填补才能完成，本例将详细介绍如何来设计该模具。图 43.2 为下盖的模具开模图。

图 43.1 零件模型

图 43.2 下盖的模具开模图

Task1. 初始化项目

Step1. 加载模型。在工具条按钮区右击单击 ✔ 应用模块 选项，然后单击 按钮，系统弹出"注塑模向导"工具条在"注塑模向导"工具条中，单击"初始化项目"按钮 ，系统弹出"打开"对话框。选择 D:\ugins8\work\ch10\ins43\DOWN_COVER.prt，单击 OK 按钮，调入模型，系统弹出"初始化项目"对话框。

Step2. 定义投影单位。在"初始化项目"对话框的 项目单位 的下拉菜单中选择 毫米 选项。

Step3. 设置项目路径和名称。

（1）设置项目路径。接受系统默认的项目路径。

（2）设置项目名称。在"初始化项目"对话框的 Name 文本框中输入 DOWN_COVER _MOLD。

Step4. 在该对话框中，单击 确定 按钮，完成项目路径和名称的设置，加载的零件如图 43.3 所示。

Task2. 模具坐标系

Step1. 在"注塑模向导"工具栏中，单击"模具 CSYS"按钮![icon]，系统弹出"模具 CSYS"对话框，如图 43.4 所示。

Step2. 在"模具坐标"对话框中，选择 ⊙当前 WCS 单选项，然后单击 确定 按钮，完成坐标系的定义。

图 43.3　加载的零件

图 43.4　"模具 CSYS"对话框

Task3. 设置收缩率

Step1. 定义收缩率类型。

（1）选择命令。在注塑模向导工具栏中，单击"收缩率"按钮![icon]，产品模型会高亮显示，同时系统弹出"缩放体"对话框。

（2）定义类型。在"缩放体"对话框 类型 区域的下拉列表中选择 ![icon] 均匀 选项。

Step2. 定义缩放体和缩放点。接受系统默认的设置。

Step3. 定义比例因子。在"缩放体"对话框的 比例因子 区域中的 均匀 文本框中，输入收缩率 1.006。

Step4. 单击 确定 按钮，完成收缩率的设置。

Task4. 创建模具工件

Step1. 在"注塑模向导"工具条中，单击"工件"按钮![icon]，系统弹出"工件"对话框。

Step2. 在"工件"对话框的 类型 下拉菜单中选择 产品工件 选项，然后在 工件方法 的下拉菜单中选择 用户定义的块 选项，开始和结束的距离值分别设定为-20 和 30。

Step3. 单击 < 确定 > 按钮，完成创建后的模具工件如图 43.5 所示。

图 43.5　完成创建后的模具工件

Task5. 模具分型

Stage1. 设计区域

Step1. 在"注塑模向导"工具条中单击"模具分型工具"按钮，系统弹出"模具分型工具"工具条和"分型导航器"窗口。

Step2. 在"模具分型工具"工具条中单击"区域分析"按钮，系统弹出 "检查区域"对话框，并显示开模方向。在"检查区域"对话框中选中 保持现有的 单选项。

Step3. 拆分面。

（1）计算设计区域。在"检查区域"对话框中单击"计算"按钮，系统开始对产品模型进行分析计算。单击"检查区域"对话框中的 面 选项卡，可以查看分析结果。

（2）设置区域颜色。在"检查区域"对话框中单击 区域 选项卡，并在 设置 区域中取消选中 内环 、 分型边 和 不完整的环 三个复选框，然后单击"设置区域颜色"按钮，设置各区域颜色。结果如图 43.6 所示。

Step4. 在"检查区域"对话框的未定义的区域中，选中 交叉区域面 、 交叉竖直面 复选框，然后选择 型腔区域 单选项，单击 应用 按钮。设计后的区域颜色如图 43.7 所示。

Step5. 在"检查区域"对话框中，单击 确定 按钮，关闭"检查区域"对话框。

图 43.6　着色的模型区域　　　　图 43.7　设置后的模型区域

Stage2. 抽取分型线

Step1. 在"模具分型工具"工具条中单击"定义区域"按钮 🔏，系统弹出"定义区域"对话框。

Step2. 在"定义区域"对话框中的 定义区域 选择 所有面 选项，并在 设置 区域选中 ☑ 创建区域 和 ☑ 创建分型线 复选框，然后单击 确定 按钮，完成型腔/型芯区域分型线的创建；创建分型线如图 43.8 所示。

Stage3. 创建曲面补片

Step1. 在"模具分型工具"工具栏中，单击"曲面补片"按钮 ◈，系统弹出"边缘修补"对话框。

Step2. 在该对话框的 类型 下拉列表中选择 体 选项。选择模型，然后单击 确定 按钮，补片后的结果如图 43.9 所示。

图 43.8　创建分型线　　　　　　　图 43.9　创建补片后

Stage4. 编辑分型段

Step1. 在"模具分型工具"工具条中单击"设计分型面"按钮 🖼，系统弹出"设计分型面"对话框。

Step2. 在"分型线"对话框的 编辑分型段 区域中单击 ✔ 选择分型或引导线 (1) 按钮 ∫。选取图 43.10 所示的曲线 1 和曲线 2 为编辑对象，然后单击 确定 按钮。

图 43.10　选取圆弧

Stage5. 创建分型面

Step1. 在"模具分型工具"工具条中单击"设计分型面"按钮 🖼，系统弹出"设计分型面"对话框。

Step2. 在 分型线 区域选择 ❗分段 1 选项，在图 43.11a 中单击"延伸距离"文本，然后在活动的文本框中输入数值 45，并按 Enter 键，结果如图 43.11b 所示。

　　　a）修改之前　　　　　　图 43.11　修改延伸距离　　　　　b）修改之后

Step3. 创建拉伸 1。在"设计分型面"对话框中，创建分型面 区域的 方法 中选择 ▢ 选项，方向如图 43.12 所示，在"设计分型面"对话框中单击 ▢应用▢ 按钮，系统返回至"设计分型面"对话框；结果如图 43.13 所示。

说明：如图 43.12 所示的引导线为当前分型面拉伸的方向。选择图 43.12 所示的边线作为定义当前分型面要拉伸的方向。

　　图 43.12　选取移动方向　　　　　　　　　图 43.13　拉伸后（拉伸 1）

Step4. 创建拉伸 2。在"设计分型面"对话框中，创建分型面 区域的 方法 中选择 ▣ 选项，然后单击 ▢确定▢ 按钮，结果如图 43.14 所示。

图 43.14　拉伸后（拉伸 2）

Stage6. 创建型腔和型芯

Step1. 在"模具分型工具"工具条中单击"定义型腔和型芯"按钮 ，系统弹出"定义型腔和型芯"对话框。

Step2. 在"定义型腔和型芯"对话框中，选取 选择片体 区域下的 所有区域 选项，然后单击 确定 按钮。

Step3. 此时系统弹出"查看分型结果"对话框，并在图形区显示出创建的型腔，单击"查看分型结果"对话框中的 确定 按钮，系统再一次弹出"查看分型结果"对话框。在对话框中单击 确定 按钮，关闭对话框。

Step4. 选择下拉菜单 窗口(O) DOWN_COVER _MOLD_core_006.prt ，显示型芯零件如图 43.15 所示；选择下拉菜单 窗口(O) DOWN_COVER _MOLD_cavity_002.prt ，显示型腔零件如图 43.16 所示。

图 43.15　型芯

图 43.16　型腔

Task6. 创建模具爆炸视图

Step1. 移动型腔。

（1）选择下拉菜单 窗口(O) DOWN_COVER _MOLD_top_000.prt ，在装配导航器中将部件转换成工作部件。

（2）选择命令。选择下拉菜单 装配(A) 爆炸图(X) ▶ 新建爆炸图(N)... 命令，系统弹出"新建爆炸图"对话框，接受默认的名字，然后单击 确定 按钮。

（3）选择命令。选择下拉菜单 装配(A) 爆炸图(X) ▶ 编辑爆炸图(E)... 命令，系统弹出"编辑爆炸图"对话框。

（4）选择对象。在对话框中选中 ⊙ 选择对象 单选项。选取图 43.17 所示的型腔元件。

（5）在该对话框中，选择 ⊙ 移动对象 单选项，沿 Z 方向上移动 100，然后单击 确定 按钮。结果如图 43.18 所示。

Step2. 移动产品模型。

（1）选择命令。选择下拉菜单 装配(A) ➡ 爆炸图(X) ▶ ➡ 编辑爆炸图(E)... 命令，系统弹出"编辑爆炸图"对话框。

图 43.17　选取移动对象 1　　　　　　　　　图 43.18　移动后 1

（2）选择对象。选取图 43.19 所示的产品模型元件。

（3）在该对话框中，选择 ⊙ 移动对象 单选项，沿 Z 方向上移动 50，结果如图 43.20 所示。

图 43.19　选取移动对象 2　　　　　　　　　图 43.20　移动后 2

Step3. 保存文件。选择下拉菜单 文件(F) ➡ 全部保存(V)，保存所有文件。

实例 44　带破孔的模具设计

本节将介绍一款香皂盒盖（SOAP_BOX）的模具设计（图 44.1）。因为设计元件中有破孔，所以在模具设计时必须将这一破孔填补，才可以顺利分出上、下模具，使其顺利脱模。下面介绍该模具的主要设计过程。

上模（UPPER VOL）

下模（LOWER VOL）

浇注件（SOAP_BOX_MOLDING）

图 44.1　香皂盒盖的模具设计

Task1.　初始化项目

Step1. 加载模型。在工具条按钮区右击单击 ✔ 应用模块 选项，单击 注塑模向导 按钮，系统弹出"注塑模向导"工具条，在"注塑模向导"工具条中，单击"初始化项目"按钮 ，系统弹出"打开"对话框。选择 D:\ugins8\work\ch10\ins44\SOAP_BOX.prt，单击 OK 按钮，调入模型，系统弹出"初始化项目"对话框。

Step2. 定义投影单位。在"初始化项目"对话框的 项目单位 下拉菜单中选择 毫米 选项。

Step3. 设置项目路径和名称。

（1）设置项目路径。接受系统默认的项目路径。

（2）设置项目名称。在"初始化项目"对话框的 Name 文本框中输入 SOAP_BOX_MOLD。

Step4. 在该对话框中，单击 确定 按钮，完成项目路径和名称的设置，加载的零件如图 44.2 所示。

图 44.2　加载的零件

Task2. 模具坐标系

　　Step1. 在"注塑模向导"工具栏中，单击"模具CSYS"按钮 ，系统弹出"模具 CSYS"对话框，如图 44.3 所示。

　　Step2. 在"模具坐标"对话框中，选择 ⊙ 当前 WCS 单选项，然后单击 确定 按钮，完成坐标系的定义。

图 44.3 　"模具 CSYS"对话框

Task3.设置收缩率

　　Step1. 定义收缩率类型。

　　（1）选择命令。在注塑模向导工具栏中，单击"收缩率"按钮 ，产品模型会高亮显示，同时系统弹出"缩放体"对话框。

　　（2）定义类型。在"缩放体"对话框 类型 区域的下拉列表中选择 均匀 选项。

　　Step2. 定义缩放体和缩放点。接受系统默认的设置。

　　Step3. 定义比例因子。在"缩放体"对话框的 比例因子 区域中的 均匀 文本框中，输入收缩率 1.006。

　　Step4. 单击 确定 按钮，完成收缩率的设置。

Task4. 创建模具工件

　　Step1. 在"注塑模向导"工具条中，单击"工件"按钮 ，系统弹出"工件"对话框。

　　Step2. 在"工件"对话框的 类型 下拉菜单中选择 产品工件 选项，在 工件方法 的下拉菜单中选择 用户定义的块 选项，开始和结束的距离值分别设定为-20 和 30。

　　Step3. 单击 ＜ 确定 ＞ 按钮，完成创建后的模具工件如图 44.4 所示。

图 44.4　完成创建后的模具工件

Task5.　实体补片

Step1. 选择下拉菜单 窗口(0) ➡ SOAP_BOX_MOLD_parting_022.prt 。在"注塑模向导"工具栏中单击"注塑模工具"按钮 ，然后在"注塑模工具"工具栏中，单击"创建方块"按钮 ，系统弹出"创建方块"对话框。

Step2. 选择类型。在弹出的对话框的 类型 下拉列表中，选择 包容块 选项。

Step3. 选取边界面。选取图 44.5 所示的参考面，接受系统默认的间隙值 0。

图 44.5　定义参考面 1

Step4. 单击 < 确定 > 按钮，创建实体的结果如图 44.6 所示。

图 44.6　创建实体

Step5. 插入基准平面。选择下拉菜单 插入(S) ➡ 基准/点(D) ➡ 基准平面(D)... 命令，系统弹出"基准平面"对话框。在 类型 区域的下拉列表中选择 XC-ZC 平面 选项，然后在 偏置和参考 区域 距离 的文本框输入值 0，单击 < 确定 > 按钮，创建结果如图 44.7 所示。

Step6. 选择命令。在"注塑模工具"工具栏中，单击"分割实体"按钮 ，系统弹出"分割实体"对话框。

Step7. 选择目标体和刀具体。选择图 44.6 所示的创建的实体为目标体。选择图 44.7 所示的基准平面为刀具体。单击 〈 确定 〉 按钮，创建结果如图 44.8 所示。

图 44.7　创建基准平面　　　　　　　　　　　图 44.8　分割实体

Step8. 替换面。选择下拉菜单 插入(S) ➡ 同步建模(I) ➡ 替换面(R)... 命令，系统弹出"替换面"对话框。选择图 44.9 所示的创建的实体的表面为要替换的面。选择图 44.9 所示的模型表面为替换面。单击 〈 确定 〉 按钮，创建结果如图 44.10 所示。

图 44.9　定义参考面 2　　　　　　　　　　　图 44.10　创建替换面 1

Step9. 替换其他三个面。操作步骤参考 Step8，结果如图 44.11 所示。

图 44.11　创建替换面 2

Step10. 创建求和特征 1。选择下拉菜单 插入(S) ➡ 组合(B) ▶ ➡ 求和(U)... 命令，选取图 44.12 所示的实体特征为目标体，选取图 44.12 所示的实体特征为刀具体。单击 〈 确定 〉 按钮，完成求和特征 1 的创建。

图 44.12　求和特征 1

Step11. 创建求差特征 1。选择下拉菜单 插入(S) ➡ 组合(B) ▶ ➡ 求差(S)... 命令，选取图 44.13 所示的实体特征为目标体，选取图 44.13 所示的实体特征为刀具体。在 设置 区域选中 ☑ 保存工具 复选框，单击 < 确定 > 按钮，完成求差特征 1 的创建。

图 44.13　求差特征 1

Step12. 复制图层。选择下拉菜单 格式(R) ➡ ⬆ 复制至图层(0)... 命令，系统弹出"类选择"对话框。选取图 44.14 所示的实体特征，单击 < 确定 > 按钮。在弹出的"图层复制"对话框中 目标图层或类别 的文本框输入数值 10，其他参数接受系统默认设置，然后单击 < 确定 > 按钮，完成复制图层的创建。

Step13. 选择命令。在"注塑模工具"工具栏中单击"实体补片"按钮 ，此时系统弹出"实体补片"对话框。选择图 44.14 所示的实体特征，单击 < 确定 > 按钮，完成实体修补，结果如图 44.15 所示。

图 44.14　选取实体

图 44.15　实体补片

Task6. 模具分型

Stage1. 设计区域

Step1. 在"注塑模向导"工具条中，单击"模具分型工具"按钮 ，在"模具分型工具"工具条中单击"区域分析"按钮 ，系统弹出"检查区域"对话框，并显示开模方向。在"检查区域"对话框中选中 ⊙ 保持现有的 单选项。

Step2. 拆分面。

（1）计算设计区域。在"检查区域"对话框中单击"计算"按钮 ，系统开始对产品模型进行分析计算。单击"检查区域"对话框中的 面 选项卡，可以查看分析结果。

（2）设置区域颜色。在"检查区域"对话框中单击 区域 选项卡，在 设置 区域中取消选中 □ 内环 、 □ 分型边 和 □ 不完整的环 三个复选框，然后单击"设置区域颜色"按钮 ，设置各区域颜色。结果如图 44.16 所示。

Step3. 在"检查区域"对话框中，单击 应用 按钮，关闭"检查区域"对话框。

图 44.16　着色的模型区域

Stage2. 抽取分型线

Step1. 在"模具分型工具"工具条中单击"定义区域"按钮 ，系统弹出"定义区域"对话框。

Step2. 在"定义区域"对话框中的 定义区域 选择 所有面 选项，并在 设置 区域选中 ☑ 创建区域 和 ☑ 创建分型线 复选框，然后单击 确定 按钮，完成型腔/型芯区域分型线的创建；创建分型线如图 44.17 所示。

图 44.17　创建分型线

Stage3. 创建分型面

Step1. 在"模具分型工具"工具条中单击"设计分型面"按钮 ，系统弹出"设计分型面"对话框。

Step2. 在"设计分型面"对话框中 创建分型面 区域的 方法 中选择 选项，然后在图形区"延伸距离"的文本框输入数值 60。然后单击 确定 按钮，结果如图 44.18 所示。

图 44.18　拉伸后

Stage4. 创建型腔和型芯

Step1. 在"模具分型工具"工具条中单击"定义型腔和型芯"按钮 ，系统弹出"定义型腔和型芯"对话框。

Step2. 在"定义型腔和型芯"对话框中，选取 选择片体 区域下的 所有区域 选项，单击 确定 按钮。

Step3. 选择下拉菜单 窗口(O) ➡ SOAP_BOX_MOLD_core_006.prt ，显示型芯零件如图 44.19 所示；选择下拉菜单 窗口(O) ➡ SOAP_BOX_MOLD_cavity_002.prt ，显示型腔零件如图 44.20 所示。

图 44.19　型芯

图 44.20　型腔

Step4. 创建求差特征 2。

（1）选择下拉菜单 窗口(O) ➡ SOAP_BOX_MOLD_parting_022.prt ，单击"模具分型导航器"按钮 ，选中 ☑ 产品实体 复选框。

（2）显示刀具体。选择下拉菜单 格式(R) ➡ 图层设置(S)... 命令，在图层设置的对话框中勾选"图层"区域中的 ☑ 10 复选框，然后关闭"图层设置"对话框。

（3）求差。选择下拉菜单 插入(S) ➡ 组合(B) ▶ ➡ 求差(S)... 命令，选取图 44.21 所示的实体特征为目标体，选取图 44.21 所示的实体特征为刀具体。在 设置 区域选中 ☑ 保存工具 复选框，单击 〈 确定 〉 按钮，完成求差特征 2 的创建。

说明：为了显示清晰、明了，可将工件线框和分型面隐藏起来。

图 44.21　求差特征 2

Step5. 选择下拉菜单 窗口(O) ➡ SOAP_BOX_MOLD_top_000.prt ，在装配导航器中将部件转换成工作部件。

说明：为了显示清晰、明了、操作方便，可将型腔和基准平面隐藏起来。

Step6. 在图形区选择图 44.22 所示的实体并将其设置为工作部件。选择下拉菜单格式(R) ➡ 图层设置(S)...命令，在图层设置的对话框中勾选"图层"区域中的 ☑ 10 复选框。

图 44.22　选择参照实体

说明：为设置成工作部件，可在实体上双击鼠标左键或在实体上右击选择"设为工作部件"命令。

Step7. 选择下拉菜单 窗口(0) ➡ SOAP_BOX_MOLD_core_006.prt，显示型芯零件。选择下拉菜单 窗口(0) ➡ SOAP_BOX_MOLD_top_000.prt，将窗口转换到 SOAP_BOX_core_006.prt (修改的) 在装配 OAP_BOX_top_000.prt 中。

Step8. 链接体。选择下拉菜单 插入(S) ➡ 关联复制(A) ➡ WAVE 几何链接器(W)...命令，体统弹出"WAVE 几何连接器"对话框。在 类型 区域的下拉列表中选取 体 选项，选取图 44.23 所示的实体，然后单击 确定 按钮，结果如图 44.23 所示。（隐藏产品实体）

图 44.23　链接体

Step9. 创建求和特征 1。选择下拉菜单 插入(S) ➡ 组合(B) ▶ ➡ 求和(U)...命令，选取图 44.24 所示的实体特征为目标体，选取图 44.24 所示的实体特征为刀具体。单击 〈确定〉 按钮，完成求和特征 1 的创建。

图 44.24　选取刀具体

Task7. 创建模具爆炸视图

Step1. 移动型腔。

（1）显示实体。选择下拉菜单 编辑(E) ➡ 显示和隐藏(H) ➡ 显示(S)... 命令，系统弹出"类选择"对话框。单击类型过滤器按钮，在"根据类型选择"对话框中选择 实体 选项，单击 确定 按钮，单击"类选择"对话框 对象 区域中的全选按钮，单击 确定 按钮。

（2）选择命令。在装配导航器中双击 ☑ SOAP_BOX_top 将其设为工作部件。选择下拉菜单 装配(A) ➡ 爆炸图(X) ▶ ➡ 新建爆炸图(N)... 命令，系统弹出"新建爆炸图"对话框，接受默认的名字，单击 确定 按钮。

（3）选择命令。选择下拉菜单 装配(A) ➡ 爆炸图(X) ▶ ➡ 编辑爆炸图(E)... 命令，系统弹出"编辑爆炸图"对话框。

（4）选择对象。在对话框中选中 ⊙ 选择对象 单选项。选取图 44.25 所示的型腔元件（移动对象）。

图 44.25　选取移动对象 1

（5）在该对话框中，选择 ⊙ 移动对象 单选项，沿 Z 方向上移动 100，单击 确定 按钮。结果如图 44.26 所示。

图 44.26　移动后 1

说明：为了显示清晰、明了隐藏图层 10，选择下拉菜单 格式(R) ➡ 图层设置(S)... 命令，在图层设置的对话框中取消选中 "图层" 区域中的 ☐ 10 复选框。

Step2. 移动产品模型。

（1）选择命令。选择下拉菜单 装配(A) ➡ 爆炸图(X) ▶ ➡ 编辑爆炸图(E)... 命令，系统弹出"编辑爆炸图"对话框。

（2）选择对象。选取图 44.27 所示的产品模型元件（移动对象）。

（3）在该对话框中，选择 ⊙移动对象 单选项，沿 Z 方向上移动 50，结果如图 44.28 所示。

选取移动对象

图 44.27　选取移动对象 2　　　　　　图 44.28　移动后 2

Step3. 保存文件。选择下拉菜单 文件(F) ➡ 全部保存(V)，保存所有文件。

实例 45　烟灰缸的模具设计

本实例将介绍一个烟灰缸的模具设计，如图 45.1 所示。下面介绍该模具的设计过程。

上模（具）

浇注件（浇注件名：molding）

下模（具）

图 45.1　烟灰缸的模具设计

Task1.　初始化项目

Step1. 加载模型。在工具条按钮区右击单击 ☑ **应用模块** 选项，然后单击 ⬛ 按钮，系统弹出"注塑模向导"工具条，在"注塑模向导"工具条中，单击"初始化项目"按钮 ⬛，系统弹出"打开"对话框。选择 D:\ugins8\work\ch10\ins45\ASHTRAY.prt，然后单击 **OK** 按钮，调入模型，系统弹出"初始化项目"对话框。

Step2. 定义投影单位。在"初始化项目"对话框的 **项目单位** 的下拉菜单中选择 **毫米** 选项。

Step3. 设置项目路径和名称。

（1）设置项目路径。接受系统默认的项目路径。

（2）设置项目名称。在"初始化项目"对话框的 **Name** 文本框中输入 ASHTRAY_MOLD。

Step4. 在该对话框中，单击 **确定** 按钮，完成项目路径和名称的设置，加载的零件如图 45.2 所示。

Task2.　模具坐标系

Step1. 在"注塑模向导"工具栏中，单击"模具 CSYS"按钮 ⬛，系统弹出"模具 CSYS"对话框，如图 45.3 所示。

Step2. 在"模具坐标"对话框中，选择 ⊙ 当前 WCS 单选项，然后单击 确定 按钮，完成坐标系的定义。

图 45.2　加载的零件

图 45.3　"模具 CSYS"对话框

Task3. 设置收缩率

Step1. 定义收缩率类型。

（1）选择命令。在注塑模向导工具栏中，单击"收缩率"按钮，产品模型会高亮显示，同时系统弹出"缩放体"对话框。

（2）定义类型。在"缩放体"对话框 类型 区域的下拉列表中选择 均匀 选项。

Step2. 定义缩放体和缩放点。接受系统默认的设置。

Step3. 定义比例因子。在"缩放体"对话框的 比例因子 区域 均匀 文本框中，输入收缩率 1.006。

Step4. 单击 确定 按钮，完成收缩率的位置。

Task4. 创建模具工件

Step1. 在"注塑模向导"工具条中，单击"工件"按钮，系统弹出"工件"对话框。

Step2. 在"工件"对话框的 类型 下拉菜单中选择 产品工件 选项，然后在 工件方法 的下拉菜单中选择 用户定义的块 选项，开始和结束的距离值分别设定为-15 和 60。

Step3. 单击 < 确定 > 按钮，完成创建后的模具工件如图 45.4 所示。

图 45.4　完成创建后的模具工件

Task5. 模具分型

Stage1. 设计区域

Step1. 在"注塑模向导"工具条中单击"模具分型工具"按钮，系统弹出"模具分型工具"工具条和"分型导航器"窗口。

Step2. 在"模具分型工具"工具条中单击"区域分析"按钮，系统弹出"检查区域"对话框，并显示开模方向。在"检查区域"对话框中选中 ⊙ 保持现有的 单选项。

Step3. 拆分面。

（1）计算设计区域。在"检查区域"对话框中单击"计算"按钮，系统开始对产品模型进行分析计算。单击"检查区域"对话框中的 面 选项卡，可以查看分析结果。

（2）设置区域颜色。在"检查区域"对话框中单击 区域 选项卡，并在 设置 区域中取消选中 □ 内环 、 □ 分型边 和 □ 不完整的环 三个复选框，然后单击"设置区域颜色"按钮，设置各区域颜色。结果如图 45.5 所示。

Step4. 在"检查区域"对话框的未定义的区域中，选中 ☑ 交叉区域面 复选框，然后选择 ⊙ 型腔区域 单选项，单击 应用 按钮。设计后的区域颜色如图 45.6 所示。

Step5. 在"检查区域"对话框中，单击 确定 按钮，关闭"检查区域"对话框。

图 45.5　着色的模型区域　　　　　图 45.6　设置后的模型区域

Stage2. 抽取分型线

Step1. 在"模具分型工具"工具条中单击"定义区域"按钮，系统弹出"定义区域"对话框。

Step2. 在"定义区域"对话框中的 定义区域 选择 所有面 选项，然后在 设置 区域选中 ☑ 创建区域 和 ☑ 创建分型线 复选框，单击 确定 按钮，完成型腔/型芯区域分型线的创建；所创建的分型线如图 45.7 所示。

图 45.7　创建分型线

Stage3. 创建分型面

Step1. 在"模具分型工具"工具条中单击"设计分型面"按钮，系统弹出"设计分型面"对话框。

Step2. 在 分型线 区域选择 ❗分段 1 选项，在图 45.8a 中单击"延伸距离"文本，然后在活动的文本框中输入数值 80，并按 Enter 键，结果如图 45.8b 所示。

a）修改之前　　　　　　　　　　　　　　　　b）修改之后

图 45.8　修改延伸距离

Step3. 在"设计分型面"对话框的 创建分型面 区域的 方法 中选择 选项，然后单击 确定 按钮，结果如图 45.9 所示。

图 45.9　创建分型面

Stage4. 创建型腔和型芯

Step1. 在"模具分型工具"工具条中单击"定义型腔和型芯"按钮，系统弹出"定义型腔和型芯"对话框。

Step2. 在"定义型腔和型芯"对话框中，选取 选择片体 区域下的 所有区域 选项，单击 确定 按钮。

Step3. 此时系统弹出"查看分型结果"对话框，并在图形区显示出创建的型腔，单击"查看分型结果"对话框中的 确定 按钮，系统再一次弹出"查看分型结果"对话框。在对话框中单击 确定 按钮，关闭对话框。

Step4. 选择下拉菜单 窗口(0) ➡ ASHTRAY_MOLD_core_006.prt，显示型芯零件如图 45.10 所示；选择下拉菜单 窗口(0) ➡ ASHTRAY_MOLD_cavity_002.prt，显示型腔零件如图 45.11 所示。

说明：为了显示清晰、明了，可将基准面隐藏起来。

图 45.10 型芯

图 45.11 型腔

Task6. 创建模具爆炸视图

Step1. 移动型腔。

（1）选择下拉菜单 窗口(0) ➡ ASHTRAY_MOLD_top_000.prt，在装配导航器中将部件转换成工作部件。

（2）选择命令。选择下拉菜单 装配(A) ➡ 爆炸图(X) ▶ ➡ 新建爆炸图(N)... 命令，系统弹出"新建爆炸图"对话框，接受默认的名字，单击 确定 按钮。

（3）选择命令。选择下拉菜单 装配(A) ➡ 爆炸图(X) ▶ ➡ 编辑爆炸图(E)... 命令，系统弹出"编辑爆炸图"对话框。

（4）选择对象。在对话框中选中 ⊙ 选择对象 单选项。选取图 45.12 所示的型腔元件。

（5）在该对话框中，选择 ⊙ 移动对象 单选项，沿 Z 方向上移动 100，然后单击 确定 按钮。结果如图 45.13 所示。

选取移动对象

图 45.12 选取移动对象 1

图 45.13 移动后 1

Step2. 移动产品模型。

（1）选择命令。选择下拉菜单 装配(A) ➡ 爆炸图(X) ▶ ➡ 编辑爆炸图(E)... 命令，系统弹出"编辑爆炸图"对话框。

（2）选择对象。选取图 45.14 所示的产品模型元件（移动对象）。

（3）在该对话框中，选择 ⊙ 移动对象 单选项，沿 Z 方向上移动 50，结果如图 45.15 所示。

- - - - - 选取移动对象

图 45.14　选取移动对象 2　　　　　　　　图 45.15　移动后 2

Step3. 保存文件。选择下拉菜单 文件(F) ➡ 全部保存(V) ，保存所有文件。

实例 46　一模多穴的模具设计

一个模具中可以含有多个相同的型腔，注射时便可以同时获得多个成型零件，这就是一模多穴模具。图 46.1 所示的便是一模多穴模具的例子，下面以此为例，说明其一般设计流程。

上模（具）

下模（具）

浇注件

浇注件名：（chess_molding）

图 46.1　一模多穴模具的设计

Task1. 初始化项目

Step1. 加载模型。在工具条按钮区右击单击 ✔ **应用模块** 选项，然后单击 按钮，系统弹出"注塑模向导"工具条。在"注塑模向导"工具条中，单击"初始化项目"按钮 ，系统弹出"打开"对话框。选择 D:\ugins8\work\ch10\ins46\CHESS.prt，然后单击 OK 按钮，调入模型，系统弹出"初始化项目"对话框。

Step2. 定义投影单位。在"初始化项目"对话框 项目单位 的下拉菜单中选择 毫米 选项。

Step3. 设置项目路径和名称。

（1）设置项目路径。接受系统默认的项目路径。

（2）设置项目名称。在"初始化项目"对话框 Name 文本框中输入 CHESS_MOLD。

Step4. 在该对话框中，单击 确定 按钮，完成项目路径和名称的设置。加载的零件如图 46.2 所示。

图 46.2　加载的零件

Task2. 模具坐标系

Step1. 在"注塑模向导"工具栏中，单击"模具 CSYS"按钮，系统弹出"模具 CSYS"对话框，如图 46.3 所示。

Step2. 在"模具坐标"对话框中，选择 ⊙当前 WCS 单选项，然后单击 确定 按钮，完成坐标系的定义。

图 46.3 "模具 CSYS"对话框

Task3. 设置收缩率

Step1. 定义收缩率类型。

（1）选择命令。在注塑模向导工具栏中，单击"收缩率"按钮，产品模型会高亮显示，同时系统弹出"缩放体"对话框。

（2）定义类型。在"缩放体"对话框 类型 区域的下拉列表中选择 均匀 选项。

Step2. 定义缩放体和缩放点。接受系统默认的设置。

Step3. 定义比例因子。在"缩放体"对话框的 比例因子 区域中的 均匀 文本框中，输入收缩率 1.006。

Step4. 单击 确定 按钮，完成收缩率的位置。

Task4. 拆分面

Step1. 选择命令。在"注塑模向导"工具栏中单击"注塑模工具"图标，然后在"注塑模工具"工具栏中，单击"拆分面"图标，系统弹出"拆分面"对话框。

Step2. 定义拆分面类型。在该对话框中的 类型 下拉列表中选择 平面/面 选项，选取图 46.4 所示的面为要拆分的面，并选取 XY 基准平面为拆分对象。

图 46.4　定义拆分面

说明：XY 基准平面的选取是通过点击"部件导航器"，然后在"部件导航器"中的 ☑️🔗链接的基准坐标系右击，在弹出的快捷菜单中选取 🔗显示(S)命令来实现的。

Step3. 单击"拆分面"对话框中的 ＜ 确定 ＞ 按钮，完成拆分面的创建，结果如图 46.5 所示。

图 46.5　创建拆分面

Task5. 创建模具工件

Step1. 在"注塑模向导"工具条中，单击"工件"按钮 ◈，系统弹出"工件"对话框。

Step2. 在"工件"对话框的 类型 下拉菜单中选择产品工件选项，然后在 工件方法 的下拉菜单中选择用户定义的块选项，开始和结束的距离值分别设定为-20 和 20。

Step3. 单击 ＜ 确定 ＞ 按钮，完成创建后的模具工件如图 46.6 所示。

图 46.6　完成创建后的模具工件

Step4. 在"注塑模向导"工具条中，单击"型腔布局"按钮 ▣，系统弹出"型腔布局"对话框。在"型腔布局"对话框中 布局类型 区域中 ✔ 指定矢量 的下拉列表中选取 ▣ 选项，并在 平衡布局设置 区域中 型腔数 的下拉列表中选取 4，然后单击 生成布局 区域中的"开始布局"按钮 ▣，型腔布局完成。单击 编辑布局 区域中的"自动对准中心"按钮 ⊞，然后单击"型腔布局"对话框的 ▣ 关闭 按钮，结果如图 46.7 所示。

图 46.7　完成型腔布局后的模具工件

Task6. 模具分型

Stage1. 设计区域

Step1. 在"注塑模向导"工具条中单击"模具分型工具"按钮 ▣，系统弹出"模具分型工具"工具条和"分型导航器"窗口。

Step2. 在"模具分型工具"工具条中单击"区域分析"按钮 ▣，系统弹出"检查区域"对话框，并显示开模方向。在"检查区域"对话框中选中 ◉ 保持现有的 单选项。

Step3. 拆分面。

（1）计算设计区域。在"检查区域"对话框中单击"计算"按钮 ▣，系统开始对产品模型进行分析计算。单击"检查区域"对话框中的 面 选项卡，可以查看分析结果。

（2）设置区域颜色。在"检查区域"对话框中单击 区域 选项卡，在 设置 区域中取消选中 □ 内环、□ 分型边 和 □ 不完整的环 三个复选框，然后单击"设置区域颜色"按钮 ▣，设置各区域颜色。结果如图 46.8 所示。

图 46.8　着色的模型区域

Step4. 在"检查区域"对话框中，单击 确定 按钮，关闭"检查区域"对话框。

Stage2. 抽取分型线

Step1. 在"模具分型工具"工具条中单击"定义区域"按钮 ，系统弹出"定义区域"对话框。

Step2. 在"定义区域"对话框中的 定义区域 选择 所有面 选项，并在 设置 区域选中 ☑ 创建区域 和 ☑ 创建分型线 复选框，然后单击 确定 按钮，完成型腔/型芯区域分型线的创建；所创建的分型线如图 46.9 所示。

图 46.9　创建分型线

Stage3. 创建分型面

Step1. 在"模具分型工具"工具条中单击"设计分型面"按钮 ，系统弹出"设计分型面"对话框。

Step2. 在"设计分型面"对话框中接受系统默认的公差值；在 创建分型面 区域单击"有界平面"按钮 ，然后在图形区拖动小球调整分型面大小，如图 46.10 所示，使分型面大小大于工件大小，单击 确定 按钮，结果如图 46.11 所示。

图 46.10　调整分型面大小

图 46.11　创建分型面

Stage4. 创建型腔和型芯

Step1. 在"模具分型工具"工具条中单击"定义型腔和型芯"按钮 ，系统弹出"定义型腔和型芯"对话框。

Step2. 在"定义型腔和型芯"对话框中，选取 选择片体 区域下的 所有区域 选项，单击 确定 按钮。

Step3. 此时系统弹出"查看分型结果"对话框，并在图形区显示出创建的型腔，单击"查看分型结果"对话框中的 确定 按钮，系统再一次弹出"查看分型结果"对话框。在对话框中单击 确定 按钮，关闭对话框。

Step4. 选择下拉菜单 窗口(0) ➡ CHESS_MILD_core_031.prt，显示的型芯零件如图 46.12 所示；选择下拉菜单 窗口(0) ➡ CHESS_MILD_cavity_027.prt ，显示的型腔零件如图 46.13 所示。

图 46.12 型芯

图 46.13 型腔

Task7. 创建模具爆炸视图

Step1. 移动型腔。

（1）选择下拉菜单 窗口(0) ➡ CHESS_MILD_top_025.prt，在装配导航器中将部件转换成工作部件。

（2）选择命令。选择下拉菜单 装配(A) ➡ 爆炸图(X) ▶ ➡ 新建爆炸图(N)... 命令，系统弹出"新建爆炸图"对话框，接受默认的名字，单击 确定 按钮。

（3）选择命令。选择下拉菜单 装配(A) ➡ 爆炸图(X) ▶ ➡ 编辑爆炸图(E)... 命令，系统弹出"编辑爆炸图"对话框。

（4）选择对象。在对话框中选中 ◉ 选择对象 单选项。选取图 46.14 所示的型腔元件（移动对象）。

选取移动对象

图 46.14 选取移动对象 1

（5）在该对话框中，选择 ◉ 移动对象 单选项，沿 Z 方向上移动 100，然后单击 确定 按钮。结果如图 46.15 所示。

Step2. 移动产品模型。

（1）选择命令。选择下拉菜单 装配(A) ➡ 爆炸图(X) ▶ ➡ 🔧 编辑爆炸图(E)... 命令，系统弹出"编辑爆炸图"对话框。

图 46.15　移动后 1

（2）选择对象。选取图 46.16 所示的产品模型元件（移动对象）。

（3）在该对话框中，选择 ⊙ 移动对象 单选项，沿 Z 方向上移动 50，结果如图 46.17 所示。

图 46.16　选取移动对象 2　　　　　图 46.17　移动后 2

Step3. 保存文件。选择下拉菜单 文件(F) ➡ 全部保存(V)，保存所有文件。

实例 47　带滑块的模具设计

本实例将介绍一个带斜抽机构的模具设计（图 47.1），包括滑块的设计、斜销的设计以及斜抽机构的设计。在学过本实例之后，希望读者能够熟练掌握带斜抽机构的模具的设计方法和技巧。下面介绍该模具的设计过程。

图 47.1　带斜抽机构的模具设计

Task1.　初始化项目

Step1. 加载模型。在工具条按钮区右击 ✔ 应用模块 选项，单击 按钮，系统弹出"注塑模向导"工具条。在"注塑模向导"工具条中，单击"初始化项目"按钮，系统弹出"打开"对话框。选择 D:\ugins8\work\ch10\ins47\CAP.prt，然后单击 OK 按钮，调入模型，系统弹出"初始化项目"对话框。

Step2. 定义投影单位。在"初始化项目"对话框 项目单位 的下拉菜单中选择 毫米 选项。

Step3. 设置项目路径和名称。

（1）设置项目路径。接受系统默认的项目路径。

（2）设置项目名称。在"初始化项目"对话框的 Name 文本框中输入 CAP_MOLD。

Step4. 在"初始化项目"对话框中，单击 确定 按钮，完成项目路径和名称的设置。加载的零件如图 47.2 所示。

Task2. 模具坐标系

Step1. 在"注塑模向导"工具栏中，单击"模具 CSYS"按钮，系统弹出"模具 CSYS"对话框，如图 47.3 所示。

Step2. 在"模具坐标"对话框中，选择 ⊙ 当前 WCS 单选项，然后单击 确定 按钮，完成坐标系的定义。

图 47.2　加载的零件

图 47.3　"模具 CSYS"对话框

Task3. 设置收缩率

Step1. 定义收缩率类型。

（1）选择命令。在注塑模向导工具栏中，单击"收缩率"按钮，产品模型会高亮显示，同时系统弹出"缩放体"对话框。

（2）定义类型。在"缩放体"对话框 类型 区域的下拉列表中选择 均匀 选项。

Step2. 定义缩放体和缩放点。接受系统默认的设置。

Step3. 定义比例因子。在"缩放体"对话框的 比例因子 区域中的 均匀 文本框中，输入收缩率 1.006。

Step4. 单击 确定 按钮，完成收缩率的位置。

Task4. 模具分型

Stage1. 设计区域

Step1. 在"注塑模向导"工具条中单击"模具分型工具"按钮，系统弹出"模具分型工具"工具条和"分型导航器"窗口。

Step2. 在"模具分型工具"工具条中单击"区域分析"按钮，系统弹出 "检查区域"对话框，并显示开模方向。在"检查区域"对话框中选中 ⊙ 保持现有的 单选项。

Step3. 拆分面。

（1）计算设计区域。在"检查区域"对话框中单击"计算"按钮，系统开始对产品模型进行分析计算。单击"检查区域"对话框中的 面 选项卡，可以查看分析结果。

（2）设置区域颜色。在"检查区域"对话框中单击 区域 选项卡，并在 设置 区域中取消选中 □内环、□分型边 和 □不完整的环 三个复选框，然后单击"设置区域颜色"按钮，设置各区域颜色。结果如图 47.4 所示。

图 47.4　着色的模型区域

Step4. 在"检查区域"对话框 指派到区域 区域中选择 ⊙ 型腔区域 单选项，然后单击 指派到区域 区域中的"选择面"按钮，选取图 47.5 所示的面。单击 应用 按钮，结果如图 47.6 所示。

图 47.5　定义指派到型腔区域面　　　　　图 47.6　设置后的型腔区域

Step5. 在"检查区域"对话框 指派到区域 区域中选择 ⊙ 型芯区域 单选项，然后单击 指派到区域 区域中的"选择面"按钮，选取图 47.7 所示的面。单击 确定 按钮，结果如图 47.8 所示。

图 47.7　定义指派到型芯区域面　　　　图 47.8　设置后的型芯区域

Stage2. 抽取分型线

Step1. 抽取分型线。选择 插入(S) ➞ 来自体的曲线(U) ➞ 抽取(E)... 命令，弹出的"抽取曲线"对话框。在"抽取曲线"对话框中选取 边曲线 选项，并选取图 47.9 所示的边线为参照，然后单击 确定 按钮，结果如图 47.10 所示。

单击 [取消] 按钮，关闭"抽取曲线"对话框。

图 47.9　定义参照边

图 47.10　创建分型线

Stage3. 创建分型面

Step1. 创建图 47.11 所示的零件基础特征——拉伸 1。选择下拉菜单 [插入(S)] ➡️ [设计特征(E)] ➡️ [拉伸(E)] 命令，系统弹出"拉伸"对话框。选取图 47.12 所示的边线为参照；在 [指定矢量] 下拉列表中选择 [-YC] 选项；在 [极限] 区域的 [开始] 下拉列表中选择 [值] 选项，并在其下的 [距离] 文本框中输入值 0；在 [极限] 区域的 [结束] 下拉列表中选择 [值] 选项，并在其下的 [距离] 文本框中输入值 100，然后单击 [确定] 按钮，结果如图 47.11 所示。

图 47.11　拉伸特征 1

图 47.12　定义参照边

Step2. 创建图 47.13 所示的零件基础特征——拉伸 2。选取图 47.14 所示的边线为参照；在 [指定矢量] 下拉列表中选择 [-XC] 选项；在 [极限] 区域的 [开始] 下拉列表中选择 [值] 选项，并在其下的 [距离] 文本框中输入值 0；在 [极限] 区域的 [结束] 下拉列表中选择 [值] 选项，并在其下的 [距离] 文本框中输入值 100，然后单击 [确定] 按钮，结果如图 47.13 所示。

图 47.13　拉伸特征 2

图 47.14　定义参照边

Step3. 创建图 47.15 所示的零件基础特征——拉伸 3。选取图 47.16 所示的边线为参照；在 [指定矢量] 下拉列表中选择 [YC] 选项；在 [极限] 区域的 [开始] 下拉列表中选择 [值] 选项，并在其下的 [距离] 文本框中输入值 0；在 [极限] 区域的 [结束] 下拉列表中选择 [值] 选项，并在其下的 [距离] 文本框中输入值 100，然后单击 [确定] 按钮，结果如图 47.15 所示。

图 47.15　拉伸特征 3　　　　　　　　　图 47.16　定义参照边

Step4. 创建图 47.17 所示的零件基础特征——拉伸 4。选取图 47.18 所示的边线为参照；在 ✔ 指定矢量 下拉列表中选择 ↘ 选项；在 极限 区域的 开始 下拉列表中选择 🔲 值 选项，并在其下的 距离 文本框中输入值 0；在 极限 区域的 结束 下拉列表中选择 🔲 值 选项，并在其下的 距离 文本框中输入值 100，然后单击 确定 按钮，结果如图 47.17 所示。

图 47.17　拉伸特征 4　　　　　　　　　图 47.18　定义参照边

Step5. 创建图 47.19 所示的缝合特征。选择下拉菜单 插入(S) ➡ 组合(B) ▶ ➡ 📖 缝合(W)... 命令，选取图 47.19 所示的特征为目标体，选取图 47.19 所示的特征为工具体。单击 确定 按钮，完成缝合特征的创建。

图 47.19　缝合特征

Stage4. 创建型腔和型芯

Step1. 在注塑模向导工具栏中，单击"注塑模工具"按钮 🔧，然后在"注塑模工具"工具栏中，单击"创建方块"按钮 🔲，系统弹出"创建方块"对话框。在"创建方块"对话框 类型 的下拉列表中选取 🔲 包容块 选项。

Step2. 选取边界面。选取图 47.20 所示的 5 个平面，接受系统默认的间隙值 0。

Step3. 单击 ＜ 确定 ＞ 按钮，创建结果如图 47.21 所示。

图 47.20　选取边界面

图 47.21　创建方块 1

Step4. 创建方块 2。操作步骤同 Step3。创建结果如图 47.22 所示。

图 47.22　创建方块 2

Step5. 创建图 47.23 所示的零件基础特征——拉伸。选择下拉菜单 插入(S) ➡️ 设计特征(E) ➡️ 拉伸(E)... 命令，系统弹出"拉伸"对话框。单击 截面 区域中的 按钮，选取 XY 基准平面为草图平面，绘制图 47.24 所示的截面草图；在 指定矢量 下拉列表中选择 选项；在 极限 区域的 开始 下拉列表中选择 值 选项，并在其下的 距离 文本框中输入值-75；在 极限 区域的 结束 下拉列表中选择 值 选项，并在其下的 距离 文本框中输入值 85，然后单击 确定 按钮，完成拉伸特征的创建。

图 47.23　拉伸特征

图 47.24　截面草图

Step6. 创建求差特征 1。选择下拉菜单 插入(S) ➡️ 组合(B) ▶ ➡️ 求差(S)... 命令，选取图 47.23 所示的拉伸特征 1 为目标体，选取加载的零件、图 47.21 所示方块 1 和图 47.22 所示方块 2 特征为刀具体。在 设置 区域选中 ☑ 保存工具 复选框，单击 〈确定 〉 按钮，完成求差特征 1 的创建。

Step7. 创建图 47.25 所示的求差特征 2。选择下拉菜单 插入(S) ➡️ 组合(B) ▶ ➡️ 求差(S)... 命令，选取图 47.25 所示的拉伸特征 1 为目标体，选取图 47.25 所示的片体特征为刀具体。在 设置 区域取消选中 ☐ 保存工具 复选框，单击 〈确定 〉 按钮，完成求差特征 2 的创建。

图 47.25　求差特征 2

Step8. 隐藏型芯。选择下拉菜单 编辑(E) ➡ 显示和隐藏(H) ➡ 隐藏(H)... 命令，系统弹出"类选择"对话框。选取图 47.26 所示的实体为参照，然后单击 < 确定 > 按钮，所创建的型腔如图 47.27 所示。

说明：为了清晰、明了隐藏加载零件和曲线。

图 47.26　定义参照体　　　　　　　　　　图 47.27　型腔

Step9. 创建求和特征。选择下拉菜单 插入(S) ➡ 组合(B) ▶ ➡ 求和(U)... 命令，选取图 47.28 所示的实体特征为目标体，选取图 47.28 所示的实体特征为刀具体。单击 < 确定 > 按钮，完成求和特征的创建。

Step10. 显示图 47.29 所示的型腔。选择下拉菜单 编辑(E) ➡ 显示和隐藏(H) ➡ 反转显示和隐藏(I) 命令，结果如图 47.29 所示的。

说明：为了清晰、明了隐藏加载零件和曲线。

图 47.28　定义参照体　　　　　　　　　　图 47.29　型腔

Step11. 后面的详细操作过程请参见随书光盘中 video\ch10\reference\文件下的语音视频讲解文件 CAP-r02.exe。

第 11 章

数控加工实例

本章主要包含如下内容：

实例 48　泵 体 加 工

在机械零件的加工中，加工工艺的制定十分重要，一般先是进行粗加工，然后再进行精加工。粗加工时，刀具进给量大，机床主轴的转速较低，以便切除大量的材料，提高加工的效率。在进行粗加工时，要根据实际的工件、加工的工艺要求及设备情况为精加工留有合适的加工余量。在进行精加工时，刀具进给量小、主轴的转速较高、加工的精度高，以达到零件加工精度的要求。本节将以泵体的加工为例，介绍在多工序加工中粗精加工工序的安排及相关加工工艺的制定。

下面介绍图 48.1 所示的圆盘零件的加工过程，其加工工艺路线如图 48.2 和图 48.3 所示。

　　a）参考模型　　　　　　　　　　b）工件　　　　　　　　　　c）加工结果

图 48.1　圆盘零件的加工过程

表面粗铣削	——对零件表面进行带有余量的粗铣加工
打　　孔	——对零件的指定部位进行钻孔加工
镗孔（一）	——对零件的指定部位进行镗孔加工
镗孔（二）	——对零件的指定部位进行镗孔加工
表面粗铣削（二）	——对零件表面进行带有余量的粗铣加工
表面精铣削（一）	——对零件的指定表面进行精加工
表面精铣削（二）	——对零件的指定表面进行精加工

图 48.2　加工工艺路线（一）

其加工操作过程如下。

a）表面粗铣削　　　　b）打孔（一）　　　　c）镗孔（一）

f）表面精铣削（一）　　e）表面粗铣削（二）　　d）镗孔（二）

g）表面精铣削（二）

图 48.3　加工工艺路线（二）

Task1．打开模型文件并进入加工模块

Step1. 打开文件 D:\ugins8\work\ch11\ins48\pump_body_asm.prt。

Step2. 进入加工环境。选择下拉菜单 开始 ➡ 加工(N)... 命令，系统弹出"加工环境"对话框；在"加工环境"对话框的 要创建的 CAM 设置 列表框中选择 mill planar 选项，然后单击 确定 按钮，进入加工环境。

Task2．创建几何体

Stage1．创建机床坐标系

Step1. 调整模型坐标系。先将模型坐标系绕 -YC 轴旋转 90°，然后绕 -ZC 轴旋转 90°。

Step2. 将工序导航器调整到几何视图，双击节点 MCS_MILL，系统弹出"Mill Orient"对话框。在"Mill Orient"对话框的 机床坐标系 选项区域中单击"CSYS 对话框"按钮 ，系统弹出"CSYS"对话框。

Step3．在"CSYS"对话框 类型 区域的下拉列表中选择 动态 选项，并在 参考 CSYS 区域中 参考 的下拉列表中选取 WCS 选项，然后单击 确定 按钮，完成图 48.4 所示机床坐标系的创建。

Stage2．创建安全平面

Step1．在"Mill Orient"对话框 安全设置 区域 安全设置选项 下拉列表中选择 平面 选项，单击"平面对话框"按钮 🖳，系统弹出"平面"对话框。

Step2．在"平面"对话框的 类型 区域的下拉列表中选择 XC-YC 平面 选项。在 偏置和参考 区域中 距离 的文本框中输入值为 50，并按 Enter 键确认。单击 确定 按钮，系统返回到"Mill Orient"对话框，完成图 48.5 所示安全平面的创建。

Step3．单击"Mill Orient"对话框中的 确定 按钮。

图 48.4　创建机床坐标系

图 48.5　创建安全平面

Stage3．创建部件几何体

Step1．在工序导航器中双击 ⊞ ⚘ MCS_MILL 节点下的 🌐 WORKPIECE ，系统弹出"铣削几何体"对话框。

Step2．选取部件几何体。在"铣削几何体"对话框中单击 🔷 按钮，系统弹出"部件几何体"对话框。

Step3．在"部件几何体"对话框中单击 ✛ 按钮，在图形区中选取部件几何体，如图 48.6 所示。

Step4．在"部件几何体"对话框中单击 确定 按钮，完成部件几何体的创建，同时系统返回到"铣削几何体"对话框。

Stage4．创建毛坯几何体

Step1．在"铣削几何体"对话框中单击 ⬡ 按钮，系统弹出"毛坯几何体"对话框。

Step2．在"毛坯几何体"对话框的 类型 下拉列表中选择 🔷 几何体 选项，并在图形区中选取毛坯几何体，如图 48.7 所示。

Step3. 单击"毛坯几何体"对话框中的 确定 按钮，系统返回到"铣削几何体"对话框，完成图 48.7 所示的毛坯几何体的创建。

Step4. 单击"铣削几何体"对话框中的 确定 按钮。

图 48.6   部件几何体

图 48.7   毛坯几何体

Task3. 创建刀具

Stage1. 创建刀具（一）

Step1. 将工序导航器调整到机床视图。

Step2. 选择下拉菜单 插入(S) ➡ 刀具(T)... 命令，系统弹出"创建刀具"对话框。

Step3. 在"创建刀具"对话框 类型 下拉列表中选择 mill_planar 选项，在 刀具子类型 区域中单击"MILL"按钮 ⬚，在 位置 区域的 刀具 下拉列表中选择 GENERIC_MACHINE 选项，在 名称 文本框中输入 D20，然后单击 确定 按钮，系统弹出"铣刀-5 参数"对话框。

Step4. 系统弹出"铣刀-5 参数"对话框，在 (D) 直径 文本框中输入值 20.0，在 刀具号 文本框中输入值 1，在 补偿寄存器 文本框中输入值 1，在 刀具补偿寄存器 文本框中输入值 1，其他参数采用系统默认设置值，然后单击 确定 按钮，完成刀具的创建。

Stage2. 创建刀具（二）

设置刀具类型为 mill_planar 选项，在 刀具子类型 区域单击选择"MILL"按钮 ⬚，刀具名称为 D16，刀具 (D) 直径 为 16.0，刀具号 为 2，补偿寄存器 为 2，刀具补偿寄存器 为 2；具体操作方法参照 Stage1。

Stage3. 创建刀具（三）

设置刀具类型为 drill 选项，在 刀具子类型 区域单击选择"SPOTDRILLING_TOLL"按钮 ⬚，刀具名称为 S2，刀具 (D) 直径 为 2.0，刀具号 为 3，补偿寄存器 为 3。具体操作方法参照 Stage1。

Stage4. 创建刀具（四）

设置刀具类型为 drill 选项，在 刀具子类型 区域单击选择"DRILLING_TOOL"按钮 ⬚，刀具名称为 DR6，刀具 (D) 直径 为 6.0，刀具号 为 4，补偿寄存器 为 4。具体操作方法参照 Stage1。

Stage5．创建刀具（五）

设置刀具类型为 drill 选项，在 刀具子类型 区域单击选择 "DRILLING_TOOL" 按钮 🔧，刀具名称为 DR4，刀具 (D) 直径 为 4.0，刀具号 为 5，补偿寄存器 为 5。具体操作方法参照 Stage1。

Task4．创建表面区域铣工序 1

Stage1．插入工序

Step1．选择下拉菜单 插入(S) ➡ 工序(E)... 命令，系统弹出 "创建工序" 对话框。

Step2．确定加工方法。在 "创建工序" 对话框 类型 下拉列表中选择 mill_planar 选项，在 工序子类型 区域中单击 "FACE_MILLING" 按钮 🔩，在 程序 下拉列表中选择 PROGRAM 选项，在 刀具 下拉列表中选择 D20（铣刀-5 参数） 选项，在 几何体 下拉列表中选择 WORKPIECE 选项，在 方法 下拉列表中选择 MILL_ROUGH 选项，在 名称 文本框中输入 FACE_01。

Step3．在 "创建工序" 对话框中单击 确定 按钮，系统弹出 "面铣" 对话框。

Stage2．指定切削区域

Step1．在 几何体 区域中单击 "选择或编辑面几何体" 按钮 ⬧，系统弹出 "指定面几何体" 对话框。

Step2．在 "指定面几何体" 对话框中选取 "主要" 选项卡，然后单击 过滤器类型 区域中的 "曲线边界" 按钮 ∫，选取图 48.8 所示的边线为参照边，单击 创建下一个边界 按钮，单击 "指定面几何体" 对话框的 确定 按钮，系统返回到 "面铣" 对话框。

说明：为了选取方便通过在 "装配导航器" 中调整将 pump_body_workpiece 隐藏。

图 48.8　定义参照边

Stage3．设置刀具路径参数

Step1．设置刀轴。在 刀轴 区域 轴 的下拉列表中选择 +ZM 轴 选项。

Step2. 设置切削模式。在 刀轨设置 区域 切削模式 下拉列表中选择 往复 选项。

Step3. 设置步进方式。在 步距 下拉列表中选择 刀具平直百分比 选项，在 平面直径百分比 文本框中输入值 60.0，在 毛坯距离 文本框中输入值 3.0，在 每刀深度 文本框中输入值 0，在 最终底面余量 文本框中输入值 0.2。

Stage4. 设置切削参数

Step1. 在 刀轨设置 区域中单击"切削参数"按钮 ⊟，系统弹出"切削参数"对话框。

Step2. 在"切削参数"对话框中单击 策略 选项卡，在 切削 区域 切削角 下拉列表中选择 指定 选项，在 与 XC 的夹角 的文本框输入数值 0。

Step3. 在 切削区域 区域 刀具延展量 的文本框输入数值 70，其他参数采用系统默认设置值。

Step4. 单击"切削参数"对话框中的 确定 按钮，系统返回到"面铣"对话框。

Stage5. 设置非切削移动参数。

Step1. 在"面铣"对话框中单击"非切削移动"按钮 ⊞，系统弹出"非切削移动"对话框。

Step2. 单击"非切削移动"对话框中的 退刀 选项卡，然后在 退刀类型 的下拉列表中选取 抬刀 选项。

Step3. 单击"非切削移动"对话框中的 起点/钻点 选项卡，在 区域起点 区域 默认区域起点 的下拉列表中选取 拐角 选项。单击 选择点 区域中的"点对话框"按钮 ⁺，系统弹出"点"对话框，选取图 48.9 所示的点为参照点。单击 确定 按钮，系统返回"非切削移动"对话框。

说明：此时的选择范围是在整个装配中才可以选取。

Step4. 单击"非切削移动"对话框中的 确定 按钮，完成非切削移动参数的设置，系统返回到"面铣"对话框。

图 48.9　定义参照点

Stage6. 设置进给率和速度

Step1. 在"面铣"对话框中单击"进给率和速度"按钮 ⊕，系统弹出"进给率和速度"

对话框。

Step2. 选中"进给率和速度"对话框<u>主轴速度</u>区域中的 ☑ <u>主轴速度 (rpm)</u>复选框，在其后的文本框中输入值 1200.0，按 Enter 键，然后单击<u>■</u>按钮，在<u>进给率</u>区域的<u>切削</u>文本框中输入值 400.0，按 Enter 键，然后单击<u>■</u>按钮，其他参数采用系统默认设置值。

Step3. 单击 <u>确定</u> 按钮，完成进给率和速度的设置，系统返回"面铣"操作对话框。

Stage7. 生成刀路轨迹并仿真

Step1. 在"面铣削区域"对话框中单击"生成"按钮<u>▶</u>，在图形区中生成图 48.10 所示的刀路轨迹。

Step2. 在"面铣削区域"对话框中单击"确认"按钮<u>▶</u>，系统弹出"刀轨可视化"对话框。

Step3. 使用 2D 动态仿真。在"刀轨可视化"对话框中单击<u>2D 动态</u>选项卡，采用系统默认设置值，调整动画速度后单击"播放"按钮<u>▶</u>，即可演示 2D 动态仿真加工，完成演示后的模型如图 48.11 所示。仿真完成后单击<u>确定</u>按钮，完成刀轨确认操作。

Step4. 单击"面铣"对话框中的 <u>确定</u> 按钮，完成操作。

图 48.10 刀路轨迹

图 48.11 2D 仿真结果

Task5. 创建钻孔工序

Stage1. 插入工序

Step1. 选择下拉菜单<u>插入(S)</u> ➡ <u>工序(E)...</u>命令，系统弹出"创建工序"对话框。

Step2. 在"创建工序"对话框<u>类型</u>下拉列表中选择<u>drill</u>选项，在<u>工序子类型</u>区域中选择"SPOT_DRILLING"按钮<u>▼</u>，在<u>刀具</u>下拉列表中选择前面设置的刀具<u>S2 (钻刀)</u>选项，在<u>几何体</u>下拉列表中选择<u>WORKPIECE</u>选项，其他参数采用系统默认设置值。

Step3. 单击"创建工序"对话框中的 <u>确定</u> 按钮，系统弹出"定心钻"对话框。

Stage2. 指定钻孔点

Step1. 指定钻孔点。

（1）单击"钻"对话框 指定孔 右侧的 按钮，系统弹出"点到点几何体"对话框，单击 选择 按钮，选择 面上所有孔 按钮，选取图 48.12 所示的面，单击两次 确定 按钮，系统返回"点到点几何体"对话框。

（2）单击"点到点几何体"对话框中的 优化 按钮，在 **优化点** 的提示下单击 最短刀轨 按钮，然后单击 优化 按钮，单击 接受 按钮，单击 确定 按钮，结果如图 48.13 所示。

图 48.12　定义参照面　　　　　　图 48.13　优化后

Step2. 指定顶面。

（1）单击"定心钻"对话框中 指定顶面 右侧的 按钮，系统弹出"顶面"对话框。

（2）在"顶面"对话框中的 顶面选项 下拉列表中选择 面 选项，然后选取图 48.14 所示的面。

（3）单击"顶面"对话框中的 确定 按钮，返回"定心钻"对话框。

图 48.14　指定部件表面

Stage3. 设置刀轴

在"定心钻"对话框中 刀轴 区域选择系统默认的 +ZM 轴 作为要加工孔的轴线方向。

说明：如果当前加工坐标系的 ZM 轴与要加工孔的轴线方向不同，可选择 刀轴 区域的 轴 下拉列表中的选项重新指定刀具轴线的方向。

Stage4．设置循环控制参数

Step1. 在"定心钻"对话框 循环类型 区域的 循环 下拉列表中选择 标准钻... 选项，然后单击 "编辑参数"按钮 ，系统弹出"指定参数组"对话框。

Step2. 在"指定参数组"对话框中采用系统默认的参数组序号 1，单击 确定 按钮，系统弹出"Cycle 参数"对话框。单击 Depth (Tip) - 0.0000 按钮，系统弹出"Cycle 深度"对话框。

Step3. 在"Cycle 深度"对话框中单击 刀尖深度 按钮，在 深度 文本框中输入数值 3，然后单击 确定 按钮，系统返回"Cycle 参数"对话框。单击 确定 按钮，系统返回"定心钻"对话框。

Stage5．避让设置

Step1. 单击"定心钻"对话框中的"避让"按钮 ，在 铣避让控制 的提示下，单击 Clearance Plane -活动的 按钮，系统弹出"安全平面"对话框。

Step2. 单击"安全平面"对话框中的 指定 按钮，系统弹出"平面"对话框，在 类型 区域的下拉列表中选择 XC-YC 平面 选项。在 偏置和参考 区域中 距离 的文本框中输入值为 20，并按 Enter 键确认，然后单击 确定 按钮，结果如图 48.15 所示。

Step3. 单击"安全平面"对话框中的 确定 按钮，在 铣避让控制 的提示下，单击 确定 按钮，完成安全平面的设置，返回"定心钻"对话框。

图 48.15　创建安全平面

Stage6．设置进给率和速度

Step1. 单击"定心钻"对话框中的"进给率和速度"按钮 ，系统弹出"进给率和速度"对话框。

Step2. 在"进给率和速度"对话框中选中 ☑ 主轴速度 (rpm) 复选框，然后在其文本框中输入值 3000.0，按 Enter 键，然后单击 按钮，在 切削 文本框中输入值 150.0，按 Enter 键，然后单击 按钮，其他参数采用系统默认设置值，单击 确定 按钮。

Stage7．生成刀路轨迹并仿真

生成的刀路轨迹如图 48.16 所示，2D 动态仿真加工后的结果如图 48.17 所示。

图 48.16　刀路轨迹　　　　　　　　　　　图 48.17　2D 仿真结果

Task6．创建镗孔工序 1

Stage1．创建工序

Step1．选择下拉菜单 插入(S) ➡ 工序(E)... 命令，系统弹出"创建工序"对话框。

Step2．在"创建工序"对话框 类型 下拉列表中选择 drill 选项，在 工序子类型 区域中选择 "DRILLING"按钮 ，在 刀具 下拉列表中选择前面设置的刀具 DR6 (钻刀) 选项，在 几何体 下拉列表中选择 WORKPIECE 选项，其他参数采用系统默认设置值。

Step3．单击"创建工序"对话框中的 确定 按钮，系统弹出"钻"对话框。

Stage2．指定镗孔点

Step1．指定镗孔点。

（1）单击"钻"对话框中 指定孔 右侧的 按钮，系统弹出"点到点几何体"对话框，单击 选择 按钮，系统弹出"点位选择"对话框。

（2）在图形区选取图 48.18 所示的孔边线，分别在"点位选择"对话框和"点到点几何体"对话框中单击 确定 按钮，系统返回"钻"对话框。

Step2．指定顶面和底面。

（1）单击"钻"对话框中 指定顶面 右侧的 按钮，系统弹出"顶面"对话框。

（2）在"顶面"对话框中的 顶面选项 下拉列表中选择 面 选项，然后选取图 48.19 所示的面。

（3）单击"顶面"对话框中的 确定 按钮，返回"钻"对话框。

（4）单击"钻"对话框中 指定底面 右侧的 按钮，系统弹出"底面"对话框。

（5）在"底面"对话框中的 底面选项 下拉列表中选择 面 选项，然后选取图 48.20 所示的面。

（6）单击"底面"对话框中的 确定 按钮，返回"钻"对话框。

　　图 48.18　指定镗孔点　　　　　图 48.19　指定顶面　　　　　图 48.20　指定底面

Stage3．设置刀轴

在"钻"对话框 刀轴 区域选择系统默认的 +ZM 轴 作为要加工孔的轴线方向。

Stage4．设置循环控制参数

Step1. 在"钻"对话框 循环类型 区域的 循环 下拉列表中选择 标准镗... 选项，单击"编辑参数"按钮 ，系统弹出"指定参数组"对话框。

Step2. 在"指定参数组"对话框中采用系统默认的参数设置值，然后单击 确定 按钮，系统弹出"Cycle 参数"对话框。单击 Depth -模型深度 按钮，系统弹出"Cycle 深度"对话框。

Step3. 在"Cycle 深度"对话框中单击 穿过底面 按钮，系统返回"Cycle 参数"对话框。

Step4. 单击"Cycle 参数"对话框中的 确定 按钮，返回"钻"对话框。

Stage5．避让设置

单击"钻"对话框中的"避让"按钮 ，在 铣避让控制 的提示下，单击 Redisplay Avoidance Geometry 按钮，然后单击 确定 按钮，返回"钻"对话框。

Stage6．设置进给率和速度

Step1. 单击"钻"对话框中的"进给率和速度"按钮 ，系统弹出"进给率和速度"对话框。

Step2. 在"进给率和速度"对话框中选中 ☑ 主轴速度 (rpm) 复选框，然后在其文本框中输入值 1500.0，按 Enter 键。单击 按钮，在"进给率"区域的 切削 文本框中输入值 200.0，并按 Enter 键，然后单击 按钮，其他参数采用系统默认设置值，单击 确定 按钮。

Stage7. 生成刀路轨迹并仿真

生成的刀路轨迹如图 48.21 所示，2D 动态仿真加工结果如图 48.22 所示。

图 48.21　刀路轨迹

图 48.22　2D 仿真结果

Task7. 创建镗孔工序 2

Step1. 复制镗孔工序。在工序导航器的 DRILLING 节点上单击鼠标右键，在弹出的快捷菜单中选择 复制 命令。

Step2. 粘贴钻孔工序。在工序导航器的 DR4 节点上单击鼠标右键，在弹出的快捷菜单中选择 内部粘贴 命令。

Step3. 修改操作名称。在工序导航器的 DRILLING_COPY 节点上单击鼠标右键，在弹出的快捷菜单中选择 重命名 命令，将其名称改为 "DRILLING_D4"。

Step4. 重新定义操作。

（1）双击 Step3 改名的 DRILLING_D4 节点，系统弹出"钻"对话框。

（2）在"钻"对话框中单击 指定孔 右侧的 按钮，系统弹出"点到点几何体"对话框。单击 选择 按钮，系统消息区出现提示"省略现有点吗？"此时在系统弹出的对话框中单击 是 按钮，系统弹出"点位选择"对话框。

（3）在图形区中选取图 48.23 所示的孔的边线，单击"点位选择"对话框中 确定 按钮，被选择的孔被自动编号。

（4）单击"点到点几何体"对话框中的 确定 按钮，返回"钻"对话框。

（5）在"钻"对话框 刀具 区域的 刀具 下拉列表中选择默认的前面创建的 5 号刀具 DR4（钻刀）。

（6）设置主轴速度。单击"钻"对话框中的"进给率和速度"按钮，系统弹出"进给率和速度"对话框。在 ☑ 主轴速度 (rpm) 复选框的文本框中输入值 2000.0，然后按 Enter 键。单击 按钮，然后单击 确定 按钮，返回"钻"对话框。

Step5. 单击"生成"按钮，生成的刀路轨迹如图 48.24 所示。2D 动态仿真加工结果如图 48.25 所示。

图 48.23　指定孔位置　　　　　图 48.24　刀路轨迹　　　　　图 48.25　2D 仿真结果

Task8. 创建表面区域铣工序 2

Step1. 复制表面区域铣工序。在工序导航器的 FACE_01 节点上单击鼠标右键，在弹出的快捷菜单中选择 复制 命令。

Step2. 粘贴钻孔工序。在工序导航器的 FACE_01 节点上单击鼠标右键，在弹出的快捷菜单中选择 粘贴 命令。

Step3. 修改操作名称。在工序导航器的 DRILLING_COPY 节点上单击鼠标右键，在弹出的快捷菜单中选择 重命名 命令，将其名称改为"FACE_02"。

Step4. 重新定义操作。

（1）双击 Step3 改名的 FACE_02 节点，系统弹出"面铣"对话框。

（2）在 几何体 区域中单击"选择或编辑面几何体"按钮 ，系统弹出"指定面几何体"对话框。单击 移除 按钮，然后单击 附加 按钮。

（3）在"指定面几何体"对话框中选取"主要"选项卡，然后在 过滤器类型 区域中的"曲线边界"按钮 ，选取图 48.26 所示的边线为参照边。单击 创建下一个边界 按钮，然后单击"指定面几何体"对话框的两次 确定 按钮，系统返回到"面铣"对话框。

（4）在 刀轴 区域 轴 的下拉列表中选择 指定矢量 选项。在 指定矢量 的下拉列表中选取 -ZC 选项。其他参数采用系统默认设置值。

（5）单击"生成"按钮 ，生成的刀路轨迹如图 48.27 所示。2D 动态仿真加工结果如图 48.28 所示。

图 48.26　定义参照边　　　　　图 48.27　刀路轨迹　　　　　图 48.28　2D 仿真结果

Task9．创建表面区域铣工序 3

Step1. 复制表面区域铣工序。在工序导航器的 FACE_02 节点上单击鼠标右键，然后在弹出的快捷菜单中选择 复制 命令。

Step2. 粘贴钻孔工序。在工序导航器的 D16 节点上单击鼠标右键，然后在弹出的快捷菜单中选择 内部粘贴 命令。

Step3. 修改操作名称。在工序导航器的 FACE_02_COPY 节点上单击鼠标右键，然后在弹出的快捷菜单中选择 重命名 命令，将其名称改为 "FACE_03"。

Step4. 重新定义操作。

（1）双击 Step3 改的 FACE_03 节点，系统弹出 "面铣" 对话框。

（2）设置步进方式。在 步距 下拉列表中选择 刀具平直百分比 选项，在 平面直径百分比 文本框中输入值 35.0，在 毛坯距离 文本框中输入值 3.0，在 每刀深度 文本框中输入值 0，在 最终底面余量 文本框中输入值 0。

（3）设置主轴速度。单击 "钻" 对话框中的 "进给率和速度" 按钮，系统弹出 "进给率和速度" 对话框。在 ☑ 主轴速度 (rpm) 复选框的文本框中输入值 1800.0，然后按 Enter 键。单击 按钮，然后单击 确定 按钮，返回 "面铣" 对话框。其他参数采用系统默认设置值。

（4）单击 "生成" 按钮，生成的刀路轨迹如图 48.29 所示。2D 动态仿真加工结果如图 48.30 所示。

图 48.29　刀路轨迹

图 48.30　2D 仿真结果

Task10．创建表面区域铣工序 4

Step1. 复制表面区域铣工序。在工序导航器的 FACE_01 节点上单击鼠标右键，然后在弹出的快捷菜单中选择 复制 命令。

Step2. 粘贴钻孔工序。在工序导航器的 D16 节点上单击鼠标右键，然后在弹出的快捷菜单中选择 内部粘贴 命令。

Step3. 修改操作名称。在工序导航器的 FACE_01_COPY 节点上单击鼠标右键，然后在弹出的快捷菜单中选择 重命名 命令，将其名称改为 "FACE_04"。

Step4. 重新定义操作。

（1）双击 Step3 改名的 ⊘ FACE_04 节点，系统弹出"面铣"对话框。

（2）设置步进方式。在 步距 下拉列表中选择 刀具平直百分比 选项，在 平面直径百分比 文本框中输入值 35.0，在 毛坯距离 文本框中输入值 3.0，在 每刀深度 文本框中输入值 0，在 最终底面余量 文本框中输入值 0。

（3）设置主轴速度。单击"面铣"对话框中的"进给率和速度"按钮 ，系统弹出"进给率和速度"对话框。在 ☑ 主轴速度 (rpm) 复选框的文本框中输入值 1800.0，然后按 Enter 键。单击 按钮，然后单击 确定 按钮，返回"面铣"对话框。其他参数采用系统默认设置值。

（4）单击"生成"按钮 ，生成的刀路轨迹如图 48.31 所示。2D 动态仿真加工结果如图 48.32 所示。

图 48.31　刀路轨迹

图 48.32　2D 仿真结果

Task11. 保存文件

选择下拉菜单 文件(F) ➡ 保存(S) 命令，保存文件。

实例 49　轨 迹 铣 削

使用轨迹铣削，刀具可沿着用户定义的任意轨迹进行扫描，主要用于扫描类特征零件的加工。不同形状的工件所使用的刀具外形将有所不同，刀具的选择要根据所加工的沟槽形状来定义。因此，在指定加工工艺时，一定要考虑刀具的外形。

下面介绍图 49.1 所示的轨迹铣削的加工过程，其加工工艺路线如图 49.2 和图 49.3 所示。

a) 参照模型　　　　　　　　　b) 工件　　　　　　　　　c) 加工结果

图 49.1　轨迹铣削的加工过程

图 49.2　加工工艺路线（一）

a) 轮廓加工　　　　　　　b) 固定轮廓铣削　　　　　　c) 文本加工

图 49.3　加工工艺路线（二）

其加工操作过程如下。

Task1．打开模型文件并进入加工模块

Step1．打开模型文件 D:\ugins8\work\ch11\ins49\ trajectory.prt。

Step2．进入加工环境。选择下拉菜单 开始▾ ➡ 加工(N)... 命令，系统弹出"加工环境"对话框；在"加工环境"对话框的 CAM 会话配置 列表框中选择 cam_general 选项，并在 要创建的 CAM 设置 列表框中选择 mill contour 选项，然后单击 确定 按钮，进入加工环境。

Task2．创建几何体

Stage1．创建机床坐标系

Step1．将工序导航器调整到几何视图，双击节点 ⊞ MCS_MILL，系统弹出"Mill Orient"对话框。在"Mill Orient"对话框的 机床坐标系 选项区域中单击"CSYS 对话框"按钮 ⬚，系统弹出"CSYS"对话框。

Step2．单击"CSYS"对话框 操控器 区域中的"操控器"按钮 ┼，系统弹出"点"对话框。在"点"对话框的 Z 文本框中输入值 30.0，然后单击 确定 按钮。此时系统返回至"CSYS"对话框，在该对话框中单击 确定 按钮，完成图 49.4 所示机床坐标系的创建。

Step3．单击 确定 按钮，关闭"Mill Orient"对话框。

图 49.4　创建机床坐标系

Stage2．创建部件几何体

Step1．在工序导航器中双击 ⊞ MCS_MILL 节点下的 WORKPIECE，系统弹出"铣削几何体"对话框。

Step2．选取部件几何体。在"铣削几何体"对话框中单击 ⬚ 按钮，系统弹出"部件几何体"对话框。

Step3．在图形区中框选整个零件为部件几何体，如图 49.5 所示。

Step4．在"部件几何体"对话框中单击 确定 按钮，完成部件几何体的创建，同时系统返回到"铣削几何体"对话框。

Stage3．创建毛坯几何体

Step1. 在"铣削几何体"对话框中单击 ⊗ 按钮，系统弹出"毛坯几何体"对话框。

Step2. 在"毛坯几何体"对话框的 类型 下拉列表中选择 部件凸包 选项，并在 偏置 区域的 偏置 文本框中输入值 2.0。

Step3. 单击"毛坯几何体"对话框中的 确定 按钮，系统返回到"铣削几何体"对话框，完成图 49.6 所示毛坯几何体的创建。

Step4. 单击"铣削几何体"对话框中的 确定 按钮。

图 49.5　部件几何体　　　　　　图 49.6　毛坯几何体

Task3．创建刀具

Stage1．创建刀具（一）

Step1. 选择下拉菜单 插入(S) ➞ 刀具(T)... 命令，系统弹出"创建刀具"对话框。

Step2. 确定刀具类型。在"创建刀具"对话框 类型 下拉列表中选择 mill_contour 选项，在 刀具子类型 区域中选择"MILL"按钮 ，在 刀具 下拉列表中选择 GENERIC_MACHINE 选项，在 名称 文本框中输入 d20，然后单击 确定 按钮，系统弹出"铣刀-5 参数"对话框。

Step3. 设置刀具参数。在 (D) 直径 文本框中输入值 20.0，其他参数采用系统默认设置值，单击 确定 按钮，完成刀具的创建。

Stage2．创建刀具（二）

设置刀具类型为 mill_contour 选项，刀具子类型 单击选择"BALL_MILL"按钮 ，刀具名称为 B10，刀具 (D) 球直径 为 10.0，其他参数采用系统默认设置值。具体操作方法参照 Stage1。

Stage3．创建刀具（三）

设置刀具类型为 mill_contour 选项，在 刀具子类型 区域单击选择"BALL_MILL"按钮 ，刀具名称为 B2，刀具 (D) 球直径 为 2.0，　(B) 锥角 为 15，(L) 长度 为 10，(FL) 刀刃长度 为 5。具体操作方法参照 Stage1。

Task4. 创建实体轮廓 3D 铣操作

Stage1. 创建工序

Step1. 选择下拉菜单 插入(S) ➡ 工序(E)... 命令，系统弹出"创建工序"对话框。

Step2. 确定加工方法。在"创建工序"对话框的 类型 下拉列表中选择 mill_contour 选项，在 工序子类型 区域中选择"SOLID_PROFILE_3D"按钮 ，在 程序 下拉列表中选择 PROGRAM 选项，在 刀具 下拉列表中选择 D20 (铣刀-5 参数) 选项，在 几何体 下拉列表中选择 WORKPIECE 选项，在 方法 下拉列表中选择 MILL_FINISH 选项，然后单击 确定 按钮，系统弹出 "实体轮廓 3D 铣"对话框。

Stage2. 指定壁

Step1. 指定壁。在 几何体 区域中单击"指定壁"按钮 ，系统会弹出"壁几何体"对话框。

Step2. 选取图 49.7 所示的面为参照面，单击 确定 按钮，完成指定壁的创建。

图 49.7　定义参照面

Stage3. 设置刀具路径参数

Step1. 在"实体轮廓 3D 铣"对话框 刀轨设置 区域中 跟随 的下拉列表中选择 壁的底部 选项。

Step2. 在 Z-深度偏置 的文本框中输入值 2，其他参数采用系统默认设置值。

Stage4. 设置切削参数

Step1. 单击"实体轮廓 3D 铣"对话框中"切削参数"按钮 ，系统弹出"切削参数"对话框。

Step2. 在"切削参数"对话框中单击 多刀路 选项卡，设置图 49.8 所示的参数。

Step3. 在"切削参数"对话框中单击 余量 选项卡，在 公差 区域的 内公差 的文本框输入数值 0.01，在 外公差 的文本框输入数值 0.01，单击 确定 按钮，系统返回到"实体轮廓 3D 铣"对话框。

Stage5. 设置非切削移动参数

Step1. 在"实体轮廓 3D 铣"对话框中单击"非切削移动"按钮 ，系统弹出"非切削移动"对话框。

Step2. 单击"非切削移动"对话框中的 起点/钻点 选项卡，在 区域起点 区域 默认区域起点 的下拉列表中选取 拐角 选项。单击 选择点 区域中的"点对话框"按钮 ，系统弹出"点"对话框，选取图 49.9 所示的点为参照点。单击 确定 按钮，系统返回"非切削移动"对话框。单击 确定 按钮，系统返回"实体轮廓 3D 铣"对话框。

图 49.8 "切削参数"对话框

图 49.9 定义参照点

Stage6. 设置进给率和速度

Step1. 单击"实体轮廓 3D 铣"对话框中的"进给率和速度"按钮 ，系统弹出"进给率和速度"对话框。

Step2. 在"进给率和速度"对话框中选中 ☑ 主轴速度 (rpm) 复选框，然后在其文本框中输入值 1500.0，在 切削 文本框中输入值 500.0，按下 Enter 键，然后单击 按钮，其他参数采用系统默认设置值。

Step3. 单击"进给率和速度"对话框中的 确定 按钮，完成进给率和速度的设置，系统返回到"实体轮廓 3D 铣"对话框。

Stage7. 生成刀路轨迹并仿真

Step1. 在"实体轮廓 3D 铣"对话框中单击"生成"按钮 ，在图形区中生成图 49.10 所示的刀路轨迹。

Step2. 在"实体轮廓 3D 铣"对话框中单击"确认"按钮 ，系统弹出"刀轨可视化"对话框。

Step3. 使用 2D 动态仿真。在"刀轨可视化"对话框中单击 2D 动态 选项卡，采用系统默认参数设置值，调整动画速度后单击"播放"按钮 ，即可演示刀具按刀轨运行，完成演示后的模型如图 49.11 所示，仿真完成后单击 ▊确定▊ 按钮，完成仿真操作。

Step4. 单击 ▊确定▊ 按钮，完成操作。

图 49.10　刀路轨迹

图 49.11　2D 仿真结果

Task5. 创建固定轮廓铣

Stage1. 创建工序

Step1. 选择下拉菜单 插入(S) ➡ ▊工序(E)...▊ 命令，系统弹出"创建工序"对话框。

Step2. 确定加工方法。在"创建工序"对话框的 类型 下拉列表中选择 mill_contour 选项，在 工序子类型 区域中选择"FIXED_CONTOUR"按钮 ⬇，在 程序 下拉列表中选择 PROGRAM 选项，在 刀具 下拉列表中选择 B10 (铣刀-球头铣) 选项，在 几何体 下拉列表中选择 WORKPIECE 选项，在 方法 下拉列表中选择 MILL_FINISH 选项，单击 ▊确定▊ 按钮，系统弹出"固定轮廓铣"对话框。

Stage2. 设置一般参数

Step1. 确定驱动方法。在 驱动方法 区域 方法 的下拉列表中选择 曲线/点 选项，系统弹出"曲线/点驱动方法"对话框。选取图 49.12 所示的曲线为参照曲线。

Step2. 在 驱动设置 区域 切削步长 的下拉列表中选择 公差 选项，并在 公差 的文本框输入数值 0.001。然后单击 ▊确定▊ 按钮，系统返回"固定轮廓铣"对话框。

选取此曲线为参照曲线

图 49.12　定义参照曲线

Step3. 在 投影矢量 区域 矢量 的下拉列表中选择 刀轴 选项；在 刀轴 区域 轴 的下拉列表中选择 +ZM 轴 选项。

Stage3. 设置切削参数

Step1. 在 刀轨设置 区域中单击"切削参数"按钮 ⊞，系统弹出"切削参数"对话框。

Step2. 在"切削参数"对话框中单击 多刀路 选项卡，设置图 49.13 所示的参数。单击 确定 按钮，系统返回到"固定轮廓铣"对话框。

图 49.13 "多刀路"选项卡

Stage4. 设置非切削移动参数

Step1. 在"固定轮廓铣"对话框中单击"非切削移动"按钮 ⊞，系统弹出"非切削移动"对话框。

Step2. 单击"非切削移动"对话框中的 进刀 选项卡，在 开放区域 区域 进刀类型 的下拉列表中选择 圆弧－相切逼近 选项。其他选项卡参数采用系统默认设置值。单击 确定 按钮，系统返回"固定轮廓铣"对话框。

Stage5. 设置进给率和速度

Step1. 单击"实体轮廓 3D 铣"对话框中的"进给率和速度"按钮 ⊞，系统弹出"进给率和速度"对话框。

Step2. 在"进给率和速度"对话框中选中 ☑ 主轴速度 (rpm) 复选框，然后在其文本框中输入值 1600.0，在 切削 文本框中输入值 500.0，按下 Enter 键，然后单击 ⊞ 按钮，其他参数采用系统默认设置值。

Step3. 单击"进给率和速度"对话框中的 确定 按钮，完成进给率和速度的设置，系统返回到"固定轮廓铣"对话框。

Stage6. 生成刀路轨迹并仿真

Step1. 在"实体轮廓 3D 铣"对话框中单击"生成"按钮 ⊞，系统弹出"生成刀路"对话框。在 显示选项 区域取消选中 ☐ 显示后暂停 复选框，然后单击 确定 按钮，在图形区中生成图 49.14 所示的刀路轨迹。

Step2. 在"实体轮廓 3D 铣"对话框中单击"确认"按钮，系统弹出"刀轨可视化"对话框。

Step3. 使用 2D 动态仿真。在"刀轨可视化"对话框中单击 2D 动态 选项卡，采用系统默认参数设置值，调整动画速度后单击"播放"按钮，即可演示刀具按刀轨运行，完成演示后的模型如图 49.15 所示，仿真完成后单击 确定 按钮，完成仿真操作。

Step4. 单击 确定 按钮，完成操作。

图 49.14　刀路轨迹

图 49.15　2D 仿真结果

Task6. 创建平面文本铣

Stage1. 创建工序

Step1. 选择下拉菜单 插入(S) ➡ 工序(E)... 命令，系统弹出"创建工序"对话框。

Step2. 确定加工方法。在"创建工序"对话框的 类型 下拉列表中选择 mill_planar 选项，在 工序子类型 区域中选择"PLANAR_TEXT"按钮，在 程序 下拉列表中选择 PROGRAM 选项，在 刀具 下拉列表中选择 B2 (铣刀-球头铣) 选项，在 几何体 下拉列表中选择 WORKPIECE 选项，在 方法 下拉列表中选择 MILL_FINISH 选项，单击 确定 按钮，系统弹出"平面文本"对话框。

Stage2. 指定切削区域

Step1. 在 几何体 区域中单击"选择或编辑制图文本几何体"按钮 A，系统弹出"文本几何体"对话框。选取图 49.16 所示的文字为参照对象，然后单击 确定 按钮，系统返回"平面文本"对话框。

图 49.16　定义参照对象

Step2. 在 几何体 区域中单击"选择或编辑底平面几何体"按钮 ，系统弹出"平面"对话框。选取图 49.17 所示的平面为参照平面，单击 确定 按钮，系统返回"平面文本"对话框。

选取此平面为参照平面

图 49.17 定义参照平面

Step3. 在 刀轨设置 区域 文本深度 的文本框输入数值 0.5，并在 每刀深度 的文本框输入数值 0.1。

Stage3. 设置切削参数

Step1. 在 刀轨设置 区域中单击"切削参数"按钮 ，系统弹出"切削参数"对话框。

Step2. 在"切削参数"对话框中单击 策略 选项卡，并在 切削 区域 切削顺序 的下拉列表中选择 深度优先 选项，然后单击 确定 按钮，系统返回"平面文本"对话框。

Stage4. 设置非切削移动参数

Step1. 在"平面文本"对话框中单击"非切削移动"按钮 ，系统弹出"非切削移动"对话框。

Step2. 单击"非切削移动"对话框中的 进刀 选项卡，在 封闭区域 区域 斜坡角 的文本框输入数值 2，其他选项卡参数采用系统默认设置值。单击 确定 按钮，系统返回"平面文本"对话框。

Stage5. 设置进给率和速度

Step1. 单击"平面文本"对话框中的"进给率和速度"按钮 ，系统弹出"进给率和速度"对话框。

Step2. 在"进给率和速度"对话框中选中 ☑ 主轴速度 (rpm) 复选框，然后在其文本框中输入值 8000.0，在 切削 文本框中输入值 300.0，按下 Enter 键，然后单击 按钮，其他参数采用系统默认设置值。

Step3. 单击"进给率和速度"对话框中的 确定 按钮，完成进给率和速度的设置，系统返回到"固定轮廓铣"对话框。

Stage6. 生成刀路轨迹并仿真

生成的刀路轨迹如图 49.18 所示，2D 动态仿真加工结果如图 49.19 所示。

图 49.18 刀路轨迹

图 49.19 2D 仿真结果

Task7. 保存文件

选择下拉菜单 文件(F) ➡ 保存(S) 命令，保存文件。

实例 50　凸 模 加 工

目前，随着塑料产品越来越多，模具的使用也越来越多。模具的型腔形状往往都十分复杂，加工精度要求较高，一般的传统加工的工艺设备难以满足模具加工的要求，但随着CAM 和数控技术的发展，已有效地解决了这个难题。鉴于 UG 在模具制造方面的广泛应用，本节以一个简单的凸模的加工为例介绍模具的加工。

下面介绍图 50.1 所示的凸模零件的加工过程，其加工工艺路线如图 50.2 和图 50.3 所示。

a）参考模型　　　　　　　　b）工件　　　　　　　　c）加工结果

图 50.1　凸模零件的加工过程

| 型腔铣 | —— 在模具加工中，一般用型腔铣或平面铣进行开粗，如果有区域剩余材料过多，则需要进行二次开粗 |

| 轮廓粗加工铣 | —— 用于粗加工由轮廓曲面所形成区域的加工方式 |

| 表面区域铣 1 | —— 对零件的指定部位进行表面铣削加工 |

| 表面区域铣 2 | —— 对零件的指定部位进行表面铣削精加工 |

| 深度加工轮廓铣 1 | —— 对零件的指定部位进行深度精铣加工 |

| 深度加工轮廓铣 2 | —— 对零件的指定部位进行深度精铣加工 |

| 平面轮廓铣 | —— 对零件的指定部位进行平面铣削加工 |

图 50.2　加工工艺路线（一）

a）型腔铣　　　　　　　b）轮廓粗加工铣　　　　　　c）表面区域铣 1

f）深度加工轮廓铣 2　　　　e）深度加工轮廓铣 1　　　　d）表面区域铣 2

g）平面轮廓铣

图 50.3　加工工艺路线（二）

其加工操作过程如下。

Task1．打开模型文件并进入加工模块

Step1. 打开模型文件 D:\ugins8\work\ch11\ins50\male_modl_asm.prt。

Step2. 进入加工环境。选择下拉菜单 ☑ 开始 ▾ ━━➤ ⊫ 加工(N)… 命令，系统弹出"加工环境"对话框；在"加工环境"对话框的 CAM 会话配置 列表框中选择 cam_general 选项，在 要创建的 CAM 设置 列表框中选择 mill contour 选项，单击 确定 按钮，进入加工环境。

Task2．创建几何体

Stage1．创建机床坐标系

Step1. 将工序导航器调整到几何视图，双击坐标系节点 ⊞ ↳ MCS_MILL，系统弹出"Mill Orient"对话框，在"Mill Orient"对话框 机床坐标系 选项区域中单击"CSYS 对话框"按钮 ↳...，系统弹出"CSYS"对话框。

Step2. 在"CSYS"对话框 类型 区域的下拉列表中选择 ⅋ 自动判断 选项。

Step3. 单击图 50.4 所示的面为参照。单击 确定 按钮，完成图 50.4 所示机床坐标系的创建。

Stage2. 创建安全平面

Step1. 在"Mill Orient"对话框 安全设置 区域 安全距离 的文本框中输入数值 30。

Step2. 单击 确定 按钮，完成安全平面的创建。

选取该平面　　机床坐标系　ZM　YM

图 50.4　创建机床坐标系

Stage3. 创建部件几何体

Step1. 在工序导航器中双击 ⊞ MCS_MILL 节点下的 WORKPIECE，系统弹出"铣削几何体"对话框。

Step2. 选取部件几何体。在"铣削几何体"对话框中单击 按钮，系统弹出"部件几何体"对话框。

Step3. 在"部件几何体"对话框中单击 按钮，在图形区中选取 male_mold 零件为部件几何体，如图 50.5 所示。

Step4. 在"部件几何体"对话框中单击 确定 按钮，完成部件几何体的创建，同时系统返回到"铣削几何体"对话框。

Stage4. 创建毛坯几何体

Step1. 在"铣削几何体"对话框中单击 按钮，系统弹出"毛坯几何体"对话框。

Step2. 在"毛坯几何体"对话框的 类型 下拉列表中选择 几何体 选项，在图形区中选取毛坯几何体，如图 50.6 所示。

Step3. 单击"毛坯几何体"对话框中的 确定 按钮，系统返回到"铣削几何体"对话框，完成毛坯几何体的创建。

Step4. 单击"铣削几何体"对话框中的 确定 按钮。

图 50.5　部件几何体

图 50.6　毛坯几何体

Task3．创建刀具

Step1. 将工序导航器调整到机床视图。

Step2. 选择下拉菜单 插入(S) ➡ 刀具(T)... 命令，系统弹出"创建刀具"对话框。

Step3. 在"创建刀具"对话框 类型 下拉列表中选择 mill contour 选项，在 刀具子类型 区域中单击"MILL"按钮 ，在 位置 区域 刀具 下拉列表中选择 GENERIC_MACHINE 选项，在 名称 文本框中输入 D20，然后单击 确定 按钮，系统弹出"铣刀-5 参数"对话框。

Step4. 系统弹出"铣刀-5 参数"对话框，在 (D) 直径 文本框中输入值 20.0，在 刀具号 文本框中输入值 1，其他参数采用系统默认设置值，单击 确定 按钮，完成刀具的创建。

Stage1．创建刀具（二）

设置刀具类型为 mill contour 选项，在 刀具子类型 区域单击选择"MILL"按钮 ，刀具名称为 D6R1，刀具 (D) 直径 为 6.0，刀具 (R1) 下半径 为 1.0，刀具号 为 2。

Stage2．创建刀具（三）

设置刀具类型为 mill contour 选项，刀具子类型 单击选择"BALL_MILL"按钮 ，刀具名称为 B4，刀具 (D) 球直径 为 4.0，刀具号 为 3。

Task4．创建型腔铣操作

Stage1．创建工序

Step1. 将工序导航器调整到程序顺序视图。

Step2. 选择下拉菜单 插入(S) ➡ 工序(E)... 命令，在"创建工序"对话框 类型 下拉列表中选择 mill_contour 选项，在 工序子类型 区域中单击"CAVITY_MILL"按钮 ，在 程序 下拉列表中选择 PROGRAM 选项，在 刀具 下拉列表中选择前面设置的刀具 D20 (铣刀-5 参数) 选项，在 几何体 下拉列表中选择 WORKPIECE 选项，在 方法 下拉列表中选择 MILL ROUGH 选项，使用系统默认的名称。

Step3. 单击"创建工序"对话框中的 确定 按钮，系统弹出"型腔铣"对话框。

Stage2. 设置一般参数

在"型腔铣"对话框 切削模式 下拉列表中选择 跟随周边 选项，在 步距 下拉列表中选择 刀具平直百分比 选项，在 平面直径百分比 文本框中输入值 50.0，在 每刀的公共深度 下拉列表中选择 恒定 选项，在 最大距离 文本框中输入值 1.0。

Stage3. 设置切削参数

Step1. 在 刀轨设置 区域中单击"切削参数"按钮 ，系统弹出"切削参数"对话框。

Step2. 在"切削参数"对话框中单击 策略 选项卡，在 切削顺序 下拉列表中选择 层优先 选项，其他参数采用系统默认设置值。

Step3. 在"切削参数"对话框中单击 余量 选项卡，在 部件侧面余量 文本框中输入值 0.5，其他参数采用系统默认设置值。

Step4. 单击"切削参数"对话框中的 确定 按钮，系统返回到"型腔铣"对话框。

Stage4. 设置非切削移动参数

Step1. 在"型腔铣"对话框中单击"非切削移动"按钮 ，系统弹出"非切削移动"对话框。

Step2. 单击"非切削移动"对话框中的 进刀 选项卡，在该对话框 封闭区域 区域 进刀类型 下拉列表中选择 沿形状斜进刀 选项，在 斜坡角 的文本框输入数值 3，其他参数采用系统默认设置值。

Step3. 单击"非切削移动"对话框中的 确定 按钮，系统返回到"型腔铣"对话框。

Stage5. 设置进给率和速度

Step1. 在"型腔铣"对话框中单击"进给率和速度"按钮 ，系统弹出"进给率和速度"对话框。

Step2. 选中"进给率和速度"对话框 主轴速度 区域中的 ☑ 主轴速度 (rpm) 复选框，在其后的文本框中输入值 1200.0，按 Enter 键，然后单击 按钮；在 进给率 区域的 切削 文本框中输入值 400.0，按 Enter 键，然后单击 按钮。其他参数采用系统默认设置值。

Step3. 单击 确定 按钮，完成进给率和速度的设置，系统返回"型腔铣"操作对话框。

Stage6. 生成刀路轨迹并仿真

生成的刀路轨迹如图 50.7 所示，2D 动态仿真加工后的模型如图 50.8 所示。

图 50.7　刀路轨迹　　　　　　　　　　　图 50.8　2D 仿真结果

Task5. 创建轮廓粗加工铣操作

Stage1. 创建工序

Step1. 选择下拉菜单 插入(S) ➡️ 工序(E)... 命令，在"创建工序"对话框 类型 下拉列表中选择 mill_contour 选项，在 工序子类型 区域中单击"CORNER_ROUGH"按钮 ，在 程序 下拉列表中选择 PROGRAM 选项，在 刀具 下拉列表中选择刀具 D6R1 (铣刀-5 参数) 选项，在 几何体 下拉列表中选择 WORKPIECE 选项，在 方法 下拉列表中选择 MILL_SEMI_FINISH 选项，使用系统默认的名称"CORNER_ROUGH"。

Step2. 单击"创建工序"对话框中的 确定 按钮，系统弹出"拐角粗加工"对话框。

Stage2. 指定切削区域

Step1. 在"拐角粗加工"对话框的 几何体 区域中单击"选择或编辑切削区域几何体"按钮 ，系统会弹出"切削区域"对话框。

Step2. 选取图 50.9 所示的面为参照面，单击 确定 按钮，完成指定切削区域的创建。

选取此面链为参照面

图 50.9　定义参照面

Stage3. 设置一般参数

Step1. 在 参考刀具 下拉列表中选择 D20 (铣刀-5 参数) 选项。

Step2. 在 刀轨设置 区域 角度 的文本框输入数值 30。其他参数采用系统默认设置值。

Stage4．设置切削参数

Step1. 在 刀轨设置 区域中单击"切削参数"按钮 ，系统弹出"切削参数"对话框。

Step2. 在"切削参数"对话框中单击 余量 选项卡，并在 部件侧面余量 文本框中输入值 0.5，其他参数采用系统默认设置值。

Step3. 单击"切削参数"对话框中的 确定 按钮，系统返回到"拐角粗加工"对话框。

Stage5．设置非切削移动参数

在"非切削移动"对话框中单击 转移/快速 选项卡，在 区域之间 区域 转移类型 的下拉列表中选择 毛坯平面 选项；在 区域内 区域 转移类型 的下拉列表中选择 前一平面 选项。其他采用系统默认的参数设置值。单击 确定 按钮，系统返回到"拐角粗加工"对话框。

Stage6．设置进给率和速度

Step1. 在"拐角粗加工"对话框中单击"进给率和速度"按钮 ，系统弹出"进给率和速度"对话框。

Step2. 选中"进给率和速度"对话框 主轴速度 区域中的 ☑ 主轴速度 (rpm) 复选框，在其后的文本框中输入值 2000.0，按 Enter 键，然后单击 按钮；在 进给率 区域的 切削 文本框中输入值 300.0，按 Enter 键，然后单击 按钮。其他参数采用系统默认设置值。

Step3. 单击 确定 按钮，完成进给率和速度的设置，系统返回"拐角粗加工"操作对话框。

Stage7．生成刀路轨迹并仿真

生成的刀路轨迹如图 50.10 所示，2D 动态仿真加工后的模型如图 50.11 所示。

图 50.10　刀路轨迹　　　　　　　　　　图 50.11　2D 仿真结果

Task6. 创建表面区域铣操作（一）

Stage1. 创建工序

Step1. 选择下拉菜单 插入(S) ➡ 工序(E)... 命令，系统弹出"创建工序"对话框。

Step2. 确定加工方法。在"创建工序"对话框 类型 下拉列表中选择 mill_planar 选项，在 工序子类型 区域中单击"FACE_MILLING_AREA"按钮 ，在 刀具 下拉列表中选择 D20 (铣刀-5 参数) 选项，在 几何体 下拉列表中选择 WORKPIECE 选项，在 方法 下拉列表中选择 MILL_FINISH 选项，采用系统默认的名称。

Step3. 在"创建工序"对话框中单击 确定 按钮，系统弹出"面铣削区域"对话框。

Stage2. 指定切削区域

Step1. 在 几何体 区域中单击"选择或编辑切削区域几何体"按钮 ，系统弹出"切削区域"对话框。

Step2. 选取图 50.12 所示的面为切削区域，在"切削区域"对话框中单击 确定 按钮，完成切削区域的创建，同时系统返回到"面铣削区域"对话框。

Step3. 在 几何体 区域中选中 ☑ 自动壁 复选框，单击"指定壁几何体"右面的"显示"按钮 ，结果如图 50.13 所示。

图 50.12　指定切削区域 1　　　　图 50.13　指定切削区域 2

Stage3. 设置刀具路径参数

Step1. 创建切削模式。在 刀轨设置 区域的 切削模式 下拉列表中选择 跟随周边 选项。

Step2. 创建步进方式。在 步距 下拉列表中选择 刀具平直百分比 选项，在 平面直径百分比 文本框中输入数值 50.0，在 毛坯距离 的文本框中输入数值 1.0。

Stage4. 设置切削参数

Step1. 在 刀轨设置 区域中单击"切削参数"按钮 ，系统弹出"切削参数"对话框。

Step2. 在"切削参数"对话框中单击 策略 选项卡，在 切削 区域 刀路方向 的下拉列表中选择向内选项，在壁区域选中☑岛清根复选框，其他参数采用系统默认设置值。

Step3. 在"切削参数"对话框中单击余量选项卡，并在壁余量文本框中输入值 2，其他参数采用系统默认设置值。单击确定按钮，系统返回到"面铣削区域"对话框。

Stage5．设置非切削移动参数

Step1. 单击"面铣削区域"对话框刀轨设置区域中的"非切削移动"按钮▨，系统弹出"非切削移动"对话框。

Step2. 单击"非切削移动"对话框中的起点/钻点选项卡，在区域起点区域默认区域起点的下拉列表中选取拐角选项。其他选项卡中的参数设置值采用系统默认。单击确定按钮完成非切削移动参数的设置。

Stage6．设置进给率和速度

Step1. 单击"面铣削区域"对话框中的"进给率和速度"按钮♨，系统弹出"进给率和速度"对话框。

Step2. 选中"进给率和速度"对话框主轴速度区域中的☑ 主轴速度 (rpm)复选框，在其后的文本框中输入值 1500.0，按 Enter 键，然后单击▤按钮。在进给率区域的切削文本框中输入值 400.0，按 Enter 键，然后单击▤按钮。其他参数采用系统默认设置值。

Step3. 单击"进给率和速度"对话框中的确定按钮，系统返回"面铣削区域"对话框。

Stage7．生成刀路轨迹并仿真

生成的刀路轨迹如图 50.14 所示，2D 动态仿真加工后的模型如图 50.15 所示。

图 50.14　刀路轨迹

图 50.15　2D 仿真结果

Task7．创建表面区域铣操作（二）

Stage1．创建工序

Step1. 复制表面区域铣操作（一）。将工序导航器调整到机床视图，在图 50.16 所示的

工序导航器界面 1 的程序顺序视图中右击 节点，在弹出的快捷菜单中选择 复制 命令，然后右击 D6R1 节点，在弹出的快捷菜单中选择 内部粘贴 命令。此时将显示工序导航器界面 2，如图 50.17 所示。

图 50.16　工序导航器界面 1　　　　　　图 50.17　工序导航器界面 2

Step2. 修改操作名称。在工序导航器的 FACE_MILLING_AREA_COPY 节点上单击鼠标右键，在弹出的快捷菜单中选择 重命名 命令，将其名称改为"FACE_MILLING_AREA_2"。

Step3. 双击 FACE_MILLING_AREA_2 节点，系统弹出"面铣削区域"对话框。

Stage2．指定切削区域

Step1. 在 几何体 区域中单击"选择或编辑切削区域几何体"按钮，系统弹出"切削区域"对话框。

Step2. 单击"切削区域"对话框中的 按钮，然后选取图 50.18 所示的面为切削区域，在"切削区域"对话框中单击 确定 按钮，完成切削区域的创建，同时系统返回到"面铣削区域"对话框。

Step3. 在 几何体 区域中选中 自动壁 复选框，然后单击"指定壁几何体"右面的"显示"按钮，结果如图 50.19 所示。

图 50.18　指定切削区域 1

图 50.19　指定切削区域 2

Stage3．设置刀具路径参数

采用系统默认的设置值。

Stage4. 设置切削参数

Step1. 在"切削参数"对话框中单击 策略 选项卡，在 切削 区域 刀路方向 的下拉列表中选择 向外 选项，其他参数采用系统默认设置值。

Step2. 在"切削参数"对话框中单击 余量 选项卡，在 壁余量 文本框中输入值 1。

Step3. 单击 确定 按钮完成切削参数的设置。

Stage5. 设置非切削移动参数

Step1. 单击"面铣削区域"对话框 刀轨设置 区域中的"非切削移动"按钮 ，系统弹出"非切削移动"对话框。

Step2. 单击"非切削移动"对话框中的 进刀 选项卡，在该对话框 封闭区域 区域 斜坡角 的文本框中输入值 5，在 高度 的文本框中输入值 1。其他参数采用系统的默认设置值。单击 确定 按钮完成非切削移动参数的设置。

Stage6. 设置进给率和速度

Step1. 单击"面铣削区域"对话框中的"进给率和速度"按钮 ，系统弹出"进给率和速度"对话框。

Step2. 选中"进给率和速度"对话框 主轴速度 区域中的 ☑ 主轴速度（rpm） 复选框，在其后的文本框中输入值 3000.0，按 Enter 键，然后单击 按钮。在 进给率 区域的 切削 文本框中输入值 400.0，按 Enter 键，然后单击 按钮。其他参数采用系统默认设置值。

Step3. 单击"进给率和速度"对话框中的 确定 按钮，系统返回"面铣削区域"对话框。

Stage7. 生成刀路轨迹并仿真

生成的刀路轨迹如图 50.20 所示，2D 动态仿真加工后的模型如图 50.21 所示。

图 50.20 刀路轨迹   图 50.21 2D 仿真结果

Task8. 创建深度加工轮廓铣操作 1

Stage1. 创建工序

Step1. 选择下拉菜单 插入(S) ➝ 工序(E)... 命令，在"创建工序"对话框 类型 下拉列表中选择 mill_contour 选项，在 工序子类型 区域中单击"ZLEVEL_PROFILE"按钮 ，在 程序 下拉列表中选择 PROGRAM 选项，在 刀具 下拉列表中选择刀具 B4 (铣刀-球头铣) 选项，在 几何体 下拉列表中选择 WORKPIECE 选项，在 方法 下拉列表中选择 MILL_FINISH 选项，使用系统默认的名称 "ZLEVEL_PROFILE"。

Step2. 单击"创建工序"对话框中的 确定 按钮，系统弹出"深度加工轮廓"对话框。

Stage2. 指定切削区域

Step1. 在"深度加工轮廓"对话框的 几何体 区域中单击"选择或编辑切削区域几何体"按钮 ，系统会弹出"切削区域"对话框。

Step2. 选取图 50.22 所示的面为参照面，然后单击 确定 按钮，完成指定切削区域的创建。

Stage3. 指定修剪边界

Step1. 在"深度加工轮廓"对话框的 几何体 区域中单击"选择或编辑修剪边界"按钮 ，系统会弹出"修剪边界"对话框。

Step2. 在"修剪边界"对话框中单击 主要 选项卡，然后单击 过滤器类型 区域中的"面边界"按钮 。在 修剪侧 区域选中 ⊙ 内部 单选项，选取图 50.23 所示的面为参照面，然后单击 确定 按钮。

Step3. 在"深度加工轮廓"对话框的 几何体 区域中单击"选择或编辑修剪边界"按钮 ，系统会弹出"修剪边界"对话框。

Step4. 在 定制边界数据 区域 ☑ 余量 的文本框中输入值-2，然后单击 确定 按钮，系统返回"深度加工轮廓"对话框。

图 50.22　定义参照面 1

图 50.23　定义参照面 2

Stage4．设置一般参数

Step1．在 刀具 区域的 刀具 下拉列表中选择 B4 (铣刀-球头铣) 选项。

Step2．在 刀轨设置 区域 最大距离 的文本框输入值 1。其他参数采用系统默认设置值。

Stage5．设置切削层

Step1．在 刀轨设置 区域中单击"切削层"按钮 ，系统弹出"切削层"对话框。

Step2．在"切削层"对话框 范围定义 区域 范围深度 的文本框输入值 10，按 Enter 键。

Step3．在 范围定义 区域单击"添加新集"按钮 ，选取图 50.23 所示的面为参照，然后点开 列表 下拉列表并修改"范围深度为 15"中的 每刀的深度 为 0.5（注：需要在图形区修改）。单击 确定 按钮，系统返回到"深度加工轮廓"对话框。

Stage6．设置切削参数

Step1．在 刀轨设置 区域中单击"切削参数"按钮 ，系统弹出"切削参数"对话框。

Step2．在"切削参数"对话框中单击 连接 选项卡，在 层之间 区域 层到层 的下拉列表中选取 沿部件斜进刀 选项，在 斜坡角 的文本框中输入值 15，选中 ☑ 在层之间切削 复选框。在 步距 的下拉列表中选取 恒定 选项，在 最大距离 的文本框中输入值 0.2。

Step3．单击"切削参数"对话框中的 确定 按钮，系统返回到"深度加工轮廓"对话框。

Stage7．设置非切削移动参数

Step1．单击"非切削移动"对话框中的 起点/钻点 选项卡，在 区域起点 区域 默认区域起点 的下拉列表中选取 拐角 选项。

Step2．单击 转移/快速 选项卡，在 区域内 区域 转移类型 的下拉列表中选择 前一平面 选项。其他选项卡中的参数设置值采用系统默认值。单击 确定 按钮完成非切削移动参数的设置。

Stage8．设置进给率和速度

Step1．在"拐角粗加工"对话框中单击"进给率和速度"按钮 ，系统弹出"进给率和速度"对话框。

Step2．选中"进给率和速度"对话框 主轴速度 区域中的 ☑ 主轴速度 (rpm) 复选框，在其后的文本框中输入值 4000.0，按 Enter 键，然后单击 按钮；在 进给率 区域的 切削 文本框中输入值 300.0，按 Enter 键，然后单击 按钮。其他参数采用系统默认设置。

Step3．单击 确定 按钮，完成进给率和速度的设置，系统返回"深度加工轮廓"操作

对话框。

Stage9．生成刀路轨迹并仿真

生成的刀路轨迹如图 50.24 所示，2D 动态仿真加工后的模型如图 50.25 所示。

图 50.24　刀路轨迹　　　　　　　　图 50.25　2D 仿真结果

Task9．创建深度加工轮廓铣操作 2

Stage1．创建工序

Step1. 选择下拉菜单 插入(S) ➡ 工序(E)... 命令，在"创建工序"对话框 类型 下拉列表中选择 mill_contour 选项，在 工序子类型 区域中单击"ZLEVEL_PROFILE"按钮 ，在 程序 下拉列表中选择 PROGRAM 选项，在 刀具 下拉列表中选择刀具 B4 (铣刀-球头铣) 选项，在 几何体 下拉列表中选择 WORKPIECE 选项，在 方法 下拉列表中选择 MILL_FINISH 选项，使用系统默认的名称为"ZLEVEL_PROFILE_1"。

Step2. 单击"创建工序"对话框中的 确定 按钮，系统弹出"深度加工轮廓"对话框。

Stage2．指定修剪边界

Step1. 在"深度加工轮廓"对话框的 几何体 区域中单击"选择或编辑修剪边界"按钮 ，系统会弹出"修剪边界"对话框。

Step2. 在"修剪边界"对话框中单击 主要 选项卡，然后单击 过滤器类型 区域中的"面边界"按钮 。在 修剪侧 区域选中 ⊙ 内部 单选项，选取图 50.26 所示的面为参照面。

Step3. 单击 过滤器类型 区域中的"曲线边界"按钮 ，在 修剪侧 区域选中 ⊙ 外部 单选项，选取图 50.27 所示的边线为参照边，然后单击 确定 按钮。

Step4. 在"深度加工轮廓"对话框的 几何体 区域中再次单击"选择或编辑修剪边界"按钮 ，系统会弹出"修剪边界"对话框。

Step5. 单击 当前几何体 "上一个"按钮 ▲，在 定制边界数据 区域 ☑ 余量 的文本框中输入值 -1，然后单击 确定 按钮，系统返回"深度加工轮廓"对话框。

图 50.26　定义参照面

图 50.27　定义参照边

Stage3．设置一般参数

在区域最大距离的文本框输入值 0.25。其他参数采用系统默认设置值。

Stage4．设置切削参数

Step1. 在 刀轨设置 区域中单击"切削参数"按钮，系统弹出"切削参数"对话框。

Step2. 在"切削参数"对话框中单击 策略 选项卡，在 切削 区域 切削顺序 的下拉列表中选取始终深度优先选项。

Step3. 单击 余量 选项卡，在 公差 区域 内公差 的文本框输入值 0.01，在 外公差 的文本框输入值 0.01。

Step4. 单击 连接 选项卡，在 层到层 区域的下拉列表中选择 沿部件斜进刀 选项，在 斜坡角 的文本框输入值 10，选中 ☑ 在层之间切削 复选框。在 步距 的下拉列表中选取 恒定 选项，在 最大距离 的文本框中输入值 0.2。

Step5. 单击"切削参数"对话框中的 确定 按钮，系统返回到"深度加工轮廓"对话框。

Stage5．设置非切削移动参数

Step1. 单击"非切削移动"对话框中的 起点/钻点 选项卡，在 区域起点 区域 默认区域起点 的下拉列表中选取 拐角 选项。

Step2. 单击 转移/快速 选项卡，在 区域内 区域 转移类型 的下拉列表中选择 前一平面 选项。其他选项卡中的参数设置值采用系统默认值，然后单击 确定 按钮完成非切削移动参数的设置。

Stage6．设置进给率和速度

Step1. 在"深度加工轮廓"对话框中单击"进给率和速度"按钮，系统弹出"进给率和速度"对话框。

Step2. 选中"进给率和速度"对话框 主轴速度 区域中的 ☑ 主轴速度（rpm）复选框，在其后的文本框中输入值 4000.0，按 Enter 键，然后单击 按钮；在 进给率 区域的 切削 文本框中输入

值 800.0，按 Enter 键，然后单击 ▣ 按钮。其他参数采用系统默认设置。

Step3. 单击 确定 按钮，完成进给率和速度的设置，系统返回"深度加工轮廓"操作对话框。

Stage7. 生成刀路轨迹并仿真

生成的刀路轨迹如图 50.28 所示，2D 动态仿真加工后的模型如图 50.29 所示。

图 50.28　刀路轨迹　　　　　　　　图 50.29　2D 仿真结果

Task10. 创建平面轮廓铣工序

Stage1. 插入工序

Step1. 选择下拉菜单 插入(S) ➡ 工序(E)... 命令，系统弹出"创建工序"对话框。

Step2. 确定加工方法。在"创建工序"对话框 类型 下拉列表中选择 mill_planar 选项，在 工序子类型 区域中单击"PLANAR_PROFILE"按钮 ㄷ，在 程序 下拉列表中选择 PROGRAM 选项，在 刀具 下拉列表中选择 D20 (铣刀-5 参数) 选项，在 几何体 下拉列表中选择 WORKPIECE 选项，在 方法 下拉列表中选择 MILL_FINISH 选项，采用系统默认的名称。

Step3. 在"创建工序"对话框中单击 确定 按钮，系统弹出"平面轮廓铣"对话框。

Stage2. 指定部件边界

Step1. 在"平面轮廓铣"对话框的 几何体 区域中单击"选择或编辑部件边界"按钮 ▧，系统会弹出"边界几何体"对话框。

Step2. 在 模式 区域的下拉列表中选择 面 选项，在 材料侧 区域的下拉列表中选择 内部 选项。选取图 50.30 所示的面为参照面，单击 确定 按钮，系统返回"平面轮廓铣"对话框。

Stage3. 指定底面

Step1. 在"平面轮廓铣"对话框的 几何体 区域中，单击"选择或编辑底平面几何体"按钮 ▧，系统会弹出"平面"对话框。

Step2. 选取图 50.31 所示的平面为参照面，在 偏置 区域 距离 的文本框输入值 5，然后单击 确定 按钮，系统返回"平面轮廓铣"对话框。

选取此面为参照面

选取此面为参照面

图 50.30　定义参照面 1　　　　　　　　　图 50.31　定义参照面 2

Stage4. 设置切削参数

参数采用系统默认设置。

Stage5. 设置非切削移动参数

Step1. 单击"非切削移动"对话框中的 起点/钻点 选项卡，在 区域起点 区域 默认区域起点 的下拉列表中选取 拐角 选项。

Stage6. 设置进给率和速度

Step1. 在"深度加工轮廓"对话框中单击"进给率和速度"按钮 ，系统弹出"进给率和速度"对话框。

Step2. 选中"进给率和速度"对话框 主轴速度 区域中的 ☑ 主轴速度 (rpm) 复选框，在其后的文本框中输入值 1200.0，按 Enter 键，然后单击 按钮；在 进给率 区域的 切削 文本框中输入值 600.0，按 Enter 键，然后单击 按钮。其他参数采用系统默认设置值。

Step3. 单击 确定 按钮，完成进给率和速度的设置，系统返回"深度加工轮廓"操作对话框。

Stage7. 生成刀路轨迹并仿真

生成的刀路轨迹如图 50.32 所示，2D 动态仿真加工后的模型如图 50.33 所示。

图 50.32　刀路轨迹　　　　　　　　　　图 50.33　2D 仿真结果

Task11. 保存文件

选择下拉菜单 文件(F) ➡ 保存(S) 命令，保存文件。

实例 51 凹 模 加 工

下面介绍图 51.1 所示的凹模零件的加工过程,其加工工艺路线如图 51.2 和图 51.3 所示。

a)参考模型　　　　　　　　b)工件　　　　　　　　c)加工结果

图 51.1　凹模零件加工过程

平面铣 1	—— 对零件的指定部位进行平面铣削粗加工
型腔铣	—— 在模具加工中,一般用型腔铣或平面铣进行开粗,如果有区域剩余材料过多,则需要进行二次开粗
钻孔	—— 对零件的指定部位进行钻孔加工
轮廓区域铣	—— 对零件的指定部位进行轮廓精加工
平面铣 2	—— 对零件的指定部位进行平面铣削精加工

图 51.2　加工工艺路线(一)

a)平面铣 1　　　　　b)型腔铣　　　　　c)钻孔

e)平面铣 2　　　　　d)轮廓区域铣

图 51.3　加工工艺路线(二)

其加工操作过程如下。

Task1. 打开模型文件并进入加工模块

Step1. 打开模型文件 D:\ugins8\work\ch11\ins51\volume_milling.prt。

Step2. 进入加工环境。选择下拉菜单 <u>开始</u> ➡ <u>加工(N)...</u> 命令，系统弹出"加工环境"对话框；在"加工环境"对话框的 <u>CAM 会话配置</u> 列表框中选择 <u>cam_general</u> 选项，在 <u>要创建的 CAM 设置</u> 列表框中选择 <u>mill_planar</u> 选项，单击 <u>确定</u> 按钮，进入加工环境。

Task2. 创建几何体

Stage1. 创建机床坐标系

Step1. 将工序导航器调整到几何视图，双击节点 <u>MCS_MILL</u>，系统弹出"Mill Orient"对话框，在"Mill Orient"对话框 <u>机床坐标系</u> 区域中单击"CSYS 对话框"按钮 <u>⚒</u>，系统弹出"CSYS"对话框。

Step2. 在 <u>类型</u> 下拉列表中选择 <u>自动判断</u> 选项，选取图 51.4 所示的平面为参照。

Step3. 单击"CSYS"对话框的 <u>确定</u> 按钮，此时系统返回至"Mill Orient"对话框，完成图 51.4 所示机床坐标系的创建。

Stage2. 创建安全平面

Step1. 在"Mill Orient"对话框 <u>安全设置</u> 区域 <u>安全距离</u> 的文本框输入值 20。

Step2. 单击"Mill Orient"对话框中的 <u>确定</u> 按钮，完成安全平面的创建。

图 51.4　创建机床坐标系

Stage3. 创建部件几何体

Step1. 在工序导航器中双击 <u>MCS_MILL</u> 节点下的 <u>WORKPIECE</u>，系统弹出"铣削几何体"对话框。

Step2. 选取部件几何体。在"铣削几何体"对话框中单击 <u>⚙</u> 按钮，系统弹出"部件几何体"对话框。

Step3. 在图形区中选取整个零件为部件几何体。

Step4. 在"部件几何体"对话框中单击 <u>确定</u> 按钮，完成部件几何体的创建，同时系统返回到"铣削几何体"对话框。

Stage4. 创建毛坯几何体

Step1. 在"铣削几何体"对话框中单击 ⊗ 按钮，系统弹出"毛坯几何体"对话框。

Step2. 在"毛坯几何体"对话框的 类型 下拉列表中选择 █ 包容块 选项，在 极限 区域的 XM- 文本框中输入值 2.0，在 XM+ 文本框中输入值 2.0，在 YM- 文本框中输入值 2.0，在 YM+ 文本框中输入值 2.0。

Step3. 单击"毛坯几何体"对话框中的 确定 按钮，系统返回到"铣削几何体"对话框，完成图 51.5 所示毛坯几何体的创建。

图 51.5 毛坯几何体

Step4. 单击"铣削几何体"对话框中的 确定 按钮。

Task3. 创建刀具

Stage1. 创建刀具（一）

Step1. 将工序导航器调整到机床视图。

Step2. 选择下拉菜单 插入(S) ➡ ⚙ 刀具(T)... 命令，系统弹出"创建刀具"对话框。

Step3. 在"创建刀具"对话框 类型 下拉列表中选择 mill planar 选项，在 刀具子类型 区域中单击"MILL"按钮 █，在 位置 区域的 刀具 下拉列表中选择 GENERIC_MACHINE 选项，在 名称 文本框中输入 D24，然后单击 确定 按钮，系统弹出"铣刀-5 参数"对话框。

Step4. 系统弹出"铣刀-5 参数"对话框，在 (D) 直径 文本框中输入值 24.0，在 刀具号 文本框中输入值 1，其他参数采用系统默认设置值，单击 确定 按钮，完成刀具的创建。

Stage2. 创建刀具（二）

设置刀具类型为 mill planar 选项，在 刀具子类型 区域单击选择"MILL"按钮 █，刀具名称为 D10，刀具 (D) 直径 为 10.0，刀具号 为 2；具体操作方法参照 Stage1。

Stage3. 创建刀具（三）

设置刀具类型为 mill planar 选项，在 刀具子类型 区域单击选择"BALL_MILL"按钮 █，刀具名称为 B8，刀具 (D) 球直径 为 8.0，刀具号 为 3。

Stage4．创建刀具（四）

设置刀具类型为 `drill` 选项，在 `刀具子类型` 区域单击选择"DRILLING_TOOL"按钮 `⌀`，刀具名称为 DR10，刀具 `(D) 直径` 为 10.0， `刀具号` 为 4。

Task4．创建平面铣工序 1

Stage1．插入工序

Step1. 选择下拉菜单 `插入(S)` ➡ `工序(E)...` 命令，系统弹出"创建工序"对话框。

Step2. 确定加工方法。在"创建工序"对话框 `类型` 下拉列表中选择 `mill_planar` 选项，在 `工序子类型` 区域中单击"PLANAR_MILL"按钮 `凵`，在 `程序` 下拉列表中选择 `PROGRAM` 选项，在 `刀具` 下拉列表中选择 `D24（铣刀-5 参数）` 选项，在 `几何体` 下拉列表中选择 `WORKPIECE` 选项，在 `方法` 下拉列表中选择 `MILL_SEMI_FINISH` 选项，采用系统默认的名称。

Step3. 在"创建工序"对话框中单击 `确定` 按钮，系统弹出"平面铣"对话框。

Stage2．指定部件边界

Step1. 在"平面铣"对话框的 `几何体` 区域中单击"选择或编辑部件边界"按钮 `⬚`，系统会弹出"边界几何体"对话框。

Step2. 在 `模式` 区域的下拉列表中选择 `面` 选项，在 `材料侧` 区域的下拉列表中选择 `内部` 选项。在 `面选择` 区域选中 `☑ 忽略孔`、`☑ 忽略岛` 复选框，选取图 51.6 所示的平面为参照面，单击 `确定` 按钮，系统返回"平面铣"对话框。

Stage3．指定毛坯边界

Step1. 在"平面铣"对话框的 `几何体` 区域中单击"选择或编辑毛坯边界"按钮 `⬚`，系统会弹出"边界几何体"对话框。

Step2. 在 `模式` 区域的下拉列表中选择 `曲线/边...` 选项，系统弹出"创建边界"对话框。在 `平面` 区域的下拉列表中选择 `自动` 选项，在 `材料侧` 区域选的下拉列表中选择 `内部` 选项，在 `刀具位置` 区域的下拉列表中选择 `相切` 选项。选取图 51.7 所示的边线为参照边，单击 `创建下一个边界` 按钮，单击 `确定` 按钮，系统返回"边界几何体"对话框。单击 `确定` 按钮，系统返回"平面铣"对话框。

图 51.6　定义参照面 1

图 51.7　定义参照边

Stage4. 指定底面

Step1. 在"平面铣"对话框的 几何体 区域中单击"选择或编辑底平面几何体"按钮 ，系统会弹出"平面"对话框。

Step2. 选取图 51.8 所示的平面为参照面，单击 确定 按钮，系统返回 "平面铣"对话框。

选取此面为参照面

图 51.8　　定义参照面 2

Stage5. 设置一般参数

在"平面铣"对话框 刀轨设置 区域 切削模式 下拉列表中选择 跟随部件 选项，在 步距 下拉列表中选择 恒定 选项，在 最大距离 文本框中输入值 2.0。

Stage6. 设置切削层

Step1. 在 刀轨设置 区域中单击"切削参数"按钮 ，系统弹出"切削层"对话框。

Step2. 在"切削层"对话框 类型 下拉列表中选择 恒定 选项，在 每刀深度 区域 公共 的文本框输入值 2，按 Enter 键。

Step3. 单击 确定 按钮，系统返回到"平面铣"对话框。

Stage7. 设置切削参数

Step1. 在 刀轨设置 区域中单击"切削参数"按钮 ，系统弹出"切削参数"对话框。

Step2. 在"切削参数"对话框中单击 策略 选项卡，在 切削顺序 下拉列表中选择 深度优先 选项，其他参数采用系统默认设置值。

Step3. 在"切削参数"对话框中单击 余量 选项卡，在 部件余量 文本框中输入值 0.15，在 毛坯余量 文本框中输入值 2，其他参数采用系统默认设置值。

Step4. 在"切削参数"对话框中单击 连接 选项卡，在 开放刀路 区域 开放刀路 下拉列表中选择 变换切削方向 选项。

Step5. 单击"切削参数"对话框中的 确定 按钮，系统返回到"平面铣"对话框。

Stage8. 设置非切削移动参数

Step1. 在"平面铣"对话框中单击"非切削移动"按钮 ，系统弹出"非切削移动"

对话框。

Step2. 单击"非切削移动"对话框中的 起点/钻点 选项卡，在 区域起点 区域 默认区域起点 的下拉列表中选取 拐角 选项。

Step3. 单击 转移/快速 选项卡，在 区域内 区域 转移类型 的下拉列表中选择 前一平面 选项。其他选项卡中的参数设置值采用系统默认，单击 确定 按钮完成非切削移动参数的设置。

Stage9. 设置进给率和速度

Step1. 在"平面铣"对话框中单击"进给率和速度"按钮 ，系统弹出"进给率和速度"对话框。

Step2. 选中"进给率和速度"对话框 主轴速度 区域中的 ☑ 主轴速度 (rpm) 复选框，在其后的文本框中输入值 1000.0，按 Enter 键，然后单击 按钮，在 进给率 区域的 切削 文本框中输入值 400.0，按 Enter 键，然后单击 按钮，其他参数采用系统默认设置值。

Step3. 单击 确定 按钮，完成进给率和速度的设置，系统返回"平面铣"对话框。

Stage10. 生成刀路轨迹并仿真

生成的刀路轨迹如图 51.9 所示，2D 动态仿真加工后的模型如图 51.10 所示。

图 51.9 刀路轨迹　　　　　　　　图 51.10 2D 仿真结果

Task5. 创建型腔铣操作

Stage1. 创建工序

Step1. 选择下拉菜单 插入(S) ➞ 工序(E)... 命令，在"创建工序"对话框的 类型 下拉列表中选择 mill_contour 选项，在 工序子类型 区域中单击"CAVITY_MILL"按钮 ，在 程序 下拉列表中选择 PROGRAM 选项，在 刀具 下拉列表中选择前面设置的刀具 D10 (铣刀-5 参数) 选项，在 几何体 下拉列表中选择 WORKPIECE 选项，在 方法 下拉列表中选择 MILL_SEMI_FINISH 选项，使用系统默认的名称。

Step2. 单击"创建工序"对话框中的 确定 按钮，系统弹出"型腔铣"对话框。

Stage2. 指定切削区域

Step1. 单击"型腔铣"对话框 指定切削区域 右侧的 按钮，系统弹出"切削区域"对话框。

Step2. 在绘图区中选取图 51.11 所示的切削区域（共 3 个面），单击 确定 按钮，系统返回到"型腔铣"对话框。

图 51.11　指定切削区域

Stage3. 设置一般参数

在"型腔铣"对话框 刀轨设置 区域 切削模式 下拉列表中选择 跟随部件 选项，在 步距 下拉列表中选择 刀具平直百分比 选项，在 平面直径百分比 文本框中输入值 50.0，在 每刀的公共深度 下拉列表中选择 恒定 选项，在 最大距离 文本框中输入值 0.5。

Stage4. 设置切削参数

Step1. 在 刀轨设置 区域中单击"切削参数"按钮 ，系统弹出"切削参数"对话框。

Step2. 在"切削参数"对话框中单击 余量 选项卡，在 部件侧面余量 文本框中输入值 0.2，其他参数采用系统默认设置值。

Step3. 单击"切削参数"对话框中的 确定 按钮，系统返回到"型腔铣"对话框。

Stage5. 设置非切削移动参数

Step1. 在"型腔铣"对话框中单击"非切削移动"按钮 ，系统弹出"非切削移动"对话框。

Step2. 单击 转移/快速 选项卡，在 区域内 区域 转移类型 的下拉列表中选择 前一平面 选项。其他参数设置值采用系统默认，单击 确定 按钮完成非切削移动参数的设置。

Stage6. 设置进给率和速度

Step1. 在"型腔铣"对话框中单击"进给率和速度"按钮 ，系统弹出"进给率和速度"对话框。

Step2. 选中"进给率和速度"对话框 主轴速度 区域中的 ☑ 主轴速度 (rpm) 复选框，在其后的文本框中输入值 2000.0，按 Enter 键，然后单击 按钮，在 进给率 区域的 切削 文本框中输入值 1000.0，按 Enter 键，然后单击▣按钮，其他参数采用系统默认设置值。

Step3. 单击 确定 按钮，完成进给率和速度的设置，系统返回"型腔铣"操作对话框。

Stage7. 生成刀路轨迹并仿真

生成的刀路轨迹如图 51.12 所示，2D 动态仿真加工后的模型如图 51.13 所示。

图 51.12　刀路轨迹　　　　　　　　图 51.13　2D 仿真结果

Stage8. 后面的详细操作过程请参见随书光盘中 video\ch11\reference\文件下的语音视频讲解文件 volume_milling -r02.exe。

实例 52　车 削 加 工

下面介绍图 52.1 所示的轴零件的加工过程，其加工工艺路线图 52.2 和图 52.3 所示。

a) 参考模型　　　　　　　b) 工件　　　　　　　c) 加工结果

图 52.1　轴零件加工过程

| 端面加工 | —— 最大限度地去除零件毛坯材料 |

| 粗车外形轮廓（一） | —— 对零件右侧轮廓进行粗车削加工 |

| 精车外形轮廓（一） | —— 对零件右侧轮廓进行精车削加工 |

| 车外沟槽 | —— 对零件的指定沟槽进行车削加工 |

| 车外螺纹 | —— 对零件的指定螺纹进行车削加工 |

| 粗车外形轮廓（二） | —— 对零件左侧轮廓进行粗车削加工 |

| 精车外形轮廓（二） | —— 对零件左侧轮廓进行精车削加工 |

图 52.2　加工工艺路线（一）

a）端面加工　　　b）粗车外形轮廓（一）　　　c）精车外形轮廓（一）

f）粗车外形轮廓（二）　　　e）车外螺纹　　　d）车外沟槽

g）精车外形轮廓（二）

图 52.3　加工工艺路线（二）

Task1．打开模型文件并进入加工模块

Step1．打开文件 D:\ugins8\work\ch11\ins52\turn.prt。

Step2．选择下拉菜单 ❷ 开始 ▾ ━━▶ 🔧 加工 (N)... 命令，系统弹出"加工环境"对话框，在"加工环境"对话框 要创建的 CAM 设置 列表中选择 turning 选项，单击 确定 按钮，进入加工环境。

Task2．创建几何体

Stage1．创建机床坐标系

Step1．在工序导航器中调整到几何视图状态，双击节点 ⊞ 🐥 MCS_SPINDLE，系统弹出"Turn Orient"对话框。

Step2．在"Turn Orient"对话框的 机床坐标系 选项区域中单击"CSYS 对话框"按钮 🗽，系统弹出"CSYS"对话框。

Step3．在"CSYS"对话框 类型 区域的下拉列表中选择 动态 选项，单击图 52.4 所示的圆心为参照点，然后绕 Y 轴旋转 90°。单击 确定 按钮，完成图 52.5 所示机床坐标系的创建。

图 52.4　定义参照点

图 52.5　创建机床坐标系

Stage2．创建机床工作平面

在"CSYS"对话框 车床工作平面 区域 指定平面 下拉列表中选择 ZM-XM 选项。单击 确定 按钮，完成机床工作平面的创建。

Stage3．创建部件几何体

Step1．在工序导航器中双击 ⊞ MCS_SPINDLE 节点下的 ⊞ WORKPIECE ，系统弹出"工件"对话框。

Step2．单击"工件"对话框中的 按钮，系统弹出"部件几何体"对话框，选取整个零件为部件几何体。

Step3．依次单击"部件几何体"对话框和"工件"对话框中的 确定 按钮，完成部件几何体的创建。

Stage4．创建毛坯几何体

Step1．在工序导航器中的几何视图状态下双击 WORKPIECE 节点下的子菜单节点 TURNING_WORKPIECE ，系统弹出"Turn Bnd"对话框。

Step2．单击"Turn Bnd"对话框 指定部件边界 右侧的 按钮，此时系统会自动指定部件边界，并在图形区显示如图 52.6 所示。

Step3．单击"Turn Bnd"对话框中的"选择或编辑毛坯边界"按钮 ，系统弹出"选择毛坯"对话框。

Step4．在"选择毛坯"对话框中确认"棒料"按钮 被选择，在 点位置 区域选择 ⊙ 远离主轴箱 单选项，单击 选择 按钮，系统弹出"点"对话框，在"点"对话框 输出坐标 区域 参考 的下拉列表中选择 WCS 选项，在 XC 的文本框输入值 2，在 YC 的文本框输入值 0，在 ZC 的文本框输入值 0，单击 确定 按钮，完成安装位置的定义，并返回"选择毛坯"对话框。

Step5．在"选择毛坯"对话框 长度 文本框中输入值 175.0，在 直径 文本框中输入值 45.0，单击 确定 按钮，在图形区中显示毛坯边界，结果如图 52.7 所示。

Step6．单击"Turn Bnd"对话框中的 确定 按钮，完成毛坯几何体的定义。

图 52.6　部件边界　　　　　　　　　　　　图 52.7　毛坯边界

Stage5．创建几何体

Step1．选择下拉菜单 插入(S) ➡ 几何体(G)... 命令，系统弹出"创建几何体"对话框。

Step2．在"创建几何体"对话框 几何体子类型 区域选择"AVOIDANCE"按钮 ，在 位置 区域 几何体 的下拉列表中选择 TURNING_WORKPIECE 选项，采用系统默认的名称，单击 确定 按钮，系统弹出"避让"对话框。

Step3．在 运动到起点（ST）区域 运动类型 的下拉列表中选择 直接 选项，在 点选项 的下拉列表中选择 点 选项，然后单击 *指定点 右侧的 按钮，系统弹出"点"对话框。

Step4．在"点"对话框 坐标 区域的 XC 的文本框中输入值 10，在 YC 的文本框中输入值 30，在 ZC 的文本框中输入值 0，单击 确定 按钮，系统返回"避让"对话框。

Step5．在 逼近（AP）区域 刀轨选项 的下拉列表中选择 点（仅在换刀后）选项，单击 逼近点 区域 *指定点 右侧的 按钮，系统弹出"点"对话框。在 输出坐标 区域 XC 的文本框输入值 10，在 YC 的文本框输入值 28，在 ZC 的文本框输入值 0，单击 确定 按钮，系统返回"避让"对话框。

Step6．在"避让"对话框设置图 52.8 所示的参数，单击 确定 按钮，退出"避让"对话框。

图 52.8　"避让"对话框

Task3．创建刀具

Stage1．创建刀具（一）

Step1. 选择下拉菜单 插入(S) ➡ 刀具(T)... 命令，系统弹出"创建刀具"对话框。

Step2. 在"创建刀具"对话框 类型 下拉列表中选择 turning 选项，在 刀具子类型 区域中单击 "OD_80_L"按钮 ，在 位置 区域的 刀具 下拉列表中选择 GENERIC_MACHINE 选项，采用系统默认的名称，单击 确定 按钮，系统弹出"车刀-标准"对话框。

Step3. 在"车刀-标准"对话框中单击 刀具 选项卡，在 尺寸 区域 (R) 刀尖半径 的文本框中输入值 0.5，在 (OA) 方向角度 的文本框中输入值 5，在 刀片尺寸 区域 长度 的文本框中输入值 15，其他参数采用系统默认的设置值。单击 确定 按钮，完成刀具的创建。

Stage2．创建刀具（二）

设置刀具类型为 turning 选项，在 刀具子类型 区域单击选择"OD_55_L"按钮 ，(R) 刀尖半径 为 0.2，(OA) 方向角度 为 17.5，长度 为 15.0。具体操作方法参照 Stage1。

Stage3．创建刀具（三）

设置刀具类型为 turning 选项，在 刀具子类型 区域单击选择 "OD_GROOVE_L"按钮 ，(OA) 方向角度 为 90.0，(IL) 刀片长度 为 10.0，(IW) 刀片宽度 为 2.0，(R) 半径 为 0.2，(SA) 侧角 为 2.0，(TA) 尖角 为 0。具体操作方法参照 Stage1。

Stage4．创建刀具（四）

设置刀具类型为 turning 选项，在 刀具子类型 区域单击选择 "OD_THREAD_L"按钮 ，(OA) 方向角度 为 90.0，(IL) 刀片长度 为 10.0，(IW) 刀片宽度 为 4.0，(LA) 左角 为 30.0，(RA) 右角 为 30.0，(NR) 刀尖半径 为 0.2，(TO) 刀尖偏置 为 2.0 具体操作方法参照 Stage1。

Task4．创建车削操作 1

Stage1．创建工序

Step1. 选择下拉菜单 插入(S) ➡ 工序(E)... 命令，系统弹出"创建工序"对话框。

Step2. 在"创建工序"对话框 类型 下拉列表中选择 turning 选项，在 工序子类型 区域中单击 "FACING"按钮 ，在 程序 下拉列表中选择 PROGRAM 选项，在 刀具 下拉列表中选择 OD_80_L (车刀-标准) 选项，在 几何体 下拉列表中选择 AVOIDANCE 选项，在 方法 下拉列表中选择 LATHE_FINISH 选项，名称采用系统默认的名称。

Step3. 单击"创建工序"对话框中的 确定 按钮，系统弹出"面加工"对话框。

Stage2．指定切削区域

Step1. 单击"面加工"对话框 切削区域 右侧的"编辑"按钮 🔧，系统弹出"切削区域"对话框。

Step2. 在"切削区域"对话框 轴向修剪平面 1 区域的 限制选项 下拉列表中选择 距离 选项，单击 确定 按钮，系统返回到"面加工"对话框。

Step3. 在"面加工"对话框中设置图 52.9 所示的参数。

Stage3．设置切削参数

采用系统默认的参数设置值。

Stage4．设置非切削参数

单击"面加工"对话框中的"非切削移动"按钮 🔲，系统弹出"非切削移动"对话框。然后在 更多 选项卡设置图 52.10 所示的参数，单击 确定 按钮，返回到"面加工"对话框。

图 52.9　"面加工"对话框

图 52.10　"非切削移动"对话框

Stage5．进给率和速度

Step1. 在"面加工"对话框中单击"进给率和速度"按钮 🞣，系统弹出"进给率和速度"对话框。

Step2. 在"进给率和速度"对话框 主轴速度 区域 表面速度 (smm) 的文本框中输入数值 60，在 进给率 区域 切削 的文本框中输入数值 0.5。单击 确定 按钮，返回到"面加工"对话框。

Stage6．生成刀路轨迹

Step1．单击"面加工"对话框中的"生成"按钮![icon]，生成的刀路轨迹如图 52.11 所示。

Step2．在图形区通过旋转、平移、放大视图，再单击"重播"按钮![icon]重新显示路径，即可以从不同角度对刀路轨迹进行查看，以判断其路径是否合理。

Stage7．3D 动态仿真

Step1．在"面加工"对话框中单击"确认"按钮![icon]，系统弹出"刀轨可视化"对话框。

Step2．在"刀轨可视化"对话框中单击![3D 动态]选项卡，采用系统默认参数设置值，调整动画速度后单击"播放"按钮![icon]，即可观察到 3D 动态仿真加工，加工后的结果如图 52.12 所示。

Step3．分别在"刀轨可视化"对话框和"面加工"对话框中单击![确定]按钮，完成粗车加工。

图 52.11 刀路轨迹　　　　　图 52.12 3D 仿真结果

Task5．创建粗车外形轮廓操作

Stage1．创建工序

Step1．选择下拉菜单![插入(S)] ➡ ![工序(E)...]命令，系统弹出"创建工序"对话框。

Step2．在"创建工序"对话框![类型]下拉列表中选择![turning]选项，在![工序子类型]区域中单击"ROUGH_TURN_OD"按钮![icon]，在![程序]下拉列表中选择![PROGRAM]选项，在![刀具]下拉列表中选择![OD_80_L (车刀-标准)]选项，在![几何体]下拉列表中选择![AVOIDANCE]选项，在![方法]下拉列表中选择![LATHE_ROUGH]选项，名称采用系统默认的名称。

Step3．单击"创建工序"对话框中的![确定]按钮，系统弹出"粗车 OD"对话框。

Stage2．指定切削区域

Step1．单击"粗车 OD"对话框![切削区域]右侧的"编辑"按钮![icon]，系统弹出"切削区域"对话框。

Step2．在"切削区域"对话框![轴向修剪平面 1]区域的![限制选项]下拉列表中选择![点]选项，在图形区中选取图 52.13 所示的边线的端点，单击 确定 按钮，系统返回到"粗车 OD"对话框。

Step3. 在"粗车 OD"对话框中设置图 52.14 所示的参数。

图 52.13　显示切削区域

图 52.14　"粗车 OD"对话框

Stage3．设置切削参数

单击"粗车 OD"对话框中的"切削参数"按钮 ，系统弹出"切削参数"对话框，在该对话框中选择 余量 选项卡，设置图 52.15 所示的参数。其他选项卡参数采用系统默认设置值。然后单击 确定 按钮返回到"粗车 OD"对话框。

图 52.15　"余量"选项卡

Stage4. 设置非切削参数

单击"粗车 OD"对话框中的"非切削移动"按钮 ▨，系统弹出"非切削移动"对话框。在 更多 选项卡 首选直接运动 区域取消选中 ☐ 在上一次退刀之后 、☐ 区域之间 复选框，其他参数采用系统默认设置值，然后单击 确定 按钮返回到"粗车 OD"对话框。

Stage5. 进给率和速度

Step1. 在"粗车 OD"对话框中单击"进给率和速度"按钮 ⊕，系统弹出"进给率和速度"对话框。

Step2. 在"进给率和速度"对话框 主轴速度 区域 表面速度（smm）的文本框中输入值 60，在 进给率 区域 切削 的文本框中输入值 0.5。单击 确定 按钮，返回到"粗车 OD"对话框。

Stage6. 生成刀路轨迹并仿真

生成的刀路轨迹如图 52.16 所示，3D 动态仿真加工后结果如图 52.17 所示。

图 52.16 刀路轨迹

图 52.17 3D 仿真结果

Task6. 创建精车外形轮廓操作

Stage1. 创建工序

Step1. 选择下拉菜单 插入(S) ➡ 工序(E)... 命令，系统弹出"创建工序"对话框。

Step2. 在"创建工序"对话框 类型 下拉列表中选择 turning 选项，在 工序子类型 区域中单击"FINISH_TURN_OD"按钮 ⬚，在 程序 下拉列表中选择 PROGRAM 选项，在 刀具 下拉列表中选择 OD_55_L 选项，在 几何体 下拉列表中选择 AVOIDANCE 选项，在 方法 下拉列表中选择 LATHE_FINISH 选项，名称采用系统默认的名称。

Step3. 单击"创建工序"对话框中的 确定 按钮，系统弹出"精车 OD"对话框。

Stage2. 指定切削区域

Step1. 单击"精车 OD"对话框 切削区域 右侧的"编辑"按钮 ⚒，系统弹出"切削区域"对话框。

Step2. 在"切削区域"对话框 轴向修剪平面 1 区域的 限制选项 下拉列表中选择 点 选项，在图形区中选取图 52.18 所示的边线的端点，单击 确定 按钮，系统返回到"精车 OD"对话框。

Step3. 在"精车 OD"对话框中设置图 52.19 所示的参数。

图 52.18　显示切削区域

图 52.19　"精车 OD"对话框

Stage3．设置切削参数

单击"精车 OD"对话框中的"切削参数"按钮 ，系统弹出"切削参数"对话框，在该对话框中选择 策略 选项卡，在 切削 区域取消选中 □ 允许底切 复选框；然后单击 余量 选项卡，在 内公差 和 外公差 的文本框中分别输入值 0.01；单击 拐角 选项卡，在 拐角处的刀轨形状 区域 常规拐角 的下拉列表中选择 绕对象滚动 选项，在 浅角 的下拉列表中选择 绕对象滚动 选项。其他选项卡参数采用系统默认设置值。然后单击 确定 按钮返回到"精车 OD"对话框。

Stage4．设置非切削参数

采用系统默认参数值。

Stage5．进给率和速度

Step1. 在"精车 OD"对话框中单击"进给率和速度"按钮 ，系统弹出"进给率和速度"对话框。

Step2. 在"进给率和速度"对话框 主轴速度 区域 表面速度 (smm) 的文本框中输入值 90，在 进给率 区域 切削 的文本框中输入值 0.15。单击 确定 按钮，返回到"精车 OD"对话框。

Stage6. 生成刀路轨迹并仿真

生成的刀路轨迹如图 52.20 所示，3D 动态仿真加工后结果如图 52.21 所示。

图 52.20　刀路轨迹　　　　　　　图 52.21　3D 仿真结果

Task7. 创建车外沟槽操作

Stage1. 创建工序

Step1. 选择下拉菜单 插入(S) ➡ ⬅ 工序(E)... 命令，系统弹出"创建工序"对话框。

Step2. 在"创建工序"对话框 类型 下拉列表中选择 turning 选项，在 工序子类型 区域中单击 "GROOVE_OD"按钮 ，在 程序 下拉列表中选择 PROGRAM 选项，在 刀具 下拉列表中选择 OD_GROOVE_L (槽刀-标准) 选项，在 几何体 下拉列表中选择 AVOIDANCE 选项，在 方法 下拉列表中选择 LATHE_GROOVE 选项，名称采用系统默认的名称。

Step3. 单击"创建工序"对话框中的 确定 按钮，系统弹出"在外径开槽"对话框。

Stage2. 指定切削区域

Step1. 单击"在外径开槽"对话框 切削区域 右侧的"编辑"按钮 ，系统弹出"切削区域"对话框。

Step2. 在"切削区域"对话框 轴向修剪平面 1 区域的 限制选项 下拉列表中选择 点 选项，在图形区中选取图 52.22 所示的点，单击 确定 按钮，系统返回到"在外径开槽"对话框。

Step3. 在"在外径开槽"对话框中设置图 52.23 所示的参数。

Stage3. 设置切削参数

单击"在外径开槽"对话框中的"切削参数"按钮 ，系统弹出"切削参数"对话框，在该对话框中选择 策略 选项卡，在 切削 区域 转 的文本框中输入值 2，在 切削约束 区域 最小切削深度 的下拉列表中选择 指定 选项，在 距离 的文本框中输入值 0.5。单击 切屑控制 选项卡，在 切屑控制 的下拉列表中选择 恒定安全设置 选项，在 恒定增量 的文本框中输入值 1。单击 拐角 选项卡，在 拐角处的刀轨形状 区域 常规拐角 的下拉列表中选择 延伸 选项。其他选项卡参数采用系统默认设置值。然后单击 确定 按钮返回到"在外径开槽"对话框。

图 52.22　显示切削区域

图 52.23　"在外径开槽"对话框

Stage4. 设置非切削参数

采用系统默认参数值。

Stage5. 进给率和速度

Step1. 在"在外径开槽"对话框中单击"进给率和速度"按钮 ，系统弹出"进给率和速度"对话框。

Step2. 在"进给率和速度"对话框 主轴速度 区域 输出模式 的下拉列表中选择 SMM 选项。在 表面速度（smm）的文本框中输入值 70，在 进给率 区域 切削 的文本框中输入值 0.5。单击 确定 按钮，返回到"在外径开槽"对话框。

Stage6. 生成刀路轨迹并仿真

生成的刀路轨迹如图 52.24 所示，3D 动态仿真加工后结果如图 52.25 所示。

图 52.24　刀路轨迹　　　　　　　　　　　图 52.25　3D 仿真结果

Task8．创建车外螺纹操作

Stage1．创建工序

Step1. 选择下拉菜单 插入(S) ➡ 工序(E)... 命令，系统弹出"创建工序"对话框。

Step2. 在"创建工序"对话框 类型 下拉列表中选择 turning 选项，在 工序子类型 区域中单击"THREAD_OD"按钮，在 程序 下拉列表中选择 PROGRAM 选项，在 刀具 下拉列表中选择 OD_THREAD_L（螺纹刀-标准）选项，在 几何体 下拉列表中选择 AVOIDANCE 选项，在 方法 下拉列表中选择 LATHE_THREAD 选项，名称采用系统默认的名称。

Step3. 单击"创建工序"对话框中的 确定 按钮，系统弹出"螺纹 OD"对话框。

Stage2．定义螺纹几何体

Step1. 选取螺纹起始线。单击"螺纹 OD"对话框的 * Select Crest Line (0) 区域，在模型上选取图 52.26 所示的边线。

Step2. 选取根线。选取图 52.27 所示的边线。在 深度选项 下拉列表中选择 深度和角度 选项，在 深度 的文本框中输入值 1。

Stage3．设置螺纹参数

Step1. 单击 偏置 和 刀轨设置 区域，然后设置图 52.28 所示"螺纹 OD"对话框中的参数。

图 52.26　定义顶线

图 52.27　定义根线

图 52.28　"螺纹 OD"对话框

Step2. 设置切削参数。单击"螺纹 OD"对话框中的"切削参数"按钮，系统弹出"切削参数"对话框，选择 螺距 选项卡，然后在 距离 文本框中输入值 2，选择 附加刀路 选项卡，在 精加工刀路 区域 刀路数 的文本框中输入值 2，在 增量 的文本框中输入值 0.05。单击 确定 按钮。

Stage4．进给率和速度

Step1. 在"螺纹 OD"对话框中单击"进给率和速度"按钮，系统弹出"进给率和速度"对话框。

Step2. 在"进给率和速度"对话框 主轴速度 区域选中 ☑ 主轴速度 复选框，然后在其后面的文本框输入值 400，在 进给率 区域 切削 的文本框输入值 2，然后在其后面的下拉列表中选择 mmpr 选项。单击 确定 按钮，返回到"螺纹 OD"对话框。

Stage5．生成刀路轨迹并仿真

生成的刀路轨迹如图 52.29 所示，3D 动态仿真加工后结果如图 52.30 所示。

图 52.29　刀路轨迹　　　　　　　图 52.30　3D 仿真结果

Task9．创建几何体 2

Stage1．创建机床坐标系

Step1. 选择下拉菜单 插入(S) ➡ 几何体(G)...，系统弹出"创建几何体"对话框。

Step2. 在"创建几何体"对话框 几何体子类型 区域选择 按钮，然后在 位置 区域 几何体 的下拉列表中选择 GEOMETRY 选项。名称采用系统默认的名称。单击 确定 按钮，系统弹出"MCS 主轴"对话框。

Step3. 在"MCS 主轴"对话框的 机床坐标系 选项区域中单击"CSYS 对话框"按钮，系统弹出"CSYS"对话框。

Step4. 在"CSYS"对话框 类型 区域的下拉列表中选择 动态 选项，单击图 52.31 所示的圆心为参照点，然后绕 Y 轴旋转-90°，再绕 Z 轴旋转 90°。单击 确定 按钮，完成图 52.32 所示机床坐标系的创建。（注：此坐标系与 Task2 创建的坐标系 x 轴方向相同，y 轴 z 轴方向均相反。）

图 52.31   定义参照点   图 52.32   创建机床坐标

Stage2．创建机床工作平面

在 "MCS 主轴" 对话框 车床工作平面 区域的 指定平面 下拉列表中选择 ZM-XM 选项。单击 确定 按钮，完成机床工作平面的创建。

Stage3．创建部件几何体

Step1. 在工序导航器中的几何视图状态下双击上步创建 ⊞📍MCS_SPINDLE_1 节点下的 ⊞📦WORKPIECE_1，系统弹出 "工件" 对话框。

Step2. 单击 "工件" 对话框中的 📦 按钮，系统弹出 "部件几何体" 对话框，选取整个零件为部件几何体。

Step3. 依次单击 "部件几何体" 对话框和 "工件" 对话框中的 确定 按钮，完成部件几何体的创建。

Stage4．创建毛坯几何体

Step1. 在工序导航器中的几何视图状态下双击 📦WORKPIECE 节点下的子菜单节点 📦TURNING_WORKPIECE，系统弹出 "Turn Bnd" 对话框。

Step2. 单击 "Turn Bnd" 对话框 指定部件边界 右侧的 📙 按钮，此时系统会自动指定部件边界，并在图形区显示如图 52.33 所示。

Step3. 单击 "Turn Bnd" 对话框中的 "选择或编辑毛坯边界" 按钮 🔘，系统弹出 "选择毛坯" 对话框。

Step4. 在 "选择毛坯" 对话框中确认 "棒料" 按钮 🔲 被选择，在 点位置 区域选择 ⦿远离主轴箱 单选项，单击 选择 按钮，系统弹出 "点" 对话框，在 "点" 对话框 输出坐标 区域 参考 的下拉列表中选择 WCS 选项，在 XC 的文本框输入值 3，在 YC 的文本框输入值 0，在 ZC 的文本框输入值 0，单击 确定 按钮，完成安装位置的定义，并返回 "选择毛坯" 对话框。

Step5. 在 "选择毛坯" 对话框 长度 文本框中输入值 175.0，在 直径 文本框中输入值 45.0，单击 确定 按钮，在图形区中显示毛坯边界，如图 52.34 所示。

Step6. 单击"Turn Bnd"对话框中的 确定 按钮，完成毛坯几何体的定义。

图 52.33　部件边界　　　　　　　　　　图 52.34　毛坯边界

Task10.　创建粗车外形轮廓操作 2

Stage1.　创建工序

Step1. 复制几何体工序。在工序导航器的 AVOIDANCE 节点上单击鼠标右键，在弹出的快捷菜单中选择 复制 命令。

Step2. 粘贴几何体工序。在工序导航器的 TURNING_WORKPIECE_1 节点上单击鼠标右键，在弹出的快捷菜单中选择 内部粘贴 命令。

Step3. 删除。在工序导航器的 AVOIDANCE 节点上单击鼠标左键，将其子节点下的程序都删除。

Step4. 双击工序导航器中新建的 AVOIDANCE_COPY ，系统弹出"避让"对话框。

Step5. 单击 运动到起点（ST） 区域 *指定点 右侧的 按钮，系统弹出"点"对话框。

Step6. 在"点"对话框 坐标 区域的在 XC 的文本框中输入值 10，在 YC 的文本框中输入值 30，在 ZC 的文本框中输入值 0，单击 确定 按钮，系统返回"避让"对话框。

Step7. 在 逼近（AP） 区域 刀轨选项 的下拉列表中选择 点 选项，单击 逼近点 区域右侧的 按钮，系统弹出"点"对话框。在 输出坐标 区域 XC 的文本框中输入值 10，在 YC 的文本框中输入值 25，在 ZC 的文本框中输入值 0，单击 确定 按钮，系统返回"避让"对话框。

Step8. 在"避让"对话框设置图 52.35 所示的参数，单击 确定 按钮，退出"避让"对话框。

Step9. 选择下拉菜单 插入(S) ➡ 工序(E)... 命令，系统弹出"创建工序"对话框。

Step10. 在"创建工序"对话框 类型 下拉列表中选择 turning 选项，在 工序子类型 区域中单击"ROUGH_TURN_OD_1"按钮 ，在 程序 下拉列表中选择 PROGRAM 选项，在 刀具 下拉列表中选择 OD_80_L（车刀-标准）选项，在 几何体 下拉列表中选择 AVOIDANCE_COPY 选项，在 方法 下拉列表中选择 LATHE_ROUGH 选项，名称采用系统默认的名称。

Step11. 单击"创建工序"对话框中的 确定 按钮，系统弹出"粗车 OD"对话框。

图 52.35　"避让"对话框

Stage2. 指定切削区域

Step1. 在"粗车 OD"对话框中 刀具方位 区域选中 ☑ 绕夹持器翻转刀具 复选框。

Step2. 单击"粗车 OD"对话框 切削区域 右侧的"编辑"按钮，系统弹出"切削区域"对话框。

Step3. 在"切削区域"对话框 轴向修剪平面 1 区域的 限制选项 下拉列表中选择 点 选项，在图形区中选取图 52.36 所示的边线的端点，单击 确定 按钮，系统返回到"粗车 OD"对话框。

图 52.36　显示切削区域

Step4. 在"粗车 OD"对话框中设置图 52.37 所示的参数。

图 52.37　"粗车 OD"对话框

Stage3. 设置切削参数

单击"粗车 OD"对话框中的"切削参数"按钮 ，系统弹出"切削参数"对话框，在该对话框中选择 余量 选项卡，设置图 52.38 所示的参数。其他选项卡参数采用系统默认设置值。然后单击 确定 按钮，返回到"粗车 OD"对话框。

图 52.38　"余量"选项卡

Stage4. 设置非切削参数

采用系统默认值。

Stage5. 进给率和速度

Step1. 在"粗车 OD"对话框中单击"进给率和速度"按钮 ，系统弹出"进给率和速度"对话框。

Step2. 在"进给率和速度"对话框 主轴速度 区域 表面速度（smm）的文本框输入值 60，在 进给率 区域 切削 的文本框输入值 0.5。单击 确定 按钮，返回到"粗车 OD"对话框。

Stage6. 生成刀路轨迹并仿真

生成的刀路轨迹如图 52.39 所示，3D 动态仿真加工后结果如图 52.40 所示。

图 52.39　刀路轨迹　　　　　　　　　　图 52.40　3D 仿真结果

Task11. 创建精车外形轮廓操作 2

Stage1. 创建工序

Step1. 选择下拉菜单 插入(S) ➔ 工序(E)... 命令，系统弹出"创建工序"对话框。

Step2. 在"创建工序"对话框 类型 下拉列表中选择 turning 选项，在 工序子类型 区域中单击"FINISH_TURN_OD_1"按钮 ，在 程序 下拉列表中选择 PROGRAM 选项，在 刀具 下拉列表中选择 OD_55_L 选项，在 几何体 下拉列表中选择 AVOIDANCE_COPY 选项，在 方法 下拉列表中选择 LATHE_FINISH 选项，名称采用系统默认的名称。

Step3. 单击"创建工序"对话框中的 确定 按钮，系统弹出"精车 OD"对话框。

Stage2. 指定切削区域

Step1. 在"精车 OD"对话框中 刀具方位 区域选中 ☑ 绕夹持器翻转刀具 复选框。

Step2. 单击"精车 OD"对话框中 切削区域 右侧的"编辑"按钮 ，系统弹出"切削区域"对话框。

Step3. 在"切削区域"对话框中 轴向修剪平面 1 区域的 限制选项 下拉列表中选择 点 选项，在图形区中选取图 52.41 所示的边线的端点，单击 确定 按钮，系统返回到"精车 OD"对话框。

图 52.41　显示切削区域

Step4. 在"精车 OD"对话框中设置如图 52.42 所示的参数。

图 52.42　"精车 OD"对话框

Stage3．设置切削参数

单击"精车 OD"对话框中的"切削参数"按钮▦，系统弹出"切削参数"对话框，在该对话框中选择 策略 选项卡，在 切削 区域取消选中 □ 允许底切 复选框；然后单击 余量 选项卡，在 内公差 和 外公差 的文本框中分别输入值 0.01；单击 拐角 选项卡，在 拐角处的刀轨形状 区域 常规拐角 的下拉列表中选择 延伸 选项，在 浅角 的下拉列表中选择 延伸 选项。其他选项卡参数采用系统默认设置值。然后单击 确定 按钮返回到"精车 OD"对话框。

Stage4．设置非切削参数

采用系统默认参数值。

Stage5. 进给率和速度

Step1. 在"精车 OD"对话框中单击"进给率和速度"按钮 ![icon]，系统弹出"进给率和速度"对话框。

Step2. 在"进给率和速度"对话框 主轴速度 区域 表面速度 (smm) 的文本框中输入值 90，在 进给率 区域 切削 的文本框中输入值 0.15。单击 确定 按钮，返回到"精车 OD"对话框。

Stage6. 生成刀路轨迹并仿真

生成的刀路轨迹如图 52.43 所示，3D 动态仿真加工后结果如图 52.44 所示。

图 52.43　刀路轨迹　　　　　　　　　图 52.44　3D 仿真结果

Task12. 保存文件

选择下拉菜单 文件(F) ➡ ⊞ 保存(S) 命令，保存文件。

实例 53　线切割加工

线切割加工主要用于任何类型的二维轮廓切割，加工时刀具（钼丝或铜丝）沿着指定的路径切割工件，在工件上留下细丝切割所形成的轨迹线，使一部分工件与另一部分工件分离，从而达到最终加工结果。

下面将通过图 53.1 所示的零件介绍线切割加工的一般过程。

　　a）参照模型　　　　　　　　　　b）工件　　　　　　　　　c）加工结果

图 53.1　线切割加工过程

Task1. 打开模型文件并进入加工模块

Step1. 打开模型文件 D:\ugins8\work\ch11\ins53\wedming.prt。

Step2. 进入加工环境。选择下拉菜单 开始▾ ➡ 加工(N)... 命令；在系统弹出的"加工环境"对话框 要创建的 CAM 设置 列表框中选择 wire_edm 选项，单击 确定 按钮，进入加工环境。

Task2. 创建工序（一）

Stage1. 创建机床坐标系

Step1. 在工序导航器中调整到几何视图状态，双击节点 MCS_WEDM，系统弹出"MCS 线切割"对话框。

Step2. 在"MCS 线切割"对话框的 机床坐标系 选项区域中单击"CSYS 对话框"按钮 🔧，系统弹出"CSYS"对话框。

Step3. 在"CSYS"对话框 类型 区域的下拉列表中选择 自动判断 选项，单击图 53.2 所示的面为参照。单击 确定 按钮，完成图 53.3 所示机床坐标系的创建。

Step4. 单击"MCS 线切割"对话框的 确定 按钮，完成机床坐标系的创建。

图 53.2　定义参照面　　　　　　　　　图 53.3　创建机床坐标系

Stage2.　创建几何体

Step1. 在工序导航器中选中节点 MCS_WEDM，然后右击，在系统弹出的快捷菜单中选择 **刀片** ▶ ➡ **几何体**命令，系统弹出"创建几何体"对话框。

Step2. 在"创建几何体"对话框中 **类型** 的下拉列表中选择 **wire_edm** 选项，在 **几何体子类型** 区域单击"SEQUENCE_INTERNAL_TRIM"按钮，单击 **确定** 按钮，系统弹出"顺序内部修剪"对话框。

Step3. 单击"顺序内部修剪"对话框 **几何体** 区域中的 按钮，系统弹出"线切割几何体"对话框。

Step4. 在"线切割几何体"对话框 **主要** 选项卡的 **轴类型** 区域中单击"2 轴"按钮，在 **过滤器类型** 下选择"面边界"按钮，选取图 53.4 所示的面，单击 **确定** 按钮，系统生成图 53.5 所示的两条边界，并返回到"顺序内部修剪"对话框。

图 53.4　面边界　　　　　　　　　　图 53.5　边界

Step5. 在"顺序内部修剪"对话框 **几何体** 区域中单击 按钮，系统弹出"编辑几何体"对话框。

Step6. 在"编辑几何体"对话框中单击"下一个"按钮 ，系统显示几何体的外轮廓，然后单击 **移除** 按钮，保留图 53.6 所示的几何体内形轮廓。

Step7. 单击"编辑几何体"对话框中的 **控制点** 按钮，系统弹出"控制点"对话框。

Step8. 在 穿丝孔点 区域 点选项 的下拉列表中选择 指定 选项，单击右侧的"点对话框"按钮 ，在 XC 的文本框中输入值-2，在 YC 的文本框中输入值 0，在 ZC 的文本框中输入值 0，单击 确定 按钮，完成穿丝孔位置的定义，并返回"控制点"对话框。

Step9. 单击两次 确定 按钮，系统返回"顺序内部修剪"对话框。

图 53.6　几何体内形轮廓

Stage3. 设置切削参数

Step1. 在"顺序内部修剪"对话框 粗加工刀路 文本框中输入值 1，单击"切削参数"按钮 ，系统弹出"切削参数"对话框。

Step2. 在"切削参数"对话框中设置图 53.7 所示的参数，单击 确定 按钮，完成切削参数的设置，并返回到"顺序内部修剪"对话框。

图 53.7　"切削参数"对话框

Stage4. 设置移动参数

Step1. 在"顺序内部修剪"对话框中单击"非切削移动"按钮 ，弹出"非切削移动"对话框，在其中设置图 53.8 所示的参数值。

图 53.8 "非切削移动"对话框

Step2. 在"非切削移动"对话框单击 确定 按钮，系统返回到"顺序内部修剪"对话框，单击 确定 按钮，完成移动参数设置值。

Task3. 生成刀路轨迹

Stage1. 生成第一个刀路轨迹

Step1. 在工序导航器中展开节点 SEQUENCE_INTERNAL_TRIM ，可以看到三个刀路轨迹，双击节点 INTERNAL_TRIM_ROUGH ，系统弹出图 53.9 所示的"Internal_Trim_Rough"对话框。

Step2. 在"Internal_Trim_Rough"对话框中单击"生成"按钮 ，生成的刀路轨迹如图 53.10 所示。

Step3. 在"Internal_Trim_Rough"对话框中单击"确定"按钮 ，系统弹出"刀轨可视化"对话框，调整动画速度后单击"播放"按钮 ，即可观察到动态仿真加工。

图 53.9 "Internal_Trim_Rough"对话框

图 53.10 刀路轨迹

Step4. 分别在"刀轨可视化"对话框和"Internal_Trim_Rough"对话框中单击 确定 按钮，完成刀路轨迹的演示。

Stage2. 生成第二个刀路轨迹

Step1. 在工序导航器中双击节点 ⊘🔩INTERNAL_TRIM_BACKBURN ，系统弹出图 53.11 所示的"Internal_Trim_Backburn"对话框。

Step2. 在"Internal_Trim_Backburn"对话框中单击"生成"按钮 💤，在模型区生成的刀路轨迹如图 53.12 所示。

图 53.11　"Internal_Trim_Backburn"对话框

图 53.12　刀路轨迹

Step3. 在"Internal_Trim_Backburn"对话框中单击"确定"按钮 ✅，系统弹出"刀轨可视化"对话框，调整动画速度后单击"播放"按钮 ▶，即可观察到动态仿真加工。

Step4. 分别在"刀轨可视化"对话框和"Internal_Trim_Backburn"对话框中单击 确定 按钮，完成刀轨轨迹的演示。

Stage3. 生成第三个刀路轨迹

Step1. 在工序导航器中双击节点 ⊘🐟INTERNAL_TRIM_FINISH ，系统弹出图 53.13 所示的"Internal_Trim_Finish"对话框。

Step2. 在"Internal_Trim_Finish"对话框中单击"生成"按钮 💤，在模型区生成的刀路轨迹如图 53.14 所示。

图 53.13 "Internal_Trim_Finish" 对话框

图 53.14 刀路轨迹

Step3. 在 "Internal_Trim_Finish" 对话框中单击 "确认" 按钮 ，系统弹出 "刀轨可视化" 对话框，调整动画速度后单击 "播放" 按钮 ，即可观察到动态仿真加工。

Step4. 分别在 "刀轨可视化" 对话框和 "Internal_Trim_Finish" 对话框中单击 确定 按钮，完成 INTERNAL_TRIM_FINISH 刀路轨迹的演示。

Task4. 保存文件

选择下拉菜单 文件(F) ➡ 保存(S) 命令，保存文件。

读者意见反馈卡

书名：《UG NX 8.0 实例宝典（修订版）》

1. 读者个人资料：

姓名：_____ 性别：____ 年龄：_____ 职业：_____ 职务：_____ 学历：_____

专业：_____ 单位名称：_____ 办公电话：_____ 手机：_____

QQ：_____ 微信：_____ E-mail：_____

2. 影响您购买本书的因素（可以选择多项）：

☐内容   ☐作者   ☐价格

☐朋友推荐   ☐出版社品牌   ☐书评广告

☐工作单位（就读学校）指定 ☐内容提要、前言或目录   ☐封面封底

☐购买了本书所属丛书中的其他图书   ☐其他_____

3. 您对本书的总体感觉：

☐很好   ☐一般   ☐不好

4. 您认为本书的语言文字水平：

☐很好   ☐一般   ☐不好

5. 您认为本书的版式编排：

☐很好   ☐一般   ☐不好

6. 您认为 ug 其他哪些方面的内容是您所迫切需要的？

_____

7. 其他哪些 CAD/CAM/CAE 方面的图书是您所需要的？

_____

8. 您认为我们的图书在叙述方式、内容选择等方面还有哪些需要改进的？

_____

读者购书回馈活动：

活动一：本书"随书光盘"中含有该"读者意见反馈卡"的电子文档，请认真填写本反馈卡，并 E-mail 给我们。E-mail: 兆迪科技 zhanygjames@163.com，丁锋 fengfener@qq.com。

活动二：扫一扫右侧二维码，关注兆迪科技官方公众微信（或搜索公众号 zhaodikeji），参与互动，也可进行答疑。

凡参加以上活动，即可获得兆迪科技免费奉送的价值 48 元的在线课程一门，同时有机会获得价值 780 元的精品在线课程。